安 全 学

SAFETY SCIENCE

罗 云 主编

科学出版社

北 京

内 容 简 介

本书是公共安全科学与学科基础性、理论性、综合性的专业著作。从学术和学科角度，本书涉及安全科学的科学学、哲学、系统学、文化学、经济学、行为学、法学、管理学、事故学、灾害学、工程学等安全学内容；从工程和应用角度，本书的理论和知识适用于工业安全、劳动安全、矿山安全、建筑安全、化工安全、核安全等安全生产领域，以及交通安全、民航安全、水运安全、消防安全、特种设备安全、社区安全、军务安全等公共安全领域。

本书适合相关领域的安全专业人员、安全监督人员和安全工程技术人员阅读，也可供安全科学技术相关专业的大专、本科及研究生学习参考。

图书在版编目（CIP）数据

安全学＝Safety Science/罗云主编. —北京：科学出版社，2015
ISBN 978-7-03-045643-4

Ⅰ.①安… Ⅱ.①罗… Ⅲ.①安全科学 Ⅳ.①X9

中国版本图书馆 CIP 数据核字（2015）第 215469 号

责任编辑：刘翠娜 / 责任校对：桂伟利
责任印制：赵 博 / 封面设计：无极书装

科 学 出 版 社 出版
北京东黄城根北街 16 号
邮政编码：100717
http://www.sciencep.com
固安县铭成印刷有限公司印刷
科学出版社发行 各地新华书店经销

*

2015 年 9 月第 一 版 开本：720×1000 B5
2025 年 5 月第六次印刷 印张：31
字数：603 000
定价：98.00 元
（如有印装质量问题，我社负责调换）

人以安为命，有命则生！
民以安为天，有天则远！
国以安为基，有基则稳！
家以安为吉，有吉则福！
企以安为本，有本则赢！
业以安为术，有术则灵！
官以安为责，有责则成！

本书编委会

主　编：罗　云
编　者：程五一　樊运晓　许　铭　裴晶晶
　　　　吴　祥　罗斯达　李永霞　黄钥城
　　　　曾　珠　张　影　宫运华　郝　豫

前　言

　　安全是人类生存的基本需要，是社会经济发展的基础和前提；安全是生命存在之本，是生产发展之基，是生活幸福之魂；安全的保障水平和能力应该而且必须成为社会进步、国家富强、经济发展的出发点和最终归宿。因为安全承载的第一目标就是人的生命安康，而生命是智慧、力量和情感的唯一载体，生命是实现理想、创造幸福的根本和基石，生命是民族复兴和创建和谐的源泉和资本。总之，重视和加强安全科学技术的发展，无论从政治、经济、文化的角度，还是针对国家、社会和家庭，都是事关重大的问题。

　　安全是人类古老的命题，从安全常识到安全科学，从安全工作到安全科技，从安全生产到安全发展，人类经历了漫长的年代。古代的民居安全、部族安全、劳作安全，近代的工业安全、生产安全、劳动安全，现代的公共安全、职业安全、社区安全，已伴随着创世纪以来人类文明社会的生活与生产走过了千百年。安全技术、安全工程、安全系统的概念已有近百年历史，而安全科学概念的出现仅有 30 年。

　　近百年来，人类从安全规制到安全立法，从安全管理到安全科技，从安全科学到安全文化，针对自然灾害、事故灾难、公共卫生事件、社会安全事件等现代社会日益严重的安全问题，推进了安全科学技术的发展与进步。从 20 世纪初，我们看到了人类冲破"亡羊补牢"的陈旧观念和改变了仅凭经验应付的低效手段，给予了世界全新的安全理念、思想、观点、方法，也给予了人类安全生产与安全生活的知识、策略、行为准则与规范，以及生产与生活事故的防范技术与手段。通过把人类"事故灾难忧患"的颓废情绪变为安全科学的缜密，把社会"安全危机"的自扰认知变为实现平安康福的动力，最终创造出人类安全生产、安全生活和安全生存的安康世界。这一切，靠的是科学的安全理论与策略、高超的安全工程和技术、有效的安全立法及管理、系统的安全技术与方法。安全硬科学与安全软科学的结合，为人类的安全活动提供了精神动力、智力支持、理论指导、策略引领、方法保障。安全学则是这些学科和技术的科学理论和基本方法。

　　科学水平能够体现人类认识事物规律的深度与高度，安全学的发展水平反映了人类认识安全规律的成熟度。安全学以研究安全风险为对象，涉及人因、物因（技术）、环境、信息（管理）等要素，由于安全风险具有复杂性，安全科学属于交叉性、综合性的学科。安全学对安全科学最基本的规律和原理、最根本的思想和观念、最经典的理论和方法进行了全面、系统、精准的论述。

　　本书是基于科学学及安全学阐述安全科学的基础性、理论性的专业著作。在安全科学的基础性科学方面，重点论述了安全科学学、安全文化学、事故灾害学等内容；在安全软科学方面，主要论述了安全哲学、安全管理学、安全法学、安全行为学、安全经济学等内容；在安全硬科学方面，主要阐述了安全系统学、安全工程学等内容。本书全面综合地反映了安全科学的基础与基本、宏观与微观、原理与理论、定量与定性的知识体系。

　　本书是安全科学技术专业人员掌握安全科学基本理论和方法的入门级著作，被定位于安全科学基础性专著。通过对《安全学》进行学习和阅读，读者能够对"安全科学"的基本知识与内容有全面和系统的了解，能够树立正确的安全科学观，运用正确的安全理论方法指导开展安全领域的研究、学习与工作，并能够在安全活动实践中遵循"本质安全、科学防范、系统保障"的科学原则，从而为安全科学技术的全面深入学习奠定理论性、引领性的基础。

　　本书是基于作者作为高校教师多年的教学经验，以及相关安全科学理论和学术研究的成果，并参考了诸多安全科学技术领域的专著。全书共 10 章，第 1 章为安全科学学，第 2 章为安全哲学，第 3 章为安全系统学，第 4 章为安全管理学，第 5 章为安全文化学，第 6 章为安全法学，第 7 章为安全行为学，第 8 章为安全经济学，第 9 章为安全工程学，第 10 章为事故灾害学。

　　本书在编写过程中参阅了大量的文献资料，所有的参考文献一并列出，在此谨对原作者表示诚挚的敬意和谢意。

　　由于作者水平有限，书中疏漏和不足之处在所难免，敬请读者不吝指正。

作　者

2015 年 5 月

目　录

第1章 安全科学学

科学学是研究科学的学科，科学学以科学为研究对象，去认识科学的性质特点、结构关系、运动规律和社会功能，并在认识的基础上研究促进科学发展的一般原理、原则和方法。安全科学学是研究安全学科的科学，安全科学学以安全学科为研究对象，研究目的在于认识安全学科的性质特点、结构关系、运动规律和社会功能等，创立新的安全学科分支和体系，并研究促进安全科学发展的一般原理、原则和方法。

1.1 安全与安全学

安全科学是一门新兴科学，具有跨学科、交叉性、横断性、跨行业等特点，涉及人类生产和生活的各个方面。安全学的基本概念涉及安全、事故、危险、风险、安全系统、安全技术、安全工程、工业安全与公共安全等。掌握安全学的基本概念是深入理解安全学的基础。

1.1.1 安全与事故

1. 安全(safety)

"安全"是人们最常用的词汇，从汉语字面上看，"安"指"无危则安"，不受威胁、没有危险等；"全"指"无损则全"，完满、完整、齐备或指没有伤害、无残缺、无损坏、无损失等。显然，"安全"通常指人和物在社会生产生活实践中没有或不受或免除了侵害、损坏和威胁的状况。安全有多种定义，最基本的定义是：安全泛指没有危险、不受威胁和不出事故的状态或条件。

关于安全概念的理解可以分为两大类，即绝对安全观和相对安全观。绝对安全观认为：安全就是无事故、无危险，指客观存在的系统无导致人员伤亡、疾病，无造成人类财产、生命及环境损失的条件。在相当长的历史时期内这一观点很盛行，目前仍在一部分生产管理人员、科研人员和工程技术人员的思想上有着深刻的烙印。在早期出版的一些典籍和教科书中也同样表明安全就是"无危险、无风险"的观点。绝对安全观表达了人们的一种愿望，从现实情况看，它是很难实现的。

相对安全观认为：安全是指客体或系统对人类造成的可能的危害低于人类所

能允许的承受限度的存在状态，美国哈佛大学的劳伦斯教授认为，安全就是被判断为不超过允许限度的危险性，也就是指没有受到伤害或危险，或损害概率低的通常术语。也有人认为，安全是相对于危险而言的，世界上没有绝对的安全。还有学者认为，安全是指在生产、生活过程中，能将人员和财产损失(害)控制在可以接受的水平的状态。也就是说，安全，即意味着人员和财产遭受损失(害)的可能性是可以接受的。如果这种可能性超过了可以接受的水平，即被认为是不安全的。

安全的本质是反映人、物以及人与物的关系，并使其实现协调运转。安全是事物遵循客观规律运动的表现形式、状态，是人按客观规律要求办事的结果；事故、灾害则是事物异常运动(隐患)经过量变积累而发生质变的表现形式，是人违背客观规律或不掌握客观规律而受到的惩罚、付出的代价。人们通过改变、防止事物异常运动的努力可以控制、预防事故或灾害的发生，使事物按客观规律运动，从而可以保证安全。然而，由于人类对危险的认识与控制受到许多社会、自然或自身条件的限制，所以安全是一个相对的概念，其内涵和标准随着人类社会的发展而变化，不同的时代，人类面临的安全问题是不一样的，安全的内涵不断的演变。在人类社会不同的历史发展阶段，人类对安全内涵的理解和安全标准存在很大差异。总之，安全是一个相对的概念，是认识主体在某一限度内受到损伤和威胁的状态。

2. 事故(accident)

在人们的生产或生活过程中，总会发生某些不期望、无意的，造成人的生命丧失、生理伤害、健康危害、财产损失或其他损害和损失的意外事件，这就是事故。研究安全科学的最终目标就是要控制事故风险，消除事故事件，因此需要认识事故的概念。事故是指造成死亡、疾病、伤害、损坏或其他损失的意外情况。通常，我们把"事故"定义为造成死亡、疾病、伤害、损坏或其他损失的意外情况。事故的损坏作用主要表现在 3 个方面：对人的生命与健康造成损害；对社会、企业、家庭的财产造成损失；对环境造成损坏。后果非常轻微或未导致不期望后果的"事故"称为"险肇事故"或"未遂事故"。认真分析，查找原因，采取切实有力的措施将存在的薄弱环节予以消除或进行监控，防止事故发生。

因统计、研究、管理等不同目的，可将事故分为不同类别。例如，按事故对象可划分为"设备事故"和"伤亡事故"或"工伤事故"，按事故责任范围可划分为"责任事故"和"非责任事故"等。

1.1.2　危险与风险

1. 危险（hazard）

危险和事故在逻辑上有一定关联，都会导致人员伤亡或疾病，或导致系统、设备、社会财富损失、损坏或环境破坏，但是危险并不等于事故，它是导致事故的潜在条件，危险是事故的前兆，只有在一些触发事件的刺激下，危险才可能演变成事故。危险在一定的条件下可以转变成为事故，危险与事故在逻辑上具有因果关系。

危险含有危险因素（hazardous element，HE）、触发机理（initialing mechanism，IM）和威胁目标（target and threat，T/T）的属性。危险因素属性是促进危险产生的根源，如导致爆炸的危险的能量；触发机理属性是指触发事件导致危险发生，从而将危险转变为事故；威胁目标属性是指人或设备面对伤害、损坏的脆弱性，它反映了事故的严重度。表 1-1 给出了几个危险属性的例子。

表 1-1　危险属性实例

危险属性	实例			
危险因素	弹药	高压储罐	燃料	高电压
触发机理	没有标识	储罐破裂	油料泄露且遇火源	因暴露而触摸
威胁目标	爆炸、死伤	爆炸、死伤	火灾、系统损坏或死伤	触电、死伤

安全和危险在所要研究的系统中是一对矛盾，它们相伴存在。安全是相对的，危险是绝对的。危险的绝对性表现在事物或技术一诞生危险就客观存在。中间过程中危险有可能变大或变小，但不会消失，危险存在于一切系统的任何时间和空间中。不论我们的认识多么深刻、技术多么先进、设施多么完善，危险始终不会消失，人、机和环境综合功能的残缺始终存在。

2. 风险（risk）

谈及风险，人们可能更多地将这个概念与金融、财务联系在一起，生产安全领域风险的概念与它们是一致的，风险是指某危害性事件发生的可能性（probability）与其引起的伤害的严重程度（severity）的结合。它体现的是由于生产过程中的不安全而产生的事故对企业造成的损失，又称为事故风险（mishap risk）。按风险来源，风险可分为自然风险、社会风险、经济风险、技术风险和健康风险5类。ISO31000：2009《风险管理——原则与指南》（第一版）将风险定义为目标的不确定性产生的结果。这个结果是与预期的偏差——积极和/或消极；目标可以有不同方面（如财务、健康和安全及环境目标），可以体现在不同的层面（如战略、组织范围、项目、产品和流程);风险通常被描述为潜在事件和后果,或它们的组合;风险往往表达了对事件后果(包括环境的变化)与其可能性概率的联合。

通常人们用 $R = S \times P$ 或 $R = S \cdot P$ 来表示风险,式中,R 为风险;S 为损失;P 为发生概率;"$\times$" 和 "$\cdot$" 为逻辑相乘,并非真正数学意义上的"相乘"。

风险的概念表明:风险是由两个因素确定的,既要考虑后果,又要考虑其发生的概率。例如,乘坐交通工具有出现交通事故的可能,因而说乘坐交通工具有危险,但是乘坐飞机和乘坐汽车哪一个风险更小呢?需要从风险两个维度综合比较。由此也说明,风险虽有大小、高低之分,但任何时候风险都不可能为零,因而风险具有绝对性。

基于风险的概念,人们将安全定义为"免除了不可接受的伤害或损害风险的状态"。

1.1.3　工业安全与公共安全

1. 工业安全(industrial safety)

工业安全是随着工业化发展产生的概念,其基本范畴包括生产安全和生活安全。工业安全主要是基于技术发展造成的风险问题。在我国,工业安全主要指生产安全,如果以安全为主体,也称为安全生产。

随着中国经济的不断快速发展和工业制造水平的不断提高,工业生产所需的机器设备越来越先进,生产过程的自动化程度大幅度提高,从而大大提高了生产效率,这就使得生产工艺和设备变得复杂,因而设备的安全性也变得极为重要,以避免工作人员在操作中发生人机事故,保障人员的生命安全。"工业安全"作为并不陌生的词汇,越来越广泛地引起人们的重视。

工业安全是指工业化社会或工业生产过程的安全。工业安全的目标是致力于维护工业生产过程作业人员的安全与健康,消除、避免或控制意外事故的发生。

现代工业安全的研究内容包括:机械安全、电气安全、压力容器安全、电力安全、交通运输安全、消防安全等。具体涉及机械加工、机械设备运动部分的防护、物料搬运、用电安全、防火、防爆、防毒、防辐射、噪声的测试与隔音、污水污物和废气的处理、个人防护、急救处理、高空作业、密闭环境作业、危害检测、工程安全、作业安全、工业企业安全管理、安全评价、安全监督、安全法制等。这些研究内容可应用于机械、电子、石油、化工、冶金、有色、地勘、矿山、建筑、航空、航天、交通、运输、电力、农机等领域。

工业安全对生产及经济建设有着极其重要的作用。因为各种意外事故的发生，轻者造成机器设备及工时的损失、人身的伤痛，重者造成生命的丧失和家破人亡，所以说工业安全是工业发展过程中的重大问题。

"生产安全"与"工业安全"有着相似的含义。在《注册安全工程师手册》中给了"生产安全"如下的解释："生产安全是保障和维护生产经营过程的基本前提和条件。生产安全的基本目的是保障生产作业人员生命安全和健康，避免和减少生产资料损害和经济损失，促进社会经济健康持续和快速发展。生产安全涉及工业、农业和服务业生产经营安全，各类交通运营安全，公共消防安全，特种设备、设施安全等与生产经营相关的安全。"

2. 公共安全(public safety)

公共安全是国家安全的重要组成部分，是经济和社会发展的重要条件，是人民群众安居乐业与建设和谐社会的基本保证，是保障国家、社会和人民安全的基本要件。当前我国正处于经济发展的关键时期，人民内部矛盾渐有加剧，但公共安全事业发展还处于小、散、低的初级阶段，从事公共安全的主体除政府外数量少、规模小，缺乏核心技术和品牌产品；公共安全防范技术空心化，核心部件依靠进口，重要的应急信息平台、决策指挥平台、监测预警技术等还没有取得突破或形成标准。

对于公共安全问题，国外、国内学者有各自不同的看法。

根据联合国的界定，公共安全主要包括以下 4 个方面：①自然灾害，又可分为地质方面、水文气象方面、生物学方面等；②技术灾难，来自技术或工业事故；③环境恶化，人类行为导致的环境和生物圈的破坏；④社会安全，包括战争和社会动乱等。其级别分为 4 级：Ⅰ级(特别重大)、Ⅱ级(重大)、Ⅲ级(较大)和Ⅳ级(一般)。影响公共安全的因素主要有：自然因素、卫生因素、社会因素、生态因素、环境因素、经济因素、信息因素、技术因素、文化因素、政治因素、国防因素。

由三大国际标准化组织 ISO、TEC 和 ITU 领导的公共安全顾问组(strategy advisory group-security，SAG-S)将"公共安全"的概念定义为广义的，包含IT、国土安全、自然灾害等宽泛的含义。这里的国土安全是指包括突发事件管理或灾害应急、关键基础设施保护、核生化威胁应对、海事安全等；自然灾害是指包括水旱灾害、气象灾害、地震灾害、地质灾害、海洋灾害、生物灾害和森林灾害等。ISO/TC223 认为，公共安全更多的是侧重于社会领域的安全，范畴包括危机管理能力(持续改进)、技术方法的可操作性以及所有安全利益相关方面的认识。

公共安全是保障国家、社会和人民安全稳定的基本条件。公共安全是由政府及社会提供的预防各种重大事件、事故和灾害的发生、保护人民生命财产安全、减少社会危害和经济损失的基础保障，是政府加强社会管理和公共服务的重要内容。公共安全涉及的各种重大事件、事故和灾害分为地球演化过程中对人和社会造成的各种灾害、人类生活和经济运行过程中发生的各种事故、社会运转过程中产生的违法犯罪、经济全球化过程中的外来有害物质和生物入侵、国内外极端势力（分子）制造的各种恐怖事件等方面。公共安全体现在食品安全、生产安全、防灾减灾、核安全、火灾安全、爆炸安全、社会安全、突发事件和反恐防恐及国境检验检疫等社会实践方面。

影响公共安全的因素主要有：①自然因素，包括地质灾害，如地震、滑坡、崩岸、塌陷、泥石流等；气象灾害，如暴雨、洪涝、旱灾、风灾、雹灾、雪灾、霜冻、雷击、雾凇、雨淞、寒潮、沙尘、海浪、海啸等。②卫生因素，包括人体卫生安全，如各类传染病、流行病、职业病、突发病、中毒等；动物防疫安全；水生物防疫安全，如鱼、虾、蟹、贝等。③社会因素，包括刑事安全，如打、砸、抢、盗、杀、烧、炸、绑架、毒品等；社会动乱，如暴乱、非法集会游行、非法宗教活动等。④生态因素，包括海洋生态安全，如赤潮、海岸带侵蚀、海水入侵、海水污染、渔业生态失衡、海岸工程毁坏等；自然生态安全，如动植物种群及物种保护、生物多样性保护、农作物与树林病虫灾、森林火灾、水土流失等。⑤环境因素，包括废气、废水、废渣、噪声、毒气、腐蚀性物质、光化学雾、放射性危害等。⑥经济因素，包括生产安全，如爆炸、各类事故等；金融安全，如信贷、外汇、股市等；交通运输安全，如铁路、公路、航空、海运、管道、索道、重要桥梁等；能源安全，如煤、油、电、气、水、火、热等。⑦信息因素，包括国家机密、计算机信息、网络信息、核心技术、商业秘密等。⑧技术因素，包括重要公共技术设施保护，如电视台、电台、通信等重要信息枢纽等；高新技术的负面危害，如克隆技术、转基因技术等。⑨文化因素，包括民族矛盾、文化冲突等。⑩政治因素，包括政治动乱、国家分裂、政治斗争等。还有国防因素，包括外敌入侵、主权危害等。可见，公共安全是一个可以从多角度、多侧面进行分析研究的复杂系统和体系。

1.1.4　安全系统

1. 安全系统的定义

安全系统（safety system）是由人员、物质、环境、信息等要素构成的，达到特定安全标准和可接受风险度水平的，具有全面、综合安全功能的有机整体。安全系统要素相互联系、相互作用、相互制约，具有线性或非线性的复杂关系。其中，人员涉及生理、心理、行为等自然属性，以及意识、态度、文化等社会属性；物质包括机器、工具、设备、设施等方面；环境包括自然环境、人工环境、人际环境等方面；信息包涵法规、标准、制度、管理等因素。

安全系统要素的内涵如图 1-1 所示，安全系统要素的结构关系如图 1-2 所示。

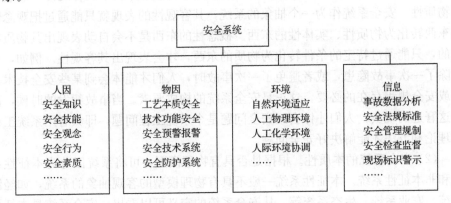

图 1-1　安全系统要素的内涵

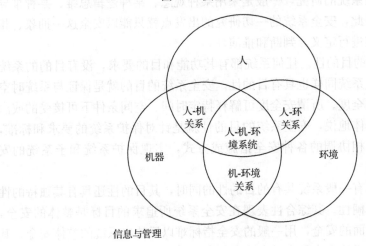

图 1-2　安全系统要素的结构关系

显然，安全系统是实现系统安全、功能安全的基础和条件。根据安全系统的线性及非线性的特性，涉及 7 个子系统：人因子系统、机器子系统、环境子系统、人-机子系统、人-境子系统、机-境子系统、人-机-环境子系统。上述 7 个子系统是安全科学研究的基本对象。换言之，安全科学就是揭示上述 7 个子系统的安全规律、安全特性、安全理论、安全方法的科学，以实现系统或技术的安全功能和安全目标。

安全系统要素相互影响、相互依存、相互关联、相互作用，它们之间的关系是动态变化的，随时间和空间的变化而变化，因而安全系统是一个十分复杂的巨系统、复合系统。人们期望了解和掌握安全系统的变化规律和现实状态，因此先需要认识安全系统的属性。

（1）安全系统的客观性。在人们一般、惯性的思维方式中，客观性一般表现为物质性。安全系统作为一个抽象的系统，其客观性的表现就只能通过把观念性的东西转化为物质性、实体性的东西。概念性的东西是不会自动表现出其物质特性的，只能通过特定的条件转化为物质东西，才会表现出其客观性。例如，当消除了一次事故隐患，或者避免了一次事故时，人们才能体会到某些安全技术条件或安全规程存在的必要。这正是安全系统的构成要素。当事故频发的时候，面对这窘迫的现实，人们才体会到安全问题是个系统工程问题，即只有用系统工程的理论和方法才能解决好安全问题。

（2）安全系统的本质性。根据是否具有物理模型，可将系统区分为本征性系统和非本征性系统。本征性系统一般不具有物理模型的客观抽象的系统，如经济系统、农业系统、生态系统等。从安全系统的定义可以看出，安全系统是本征性系统。对于本征性系统的研究，一般是采用某种观念、某种逻辑思维、某种推导等进行研究的。因此，安全系统的一切研究的出发点就只能以安全这一抽象、相对、综合性的思维进行定义、判断和推演。

（3）安全系统的目的性。任何系统都有其功能和目的要求，没有目的的系统是不存在的，安全系统同样也具有目的性。安全系统的目的就是保证与系统时空条件下相适应的安全度。所谓安全度可解释特定时间、空间条件下可接受的或满意的安全程度。具体地说，安全系统的目的性就是针对保护系统的要求和标准，通过与之相适应、相协调的各种安全措施或方式，实现保护系统和子系统的安全性。

安全系统在具有一般系统共有的目的性的同时，其目的性还具有其独特的性质，即综合性和模糊性。其综合性表现在安全系统所追求的目标是整体的安全，而不是局部的、片面的安全，用一般的安全指标难以反映出系统的整体安全。其模糊性则在于安全系统本身具有动态性和灰色性，动态的安全系统决定其目标必然具有模糊性和变化的特性。

（4）安全系统的环境性。在研究安全系统时，必须指出安全系统所界定的范围。安全系统之所以具有环境性，就是安全系统把某些特定的环境因素纳入其系统范围之内，即安全系统是由人、机、环境组成的。既然安全系统把环境作为其组成部分，是否可以说，安全系统作为一个系统，就不需要跟外界进行物质、能量、信息的交换？答案是否定的。所谓"外界"，指相对于安全系统的外部环境或相关系统。所以说安全系统仍是出于更广义的"环境"之内，或相邻系统之中，只是"环境"不是安全系统所含的环境，而是出于安全系统之外的环境。安全系统的环境是相对的，随着人类社会的发展，安全系统所研究的环境将越来越大，必然会使安全系统处于一个更大的环境之内。

（5）安全系统的结构性。安全系统能否完成其整体安全的功能，往往取决于安全系统的结构。不同等级的安全系统结构决定其具有完成整体安全功能的能力。安全系统是个多因素、多层次的复杂系统，其结构性必然表现在安全系统因素和层次的有机组合，从而安全系统具有一定的功能水平。

安全系统的功能将随着安全系统结构等级的不同而具有相应的功能水平，结构等级越高，相应的安全功能越强大，系统就越安全，反之则越危险。而且，随着结构的破坏，安全系统将伴随着事故而出现。

可以说，安全科学技术学科的任务就是为了实现安全系统的优化和安全水平的最大化。特别是安全信息和管理，更是控制人、机、环境三要素，以及协调人-机、人-境、人-机-环关系的基础和载体。

一个重要的认识是，不仅要从安全系统的单个要素出发，研究和分析系统的元素，如安全教育、安全行为科学研究和分析人的要素；安全技术、职业健康研究物的要素。更有意义的是要从整体出发研究安全系统的结构、关系和运行过程等，系统安全工程、安全人机工程、安全科学管理等则能实现这一要求和目标。

2. 安全系统与系统安全的关系

安全系统以安全为主体，系统为客体；系统安全以系统为主体，安全为客体。安全系统的实质是安全技术，系统安全的实质是技术安全。安全系统的具化，表现为安全功能(safe function)，如安全电气、安全交通、安全化工、安全矿山、安全建筑、安全工程等；系统安全的具化，表现为功能安全(functional safety)，如电气安全、交通安全、化工安全、矿山安全、建筑安全、工程安全等。安全科学研究的主体是安全系统，技术科学研究的主体是系统安全。针对一个技术系统或生产系统，系统安全是目的，安全系统是手段，安全系统与系统安全之间存在必然和复杂的联系，具有互为依存的辩证关系。在一个具体的行业或企业中，安全工程师要解决安全系统问题，技术工程师担当解决系统安全问题，分工合作、共同实现目标。因此，提出了安全"人人有责"的概念，需要建立全面的"安全责任体系"，共为安全，共享安全。

系统安全要求建立系统安全工程学科，其研究范畴包括：①系统安全辨识；②系统安全分析；③系统安全控制；④系统安全评价；⑤系统安全可靠性；⑥系统安全决策和优化；⑦安全信息系统和数据库；⑧安全系统的仿真等。系统安全工程的任务是从全局的观点出发，充分考虑有关制约因素，在系统开发、建设、运营各阶段，运用科学原理、工程技术及有关准则，识别潜在危险及事故发生发展的规律；研究安全系统的动态变化和有关因素的依存关系，提出消除、控制危险的(包括安全工程设施、管理、教育训练等综合措施)最佳方案。

安全系统要求建立安全系统工程学科,其任务是运用系统科学的理论和定量与定性的方法,对安全保障系统进行预先分析研究、策划规划、方案设计、制度管理、工程实施等,使各个安全子系统和保障条件综合集成为一个协调的整体,以实现安全系统功能与安全保障体系最优化的工程技术。安全系统工程是安全工程方面应用的系统工程,是安全科学、安全工程技术、现代安全管理、计算机和网络信息等技术密切结合的体现。其广泛用于各级政府安全监管、各类组织的公共安全管理、各行业的安全生产管理、各种工矿企业的安全保障体系建设等领域。

安全系统工程作为一门综合性的管理工程技术,除以系统论、控制论、信息论、突变论、协同学作为理论基础外,还涉及应用数学(如最优化方法、概率论、网络理论等)、系统分析技术(如可行性分析技术、人机工程、系统模拟、系统仿真、信息技术等),以及管理学、行为学、心理学等多种学科。

1.1.5　安全技术

技术是指根据生产实践经验和自然科学原理而发展成的各种工艺操作方法与技能,是解决人类所面对的生产和生活问题的方式、方法、手段。对于安全技术(safety technology)这个概念,不同的资料有不同的说法。

定义1[①]:安全技术指为保证职工在生产过程中的人身设备安全,形成良好的劳动条件与工作环境所采用的技术,由于行业、工种及作业环境、劳动条件的不同,安全技术的内容是很广泛的。例如,防护、保险、检修、通风、除尘、降温、防火、防爆、防毒等技术。

定义2[②]:安全技术指在人们从事生产的过程中,为预防和消除人身与设备事故,保障生产者及其他人员安全的技术措施。

定义3[③]:安全技术指为防止有害生产因素对操作人员造成危害而建立的技术措施、设置、系统和组织措施。它针对生产中的不安全因素,采用控制措施,以预防伤亡事故的发生。

定义4[④]:安全技术指在生产过程中为防止各种伤害,以及火灾、爆炸等事故,并为职工提供安全、良好的劳动条件而采取的各种技术措施。

定义5[⑤]:安全技术指在生产过程中,为了防止和消除伤亡事故,保障职工

---

① 郑大本,赵英才. 现代管理辞典. 沈阳:辽宁人民出版社,1987.
② 武广华,臧益秀,刘运祥,等. 中国卫生管理辞典. 北京:中国科学技术出版社,2001.
③ 苑茜,周冰,沈士仓,等. 现代劳动关系辞典. 北京:中国劳动社会保障出版社,2000.
④ 中国大百科全书(经济学卷).
⑤ 黄汉江. 建筑经济大辞典. 上海:上海社会科学院出版社,1990.

安全，企业根据生产的特点和各个生产环节的需要而采取的各种技术措施。采取安全技术的目的在于消除生产环境、机器设备、工艺过程、劳动组织和操作方法等方面的不安全因素，以避免发生人身或设备事故，保证企业生产的正常进行。

安全技术的任务有：①分析造成各种事故的原因；②研究防止各种事故的办法；③提高设备的安全性；④研讨新技术、新工艺、新设备的安全措施。各种安全技术措施，都是根据变危险作业为安全作业、变笨重劳动为轻便劳动、变手工操作为机械操作的原则，通过改进安全设备、作业环境或操作方法，达到安全生产的目的。

安全技术措施的内容很多，如机器设备的传动部分或工作部分装设安全防护装置；升降、起重机械，锅炉，压力容器等装设保险装置和信号装置；电气设备安装防护性接地和防止触电的设备；为减轻繁重劳动或危险操作而采取的辅助性机械设施；为防止坠落而设置的防护装置；等等。安全装置的作用在于一旦出现操作失误时，仍能保证劳动者的安全。

安全技术措施必须针对具体的危险因素或不安全状态，以控制危险因素的生成与发展为重点，以控制效果作为评价安全技术措施的唯一标准。其具体标准分为以下几个方面。

（1）防止人失误的能力。是否能有效地防止在工艺过程、操作过程中，导致产生严重后果的人的失误。

（2）控制人失误后果的能力。出现人失误或险情，也不致发生危险。

（3）防止故障或失误的传递能力。发生故障、出现失误，能够防止引起其他故障和失误，避免故障或失误的扩大与恶化。

（4）故障、失误后导致事故的难易程度。至少有两次相互独立的失误、故障同时发生，才能引发事故的保证能力。

（5）承受能量释放的能力。对偶然、超常的能量释放，有足够的承受能力，或具有能量的再释放能力。

（6）防止能量蓄积的能力。采用限量蓄积和溢放，随时卸掉多余能量，防止能量释放造成伤害。

在当代，由于工业的迅猛发展，在安全技术上，安全系统工程、人机工程（ergonomics）等在许多国家中已得到了迅速发展，事故预测和事故控制技术也得到了广泛的应用。

1.1.6　安全工程

从学科的角度，安全工程（safety engineering）是跨门类、多学科的综合性技术科学；从技术的角度，安全工程主要包括安全防护技术、事故预测预警技术、事故控制技术、安全检测检验技术、应急救援技术；从管理工程的角度，安全工程包括职业安全管理工程、职业健康管理工程等。

安全工程是一个不断发展的学科。因而，当前还没有一致的、公认的定义。

《注册安全工程师》手册中给了"安全工程"如下的解释："安全工程是对各种安全工程技术和方法的高度概括与提炼，是防御各种灾害和事故过程中所采用的、以保证人的身心健康和生命安全以及减少物质财富损失为目的的安全技术理论及专业技术手段的综合学问。在安全学科技术体系结构中，安全工程是包括消防工程、爆炸安全工程、安全设备工程、安全电气工程、安全检测与监控技术、部门安全工程及其他学科在内的安全科学的技术科学学科体系。安全工程的研究范围遍及生产领域(安全生产及劳动保护方面)、生活领域(交通安全、消防安全与家庭安全等)和生存领域(工业污染控制与治理、灾变的控制和预防)。它的研究对象是研究上述领域普遍存在的不安全因素，通过研究与分析，找出其内在的联系和规律，探寻防止灾害和事故的有效措施，以求控制事故、保证安全之目的。安全工程学需要对人、物以及人与物关系进行与'安全'相关的分析与研究，最终形成安全工程设计、施工，安全生产运行控制，安全检测检验，灾害与事故调查分析与预测预警，安全评估、认证等的技术理论及其实施方法的工程技术体系。安全工程应用领域包括：火灾与爆炸灾害控制、设备安全、电气安全、锅炉压力容器安全、起重与搬运安全、机电安全、交通安全、矿山安全、建筑安全、化工安全、冶金安全等部门安全工程技术。"

在《安全科学技术词典》中曾提到："安全工程是指为保证生产过程中人身与设备安全的工程系列的总称。安全工程是跨门类、多学科的综合性技术科学，主要包括伤亡事故预防预测技术、安全检测检验技术、应急救援技术、安全管理工程以及特殊环境中应用高技术解决安全问题等。"

"安全工程"在《保险大辞典》中被定义为"安全工程指对人、材料、设备与环境等整个系统的安全性加以分析、研究、改进、协调和评价，使人和财产得到最安全保护的评价与论证活动"。

在《系统安全工程能力成熟度模型(SSE-CMM)及其应用》中提出安全工程要达到以下一些目标。

(1) 获取与一个企业相关的安全风险的理解；

(2) 建立一套与已标识的安全风险相平衡的安全需求；

(3) 将安全需求转变为安全指导，并将安全指导集成到一个项目所使用的其他学科行为中，以及一个系统配置或操作的描述中；

(4) 建立对安全机制的正确性和有效性的信心或信任度；

(5) 确定因一个系统所残留的安全弱点而导致的操作影响或者操作是可以接受的(可接受的风险)；

(6) 集成所有工程学科和专业的成果，从而形成对一个系统可信赖度的综合认识。

　　建立在上述安全学的基本概念的基础之上，我们可以对安全学定义如下：安全学是揭示安全系统规律或系统本质安全，研究安全生产、公共安全的科学技术理论与方法，指导各类事故灾难的预防和损害控制规律的知识体系。

1.2　安全学的发展与现状

1.2.1　古代的安全防灾

1. 古代安全观念

　　观念，是指人们认识事物的基本理念，观念是思想的基础，行为的准则。古老的中华民族有着悠久的历史，流动于民族文明长河中的安全观念具有两面性，即负面消极的和正面积极的。显然，归纳和总结古代安全观念，对现代人有着重要的指导和借鉴作用。

1）古代的消极安全观念

　　天命无常：古语有云"死生有命，富贵在天""万般皆由命，半点不由人""万事不由人计较，一生都是命安排""万事分已定，浮生空自忙""命中若有终须有，命里无时莫强求""有福不用忙，无福跑断肠"。

　　乐知天命：《周易·系辞》中有记载"乐天知命，故不忧"。中国人乐知天命的表现之一是安于现状，老子有云"知其不可奈何而安之若命，德之至也"。中国人乐天知命的表现之二是生活中常常巧妙地用"命中注定"4 个字告慰自己的心灵。中国人乐知天命的表现之三是做任何事情的时候，心怀"只知耕耘，不问收获"的勤勉、踏实的态度。

　　时来运转：表现之一是命运轮流定律，古语有云"天无百日雨，人无一世穷""三十年风水轮流转""三十年河东，三十年河西"。表现之二是祸福依伏定律，古语有云"塞翁失马，焉知非福""富极是招灾本，财多是惹祸因""财多惹祸，树大招风"。表现之三是善恶有报定律，俗语说"善有善报，恶有恶报，不是不报，时辰未到"。

　　谋事在人，成事在天："尽人事，听天命"，《菜根谭》中有记载"君子不言命，养性即所以立命；亦不言天，尽人自可以回天"。谋事在人，成事在天，一方面是指尽量去做自己力所能及的事，然后听凭天命的发落；另一方面也包含着中国人天命观中道德选择的思想。

　　这些观念反映的是早期的安全宿命观，古代人们对待安全的认识具有宿命论的特点，总是被动地承受事故与灾难。"听天由命"的安全观念的产生与时代特点有关。远古时期，生产力水平低下，科技水平尚处在初始阶段，人们面对天灾人祸无能为力，表现出一种无奈、无知和软弱，因而只能听天由命。一方面，宿命论所强调的服从命运的主张具有消极的一面；另一方面，它强调人要适应自然，要按照自然规律改造自然。从历史过程来看，相对于大自然，人的力量毕竟是有限的，所以无论到何时，人都要顺应自然，这样才能实现安全。

2）古代的积极安全观念

（1）墨子的国家安全观。

墨子是一位伟大的思想家、哲学家、教育家、科学家，从墨子思想体系中可以发掘国家安全的观念。

"兼相爱"和"非攻"的安全观念。墨子生活在春秋战国时代，这是一个臣不朝君的时代，各诸侯国相互征伐，战争不断，民不聊生，社会矛盾十分尖锐。面对这样的社会矛盾，墨子提出"兼相爱"的思想，这是墨子的核心思想之一，是墨子一生所追求的理想境界。墨子说："若使天下兼相爱，国与国不相攻，家与家不相乱，盗贼无有，君臣父子皆能孝慈，若此则天下治。"他主张诸侯之间应遵循"兼相爱、交相利"的原则，所谓"利"，不是一国的私利，而是天下的公利，就是要互惠互利；所说的"爱"不是自爱，而是互相尊重，就是使"天下之人皆相爱，强不执弱，众不劫寡，富不侮贫，贵不傲贱"。墨子宣传的"兼相爱"是无等级差别的，他与人类所追求的没有剥削压迫的(共产主义)理想社会相似。墨子的另一核心思想则在国家安全方面，是"兼相爱"在国家安全层面上的体现，就是"非攻"。他认为，诸侯征战是一种具有极大破坏性的活动，兴师征伐必然毁人城郭，夺民之用，废民之利，涂炭生灵，这是基本的事实。他批评那些好战君王，自恃强大，以坚甲利兵攻伐无罪小国，并认为非此不足以扬名得利。其实从长远看，这种战争并不能为战争发动者带来好处，其结果只能四面树敌，得恶名，招灾祸。虽然他主张"兼爱"，反对压迫和战争，可是作为一个思想家，他知道自己不可能回避现实。因此，在"非攻"中首先阐明了反对不义战争的思想，但是反对不义战争，不能只凭空谈，必须靠正义的战争反对不义战争。"兼爱"和"非攻"是墨子国家安全观的思想基础，也是墨子一切思想的根本。墨子对这样一种看似理想、难以实现的哲学赋予了很多现实的解释，使其具有现实的可用性。这一点在墨子的军事思想中充分体现出来，这部分也是墨子对国家安全的各种观点的精华所在。

"重备防患"的国家安全观。墨子军事思想主要针对大国进攻小国，强国欺凌弱国而设计的，他认为小国和弱国必须积极的防御，打败敌人的进攻，保卫国家的独立与安全，他提出了"有备无患"的防御策略。墨子认为，一个国家的安全和防御是一个长远的、全局性的国策问题，国君在和平年代就要在粮食、武器装备、城防、防御计划、内政、外交等各方面做好准备。墨子在《七患》一文中作了详尽的分析：第一患"城郭沟池不可守而治宫室"，强调了军事建设的重要性；第二患"边国至境，四邻莫救"，说明了外交结盟在战乱时期的重要作用；"先尽民力无用之功，赏赐无能之人，民力尽用于无，财宝虚于待客，三患也"，提出储备国力，积攒力量，应付战争；第四患"仕者持禄，游者爱佼，君修法讨臣，臣慑而不敢拂"，指做官的人只想保住自己的俸禄，游学的人只注重交游，国君修订法律讨伐大臣，大臣害怕不敢违背君主之命，揭示了国家在公共管理、教育、立法方面存在的隐患；"君自以为圣智而不问事，自以为安强而无守备，四邻谋之不知戒，五患也"，国家领导人的无能也是国家安全的大患；第六患"所信不忠，所忠者不信"国君信任的人对他不忠诚，忠诚的人他又不信任，不会用人，小人当道，贤才不尽其用也是国家安全的危害；最后一患"畜种菽粟不足以食之，大臣不足以信事之，赏赐不能喜，诛伐不能威"，养的牲畜和种的粮食不够吃，大臣对国事不能胜任，奖赏了也不喜欢，责罚也不能让人畏惧，一方面说明了粮食储备是国家的生命线，要用贤能之人理政，另一方面也强调了统治权威的重要性和人心的向背。墨子最后说到："以七患居国，必无社稷；以七患守城，敌至国倾。七患之所当，国必有殃。"《七患》一文不仅是墨子军事思想的浓缩概括，也是墨子国家安全观的基本体现。墨子重视防守，重视储备，强调全方位的备战。著名的"止楚攻宋"便是墨子以守为攻的成功战例。墨子在另一篇《备城门》中提出了 14 个守城的条件，除了军事备战外，还强调了内政、外交、经济和财力在防御中的重要作用，这种防御的国家安全观不仅在古代战争中是行之有效的，而且在现代战争中也是必不可少的。因为战争的胜败取决于国家综合实力的强弱。此外，墨子还提出要建立有效的防御指挥系统，军队要有严明的组织纪律性和奖惩制度。

（2）古代的安全观。

在我国悠久历史的流源中，很多成语、谚语反映了古人诸家的安全观念。

"千里之堤，溃于蚁穴"语出先秦·韩非《韩非子·喻老》："千丈之堤，溃于蚁穴，以蝼蚁之穴溃；百尺之室，以突隙之烟焚。"一个小小的蚂蚁洞，可以使千里长堤溃决。比喻小事不慎将酿成大祸。在安全生产中同样如此，有时候忘戴一次安全帽，少拧一个小螺丝，都可能酿成大的事故。所以，凡事要从大处着眼、小处入手，不能放过任何一个细节。当发现不安全的隐患后，必须迅速进行整改，避免问题积累、浅水沟里翻船。

"螳螂捕蝉黄雀在后"语出《庄子·山木》："睹一蝉，方得美荫而忘其身，螳螂执翳而搏之，见得而忘其形；异鹊从而利之，见利而忘其真。"螳螂正想要捕捉蝉，却不知道黄雀在它后面正要吃它。指人目光短浅，没有远见，只顾追求眼前的利益，而不顾身后隐藏的祸患。在现代的安全生产中，人们在追求眼前利益时，往往容易忽视后面隐藏着的危险；在生产经营过程中，往往容易追求生产速度，而忽视生产的运行状态；在生产投入和安全投入上，往往容易考虑生产上加大投入去追逐效益最大化，而忽视安全投入。

"差之毫厘，谬以千里"语出《礼记·经解》："《易》曰'君子慎始，差若毫厘，谬以千里'。"形容开始时虽然相差很微小，结果会造成很大的错误。在生产中，若做好应有的安全防护，安全教育，在生产中发生事故的可能性就会降低。

"前车之覆，后车之鉴"语出《荀子·成相》："前车已覆，后未知更何觉时。"《大戴礼记·保傅》："鄙语曰'……前车覆，后车诫'。"汉刘向《说苑·善说》："《周书》曰'前车覆，后车戒'。盖言其危。"后以"前车之鉴"、"前车可鉴"或"前辙可鉴"比喻以往的失败，后来可以当做教训。这是事故预防的有效的对策。

千百年来，我国智慧的民族总结出了许多优秀的安全观念。

观念之一：居安思危，有备无患——出于《左传·襄公十一年》："居安思危，有备无患。""安不忘危，预防为主"。孔子说："凡事预则立，不预则废。"即安全工作预防为主的方针。

观念之二：防微杜渐——源于《元史·张桢传》："有不尽者亦宜防微杜渐而禁于未然。"这就是我们常说的从小事抓起，重视事故苗头，使事故或灾害刚一冒出就能及时被制止，把事故消灭在萌芽状态。

观念之三：未雨绸缪——出于《诗·豳风·鸱鸮》："适天之未阴雨，遮彼桑土，绸缪牖户。"尽管天未下雨，也需要修好窗户，以防雨患。这也体现了安全的本质论重于预防的基本策略。

观念之四：长治能久安——出自《汉书、贾谊传》："建久安之势，成长治之业。"只有发达长治之业，才能实现久安之势。不仅对于国家安定是这样，而且对于生活与生产的安全也需要这一重要的安全策略。

观念之五：有备才无患——出于《左传、襄公十一年》："居安思危，思则有备，有备无患。"只有防患未然时，才能遇事安然，成竹在胸，泰然处之。能说不是重要的安全方略吗？

观念之六：亡羊须补牢——出自《战国策、楚策四》："亡羊而补牢，未为迟也。"尽管已受损失，也需想办法进行补救，以免再受更大的损失。古人云："遭一蹶者得一便，经一事者长一智。"故曰："吃一堑，长一智。""前车已覆，后来知更何觉时。"谓之："前车之鉴。"这些良言古训，虽是"马后炮"，但不失为事故后必须之良策。

观念之七：曲突且徙薪——源自《汉书、霍洖传》："臣闻客有过主人者，见其灶直突，旁有积薪。客谓主人，更为曲突，远徙其薪，不者则有火患，主人嘿然不应。俄而家果失火……"只有事先采取有效措施，才能防止灾祸。这是"预防为主"的体现，是防范事故的必遵之道。

2. 古代安全风险防范

研究我国古代风险防范的认识观和方略，对于现代人类的生产和生活仍放射着现实意义的光辉。

来自于生产和生活中的风险伴随着人类的进化和发展。在远古时代，原始人为了提高劳动效率和抵御野兽的侵袭，制造了石器和木器，将其作为生产和安全的工具。早在六七千年前，半坡氏族就知道在自己居住的村落周围开挖沟壕来抵御野兽的袭击。

1) 矿山风险防范

在生产作业领域，人类有意识的风险防范活动可追溯到中世纪时代，当时人类生产从畜牧业时代向使用机械工具的矿业时代转移，由于机械的出现，人类的生产活动开始出现人为事故。随着手工业生产的出现和发展，生产中的风险问题也随之而来。风险防护技术随着生产的进步而发展。

在公元七八世纪我们的祖先就认识了毒气，并提出了测知方法。公元 610 年，隋代方巢著的《诸病源候论》中记载："……凡古井冢和深坑井中多有毒气，不可辄人……必人者，先下鸡毛试之，若毛旋转不下即有毒，便不可人"。公元 752 年，唐代王涛著的《外台秘要引小品方》中提出，在有毒物的处所，可用小动物测试，"若有毒，其物即死"。千百年来，我国劳动人民通过生产实践，积累了许多关于防止灾害的知识与经验。

我国古代的青铜冶铸及其风险防范技术都已达到了相当高的水平。从湖北铜绿山出土的古矿冶遗址来看，当时在开采铜矿的作业中就采用了自然通风、排水、提升、照明以及框架式支护等一系列安全技术措施。在我国古代采矿业中，采煤时在井下用大竹杆凿去中节，插入煤中进行通风，排除瓦斯气体，预防中毒，并用支护防止冒顶事故等。1637 年，宋应星编著的《天工开物》一书中，详尽地记载了处理矿内瓦斯和顶板的"安全技术"："初见煤端时，毒气灼人，有将巨竹凿去中节，尖锐其末。插入炭中，其毒烟从竹中透上"，如图 1-3 所示，采煤时，"其上支板，以防压崩耳。凡煤炭去空，而后以土填实其井"。

公元 989 年，北宋木结构建筑匠师喻皓在建造开宝寺灵感塔时，每建一层都在塔的周围安设帷幕遮挡，既避免施工伤人，又易于操作。

2) 水灾风险防范

大禹治水和都江堰工程更是我国劳动人民对付水患的伟大创举。

大约在 4000 年之前，我国的黄河流域洪水为患，尧命鲧负责领导与组织治水工作。鲧采取"水来土挡"的策略治水。鲧治水失败后由其独子禹主持治水大任。禹接受任务后，首先就带着尺、绳等测量工具到全国的主要山脉、河流作了一番周密的考察。他发现龙门山口过于狭窄，难以通过汛期洪水；他还发现黄河

图 1-3　古代南方挖煤通风防毒方式

淤积，流水不畅。于是他确立了一条与他父亲的"堵"相反的方针，叫做"导"，就是疏通河道，拓宽峡口，让洪水能更快的通过。禹采用了"治水须顺水性，水性就下，导之入海。高处就凿通，低处就疏导"的治水思想。根据轻重缓急，定了一个治的顺序，先从首都附近地区开始，再扩展到其他各地。

公元前256年秦昭襄王在位期间，蜀郡郡守李冰率领蜀地各族人民创建了都江堰这项千古不朽的水利工程。都江堰水利工程充分利用当地西北高、东南低的地理条件，根据江河出山口处特殊的地形、水脉、水势，乘势利导，无坝引水，自流灌溉，使堤防、分水、泄洪、排沙、控流相互依存，共为体系，保证了防洪、灌溉、水运和社会用水综合效益的充分发挥。最伟大之处是建堰两千多年来经久不衰，都江堰工程至今犹存。随着科学技术的发展和灌区范围的扩大，从1936年开始，逐步改用混凝土浆砌卵石技术对渠首工程进行维修、加固，增加了部分水利设施，古堰的工程布局和"深淘滩、低作堰"，"乘势利导、因时制宜"，"遇湾截角、逢正抽心"等治水方略没有改变，都江堰以其"历史跨度大、工程规模大、科技含量大、灌区范围大、社会经济效益大"的特点享誉中外、名播遐方，在政治上、经济上、文化上，都有着极其重要的地位和作用。都江堰水利工程成为世界最佳水资源利用的典范。都江堰水利工程充分体现了古人在水灾风险防范方面的智慧。

3) 火灾风险防范

防火技术是人类最早的风险防范技术之一。早在公元前700年，周朝人所著的《周易》中就有"水火相忌"、"水在火上既济"的记载。据孟元老《东京梦华集》中记述，北宋首都汴京的消防组织就相当严密：消防的管理机构不仅有地方政府，而且由军队担负执勤任务；"每坊卷三百步许，有军巡铺一所，铺兵五人"负责值班巡逻，防火又防盗。在"高处砖砌望火楼，楼上有人卓望，下有官屋数间，屯驻军兵百余人。乃有救火家事，谓如大小桶、洒子、麻搭、斧锯、梯子、火叉、火索、铁锚儿之类"。一旦发生火警，由军弛报各有关部门。

　　我国古代也有很多防火法规。早在周朝，《周礼·夏官司徒》有记载："凡失火，野焚菜，则有刑罚。"这是我国自有文字以来，最早的刑罚条文。春秋战国时期，一些著名的思想家、政治家，如孔子(孔丘)、荀子(荀况)、管子(管仲)、墨子(墨翟)、韩非子(韩非)等，对火政关系国富民安等问题做过精辟的论述。西晋和南北朝的《晋律》和《大律》中均有"水火"篇。在"以法治火"思想的指导下，我国消防法制在秦朝初具雏形，唐代《永徽律》中有关消防的法规已相当完备。宋朝《营造法式》(成书于 1099 年)就相当于建筑防火标准，保证了建筑防火的严格落实。

　　《永徽律》是我国古代最早、保存完备的消防法典，是经唐高祖、唐太宗、唐高宗三代酝酿，历时 33 年，于 651 年颁布的。唐律中有关火灾的条款列在"杂律篇"，在《唐率律疏议》中共有 7 条，包括对违犯防火、救火法令、失火、放火等各种行为据性质、情节和危害程度量刑的处理规定。另外，对"见火起不告救"者、火灾责任人都有相应的处罚规定。可见，唐代关于火灾的防范意识是非常强的，朝廷在法律处罚外还实行行政处罚，完备了火灾法律、法规的建设，可作为后世的楷模。宋朝沿用唐律，因为奉行"乱世用重典"的政策，为了治理宋代严重的火灾(南宋尤盛)加强了对火灾的法制，严格处理火灾肇事者；加强了用火管理；改善了建筑防火条件。元代继承宋代以法治火的传统，有关消防治理的条文主要体现在《元史·刑法制·禁令》之中，这些条文既是对违法行为处罚的规定，又是对防火和灭火责任的规定。而且其常比照强盗杀人劫财来处罚，可见处罚之严厉。明代的刑律较前代更加完备，其明确区分了失火罪和放火罪，《大明律》中有详细记载。清代初期颁发的《大清律例》中有关火灾的刑罚内容和刑罚办法，与《大明律》基本相同。

　　4) 地震风险防范

　　公元 132 年，张衡发明的地动仪，为人类认识地震作出了可贵的贡献。

　　为了减少和避免地震造成的伤亡和破坏，采取防震和抗震措施是很重要的。我国先民在这一方面累积了不少的经验。

　　在房屋抗震方面，我国先民曾经得到很多的切身经验。台湾是中国地震最频繁的一省，古代台湾的中国先民在兴建城市时，就已注意到"台地(指台湾地区)罕有终年不震"这个特点，从而采取了一定的抗震措施。例如，在台湾淡水，有的城墙便是用竹子和木头等材料建成。用竹木建城，不但可以就地取材，经济方便，更重要的是竹木性质柔韧、质轻、耐震性能高，是很好的抗震建筑材料。其他震区的中国先民也有这种经验，如云南经常发生地震的地方，常采用荆条、木筋草等材料编墙，也是根据这个道理加以选择的。

我国先民在动土兴工，建造房屋、桥梁、高塔、寺庙时，为了要经久耐用和安全可靠，一般很注意地基牢固、建筑物结实、整体性好。特别在多震地区，他们更注意到地震的威胁，所以慎重考虑这些问题。对我国古代建筑物的考察我们可以看出，我国先民在这一方面的杰出智慧，他们对抗震设计和施工有很丰富的知识。例如，建于宋代的天津蓟县独乐寺观音阁，山西应县高达 60 多米的木塔和建于隋代的河北赵县、横跨洨水的赵州桥，距今都有一千年左右的历史了。它们都位于地震较多的华北地震区，经过多次不同程度的地震震撼，到现在还巍然屹立，不仅可以证明我国先民在建筑技术上的卓越成就，而且也可以供今人研究建筑物抗震性能之用。

大震之后，房屋有的倒塌，有的遭遇到破坏，而且余震不停，生命财产继续受到威胁。在这种情形之下，怎样防震抗震呢？这也是很重要的问题。古书上也记载了不少中国先民的办法，大致是多以木板、席、茅草等物搭棚造屋或趋避空旷地方，以减免伤亡和损失。这方面的记载，最早见于宋代，宋代之后也有很多记载，如"居者惧覆压，编茅为屋"、"于场圃中，戴星架木，铺草为寝所"、"于居旁隙地，架木为棚，结草为芦"等。这些办法在防震抗灾中，曾经确实发挥了有效作用。在史书上也有明确的记载，如清宣宗道光十年（公元 1830 年）6 月 12 日，河北磁县发生了 7.5 级大震，震后余震不止，到五月初七又发生了一次强余震，"所剩房屋全行倒塌，幸居民先期露处或搭席棚栖（栖）身，是以并未伤毙人口（故宫档案）"。由于这些防震抗震的措施，简易安全，行之有效，所以一直沿用至今。

古代中国先民不但有很多震前震后的防震、抗震知识，而且在强震发生来不及跑出屋外的危急时刻，怎样采取应变措施，避免伤亡，也有很宝贵的经验。明世宗嘉靖三十五年（公元 1556 年）1 月 23 日，陕西华县发生了 8 级大震，这一次大震的生还者秦可大根据亲身经验和耳闻目睹的事实写了一部重要著作《地震记》，提出了地震应变措施。他说："……因计居民之家，当勉置合厢楼板，内竖壮木床榻，萃然闻变，不可疾出，伏而待定，纵有覆巢，可冀完卵；力不办者，预择空隙之处，当趋避可也。"

在地震预报技术还不理想的今天，地震突然发生，来不及跑出屋外，就躲在坚实的家具下，以免砸伤压毙，这在今日防震抗震中，仍然是一件重要的措施。可见，400 多年前，秦可大所提出的这个办法是很有价值的。

1.2.2　安全科学的起源与进步

安全生产、安全劳动是人类生存永恒的命题，已伴随着创世纪以来人类文明社会的生存与生产走过了数千年。在进入 21 世纪，面对社会、经济、文化高速发展和变革的年代，面对全面建设小康社会的历史使命，我们需要思考中国安全生产，人类公共安全的发展战略，而这种战略首先是建立在历史的基石之上的。为此，我们需要对安全科学技术的起源与发展作一回顾。

20 世纪，是人类安全科学技术发展和进步最为快速的百年。从安全立法到安全管理，从安全技术到安全工程，从安全科学到安全文化，针对生产事故、人为事故、技术灾害等工业社会日益严重的问题，百年中，劳动安全与劳动保护活动为人类的安全生产、安全生存，以及人类文明创造了闪光的、不可磨灭的一页。

在 20 世纪，我们看到了人类冲破"亡羊补牢"的陈旧观念和改变了仅凭经验应付的低效手段，给予了世界全新的劳动安全理念、思想、观点、方法，也给予了人类安全生产与安全生活的知识、策略、行为准则与规范，以及生产与生活事故的防范技术与手段。通过把人类"事故忧患"的颓废情绪变为安全科学的缜密；把社会"生存危机"的自扰认知变为实现平安康福的动力，最终创造出人类安全生产和安全生存的安康世界。这一切，靠的是科学的安全理论与策略、高超的安全工程和技术、有效的安全立法及管理。

1. 安全认识观的发展和进步

1)从"宿命论"到"本质论"

我国在很长时期内普遍存在着"安全相对、事故绝对"、"安全事故不可防范，不以人的意志转移"的认识，即存在生产安全事故的"宿命论"的观念。随着安全生产科学技术的发展和对事故规律的认识，人们已逐步建立了"事故可预防、人祸本可防"的观念。实践证明，如果做到"消除事故隐患，实现本质安全化，科学管理，依法监管，提高全民安全素质"，安全事故是可预防的。这种观念和认识上的进步，表明在认识观上我们从"宿命论"逐步转变到了"本质论"。落实"安全第一，预防为主"的方针具备了认识观的基础。

2)从"就事论事"到"系统防范"

我国在 20 世纪 80 年代中期从发达国家引入了"安全系统工程"的理论，通过近 20 年的实践，在安全生产界"系统防范"的概念已深入人心。这在安全生产的方法论层面表明，我国安全生产界已从"无能为力，听天由命"、"就事论事，亡羊补牢"的传统方式逐步转变到现代的"系统防范，综合对策"的方法论。在我国的安全生产实践中，政府的"综合监管"、全社会的"综合对策和系统工程"、企业的"管理体系"无不表现出"系统防范"的高明对策。

3) 从"安全常识"到"安全科学"

"安全是常识,更是科学",这种认识是工业化发展的要求。从 20 世纪 80 年代以来,我国在政府层面建立了"科技兴安"的战略思想;在学术界、教育界开展了安全科学理论的研究,在实践层面上实现了按"安全科学"办学办事的规则。学术领域的"安全科学技术"一级学科建设(代码),高等教育的"安全工程"本科、硕士、博士学历教育,社会大众层面的"安全科普"和"安全文化",都是安全科学发展进步的具体体现。

4) 从"劳动保护工作"到"现代职业安全健康管理体系"

新中国成立以来的很长一段时期,我国是以"劳动保护"为目的的工作模式。随着改革开放进程的加快,在国际潮流的影响下,我们引进了"职业安全健康管理体系"论证的做法,这使我国的安全生产、劳动保护、劳动安全、职业卫生、工业安全等得到了综合协调发展,建立了安全生产科学管理体系的社会保障机制,并逐步得到推广和普及。

5) 从"事后追责处理"到"安全生产长效机制"

长期以来,我们完善了事故调查、责任追究、工伤鉴定、事故报告、工伤处理等"事后管理"的工作政策和制度。随着安全生产工作的发展和进步,预防为主、科学管理、综合对策的长效机制正在发展和建立过程之中。这种工作重点和目标的转移,将为提高我国的安全生产保障水平发挥重要的作用。

2. 安全科学的产生和发展

安全科学技术是研究人类生存条件下人、机、环境系统之间的相互作用,保障人类生产与生活安全的科学和技术,或者说是研究技术风险导致的事故和灾害的发生和发展规律以及为防止意外事故或灾害发生所需的科学理论和技术方法,它是一门新兴的交叉科学,具有系统的科学知识体系。

追溯安全科学技术发展的历史,人类经历了 4 个阶段的发展,如表 1-2 所示。

1) 自发认识阶段

在远古狩猎时代,人类通过采集捕捞等简单劳动,从大自然获取和繁衍种族的生活资料,同时面临着野兽的袭击,森林天然大火、洪水、雷电等自然灾害的威胁。于是,怎样避免伤害,保护人类自身的安全,就成了最早的劳动安全问题。我们的祖先就在制造石器、木器生产工具的同时,逐渐学会利用天然的自卫工具,而后又学会制造各种自卫工具。

进入农业时代,大部分人口以农业为主;矿业开始也是农业的一项副业,采量很小。矿产能源都深埋在地下,只有埋在地下不深的煤炭,才被偶尔掘出作燃

表 1-2　安全科学技术发展的历史阶段

阶段	时代	技术特征	认识论	方法论	安全科学技术的特点
自发认识阶段	工业革命前	农牧业及手工业	宿命论	无能为力	人类被动承受自然与人为的灾害和事故，对安全现象的认识仅限于一些零碎而互不联系的感性知识
局部认识阶段	第一次工业革命	蒸汽机时代	局部安全	亡羊补牢，事后型	建立在事故与灾难的经验上的局部安全意识
系统认识阶段	第二次及第三次工业革命	电气化时代、信息化时代	系统安全	综合对策及系统工程	建立了事故系统的综合认识，认识到人、机、环、管综合要素
本质预防阶段	第三次工业革命	信息化时代	安全系统	本质安全化，预防型	从人与机器和环境的本质安全入手，建立安全的生产系统

料。运载工具还很原始，从矿区把煤运出，由于道路荒芜，因此受到很大阻碍。在能源贫乏的时代，还谈不上有连续工序的企业。制造业主要还是手工操作，或只用最简单的技术辅助工具操作。随着手工业生产的出现和发展，生产中的安全问题也随之而来，安全防护技术随着生产的进步而发展。例如，湖北铜绿山古铜矿遗址的发现和发掘有力地说明，早在春秋时期，我国古代采冶作业中就采用了自然通风、排水、提升、照明以及框架式支护等一系列安全技术措施。中国古代的一些书籍对采矿、建筑设计防震、建筑施工中的防止坠落、防火灭火等措施做了不少扼要的记载。例如，宋代孔平仲在《谈苑》中记载了开采铜矿过程中防止有害气体的办法："地中变怪至多，有冷烟气，中人即死。役夫掘地而入，必以长竹筒端置火先试之，如火焰青，即是冷烟气也，急避之，勿前乃免。"这里所谈及的冷烟气就是一氧化碳。宋应星编著的《天工开物》一书中详细记载了煤矿开采过程中矿井支护和用竹筒排除有害气体的方法："初见煤端时，毒气灼人。有将巨竹凿去中节，尖锐其末，插于炭中，其毒烟从竹中透上。""其上支板，以防压崩耳。凡煤炭取空而后，以土填实其井。"英国早在 12 世纪就颁布了"防火法令"，17 世纪颁布了"人身保护法"，从法律上确定了安全管理的社会性。这说明在人类早期的生产活动中，我们的祖先就在技术和组织上积累了许多安全生产的宝贵经验。但是，由于生产力水平低下，那时人类对自然界的认识还仅仅停留在表面现象上，对安全现象的认识只是一些零碎而互不联系的感性知识，属于安全科学技术的自发认识阶段。

这一阶段反映的是早期的安全宿命观，人类对于安全问题的认识具有宿命论和被动承受型的特征。所谓安全宿命观，简单地说就是"听天由命"。安全宿命观的产生与时代特点有关。远古时期，生产力水平低下，科技水平尚处在初始阶段，人们面对天灾人祸无能为力，表现出人们的一种无奈、无知和软弱，因而只能听天由命。一方面，宿命论所强调的服从命运的主张具有消极的一面；另一方面，它强调人要适应自然，要按照自然规律改造自然。从历史过程来看，相对于大自然，人的力量毕竟是有限的，所以无论到何时，人都要顺应自然，这样才能实现安全。

2）局部认识阶段

以纺织机械与蒸汽动力为代表的第一次工业革命推动人类社会从农业时代进入工业时代，工业取代农业成为人类文明发展的强大物质基础和推动力量。1769年，瓦特的蒸汽机以及阿克赖特的纺纱机同时获得专利。蒸汽机的发明使社会生产的技术基础出现了质的飞跃，机械动力取代人力、畜力、水力、风力等自然力，成为生产的主要动力，蒸汽动力机械代替手工成为人类社会基本的生产工具，使手工作坊转变为工厂。焦炭工艺的发明使得冶炼厂用焦炭代替木炭。煤与铁的结合构成开创工业化道路的支柱之一。煤需求的日益增长，吸引资本雄厚的商人投资于新的矿山设备，矿工的人数以及煤的采运量年年上升。蒸汽机制造厂、纺织机械厂、炼铁厂以及其他生产部门迅速增加，向工业提供标准机器。工业不仅为需要生产，也为工业本身生产。机器生产从棉纺织业逐步发展到采掘、冶金、机器制造、运输部门。当机器本身品种增多并大规模投产使用时，它的效果在成倍的增长。总之，第一次工业革命把人类从手工劳动中解救出来，促进了煤炭、冶金、机器制造、交通运输等现代化工业部门的兴起与发展，劳动生产率空前提高，人类在不到 100 年的时间里创造了比人类社会几千年还要多的物质财富。

但是，随着蒸汽锅炉广泛应用于航海、纺织、铁路和矿山，锅炉爆炸、燃煤的有害气体等工业生产中的安全问题突出起来。1865 年 4 月 27 日，美国田纳西州孟菲斯附近密西西比河上，一艘美国蒸汽机船"苏丹女眷号"在运载 2000 多名原联邦战俘北上的时候，船上 4 个锅炉中的 3 个发生爆炸。这次事故导致 1800 人丧生。工业动力锅炉、人类生命之源的"水"开始引起一系列爆炸事故，人类开始认识到闪耀着迷人光彩的科学技术在造福人类的时候，也会带来许多人们不愿意看到的灾祸。惨痛的事故灾难激励着安全科学的先行者自发地进行安全工程探索。人们针对某类生产过程或某种机器设备的局部问题，采取安全技术方法去解决（如锅炉装设安全阀、矿山采用通风技术等），并成为生产不可缺少的组成部分，推动生产技术的发展，从而形成解决局部安全问题的专门技术。安全科学技术发展到局部认识阶段。

这一阶段体现了人们的安全经验论与安全知命观。由于技术的发展，使得人们的安全认识论提高到经验论水平，在事故的策略上有了"事后弥补"的特征。这种由被动变为主动，由无意识变为有意识的活动，不能不说是一种进步。安全知命观，其中的"命"说的是天命，反映了人们开始依据经验，把握安全的特点和规律。人们通过自己的实践活动，总结积累事故的经验教训，从而得出与某事相关联的"命运"的好坏和安全活动的局部预知。到了欧洲工业革命时代，人类在生产活动中又总结了农业、工业、工程技术和管理的相关安全经验，掌握了保护自身安全的技术、防护方法和措施，人们也就成了安全生产活动的有知者。安全知命观具有时代的特点，因为经验在不断总结、不断升华。经验始终是指导安全工作的宝贵财富，人们常说的吸取事故教训以指导安全工作就是安全知命观的具体体现。

3）系统认识阶段

（1）系统认识的初期阶段——经验型的事故统计研究。

从 19 世纪下半叶到 20 世纪初，以电力和内燃机为主要标志的第二次工业革命使人类社会进入到电气化时代。人类的生产工具从蒸汽机转变为发电机、电动机，电力、电气技术推动重工业内部的技术革命，内燃机技术推动交通运输行业的快速发展，新兴产业和新的产品不断出现和迅速成长，拉动相关能源和材料工业的发展，从而使产业结构发生迅速转换和升级，进而形成了以重工业、新兴工业和化学工业为主导的新的工业体系，相继出现了汽车、化工、新兴冶炼等一系列工业部门。由于技术的不断发展，流水线装配作业和互换型标准化大生产使生产规模不断扩大，重工业在世界中开始占重要地位，美国、英国、德国等国家成了以重工业为主导的工业国。此次科学技术革命又一次推动了社会生产力的巨大发展。

随着人类社会的发展，科技对生产力和经济社会发展的推动作用越来越显著，科学技术推动工业化向纵深发展。科学技术的进步在很大程度上改变了灾害的原有属性，使许多自然灾害成为人为灾害。例如，煤矿开采导致的地表沉陷、上体滑坡，地下采矿过程中发生的顶板灾害、冲击地压、煤与瓦斯突出、瓦斯爆炸、矿井突水、煤层自燃等给采矿工作者造成了沉重的伤害。更为重要的是，伴随着资源开发的加强，资源消耗速率超过资源的再生速率，产生的废弃物数量和毒性增长；同时，化工等新技术的快速发展与广泛应用也带来了一些新的危险因素。在石油化学工业生产中，一些原料或设备具有毒害性、易燃易爆性，如果技术失控就会酿成如火灾、爆炸、剧毒物质大量泄漏等各类重大安全事故。1884年 3 月 18 日，美国新泽西州吉布斯敦附近的杜邦炸药工厂，1t 硝化甘油在处理硝化器中发生失控反应。由于爆炸本身和它所产生的破碎，5 名现场人员在事故中丧生。1917 年 12 月 6 日，加拿大新斯科舍省（Nova Scotia）的哈利法克斯港，由于误解了信号，比利时运送救济物资的一艘货船撞上了"蒙特布兰克号"法国货船，后者正装载着用于战争的 5000t 炸药（苦味酸和 TNT）。撞击产生的火花引燃了货舱内可燃的液体和炸药，爆炸摧毁了哈利法克斯北部区域。这次事故造成 1635 人死亡，其中包括船员和哈利法克斯居民。1921 年 5 月 21 日，德国奥帕 BASF 化肥厂发生化肥堆爆炸事故，一堆硝酸铵和硫酸铵的混合物由于日晒雨淋而板结了很厚的一层外壳，工人们用爆破的方法从中取下一部分。在此之前工人们已经使用过 15 000 次这种办法，都没有发生过事故。然而，这一次化肥堆发生了爆炸，摧毁了工厂，并造成 561 人死亡。

残酷无情的技术灾害使人们深刻认识到现代科学技术是一把"双刃剑"。一方面，安全高效地利用技术能够给人类带来现代文明和巨大财富；另一方面，技术失控或失策也可能导致前所未有的各种灾难。

资本主义初期，在相当长的时期内，资本所有者为了获得最大利润率，把保障工人安全、舒适和健康的一切措施视为不必要的浪费，甚至通过压低工人的生存条件，节约不变资本，以此作为提高利润的手段。当时的机械设计很少甚至根本不考虑操作的安全和方便，几乎没有安全防护装置。工人在极其恶劣的生产条件下长时间工作，生产过程中人身安全毫无保障，伤亡事故频繁发生。根据美国宾夕法尼亚钢铁公司的资料，在 20 世纪初的 4 年间，该公司 2200 名职工竟有1600 人在事故中受到了伤害。工人恶劣的生存条件引起了社会进步人士的关注，激起了工人的反抗。另外，工业事故的灾难性日益突出，不仅危害工人的人身安全，而且带来较大的财产损失，使得工业生产难以为继。工人的斗争、社会舆论的压力和大生产的实际需要，迫使西方各国先后颁布劳动安全方面的法律和改善劳动条件的有关规定，强制资本所有者重视安全工作，在技术、设备上采取措施，保障工人的人身安全，改善工人的劳动条件，保证生产的顺利进行。许多国家先后出现了防止生产事故和职业病的保险基金会等组织，并赞助建立了无利润的科研机构，如 1863 年德国建立了维斯特伐利亚采矿联合保险基金会；1871 年德国建立了研究噪声与振动、防火与防爆、职业危害防护理论与组织等内容的科研机构；1887 年德国建立了公用工程和事故共同保险基金会；1890 年荷兰国防部支持建立了研究爆炸预防技术与测量仪器，以及进行爆炸性鉴定的实验室。到20 世纪初，许多西方国家建立了与安全科学有关的组织和科研机构，形成了安全科学研究群体，进行了大量的资料总结和事故统计，研究工业生产中事故预防技术和方法，相继发明了各种防护装置、保险设施、信号系统以及预防性机械强度检验等。这些经验型的事故统计研究与安全技术发展为安全科学的兴起和发展创造了必要的条件。

(2) 系统全面认识阶段。

以原子能、电子计算机和信息技术、生物技术、新型材料技术、新能源技术、海洋开发技术等新技术为主要标志的第三次工业革命发生于 20 世纪 40 年代末 50 年代初。通信技术推动通信设备制造业的快速发展，使人类社会发生了重大变革。电子计算机的发明和应用，不仅给人类带来了生产自动化、科学实验自动化、信息自动化，使生产效率成百倍的增长，而且开辟了使用机器代替人类脑力劳动的新时代。通过机械与电子的结合实现对机械的自动指挥和调节，进而带动其他传统产业的改造和升级，并使得工业生产规模日益大型化，工业生产过程日益连续化。在第三次工业革命的推动下，二战后出现了一个人类历史中罕见的生产大发展时期，大大加速了现代化的世界进程。

进入 20 世纪中叶以来，科技进步与经济社会发展使得工业灾难发生的环境及现象日趋复杂。第二次世界大战以后，现代化学工业、高能技术、航空航天技术、核工业的发展以及规模装置和大型联合装置的出现，使技术密集性、物质高能性和过程高参数性更为突出，工业生产潜在的风险无论在数量上还是在能级上均呈指数倍的增长，即使微小的技术缺陷对于现代装置和系统均往往成为灾难性的隐患。许多大型企业，特别是石油化工、冶金、交通、航空、核电站等，一旦发生事故，将会造成巨大的灾难，不仅会使企业本身损失严重，而且还会殃及周围居民，造成公害。经济全球化扩大了技术影响范围，使当代工业生产、科学探索、经济运行过程中的事故更具突发性、灾难性、社会性。这种状况使得技术带来的利益与恶果之间的矛盾越来越激烈和尖锐，从而产生一系列安全和可持续发展的问题。

石油化学工业的快速发展为人类生产生活提供了越来越多的产品。目前，在已知的 1100 万种化学品中，有 10 万种上了工业生产线，并且每年有 1000 种新的化学品投入市场。在 2500 种批量生产的化学品中，有近 85% 的年生产量超过 1000t。然而，随着危险化学品的生产、运输、使用和排放单位的急剧增加，化学品的失控性反应、爆炸、火灾、泄漏和喷出事故不断地给人类带来灾难。迄今为止，人类历史上最严重的化学事故是博帕尔灾难。1984 年 12 月 3 日凌晨 1 时许，印度博帕尔北郊的一家专门制造农药杀虫剂的美国大型化工厂，存储异氰酸甲酯(MIC)气体罐的自动安全阀门失灵，约 18 000L 的 MIC 毒气全部泄出，很快在工厂上空形成一团蘑菇状的气团。这些致命的毒气笼罩了约 $40km^2$ 的地区，波及 11 个居民区。惨案发生 3 年后，因这场事故死亡的人数达 2850 人，5 万多人的眼睛受到损伤，1000 多人双目失明，12.5 万人不同程度地遭到毒害，约有 10 万人终身致残。

原子能的和平利用引起了动力革命，为人类提供了新型能源。用反应堆生产的各种放射性同位素，也广泛应用于工业、农业、医疗等方面。核武器的杀伤力是毁灭性的，民用核反应堆和同位素容器，一旦发生事故，就会泄漏出放射性物质，同样可以造成致命的后果。由于设计上的问题或违反操作规程，世界上已经发生过 10 次核电站事故。1979 年，美国三里岛核事故尽管没有导致伤亡，却因拟定 10 多万人的疏散计划，引起人们极大的恐慌。事故的经济损失严重，仅二号反应堆的总清理费用就高达 10 亿美元。迄今为止，最大的核事故是 1986 年乌克兰切尔诺贝利事故。1986 年 4 月 26 日凌晨，由于工人违章操作，苏联乌克兰境内的切尔诺贝利核电站发生大爆炸,反应堆泄漏出的大量锶、铯、钚等放射性物质冲向空中,2000℃的高温和高达每小时100毫伦的放射剂量,吞噬了现场的一切。燃烧产生的浓烟和蒸发的核燃料迅速渗入到大气层中,在周围地区造成了强烈的核辐射,继而被风刮到很远的地方。事故造成7000多人死亡,经济损失达120亿美元。这场灾难对生态环境、居民健康以致社会发展都产生了难以估量的严重影响。彻底消除核事故危害已成为一个涉及诸多因素的综合性问题。

汽车、火车、船舶、飞机等交通工具在为人类带来巨大经济效益和许多生活便利的同时,航空事故、车祸和海难造成人数众多的死亡事故,也给人类带来难以愈合的伤痛和更多的思索。自1886年世界上第一部汽车问世的100多年以来,迅猛发展的道路交通工具极大地推进了现代文明的发展,然而也带来了巨大的灾难。至今全球已有3000余万人死于交通事故,远远超过第二次世界大战的死亡人数。目前,全世界每年有50万人死于交通事故,虽然我国汽车保有量只占世界的1.9%,但事故死亡人数却占全世界的15%左右,每年有10多万人因交通事故死亡。1912年4月14日晚23时40分,世界上最大的客轮、号称"永不沉没"的英国银星公司超级远洋客轮"泰坦尼克号"在驶往纽约的处女航途中撞上一座冰山,次日凌晨2时20分沉入洋底,出事地点在纽芬兰的大浅滩以南95km处。除了695人(多为妇女和儿童)爬上救生艇得以生还外,1513名乘客与船员葬身大海。1961年4月21日,第一艘载人宇宙飞船飞上太空,开始了人类航天新纪元。然而,人类在实现飞天梦想、挑战天空的科学探索中付出了沉重的代价。1986年"挑战者"号航天飞机失事,舱内7名宇航员全部遇难,直接经济损失达12亿美元。1992年11月24日,中国南方航空公司一架波音737型2523号飞机,从广州白云机场起飞,执行3943航班飞往桂林的任务,约于7时54分在广西阳朔县杨堤乡土岭村后山粉碎性解体,机上133名乘客和8名机组人员全部遇难。

人类在创造20世纪辉煌文明巅峰的同时,也让难以抗拒的惨重灾难在人们心中留下了挥之不去的巨大阴影。社会生产活动中发生的无数次火灾、爆炸、空难、海难、交通事故、中毒事故等所带来的严重后果和社会效应已超过了事故本身,灾难性事故已经成为社会生活、经济发展中的一个十分敏感的问题。安全已经成为当代经济系统、生产运行系统的前提条件,安全问题已经成为重大经济技术决策的核心问题。人们逐渐认识到局部安全的缺陷,传统的建立在事故统计的基础上的经验型的安全工作方法和单一的安全技术已经远不能满足现代化生产与科技研究的要求,其必须以一种全新的方法来取代或至少补充传统的被动式的反应方法。尤为关键的是在技术系统设计一开始就应采取正确的针对性措施,变事后归纳整理为事前演绎预测、变被动静态受制为主动动态控制。因此,保障安全,预防灾害事故从孤立的、低层次的研究,逐步发展到系统的、综合的、较高层次的理论研究，从多学科分散研究各领域的安全技术问题发展到系统地综合研究安全的基本原理和方法，从一般的安全工程应用研究提高到安全科学理论研究，逐步建立安全科学的学科体系，发展了本质安全、过程控制、人的行为控制等事故控制理论和方法，最终导致了安全科学的诞生。人类安全科学技术发展到系统认识阶段。

这一阶段反映了人类的安全认识论进入了系统论阶段，形成了系统安全观。系统论的提出及其在高端武器系统中的成功应用，给安全工作者提供了一个非常重要的技术手段，解决了安全工作者凭经验不能完全解决的事故预测问题，并从而树立了事故是可以预知的科学的事故预测观，推动了传统产业和技术领域安全手段的进步，完善了人类征服意外事故的手段和方法。系统安全观摆脱了宿命观和知命观以命(天命)为主导的对天灾人祸因果关系的原始认识，认为事故的发生和发展是有规律、有先兆的，因而用科学的方法可以预知。它对事故的预测是按照事故的特点和规律提出预测模型和解析结果。由于事故的发生具有随机性，所以目前事故预测给出的大多是事故发生的概率大小。

4) 本质预防阶段

随着系统安全分析方法和安全工程学的广泛应用和发展，人们逐渐认识到局部安全缺陷，从多学科分散研究各领域的安全技术问题发展到系统地综合研究安全的基本原理和方法，从一般安全工程技术应用研究，提高到安全科学理论研究，逐步建立了安全科学的学科体系，发展了本质安全、过程控制、人的行为控制等事故控制理论和方法。1978 年，英国化工安全专家 Kletz 提出了"本质安全"的新理念。

本质安全是从根源上减少或消除危险，而不是通过附加的安全防护措施来控制危险。通过采用没有危险或危险性小的材料和工艺条件，将风险减小到忽略不计的安全水平，生产过程对人、环境或财产没有危害威胁。本质安全方法通过设备、工艺、系统、工厂的设计或改进来减少或消除危险，安全功能已融入生产过程、工厂或系统的基本功能或属性。当然，采用本质安全方法并不能做到绝对安全，或者说绝对安全是不存在的。本质安全是对于生产系统中的某一种危险或几种危险，通过本质安全方法的处理使系统不断地趋向最安全的状态。

随着科技与经济社会的发展，现代安全威胁日益多元化。安全问题涉及自然灾害、事故灾难、公共卫生、社会安全四大领域。其中，自然灾害包括地震、外来物种侵害、台风、滑坡、洪水、泥石流、飓风等引起的事故。这类事故在目前条件下受到科学技术知识不足的限制还不能做到完全防止，只能通过研究预测、预报技术尽量减轻灾害所造成的破坏和损失。灾难事故包括火灾、矿山事故、建筑事故、交通事故、危险化学品事故；公共卫生包括突发疫情、突发的食品安全事件、突发的检测检疫事件；社会安全包括高科技犯罪、信息技术犯罪、经济犯罪、黑社会集团犯罪、恐怖活动等。

现代科技发展增加了人类面临的不确定性，产生了新的安全问题，例如，生物基因工程、转基因技术的出现和滥用，对人类健康、生物秩序和自然生态构成现实的威胁。食品安全、生态安全、能源安全、流行性传染病、金融危机、信息安全、恐怖主义等人为制造出来的风险层出不穷。例如，1997年亚洲金融危机、2001年美国"9·11"恐怖袭击、2003年SARS的突然袭击、2005年禽流感病毒的传播、2008年由美国次贷危机引发的金融风暴等突发性安全事件对社会安全、社会稳定和经济发展构成了重大威胁，这类被制造出来的风险取代了自然灾害、工业事故灾害占据的主导地位，日益成为公众关注的焦点，给一国或地区乃至世界政治、经济、外交、军事等诸多方面带来了广泛而深刻的影响，成为威胁国家安全的组成部分。

随着科技进步与经济社会的不断发展，社会各组成单元之间的依赖性日益加强；城市化的发展使得越来越多的人工作和生活在道路纵横、管网密布、复杂设备和高技术严密包裹的环境中；经济全球化发展促使高度依存的世界体系正逐步形成，不同国家与地区经济单元间依赖性日益增强，产业链环节增多并趋于庞大。人类面临的安全问题越来越多元化，安全问题已经延伸到生产、生活、环境、技术、信息等社会各个领域，社会风险的构成及后果趋于更加复杂，自然灾害、工业事故、卫生防疫、社会安全之间没有截然的分界线，相互依赖的加强和时空距离的缩短加剧了事故的扩散效应，某一风险的发生往往会引发其他风险，使综合风险日益突出。

人类如何在这个复杂的瞬息万变而又充满危险的时代确保国泰民安、民族生生不息，已成为各国政府和人民高度关注的问题。当代社会安全问题呈现的新特点，引发人们对传统安全观的再思考，传统的安全理论与认识视角已日益显示出其狭隘之处，人类开始超越传统安全研究的视野与方法，将关注目光拓展到更广阔的领域。这样，构建一种适应国际安全现实的新的安全观念，科学地认知新的安全现象成为安全研究领域的一个新的讨论热点，人类对安全的认识进入了本质预防阶段。

从1871年德国建立研究噪声与振动、防火防爆、职业危害防护的科研机构起，到20世纪初，英、美、法、荷兰等发达资本主义国家普遍建立了安全技术研究机构。

20世纪70年代以来，科学技术飞速发展，随着生产的高度机械化、电气化和自动化，尤其是高技术、新技术应用中潜在危险常常突然引发事故，使人类生命和财产遭到巨大损失。因此，保障安全、预防灾害事故从被动、孤立、就事论事的低层次研究，逐步发展到系统的、综合的、较高层次的理论研究，最终导致了安全科学的问世。1974年，美国出版了《安全科学文摘》；1979年，英国哈克顿和罗滨斯发表了《技术人员的安全科学》；1983 年，日本井上威恭发表了《最新安全工学》；1984 年，库尔曼发表了《安全科学导论》；1990 年，"第一届世界安全科学大会"在西德科隆召开，参加会议者多达 1500 人。由此可见，安全科学已从多学科分散研究发展为系统的整体研究，从一般工程应用研究提高到技术科学层次和基础科学层次的理论研究。

安全科学技术是一门新兴的边缘科学，涉及社会科学和自然科学的多门学科，涉及人类生产和生活的各个方面。从学科角度上看，安全科学技术研究的主要内容包括：①安全科学技术的基础理论，如灾变理论、灾害物理学、灾害化学、安全数学等；②安全科学技术的应用理论，如安全系统工程、安全人机工程、安全心理学、安全经济学、安全法学等；③专业技术，包括安全工程、防火防爆工程、电气安全工程、交通安全工程、职业卫生工程（除尘、防毒、个体防护等）、安全管理工程等。安全科学技术横跨自然科学和社会科学领域，近十几年来发展很快，直接影响着经济和社会的发展。随着安全科学学科的全面确立，人们更深刻地认识到安全的本质及其变化规律，用安全科学的理论指导人们的实践活动，保护职工安全与健康，提高功效，发展生产，创造物质和精神文明，推动社会发展。

1.2.3　我国安全科学的发展与进步

中国对安全的研究具有悠久的历史。翻开《考工记》、《左传》、《汉书》、《元史》、《战国策》、《四库全书》等古籍，很容易发现许多安全的思想和方略。但有关中国古代的安全史研究还基本为空白，还有待安全科学研究者的努力。可喜的是，近年来有一些学者开始研究安全史学，如孙安弟先生著的《中国近代安全史》，该书描述了从 1840 年鸦片战争到中华人民共和国成立的 109 年里，中国近代劳动安全卫生产生和发展的历史。鸦片战争后，随着中国工业的发展，大量的伤亡事故和职业疾病产生，为遏制和减少伤亡，中国劳动安全卫生事业不断发展，安全规章制度法律法规也经历了从无到有再到不断完善的过程。新中国成立以后，中国就开始了安全科学技术的研究发展，我国"安全科学与工程"学科是从劳动保护学科逐渐发展起来的。

在过去的数十年里，我国安全科学的基础理论研究多表现为分散状态。安全科学技术专家、医学家、心理学家、管理学家、行为学家、社会学家和工程技术专业人员等从各自的研究立场出发，以各自的分析方法进行研究，在安全科学的研究对象、研究起点、研究前提、基本概念等方面缺乏一致性，以至于安全科学理论至今也没有形成一个完整的体系。安全科学基础理论的研究也是近几年才开始被重视的，虽然发展比较缓慢，但也取得了一定成果。2000 年以来，《中国安全科学学报》就发表了许多关于安全科学新理念、安全生产新观点、安全科学学科建设及其拓展、安全科学发展观、科学安全生产观、安全为天与安全发展、安全哲学、安全思维学、安全心理学、安全伦理学、安全行为学、安全经济学、安全法学、现代安全管理、安全性评价理论及新方法、安全文化及企业安全文化建设等方面的理论和实践成果的论文。近年来，安全系统工程思想和安全科学与工程学科体系模型、大安全观等得到安全学术界的广泛认同和全面实践。学术界、科研界、教育界、产业界、政府职能部门都把"科学发展观"、"安全发展"作为推动安全科学、安全生产、公共安全、安全文化、全面小康建设和理论创新的巨大精神动力和智力支持。

我国安全科学技术的发展大致可分为 4 个阶段。

1. 劳动保护工作阶段

新中国成立初期至 70 年代末期，国家把劳动保护作为一项基本政策实施，安全工程、卫生工程作为保障劳动者的重要技术措施而得到发展。

这一时期我国最重要标志是"劳动保护"事业的发展和"安全第一"方针的提出。

人类"劳动保护"最早是由恩格斯 1850 年在《十小时工作制问题》的论著中提出的。进入 20 世纪，1918 年俄共《党章草案草稿》中把"劳动保护"列为党纲第 10 条；在我国，首次提出"劳动保护"是在 1925 年 5 月 1 日召开的全国劳动代表大会上的决议案中。"劳动保护"作为安全科学技术的基本目标和重要内容，将伴随人类劳动永恒。

"安全第一"口号的提出来源于美国，1901 年在美国的钢铁工业受经济萧条的影响时，钢铁工业提出"安全第一"的公司经营方针，致力于安全生产的目标，不但减少了事故，同时使产量和质量都有所提高。百年之间，"安全第一"已从口号变为安全生产基本方针的重要内容，成为人类生产活动的基本准则。1952 年，第二次全国劳动保护工作会议首先提出劳动保护工作必须贯彻"安全生产"方针；1987 年，全国劳动安全监察工作会议正式提出安全生产工作必须做到"安全第一，预防为主"。

我国这一阶段安全科学技术的发展还表现为一是作为劳动保护工作一部分而开展的劳动安全技术研究，包括机电安全、工业防毒、工业防尘和个体防护技术等。二是随着生产技术发展起来的产业安全技术，如矿业安全技术包括顶板支护、爆破安全、防水工程、防火系统、防瓦斯突出、防瓦斯煤尘爆炸、提升运输安全、矿山救护及矿山安全设备与装置等，它们都是随着采矿技术装备水平的提高而提高的。冶金、建筑、化工、石油、军工、航空、航天、核工业、铁路、交通等产业安全技术与生产技术是紧密结合的，并随着产业技术水平的提高而提高。

2. 劳动安全卫生阶段

20 世纪 70 年代末至 90 年代初，随着改革开放和现代化建设的发展，我国安全科学技术得到迅猛发展，在此期间已建成了安全科学技术研究院、所、中心 40 余个，尤其是 1983 年 9 月中国劳动保护科学技术学会正式成立后，加强了安全科学技术学科体系和专业教育体系的建设工作，全国共有 20 余所高校设立安全工程专业。

这一阶段最为重要的发展标准是综合性的安全科学技术研究已有初步基础。一方面劳动保护服务的职业安全健康工程技术继续发展，另一方面开展了安全科学技术理论研究。在系统安全工程、安全人机工程、安全软科学的研究方面进行了开拓性的研究工作。例如，事故致因理论、伤亡事故模型的研究，事件树（ETA）、故障树（FTA）等系统安全分析方法在厂矿企业安全生产中推广应用。在防止人为失误的同时，把安全技术的重点放在通过技术进步、技术改造，提高设备的可靠性、增设安全装置、建立防护系统上。

（1）事故致因理论把安全事故作为一种工业社会的现象，研究其致因的规律，这是美国工业安全专家海因里希在 20 世纪 30 年代的贡献。他提出的事故致因理论，至今还指导着当代事故预防的实践，80 年代我国在安全科学界掌握了这一理论的体系，对事故预防发挥了重要作用。

（2）安全系统工程的理论和方法是在第二次世界大战后期，军事工业的发展和电气化生产方式的出现，以及系统科学的诞生，在安全工程领域得到了发展。我国在 20 世纪 80 年代中期随着改革开放得以引入。其中，以故障树（FTA）分析技术为代表的安全系统工程理论和方法最为突出。安全系统理论和方法对人类的工业安全理论作出了巨大贡献，特别是安全的定量分析理论与技术，安全系统分析独树一帜，丰富了安全科学理论体系。

（3）以保障劳动者安全健康和提高效率为目的而开展了安全人机工程的研究。在研究改进机械设备、设施、环境条件的同时，研究预防事故的工程技术措施和防止人为失误的管理和教育措施。

（4）产业安全技术得到发展。传统产业，如冶金、煤炭、化工、机电等都建立了自己的安全技术研究院（所），开展了产业安全技术研究，高科技产业如核能、航空航天、智能机器人等都随着产业技术的发展而发展。国家把安全科学技术发展的重点放在产业安全上。核安全、矿业安全、航空航天安全、冶金安全等产业安全的重点科技攻关项目列入了国家计划。特别是我国实行对外开放政策以来，随着成套设备和技术的引进，同时引进了国外先进的安全技术并加以消化，如冶金行业对宝钢安全技术的消化，核能产业对大亚湾核电站安全技术的引进与消化等取得显著成绩。

　　这一阶段我国的劳动保护工作和劳动安全卫生科技开始走上科学化的轨道。1988 年，劳动部组织全国 10 多个研究所和大专院校的近 200 名专家、学者完成了《中国 2000 劳动保护科技发展预测和对策》的研究。这项工作使人们对当时我国安全科技的状况有了比较清晰的认识，看到了我国安全科技水平与先进国家的差距，对进一步制定安全科学技术发展规划、计划提供了依据。

　　3. 职业安全健康阶段

　　20 世纪 90 年代至 2005 年前后，我国安全科学技术进入了新的发展时期。突出的标志一是国际职业安全健康管理体系（OHSMS）的引入，二是我国安全生产管理体制的转变。

　　这一阶段正处于跨世纪时期，我国的安全科学得以深化和扩展。安全科学技术和安全科学管理加速发展。特别是现代安全管理体系的引入，逐步实现了变传统的纵向单因素安全管理为现代的横向综合安全管理；变事故管理为现代的事件分析与隐患管理（变事后型为预防型）；变被动的安全管理对象为现代的安全管理动力；变静态安全管理为现代的动态安全管理；变过去只顾生产效益的安全辅助管理为现代的效益、环境、安全与卫生的综合效果的管理；变被动、辅助、滞后的安全管理程式为现代主动、本质、超前的安全管理程式；变外迫型安全指标管理为内激型的安全目标管理（变次要因素为核心事业）。

　　我国的安全管理体制从 20 世纪八九十年代的"企业负责，行业管理，国家监察，群众监督"的管理体制转变为安全生产管理新格局"政府统一领导，部门依法监管，企业全面负责，社会监督支持"。几个层面互相关联，互相作用，共同构成市场经济条件下安全生产工作的监督体系，对安全生产的监督管理更加规范。

　　这一阶段还有如下新的进展：

　　1983 年，在天津成立了中国劳动保护科学技术学会。

　　1984 年，在我国高等教育专业目录中第一次设立了"安全工程"本科专业。

　　1987 年，国家劳动部首次颁发"劳动保护科学技术进步奖"。

　　1986 年以来，实现了"安全技术及工程"专业本、硕、博三级学位教育。

　　1989 年，国家颁布的《中长期科技发展纲要》中列入了安全生产专题。在中国图书馆分类法第三版，安全科学与环境科学并列为 X 一级类目，名称初定为"劳动保护科学（安全科学）"，第四版更名为"安全科学"，同时按学科分类调整了内容。

　　1990 年，颁布了安全科学技术发展"九五"计划和 2010 年远景目标纲要。

　　1991 年，中国劳动保护科学技术学会创办了《中国安全科学学报》。

　　1992 年 11 月 1 日，在国家标准局技术监督总局颁布的国家标准《学科分类与代码》中，"安全科学技术"被列为一级学科(代码 620)。其中，包括"安全科学技术基础、安全学、安全工程、职业卫生工程、安全管理工程"5 个二级学科和 27 个三级学科。

1993 年，发布的《中国图书分类法》中以 X9 列出劳动保护科学(安全科学)专门目录。

1997 年 11 月 19 日，人事部和劳动部联合颁发了《安全工程专业中、高级技术资格评审条件(试行)》。

2002 年，国家经济贸易委员会发布了《安全科技进步奖评奖暂行办法》，并进行了首届"安全生产科学技术进步奖"的评奖工作。

2002 年，人事部、国家安全生产监督管理局发布了《注册安全工程师执业资格制度暂行规定》和《注册安全工程师执业资格认定办法》。

2003 年，科技部的中长期发展规划中，将"公共安全科技问题研究"列为我国 20 个科技重点发展领域之一。

2004 年，国家安全生产监督管理局根据《教育部关于委托国家安全生产监督管理局管理安全工程学科教学指导委员会的函》，组建了全国高等学校安全工程学科教学指导委员会。

2006 年，国家教育部、国家发展和改革委员会、国家财政部和国家安全生产监督管理局联合下发了《关于加强煤矿专业人才培养工作的意见》。

4. 公共安全体系阶段

2005 年以来，我国的安全科学出现了所谓"大安全"的公共安全概念。尽管这一概念的内涵和体系至今还未清晰和统一，但以建立公共安全科学体系的呼声日益强烈。

这一阶段重要发展有两个标志，一是安全科学学科体系的建设，二是安全文化建设的提出。

对于安全科学学科体系的建设，1990 年在德国召开了第一届世界安全科学大会，同时成立了世界安全联合会。从此，人类将安全科学作为一门独立学科进行研究和发展。我国在 20 世纪 90 年代初也将安全科学技术列为一级学科。重要发展的标志还有以下几个。

2007 年，15 所高校的安全工程专业被列为国家级特色专业。

2008 年，安全工程专业成为我国工程教育认证的十个试点认证专业之一。

2010 年，我国开办安全工程本科专业的高校达到 127 所，拥有安全技术及工程(矿业工程一级学科名下)二级学科博士点高校 20 所、硕士点高校约 50 所，拥有安全工程领域工程硕士点高校 50 所。

2011 年，国务院学位委员会新修订学科目录，将"安全科学与工程"(代码

0837)增设为研究生教育一级学科。

2012 年，经国家民政部批准，在北京成立了"公共安全科学技术学会"。

在安全文化方面，1986 年，国际原子能机构在面对苏联切尔诺贝利灾难性核泄漏事故的背景下，对人为工业事故追根求源，得到的认识归根结底是"人的因素"，而"人因"的本质是文化造就的。因此，1989 年在核工业界首先提出了"核安全文化建设"的概念、方法和策略。从此，在工业安全领域，安全文化建设的理论、方法、实践作为人类安全生产与安全生活的一种战略和对策，不断地研究、探讨和深化。我国 2009 年发布了国家标准《企业安全文化建设导则》（AQ/T 9004—2008）；2010 年国家安全监管总局推行《安全文化建设示范企业评价标准》。

这一阶段我国引入、创新和发展的安全观念及理论方法还有：安全发展观、安全公理、安全定理、安全定律、本质安全化、安全战略思维、基于风险的管理（risk- based supervision，RBS）、基于风险的检验（risk-based indpection，RBI）、安全保护层、全过程监管等先进的安全理论方法。

1.3　安全科学的科学学

1.3.1　安全学的研究对象

对于安全科学的研究对象，目前有四种认知。

一是"事故说"，这是针对安全的目的的学说。显然，安全的目的是为了防范事故灾难。因此，"事故说"认为安全科学的研究对象是"事故"。

二是"要素说"，这是针对安全系统要素的学说。安全系统的要素是由人、机、环境 3 个要素构成。因此，"要素说"认为安全科学的研究对象是"人机环"。

三是"本质说"，这是针对安全的本质的学说。根据安全是指可接受的风险的定义，以及安全性＝1－风险度的定量表述，可以推知安全的实质是风险，或称安全风险。因此，"本质说"认为安全科学的研究对象是"风险"。

四是"本原说"，这是针对安全风险的本原或根源的学说。人类面对的安全风险，根据其本原，可分为来自自然的、技术的、社会的，以及自然-技术-社会组合的 4 种本原。因此，"本原说"认为安全科学的研究对象是自然的、技术的、社会的安全风险，它们都有自身不同的机理、特征和规律。

"事故说"是人类早期的安全认知，由于事故是安全的表象或形式，不是安全的内涵和本质，相反，后 3 种学说从不同侧面揭示、探究了安全的本质和内涵，同时也能包涵和反映"事故说"的本意。因此，下面主要从安全的构成要素、安全的实质和安全的本原 3 个角度来分析探讨安全科学的研究对象。

1.3.2　安全的构成要素

基于安全系统是人-机-环境-管理的有机整体的概念，安全的基本因素包括人的因素、物的因素、环境因素和管理因素。其中，人、机、环境是构成安全系统的最重要的因素，即要素，都具有三重特性，一是安全保护的对象，二是事故的致因，三是实现安全的因素。分析 3 个安全要素主要从其事故特性和安全特性两个角度来进行。

1. 人的因素分析

人因在规划、设计阶段，就有可能存在缺陷，从而产生潜在的事故隐患，而在制造、安装和使用阶段，人的误操作可以直接导致事故。研究人的因素，要涉及人的能力、个性、人际关系等心理学方面的问题，也要涉及体质、健康状况等生理问题，涉及规章制度、规程标准、管理手段、方法等是否适合人的特性，涉及机器对人的适应性以及环境对人的适应性。人的安全行为学作为一门科学，从社会学、人类学、心理学、行为学来研究人的安全性。不仅将人子系统作为系统固定不变的组成部分，而且应看到人是自尊自爱、有感情、有思想、有主观能动性的人。

从安全的角度，人的特性的研究主要包括人的生理特性安全适应性、人的安全知识和技能、人的安全观念及素质、人的安全心理及行为，甚至人机关系等方面。

2. 机器因素分析

机器因素包括机械、设备、工具、能量、材料等。从安全的角度，机器因素的安全主要从机器的本质安全、功能安全、失效与可靠性、报警预警功能、异常自检功能等实现，同时考虑从人的心理学、生理学对设备的设计提出要求。人和机器通过人机接口发生联系，人通过自己的运动器官来操作机器的控制机构，通过感觉器官来获取机器显示装置的各种信息，因此我们必须考虑人和机器的双向作用。一方面要考虑不同技术系统的特点对人提出来的要求；另一方面，在机器的设计中要考虑人的心理和生理因素，保证操作的简便性，信息反馈的及时性，误操作报警的可靠性等。

机器因素关系主要包括静态人-机关系研究、动态人-机关系研究和多媒体技术在人-机关系中的应用 3 个方面。静态人-机关系研究主要有作业域的布局与设计；动态人-机关系研究主要有人、机功能分配研究（人、机功能比较研究，人、机功能分配方法研究、人工智能研究）和人-机界面研究（显示和控制技术研究，人-机界面设计及评价技术研究)。

3. 环境因素分析

环境,是指生产、生活实践活动中占有的空间及其范围内的一切物质状态。第一,环境分为固定环境和流动环境两种类别。固定环境是指生产实践活动所占有的固定空间及其范围内的一切物质状态;流动环境是指流动性的生产活动所占有的变动空间及其范围内的一切物质状态。第二,环境分为自然环境和人工环境,自然环境包括气象、自然光、气温、气压、风流等因素;人工环境包括工作现场、岗位、设备、物流等因素。第三,环境还可划分为物理环境和化学环境,物理环境就是气温、气压、湿度、光环境、声环境、辐射、卡他度、负离子等因素;化学环境包括氧气、粉尘、有害气体等因素。

环境是事故发生的重要影响因素,特别是流动性及野外性的活动,如交通、建筑、矿山、地质勘探等行业。环境因素以如下模式与事故发生关系:自然环境不良→人的心理受不良刺激→扰乱人的行动→产生不安全行为→引发事故;人工环境不良,即物的设置不当→影响人的操作→扰乱人的行动→产生不安全行为→引发事故。

同时,物理环境因素还影响机器子系统的寿命、精度,甚至损坏机器,也影响人的心理、生理状态,诱发误操作。

人-环关系的研究主要包括环境因素对人的影响、人对环境的安全识别性、个体防护措施等方面。

4. 管理因素分析

管理,就是人们为了实现预定目标,按照一定的原则,通过科学地决策、计划、组织、指挥、协调和控制群体的活动,以达到个人单独活动所不能达到的效果而开展的各项活动。安全管理就是组织或企业管理者,为实现安全目标,按照安全管理原则,科学地决策、计划、组织、指挥和协调全体成员的保障安全的活动。

安全生产管理是指国家应用立法、监督、监察等手段,企业通过规范化、专业化、科学化、系统化的管理制度和操作程序,对生产作业过程的危险危害因素进行辨识、评价和控制,对生产安全事故进行预测、预警、监测、预防、应急、调查、处理,从而实现安全生产保障的一系列管理活动。

企业安全生产管理活动是运用有效的人力和物质资源,发挥全体员工的智慧,通过共同的努力,实现生产过程中人与机器设备、工艺、环境条件的和谐,达到安全生产的目标。安全生产管理的目标是控制危险危害因素,降低或减少生产安全事故,避免生产过程中由于事故所造成的人身伤害、财产损失、环境污染以及经济损失；安全生产管理的对象是企业生产过程中的所有员工、设备设施、物料、环境、财务、信息等各方面；安全生产管理的基本原则是"管生产必须管安全"、"谁主管，谁负责"。

实现现代企业的安全科学管理，需要学习和掌握安全管理科学和方法，研究企业安全生产管理的理论、原理、原则、模式、方法、手段、技术等。

安全管理的理论经历了四个发展阶段，如表 1-3 所示。

表 1-3　安全管理理论的发展

发展阶段	理论基础	方法模式	核心策略	对策特征
低级阶段	事故理论	经验型	凭经验	感性，生理本能
初级阶段	危险理论	制度型	用法制	责任制，规范化标准化
中级阶段	风险理论	系统型	靠科学	理性，系统化科学化
高级阶段	安全原理	本质型	兴文化	文化力，人本物本原则

上述四个阶段的管理理论，对应的具有四种管理模式。

第一阶段的"事故型管理模式"：在人类工业发展初期，发展了事故学理论，建立在事故致因分析理论基础上，是经验型的管理模式，这一阶段常常被称为传统安全管理阶段。它以事故为管理对象；管理的程式是事故发生—现场调查—分析原因—找出主要原因—理出整改措施—实施整改—效果评价和反馈，这种管理模型的特点是经验型，缺点是事后整改，成本高，不符合预防的原则。

第二阶段的"缺陷型管理模式"：在电气化时代，人类发展了解危险理论，建立在危险分析理论基础上，具有超前预防型的管理特征，这一阶段提出了规范化、标准化管理，常常被称为科学管理的初级阶段。它以缺陷或隐患为管理对象，管理的程式是查找隐患—分析成因—关键问题—提出整改方案—实施整改—效果评价，其特点是超前管理、预防型、标本兼治，缺点是系统全面有限、被动式、实时性差、从上而下缺乏现场参与、无合理分级、复杂动态风险失控等。

第三阶段的"风险型管理模式"：在信息化时代，发展了风险理论，建立在风险控制理论基础上，具有系统化管理的特征，这一阶段提出了风险管理，是科学管理的高级阶段。它以风险为管理对象，管理的程式是进行风险全面辨识—风险科学分级评价—制定风险防范方案—风险实时预报—风险适时预警—风险及时预控—风险消除或削减—风险控制在可接受水平，其特点是风险管理类型全面、过程系统、现场主动参与、防范动态实时、科学分级、有效预警预控，其缺点是专业化程度高、应用难度大、需要不断改进。

第四阶段的"安全目标型管理模式"：这是人类现代和未来不断追求的安全管理模式，这种管理方式需要发展安全原理，以本质安全为管理目标，推进"文化兴安"的人本安全和"科技强安"的物本安全，实现安全管理的最科学、最理想的境界。它以安全系统为管理对象，全面的安全管理目标，管理程式是制定安全目标—分解目标—管理方案设计—管理方案实施—适时评审—管理目标实现—管理目标优化，管理的特点是全面性、预防性、系统性、科学性的综合策略，缺点是成本高、技术性强，还处于探索阶段。

在不同层次安全管理理论的指导下，我国的安全管理经历了两次大的飞跃，第一次是 20 世纪 80 年代开始的从经验管理到科学管理的飞跃；第二次是 21 世纪以来的从科学管理到文化管理的飞跃。目前，我国的多数企业已经完成或正在进行着第一次的飞跃，少数较为现代的企业在探索第二次飞跃。

5. 人-机-环境关系

人-机-环境具有非线性的关系，3 个子系统之间相互影响、相互作用的结果就使系统总体的安全性处于复杂的状态。例如，物理因素影响机器的寿命、精度，甚至损坏机器；机器产生的噪声、振动、湿度主要影响人和环境；而人的心理状态、生理状态往往是引起误操作的主观原因；环境的社会因素又影响人的心理状态，给安全带来潜在的危险。

人-机-环境系统工程的研究对象是人-机-环境系统，在这个系统中，人本身是个复杂系统，机(计算机或其他机器)也是个复杂系统，再加上各种不同的或恶劣的环境影响，便构成了人-机-环境这个复杂系统。面对如此庞大的系统，如何判断它已经实现了最优组合？人-机-环境系统工程认为，任何一个人-机-环境系统都必须满足"安全"的基本准则，其次才考虑"高效、经济"因素。所谓"安全"，是指在系统中不出现人体的生理危害或伤害。很显然，在人-机-环境系统中，作为主体工作的人可以说是最灵活的，他能根据不同任务要求来完成各种作业。然而，他在系统中也是最脆弱的，尤其在各种特殊环境下，矛盾更为突出。因此，在考虑系统总体性能时，把"安全"放在第一位是理所当然。这也是人-机-环境系统与其他工程系统存在显著差异之处。为了确保安全，不仅要研究产生不安全的因素，并采取预防措施，而且要探索不安全的潜在危险，力争把事故消灭在萌芽状态。当然，在设计和建立任何一个人-机-环境系统时，为了确保"安全"和"高效"性能的实现，往往都希望尽量采用最先进的技术。但在这样做的同时，就必须充分考虑为此而付出的代价。

德国库尔曼教授在《安全科学导论》(*Introduction to Safety Science*)中，将人-机-环境系统又分为 3 级：局部人-机-环境系统、区域人-机-环境系统、全球人-机-环境系统，如图 1-4 所示。

局部人-机-环境系统的特点是在家庭、交通和产业中，人和技术装备直接接触。在局部范围内，安全科学的研究对象是单个的人-机-环境系统。危害控制的局部手段包括由政府机构实施的许可证程序，以及法律规定的有关装备的技术要

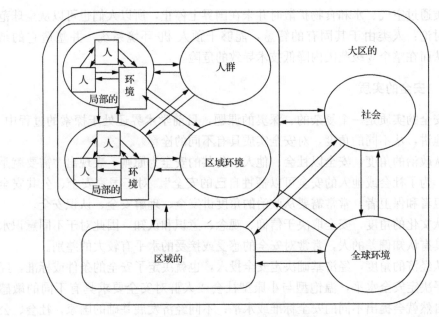

图 1-4　人-机-环境系统分解图

求和安全措施。从技术装备的危害来看，局部范围对应于个别装备的风险级，并用风险场来描述局部人-机-环境系统中的事故可能源于局部环境或外部环境的干扰影响，也可能源于人的操作不当，或机器在设计、制造、安装上的缺陷，以及人机关系的不协调。

区域人-机-环境系统的特点在于社区和社会的基础结构、区域环境状况和气候条件等。在区域范围内，安全科学的研究对象是已有的或处于规划阶段的技术装备的结构，以及技术装备对各个子系统的影响。技术危害的区域控制手段主要包括技术应用及发展的城市与地区规划，从技术装备的危害来看，区域范围对应于用风险普查来说明的风险叠加。在很大程度上，区域的危险度取决于该区域内各个人-机-环境系统影响因素的总和，其中包括影响总体健康状况的位于工作场所的健康灾害源；在较大范围内，由于技术装备的可能事故而存在风险；还包括大气污染、噪声传播、排入环境中的废物和污水。

全球人-机-环境系统的特点是考虑各个区域系统的安全状况及其相互影响，在世界范围内，安全科学要涉及一个国家所倡导或已应用的任何技术、目前的技术工艺水平、人机学状况、工作场所的安全及环境保护等问题。危害控制的措施主要是在世界范围内对某些技术的促进或抑制。就技术装备的危害而言，全球范围对应于某些技术导致的风险等级的统计分布。根据对环境的危及和损害，区域与局部系统状态决定了社会总的损害程度，大区范围反过来又影响区域与局部人-机-环境系统的实际结构。由于经济和技术的国际合作，同时还由于危及环境的物质通过空气、水和食物扩散时并未在国界上停止，所以人们也可以从全球范围来讨论：人类由于其固有的智慧，能够干预人-机-环境系统，并塑造它的结构，从而在整个 3 级范围内降低技术导致的危险。

1.3.3　安全的实质

安全的实质是一个复杂的、深奥的课题，目前学术界还处于探索的过程中。客观地讲，从不同的角度，对安全实质具有不同的诠释。

从政治的角度，安全以社会、他人、公共的安全为原则，表现出"需要就是安全，为了社会或他人的安全可以牺牲自己的安全"。对于国家安全、公共安全的捍卫者和保卫者，常常需要从政治的角度讲安全、理解安全、认识安全。

从文化的角度，安全取决于信仰、观念、意识和认知，因此对于不同意识水平或具有认知偏差的人，常常对安全的感受或接受的水平有较大的差别。

从经济的角度，经济基础决定安全投入，也就决定了安全的条件或标准，经济水平决定安全水平，温饱型与小康型社会或人群对安全要求具有不同的敏感性，自然就会提出不同的安全标准或水平；不同经济发展基础的国家，社会、公众提出的安全要求和客观可实现的安全标准或能力是不同的。

从技术的角度，理想的状态要求"无危则安，无损则全"，从哲理上讲，技术系统最低的安全标准就是"人为的技术环境或条件造成的风险低于自然环境的风险就是安全"。

除上述理解外，安全工程专业人员更重要的是应该从科学的角度来认识安全的本质。

1. 定性地认识安全的实质

安全涉及生产力和生产关系两个方面，其基本属性具有自然属性和社会属性的双重特性，如图 1-5 所示。

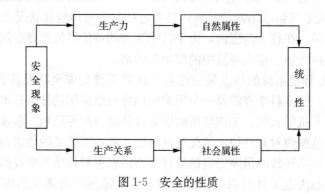

图 1-5　安全的性质

基于安全的社会属性，安全具有相对性特征，遵循比较优势原理，安全没有绝对真理，安全就是可接受的风险，安全是发展的、动态的、变化的，安全取决于认知能力和态度观念，素质决定安全。对于安全管理、安全制度执行、安全检查、安全责任、安全成本、安全文化，以及安全的重视程度、安全责任心、系统的安全性、技术的危险性、风险指数等，都是安全社会属性的特征和规律。

基于安全的自然属性，安全具有绝对真理，但是仅仅限于物理、化学、力学、电学等自然科学范畴。显然，材料的安全强度、电学的安全电压、毒物的安全限度、有毒有害气体的安全标准等都具有绝对标准。

安全与危害、隐患、危险、危机、突发事件、事故、风险有关，它们都是风险的载体或表象，其关系如图1-6所示。

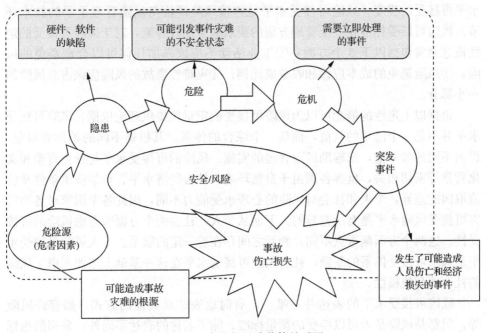

图1-6 安全与风险载体关系图

2. 定量地认识安全的实质

从定量的角度定义安全，具有基本数学模型：

$$安全性 = 1 - 风险度 = 1 - R = 1 - f(p, l) \tag{1-1}$$

式中，p 为事故发生的可能性或概率；l 为事故后果的严重程度或严重度。

$$事故概率函数 p = F(人因、物因、环境、管理) \tag{1-2}$$
$$事故后果严重度函数 l = F(时机、危险、环境、应急) \tag{1-3}$$

式中,时机为事故发生的时间点及时间持续过程;危险性为系统中危险的大小,由系统中含有的能量、规模决定;环境为事故发生时所处的环境状态或位置;应急为发生事故后应急的条件及能力。

由上述风险函数及其概率和严重度函数可知,风险的影响因素,或称风险的变量,同时也是安全的基本影响因素,涉及人因、物因、环境、管理、时态、能量、规模、应急能力等,其中人、机、环境、管理是决定安全风险概率的要素。

安全是可接受的风险,因此从定量的角度,安全科学的实质就是要确定风险可接受的水平。

1) 风险可接受水平

风险可接受水平泛指社会、组织、企业或公众对行业风险或对特定事件风险水平可接受的程度。风险可接受水平是连接风险评价与风险管理重要的技术环节。风险可接受标准在安全管理方面的要求通常比较普遍,对于风险可接受的定性概念通常包括以下 3 个方面:①工业活动不应该强加任何可以合理避免的风险;②风险避免的成本应该和收益成比例;③灾难性事故的风险应该占总风险的一小部分。

根据以上定性的概念可以为风险可接受的定量化提供理论依据。风险可接受水平并不是一个简单的数值,而是一个综合的体系。其根据不同的条件和对象,提出不同的参考值,来辅助风险管理的实施。风险的可接受水平与社会背景和文化背景等密切相关,世界各国由于自然环境、社会经济水平、科学技术条件及价值取向的差异,个人和社会对风险的心理承受能力不同,因此各个国家对各类灾害可接受风险水平是有所差异的。下面从个人、社会两个方面来考虑风险的可接受性。这两个方面侧重点不同,相互之间存在着一定的联系。个人风险可接受水平是风险可接受体系的基础;社会风险可接受水平在这一基础上增加考虑了风险的社会性和规模性。

风险可接受水平的表达并不唯一,有时也表达成其他的方式,如容许风险等,但都是风险是否可以接受的衡量标准。除了名称的表达不同外,采用的指标也各不相同,根据文献资料统计,全世界大约有 25 种可接受风险标准的表达方式,其中比较有影响的是:个人风险、社会风险,FN 曲线等。经过几十年的不断发展和完善,目前国外已经完善了各种行业的风险可接受标准。

英国健康与安全委员会(Health and Safety Executive,HSE)根据其丰富的经验,考虑"广泛的社会利益",制订了风险可接受标准:可忽略风险水平与人们日常生活中所面对的微不足道的风险水平大致一样,相对于每年 10^{-2} 的生命风险,10^{-6} 是一个很低的风险水平,故可以将 10^{-6} 作为公众和员工的可忽略风险标准;可容忍风险水平的划分重点考虑了各方利益,10^{-3}(员工)和 10^{-4}(公众)为各利益相关方所接受,故将其作为可容忍风险水平。

荷兰水防治技术咨询委员会(TAW)根据不同的意愿程度，对不同的活动分别设定了可接受的风险标准：$IR \leqslant \beta \times 10^{-4}$($0.01 \leqslant \beta \leqslant 100$，IR 为年死亡概率，$\beta$ 为意愿因子)。目前，荷兰已经制定了适用于大坝、压力管道以及其他有危害的设施风险管理及分析指南，并提出了专门的可接受风险标准。

美国健康与安全委员会认为，常见行业的工人在其大部分工作生涯中的可接受风险值为 10^{-3}，10^{-4} 为非核电站最大可接受风险，10^{-5} 为核电站附近人员最大可接受风险，10^{-6} 为不需要进一步提高安全性的可接受风险。

当前国外风险可接受准则普遍采用的是 ALARP 原则，如图 4-10 所示。ALARP 是 as low as reasonably practicable 的缩写，即"风险合理可行原则"。理论上可以采取无限的措施来降低风险至无限低的水平，但无限的措施意味着无限多的花费。因此，判断风险是否合理、可接受，也就是公众认为"不值得花费更多"来进一步降低风险。在 ALARP 区域采取措施将风险降低到尽可能低。

ALARP 原则将风险划分为 3 个等级。

(1) 不可接受风险：如果风险值超过允许上限，除特殊情况外，该风险无论如何不能被接受。对于处于设计阶段的装置，该设计方案不能通过；对于现有装置，必须立即停产。

(2) 可接受风险：如果风险值低于允许下限，则该风险可以接受。无需采取安全改进措施。

(3) ALARP 区风险：风险值在允许上限和允许下限之间。应采取切实可行的措施，使风险水平"尽可能低"。

2) 个人风险可接受水平

对各类活动的死亡风险的统计，可以作为确定个体可接受风险的基础和依据。荷兰水防治技术咨询委员会根据个体对参与各种活动的意愿程度，通过对事故伤亡人数和原因的统计数据得出的可接受个人风险的确定方法见式(1-4)：

$$IR \leqslant \beta_i \times 10^{-4} \tag{1-4}$$

式中，β_i 为针对某一行业、部门或者场景的意愿因子；i 为所针对的相关行业、部门或者场景；IR 为可接受的个人风险值。

对意愿因子 β_i 的取值是一项极为复杂的工作。由于不同地域经济和社会发展水平的不同，在面对相同的风险时，个人对其可接受水平不同。我们认为风险可接受水平与经济和社会发展程度呈正相关。经济和社会发展水平越高，个人对非自愿风险的可接受程度越低，而对偏好行为造成风险的可接受越高。目前，普遍采用的意愿因子 β_i 的取值如表 1-4 所示。

表 1-4　意愿因子、自愿度与收益的关系

β_i	自愿度	收益
100	完全自愿	直接收益
10	自愿	直接收益
1	中立	直接收益
0.1	非自愿	间接收益
0.01	非自愿	无收益

1.3.4　安全的本原

基于安全的本质是风险的概念，安全的本原可从风险的本原来分析。在安全生产和公共安全领域，风险包括来自自然的、技术的、社会的等多个领域。

1. 来自自然的风险

来自自然的风险引发的是自然灾害，我国每年由于自然灾害受灾的有1.5 亿~3.5 亿人；年均因灾死亡的有 12 000 多人，倒塌的房屋有 350 万间，造成的直接经济损失占 GDP 的 2%~4%。

所谓自然风险，是指因自然力的不规则变化产生的现象所导致的危害经济活动，物质生产或生命安全的风险。例如，地震、水灾、风灾、雹灾、冻灾、旱灾、虫灾以及各种瘟疫等自然现象，在现实生活中是大量发生的。自然风险的特征是自然风险形成的不可控性；自然风险形成的周期性；自然风险事故引起后果的共沾性，即自然风险事故一旦发生，其涉及的对象往往很广。

自然风险作为安全科学的研究对象，不仅只包括地震、台风、洪水、旱灾，还应该包括全球气候变暖、沙漠化、水资源短缺。同时，像人口快速增长、"SARS"、禽流感、艾滋病等可能也来自自然风险。

自然风险的发生有其自身的原因和规律。它们是大自然不断变化的结果，天灾虽然多种多样，它们的内在联系和共同规律是什么，这正是安全科学对象的特殊性。虽然人们已掌握大自然的某些规律，但是可能在今后若干年内，人们对大自然主要还是讲适应，讲"天人合一"，这就是安全科学有关自然风险的研究。下面主要介绍气象灾害和地质灾害。

1) 气象灾害

大气对人类的生命财产和国民经济建设及国防建设等造成直接或间接的损害，被称为气象灾害。它是自然灾害中的原生灾害之一，一般包括天气、气候灾害和气象次生、衍生灾害，是自然灾害中最为频繁而又严重的灾害。中国是世界上自然灾害发生十分频繁、种类甚多、造成损失十分严重的少数国家之一。

气象灾害一般包括天气、气候灾害和气象次生、衍生灾害。天气、气候灾害是指因台风(热带风暴、强热带风暴)、暴雨(雪)、暴雷、冰雹、大风、沙尘、龙卷、大(浓)雾、高温、低温、连阴雨、冻雨、霜冻、结(积)冰、寒潮、干旱、干热风、热浪、洪涝、积涝等因素直接造成的灾害。气象次生、衍生灾害是指因气象因素引起的山体滑坡、泥石流、风暴潮、森林火灾、酸雨、空气污染等灾害。

气象灾害有 20 余种，主要有以下种类。

暴雨：山洪暴发、河水泛滥、城市积水；

雨涝：内涝、渍水；

干旱：农业、林业、草原的旱灾，工业、城市、农村缺水；

干热风：干旱风、焚风；

高温、热浪：酷暑高温、人体疾病、灼伤、作物逼熟；

热带气旋：狂风、暴雨、洪水；

冷害：由于强降温和气温低造成作物、牲畜、果树受害；

冻害：霜冻，作物、牲畜冻害，水管、油管冻坏；

冻雨：电线、树枝、路面结冰；

结冰：河面、湖面、海面封冻，雨雪后路面结冰；

雪害：暴风雪、积雪；

雹害：毁坏庄稼、破坏房屋；

风害：倒树、倒房、翻车、翻船；

龙卷风：局部毁坏性灾害；

雷电：雷击伤亡；

连阴雨：对作物生长发育不利、粮食霉变等；

浓雾：人体疾病、交通受阻；

低空风切变：(飞机)航空失事；

酸雨：作物等受害。

2) 地质灾害

地质灾害是指在自然或者人为因素的作用下形成的，对人类生命财产、环境造成破坏和损失的地质作用(现象)，如崩塌、滑坡、泥石流、地裂缝、地面沉降、地面塌陷、岩爆、坑道突水、突泥、突瓦斯、煤层自燃、黄土湿陷、岩土膨胀、砂土液化、土地冻融、水土流失、土地沙漠化及沼泽化、土壤盐碱化，以及地震、火山、地热害等。

地质灾害都是在一定的动力诱发(破坏)下发生的。诱发动力有的是天然的，有的是人为的。据此，地质灾害也可按动力成因概分为自然地质灾害和人为地质灾害两大类。自然地质灾害发生的地点、规模和频度，受自然地质条件控制，不以人类历史的发展为转移；人为地质灾害受人类工程开发活动制约，常随社会经济发展而日益增多。

诱发地质灾害的因素主要有：①采掘矿产资源不规范，预留矿柱少，造成采空坍塌，山体开裂，继而发生滑坡。②开挖边坡指修建公路、依山建房等建设中，形成人工高陡边坡，造成滑坡。③山区水库与渠道渗漏，增加了浸润和软化作用，导致滑坡泥石流发生。④其他破坏土质环境的活动，如采石放炮、堆填加载、乱砍滥伐也是地质灾害的致灾作用。⑤工业领域的矿山与地下工程灾害，如煤层自燃、洞井塌方、冒顶、偏帮、鼓底、岩爆、高温、突水、瓦斯爆炸等。⑥城市地质灾害，如建筑地基与基坑变形、垃圾堆积等。⑦河、湖、水库灾害，如塌岸、淤积、渗漏、浸没、溃决等。⑧海岸带灾害，如海平面升降、海水入侵、海崖侵蚀、海港淤积、风暴潮等；海洋地质灾害，如水下滑坡、潮流沙坝、浅层气害等。⑨特殊岩土灾害，如黄土湿陷、膨胀土胀缩、冻土冻融、沙土液化、淤泥触变化、淤泥触变等。⑩土地退化灾害，如水土流失、土地沙漠化、盐碱化、潜育化、沼泽化等。⑪水土污染与地球化学异常灾害，如地下水质污染、农田土地污染、地方病等。⑫水源枯竭灾害，如河水漏失、泉水干涸、地下含水层疏干（地下水位超常下降）等。

2. 来自技术的风险

技术风险导致事故灾难，包括工矿企业安全事故、交通事故、火灾、空难等。我国每年由于技术风险导致的各类事故有上百万起；每年因各类事故导致的死亡人数达 10 余万人，每天因各类事故死亡的人数有 350 多人，事故经济损失达 2500 多亿元，占 GDP 的 1%～2%。

技术风险，泛指由于科学技术进步所带来的风险，包括各种人造物，特别是大型工业系统进入人类生活，带来了巨大的风险，如化工厂、核电站、水坝、采油平台、飞机轮船、汽车火车、建筑物等；直接用于杀伤人的战争武器，如原子弹、生化武器、火箭导弹、大炮坦克、战舰航母等；新技术对人类生存方式、伦理道德观念带来的风险，如在 1997 年引起轩然大波的"克隆"技术，Internet 网络对人类的冲击等。其中，工业系统风险是技术风险的主要内容。

1) 居家生活中的技术风险

由于技术的发展和进步，人们的生活质量不断提高，这种状况一方面给人们带来了极大的物质利益和生活享受。另一方面也给人类的生存增添了许多危险和危害因素，现代生活方式比起传统生活方式对人为意外事故更为敏感，意外事故发生后可能造成的损失更难以控制。家庭是社会的细胞，因此人们都认为家庭、居所是最安全的地方。但对于现代家庭来说，由于技术的不断引入，高层建筑、家用电器、新材料与新能源的利用，使家庭在获得舒适的环境、方便高效的用具、快乐刺激的设施后，却把灾祸的幽灵引入了家庭和居所。坠落、中毒、割伤、烫伤、起火等意外事故成为家常便饭，特别对于孩子，家庭已失去"安全大后方"的意义。

2）生产中的技术风险

（1）机械伤害。机械伤害是机械加工过程中引起的伤害。在工业生产中机械伤害占有相当的比例，在职业事故中大约有 20％的职业意外事故是机械伤害。机械伤害包括：机器工具伤害（包括辗、碰、割、戳等）；起重伤害（包括起重设备运行过程中所引起的伤害）；车辆伤害（包括挤、压、撞、倾覆等）；物体打击（包括落物、锤击、碎裂、砸伤、崩块等）；触电伤害（包括雷击）；灼烫伤害；刺割（包括机器工具、尖刃物划破、扎破等）；倒塌伤害（包括堆置物、建筑物倒塌）；爆炸伤害（包括锅炉、受压容器、粉尘、气体钢水等爆炸）；中毒和窒息（包括煤油、汽油、沥青等作业环境破坏引起中毒和缺氧）；其他伤害（包括扭伤、冻伤等）。

（2）电器伤害。电器伤害事故大体分为以下 5 种形式：①电流伤害事故，即由于人体触及带电体所造成的人身伤亡事故。②电磁伤害事故，即机械设备、电器产生的辐射伤害。③雷击事故，这种自然灾害是由自然因素形成的。④静电事故，生产过程中产生的静电放电所引起的事故，如塑料和化纤制品，摩擦就易产生静电，最为严重的危害是引起爆炸和火灾。⑤电气设备事故，由于电气设备的绝缘失效或机械故障产生打火、漏电、短路而引起触电、火灾或爆炸事故。

（3）工业火灾爆炸。火灾与爆炸会给人民和社会造成巨大灾难和损失，消防与防爆技术就是防止火灾和爆炸事故的根本措施。这类灾害之源又在于火，火灾出现的关键是由于燃烧。所谓燃烧是可燃物质在点火能量的作用下发生的一种放热发光的氧化反应，火灾则是一种破坏性的燃烧。

（4）压力容器爆炸。生产中的压力容器是发生爆炸事故的设备。通常这种设备有安全阀、爆破片、压力表、液面计、温度计等安全附件。高压气瓶的安全附件有瓶帽、防震胶圈、泄压阀。为了防爆，国家规定压力容器每年至少进行一次外部检查，每 3 年至少进行一次内部检验，每 6 年至少进行一次全面检验。当压力容器发生下列任一情况时，应立即报告有关部门。这些情况是压力容器的工作压力、介质温度或壁温超过允许值，采用各种方法仍无效时；主要受压元件发生裂缝、鼓包、变形、泄漏等缺陷时；安全附件失效、接管断裂、紧固件损毁时；发生火灾直接威胁容器安全时。

（5）生产作业粉尘危害。在生产过程中产生的粉尘叫做生产性粉尘。我国许多行业都产生粉尘，如金属加工行业就有镁、钛、铝尘；煤炭行业（煤矿）有活性炭、煤尘；粮食行业有面粉尘、淀粉尘；轻纺行业有棉、麻、纸、木尘；农副产品行业有棉尘、面粉尘、烟草尘；合成材料行业有塑料尘、染粉粉尘；化纤行业有聚乙烯粉尘、聚苯乙烯粉尘；饲料行业有血粉尘、鱼粉尘；军工、烟花行业有火管粉尘；水泥厂有水泥尘；石料工厂有矽尘；锯木工厂有木尘；等等。粉尘对职工的身体有很大的危害，除了得尘肺病或诱发为癌症外，还有粉尘爆炸的威胁。因此，从事这方面职业的人员应特别加以注意。

（6）生产作业毒物（气）危害。工业的发展，高新技术的引进，新材料、新工艺的使用，使劳动过程中的有害物质在不断增多。通常工业毒物有：①汞、铅、砷金属或类金属类；②刺激性和窒息性气体，如氯气、二氧化硫、光气等；③有机溶剂，如苷、汽油、四氯化碳等；④苷的硝基、氨基化合物，如硝苯、联苯氨等；⑤高分子化合物生产中的毒物，如氯乙烯、丙烯腈、氯丁二烯等；⑥农药类毒物，如乐果、六六六、美曲膦酯等。工业毒物以气体、液体、固体的形式通过呼吸系统、皮肤及消化系统进入人体。其中，最主要、最危险的途径是经呼吸道，其次是皮肤。工业毒物进入人体，达到一定的程度（量）就会引起中毒，但这种职业中毒的发生与进入人体毒物的性质、侵入的途径、数量多少、接触时间以及人的健康状况、防护条件、生活习惯等有关。

（7）搬运作业风险。工业中的搬运作业是通过人力和机构做功的办法来实现起重运输。生产过程中各种起重设备完成原材料、产品、半成品的装卸搬运后，进行设备的安装和检修，已为常见。在搬运过程中如果忽视了安全，就会出现倒塌、坠落、撞击等重大伤亡事故；如果起重设备起吊赤热、装满熔化金属的耐温锅或酸、碱溶液罐，一旦出现钢缆断裂，吊物倾落，就会引发爆炸、火灾和重大伤亡，造成特大事故。据统计，起重机械事故约占生产性事故的 20%。因此，从事搬运行业的工人要特别注意安全。

（8）化工生产风险。化学工业发展到今天，影响到人民生活的方方面面，以致我们生活中到处充满了化学工业的产品。化学产品在给人们带来利益的同时，也给社会、职工带来了新的问题。由于化工原料、化工产品、生产工艺及部分产品是有尘有毒的，因此严重地危害着生产环境和职工的安全与健康。

（9）建筑施工风险。建筑施工的人员无论是民工、正式工、工程技术人员、工地施工管理人员及工地负责人等都必须学习《建筑安装工程安全技术规程》和《关于加强建筑企业安全施工的规定》，熟知本职工作范围、安全法规以及有关的规章制度，注意高空作业安全，土石方工程的安全，机电设备安装的安全规程，拆除工程的安全，瓦工、灰工、木工、搬运工的安全以及施工机械的安全。

3. 来自社会的风险

社会风险属于社会治安领域，主要导致社会安全事件，包括群体突发事件、刑事案件、经济案件等，如杀人放火、拦路抢劫、入室盗窃、吸毒贩毒、流氓黑恶势力、赌博、制黄贩黄、卖淫嫖娼、制假贩假、强买强卖、欺行霸市、未成年人犯罪、外来人员犯罪等。在我国社会治安领域，违法犯罪总量仍高居不下，危害日趋严重,每年刑事案件死亡人数达 6 万人,经济损失达 300 亿元,经济犯罪涉案金额平均每年 800 亿元以上,吸毒造成的直接经济损失高达 400 亿元以上,计算机犯罪、恐怖谋杀、绑架人质、黑社会等社会危害和影响非常严重。

社会风险是一种导致社会冲突、危及社会稳定和社会秩序的可能性,更直接地说,社会风险意味着爆发社会危机的可能性。一旦这种可能性变成了现实性,社会风险就转变成了社会危机,对社会稳定和社会秩序都会造成灾难性的影响。当前中国社会风险的累积对社会稳定和社会秩序构成了潜在的、相当大的威胁,从而也对全面建成小康社会和构建和谐社会形成了严峻的挑战。

社会风险状态既不是纯粹传统的,也不是传统现代的,而是一种混合状态。除了前工业社会的传统风险,如自然灾害、传染病等依然对人们的生产、生活和社会安全构成威胁外,现代化进程中不断涌现和加剧的失业问题、诚信危机、安全事故等工业社会早期的风险正处于高发势头,同时现代风险的影响已超越国家疆界,如国际金融风险、环境风险、技术风险、生物入侵等随时可能对我们的安全造成威胁。

社会风险可分为人为风险、经济风险、资源风险、种族风险、国土风险等。从历史演变的角度,社会风险可划分为传统社会安全和非传统社会安全两个角度来认识。

1) 传统社会安全风险

传统社会安全风险主要是指国家面临的军事威胁及威胁国际安全的军事因素。按照威胁程度的大小,可以划分为军备竞赛、军事威慑和战争 3 类。战争又有世界大战、全面战争与局部战争、国际战争与国内战争、常规战争与核战争等。传统安全威胁由来已久,自从有了国家,也就有了国家间的军事威胁。但人们把军事威胁称为传统安全威胁,它是在国家安全概念和新安全观提出以后才提出的。1943 年,美国专栏作家李普曼首次提出了"国家安全(national security)"一词,美国学界把国家安全界定为有关军事力量的威胁、使用和控制,几乎变成了军事安全的同义语。20 世纪七八十年代以来,人们便把以军事安全为核心的安全观称为传统安全观,把军事威胁称为传统安全威胁,把军事以外的安全威胁称为非传统安全威胁。

2) 非传统社会安全风险

非传统社会安全(non-traditional security, NTS)又称"新的安全威胁(new-security threats, NST)",指的是人类社会过去没有遇到或很少见过的安全威胁;具体说,是指近些年逐渐突出的、发生在国家之外的安全威胁。非传统社会安全风险是相对传统安全威胁因素而言的,指除军事、政治和外交冲突以外的其他对主权国家及人类整体生存与发展构成威胁的因素。非传统安全问题主要包括:经济安全、金融安全、生态环境安全、信息安全、资源安全、恐怖主义、武

器扩散、疾病蔓延、跨国犯罪、走私贩毒非法移民、海盗、洗钱等。非传统安全
问题主要有以下特点：一是跨国性。非传统安全问题从产生到解决都具有明显的
跨国性特征，不仅是某个国家存在的个别问题，而且是关系到其他国家或整个人
类利益的问题；不仅对某个国家构成安全威胁，而且可能对别国的国家安全造成
不同程度的危害。二是不确定性。非传统安全威胁不一定来自某个主权国家，往
往由非国家行为体，如个人、组织或集团等所为。三是转化性。非传统安全与传
统安全之间没有绝对的界限，如果非传统安全问题矛盾激化，有可能转化为依靠
传统安全的军事手段来解决，甚至演化为武装冲突或局部战争。四是动态性。非
传统安全因素是不断变化的，如随着医疗技术的发展，某些流行性疾病可能不再
被视为国家发展的威胁；而随着恐怖主义的不断升级，反恐成为维护国家安全的
重要组成部分。五是主权性。国家是非传统安全的主体，主权国家在解决非传统
安全问题上拥有自主决定权。六是协作性。应对非传统安全问题加强国际合作，
旨在将威胁减少到最低限度。

　　相对于传统社会安全风险而言，非传统社会安全风险的内涵更广泛和复杂，
涉及政治、经济、军事、文化、科技、信息、生态环境等领域。非传统安全问题
主要包括恐怖主义、武器扩散、生态环境安全、经济危机、资源短缺、疾病蔓
延、食品安全、信息安全、科技安全、经济安全、非法移民、走私贩毒、有组织
犯罪、海盗、洗钱等方面。

　　非传统社会安全问题是政治安全、军事安全、经济安全和社会安全等方面问
题相互交织、相互影响的结果，并严重威胁社会安定和国家间关系。因此，国际
社会应加强非传统安全领域的合作，减少或消除非传统安全问题对人类的危害，
促进世界的和谐发展。

　　4. 组合风险

　　组合风险是指自然风险、技术风险、社会风险相互组合形成的安全风险，如
雷电、森林火灾、公共卫生、食品安全等。我国平均每年发生森林火灾上万次，
造成直接经济损失达 70 亿～100 亿元；公共火灾年平损失近 200 亿元，因火灾
而死伤的人数达数千人；外来生物入侵、疫病疫情、有毒有害物质及化学危险品
严重影响了人们的生命安全及经济技术贸易。侵入量加速增长；公共卫生事件频
发威胁人民生命和健康，影响社会安定和经济发展，近年来发生的 SARS、禽流
感、甲流感造成重大人员伤亡和经济损失，以及社会动荡；食品安全隐患大增，
卫生部一年收到食物中毒报告近千万起，每年中毒病例达 2 万多人，每年死亡人
数达百人。下面简要举一些例子。

　　1) 雷电——自然与技术组合的风险

　　雷电是发生在大气中的声、光、电的物理现象，被联合国国际减灾十年确定

为世界最严重的十大自然灾害之一，其强大的电流、炙热的高温、猛烈的冲击波以及强烈的电磁辐射等物理效应能够在瞬间产生巨大的破坏作用，常常导致人员伤亡，击毁建筑物、供配电系统、通信设备，造成计算机系统中断，引起火灾，威胁人们的生命和财产安全。近年来，雷电灾害长期不断地威胁人身安全和财产安全并危害公共服务和文化遗产。

2) 森林火灾——自然与社会组合的风险

森林火灾，是指失去人为控制，在林地内自由蔓延和扩展，对森林、森林生态系统和人类带来一定危害和损失的林火行为。森林火灾是一种突发性强、破坏性大、处置救助较为困难的自然灾害。它是自然风险与社会风险的组合。森林一旦遭受火灾，最直观的危害是烧死或烧伤林木。森林除了可以提供木材以外，林下还蕴藏着丰富的野生植物资源。然而，森林火灾能烧毁这些珍贵的野生植物，或者由于火干扰后，改变其生存环境，使其数量显著减少，甚至使某些种类灭绝。森林是各种珍禽异兽的家园，遭受火灾后，会破坏野生动物赖以生存的环境，有时甚至直接烧死、烧伤野生动物。另外，森林火灾还会引起水土流失、山洪暴发、泥石流等自然灾害，还会使下游河流水质下降，引起空气污染。

3) 自然、技术与社会组合的风险

自然、技术与社会组合的风险包括以下几个方面。

(1) 食品安全风险。食品安全是"食物中有毒、有害物质对人体健康影响的公共卫生问题"。食品安全要求食品对人体健康造成急性或慢性损害的所有危险都不存在，是一个绝对概念。降低疾病隐患，防范食物中毒的一个跨学科领域。食品安全问题举国关注，世界各国政府大多将食品安全视为国家公共安全，并纷纷加大监管力度。近年来，我国发生了许多重大的食品安全事故，从三鹿事件后又出现了双汇瘦肉精事件、沃尔玛假绿色猪肉、雨润烤鸭问题、"塑化剂"风波、全聚德违规肉、立顿铁观音稀土超标、可口可乐中毒、牛肉膏事件、京津冀地沟油机械化生产、浙江检出 20 万 g "问题血燕"、沈阳查出 25t "毒豆芽"、南京查出鸭血黑作坊、肯德基炸薯条油 7 天一换等一系列的食品安全事故，这不得不引起我们的关注。食品安全问题是民生问题、是政治经济问题，也是社会科学发展问题。作为经济转型中的发展中国家，我国还将在一段时期内应对和处理食品安全问题。

(2) 恐怖主义。长期以来，恐怖主义以其血腥的暴力活动为显著标志，在世界许多地区制造混乱，造成社会的动荡不安。"9·11"事件更是使这种活动达到一个前所未有的高度，它以空前的破坏力、冲击力和影响力，给世界政治、经济、军事，以及国际关系、国际秩序带来深刻的变化；它也迫使世界各国再度聚焦恐怖主义，重新评估恐怖主义危害，并把反恐纳入国家安全的战略层面。国际恐怖主义势力在世界各地制造了多起针对平民的恐怖袭击事件，并带来严重后果。美国、英国、俄罗斯、印度尼西亚、印度等国家，都经历过国际恐怖主义的浩劫，人民生命财产遭受巨大损失。在中国境内从事恐怖活动的"东突"分子，长期受到国际恐怖组织尤其是"基地"组织的训练、武装和资助，并在中国新疆等地和有关国家策划、组织、实施了一系列爆炸、暗杀、纵火、投毒、袭击等恐怖暴力活动，严重危害了中国各族人民群众的生命财产安全和社会稳定，对有关国家和地区的安全与稳定构成了威胁。虽然恐怖主义犹如"过街老鼠，人人喊打"，但恐怖主义威胁并没有在国际反恐斗争的严厉打击下日趋减小。仍不断发生的一系列恶性恐怖事件显示，恐怖主义威胁不仅依然存在，而且在一些地区还不断恶化。由此可见，反恐斗争仍是一项十分复杂、长期、艰巨的任务。

(3) 国境检验检疫。社会上存在偷越国境的现象，所谓偷越国境是指自然人违反出入国境管理法规，在越过国界线或者通过法律上的拟制国界时，不从指定口岸通行或者不经过边防检查，或者未经出境许可、未经入境许可。一旦过境检验检疫不严格，出现偷渡现象对国家的影响是非常严重的。2003 年的非典型性肺炎、现在的禽流感都是传染性极强的疾病，在出入境时如果检验不严格，疾病的蔓延速度就会大大增大，可能由一个国家传染到另外一个国家，这是相当严重的事情。还有一些人非法运输、携带、邮寄国家禁止进出境的物品，国家限制进出境或者依法应当缴纳关税和其他进口环节代征税的货物、物品进出境，也就是从事走私活动，如走私汽车、手机、烟等，更有一些人非法出入国境进行传教，甚至一些逃犯在国与国之间流窜，进行犯罪活动，这些都会影响国家安全。

对于安全工程专业的人才或未来的安全工程师，其知识体系的主体不涉及自然风险、社会风险。因此，本书的内容主要是针对技术风险和与技术风险相关的组合风险的规律、理论和方法。

1.3.5　安全科学的定义和性质

人类的安全技术可以追溯数百年的发展史，产业领域的安全工程也有近百年历史，但是安全科学概念的提出与诞生还不到 30 年，因此安全科学的定义和概念还在形成和完善过程中，目前还未有普遍统一的定义。

1985 年，德国学者库尔曼撰写了人类有史以来的第一部安全科学专著，称为《安全科学导论》(Introduction to Safety Science)，他对安全科学作出了这样的阐述："安全科学的主要目的是保持所使用的技术危害作用限制在允许的范围内。为了实现这个目标，安全科学的特定功能是获取及总结有关知识，并将有关发现和获得的知识引入到安全工程中来。这些知识包括应用技术系统的安全状况和安全设计，以及预防技术系统内固有危险的各种可能性。"

比利时格森教授对安全科学作了这样的定义："安全科学研究人、技术和环境之间的关系，以建立这三者的平衡共生态(equilibrated sysbiosis)为目的。"

《中国安全科学学报》杂志主编刘潜把安全科学定义为"安全科学是专门研究人们在生产及其活动中的身心安全(含健康、舒适、愉快乃至享受),以达到保护劳动者及其活动能力、保障其活动效率的跨门类、综合性的横断科学"。

还有的学者认为:"研究生产中人-机-环境系统,实现本质安全化及进行随机安全控制的技术和管理方法的工程学称为安全科学。"

我们将安全科学定义如下:安全科学是研究安全与风险矛盾变化规律的科学,研究人类生产与生活活动安全本质规律;揭示安全系统涉及的人-机-环境-管理相互作用对事故风险的影响特性;研究预测、预警、消除或控制安全与风险影响因素的转化方法和条件;建立科学的安全思维和知识体系,以实现系统风险的可接受和安全系统的最优状态。

从以上不同的定义可以看出,对安全科学的理解和定义是一个不断发展的过程,随着人们对安全需求的提高和对安全本质认识的清晰,以及对安全理论的不断完善和充实,人们将会对安全科学的内涵和外延逐步形成一致的公认。

基于目前的认知水平,可以将安全科学基本性质归纳如下。

(1) 安全科学要揭示和实现本质安全,即安全科学追求从本质上达到事物或系统的安全最适化。现代的安全科学要区别于传统的安全学问,其特点在于:变局部分散为整体、综合;变事后归纳整理为事前演绎预测;变被动静态受制为主动动态控制。总之,安全科学必须适应人类技术发展和生产生活方式的发展要求,提高人类安全生存的能力和水平。

(2) 安全科学要体现理论性、科学性和系统性。安全科学不是简单的经验总结或建立在事故教训基础的科学,它要具有科学的理性,强调本质安全,突出预防特点。因此,基于安全科学原理提出的理论和方法技术具有科学性、系统性。

(3) 安全科学研究的对象具有复杂性与全面性。安全科学研究的主要对象是来自于自然、技术和社会的风险,而风险的影响因素或变量涉及人因、物因、环境因素和管理因素等。因此,安全科学需要对多种因素进行全面性与全过程的系统研究。

(4) 安全科学具有交叉性和综合性。由于安全科学研究对象的复杂性,安全科学具有自然属性、社会属性交叉的特点,使得安全科学必须建立在自然科学与社会科学基础上发展。安全科学涉及技术科学、工程科学、人体生理学等自然科学,还涉及管理学、心理学、行为学、法学、教育学等社会科学。因此,安全科学具有交叉科学和综合科学的特点。

(5) 安全科学的研究目标是针对来自于自然、技术或社会风险的种类事故灾难。具体地说,通过安全科学理论的进步和安全技术的发展,人类能够提高对各类事故灾难的预防、控制或消除的能力和水平。

(6) 安全科学的目的具有广泛性。安全科学的目的首先是人的生命安全与健康保障，同时通过事故灾难的防范，能够有效减轻事故灾难的经济损失，保障财产安全，甚至实现社会经济持续发展、社会的安定和谐。

1.3.6　安全科学的特点

1. 安全科学是交叉科学

科学是根据科学对象所具有的特殊矛盾性进行区分的。在社会发展中，人类遇到诸如人口、食物、能源、生态环境、健康等安全问题，仅靠一门学科或一大门类学科是不能有效解决的，唯有交叉学科最有可能解决。交叉科学的功能是把科学对象连接为复杂系统的纽带，或者说交叉科学的存在是科学对象成为一个完整系统的必要条件。交叉科学形成的机制是科学对象发展的产物。科学对象的特殊性是科学存在的基础，科学对象规律性研究，综合理论体系的形成是科学形成的必要条件。

然而，很多"交叉科学"在其孕育期间因其交叉性或综合理论体系尚不完善，在我国科研和教学体制中长期找不到学科位置，得不到制度和体制上的鼓励和保障，该局面正反映了安全科学的现状。安全科学是自然科学、社会科学和技术科学的交叉。交叉科学的理论内容有一个发展过程，即由理论的综合逐渐转化形成本门学科的综合性理论，进而安全科学将由交叉科学转化为横向科学。

2. 安全科学与其他学科的交叉关系

在现代科学整体化、综合化的大背景下，已有学科在渗透、整合的基础上形成边缘学科、交叉学科，这是新学科创生的基本方式之一。安全科学作为一个交叉学科门类，同数学、自然科学、系统科学、哲学、社会科学、思维科学等几个科学部类都有密切的联系，如图 1-7 所示。安全科学只有积极、主动的引进，吸纳其他科学部类众多学科的理论、方法，加强学科之间的交叉整合，才能真正成为科学知识体系的新学科生长极，才能在科学知识体系整体化的历史进程中发挥应有的作用。

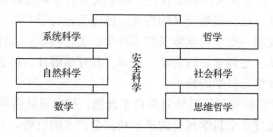

图 1-7　安全科学的学科交叉

由于安全问题非常复杂，涉及面广，严格地说，安全问题几乎与所有的学科都有关，必须对人的因素、物的因素（包括环境）、意外的自然因素进行综合系统分析，研究事故和灾害规律，以建立正确而科学的理论，从而寻求解决的对策和方法。因此，对安全的认识必须是动态的而不是静止的；有物理因素，有化学因素；有人为的灾害，又有自然的灾害；有物质的，也有精神的；有生产性的，也有非生产性的；有生理的，也有心理的原因；等等。显然，安全科学是自然科学和社会科学交叉协同的一门新兴科学，具有跨行业、跨学科、交叉性、横断性等特点。科学技术的发展和实践表明，安全问题不仅涉及人，还涉及人可以利用的物（设备等）、技术、环境等，是一种物质与社会的复合现象，不是单纯依靠自然科学或工程技术科学能完全解决的。安全科学的知识体系涉及和包括 5 个方面：①与环境、物有关的物理学、数学、化学、生物学、机械学、电子学、经济学、法学、管理学等；②与安全基本目标与基本背景有关的经济学、政治学、法学、管理学以及有关的国家方针政策等；③与人有关的生理学、心理学、社会学、文化学、管理学、教育学等；④与安全观念有关的哲学及系统科学；⑤基本工具，包括应用数学、统计学、计算机科学技术等。

除此以外，安全科学知识还要与相关行业、领域的背景（生产）知识结合起来，才能达到保障安全、促进经济发展的目的。例如，搞矿山行（企）业安全的人除具备一般安全科学的知识外，还要具备采矿学的有关知识；搞化工、爆破行（企）业安全的人除具备一般安全科学的知识外，还要具备化工和爆破的有关知识等。就目前的认识而言，与安全科学关联程度较大的有：自然科学、工程技术科学、管理科学、环境科学、经济科学、社会学、医学科学、法学、教育学、生物学等。一般来说，安全科学仍以工业事故、职业灾害和技术负效应等为主要研究对象，两者之间有交叉。基于以上认识，安全科学与其他相关学科的关系如图 1-8所示。

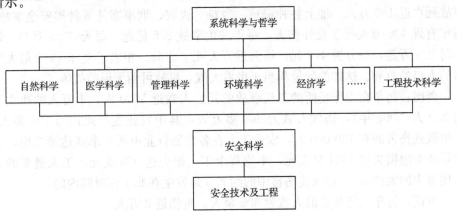

图 1-8　安全科学与其他相关科学的关系

安全科学研究的上层是系统科学和哲学(马克思主义哲学、科学哲学),它们不仅为自然科学而且也为社会科学提供了思想方法论和相关认识论的基础;第二层是相互交错的相关的自然科学、管理科学、环境科学、工程技术科学等,它们构成了安全科学可利用和发展的基础;基于第二层之下的是人类社会生存、生活、生产领域普遍设计和需求的、且有共性指导意义的安全科学,其理论和技术均有较强的可操作性,而且根据需要可充分利用其下各学科对人类社会活动的规律性总结,发展安全科学理论基础和工程技术。值得注意的是,随着安全科学与灾害学、环境科学的渗透与交叉,安全、减灾、环保3学科交叉融合趋势日趋增强,大安全观开始萌芽。

1.3.7 安全科学的任务与目的

安全科学的基本任务与目的和国家制定的有关安全法律法规是一致的、协同的。我国的《安全生产法》确定的安全生产目的宗旨是保护人民生命安全、保护国家财产安全、促进社会经济发展。安全科学的任务与目的可以概括为人的生命安全、人的身心健康、经济财产安全、环境安全、社会稳定等方面。

1. 生命安全

生命是智慧、力量和情感的唯一载体;生命是实现理想、创造幸福的根本和基石;生命是民族复兴和创建和谐社会的源泉和资本。没有生命就没有一切。从社会经济发展的角度,人是生产力和社会中最宝贵、最活跃的因素,以人为本、人的生命安全第一,就是人民幸福的根本要求。因此,生命安全保障是安全科学的第一要务。

据国际劳工组织报告,世界范围内的工矿企业,每年发生各种工业事故5000万起,造成200多万人丧生;世界卫生组织的统计报告,2011年道路交通事故死亡近130万人。加上各种海难、空难、火灾、刑事案件等种类安全事故,每年有近400万人死于意外伤害,每年发生事故2.5亿起,每天68.5万起,每小时2.8万起,每分钟476起;每天近万人死于非命,相当于全球10个最大城市的人口的总和。这样的数量相当于世界大战,事故可谓无形的战争。

美国:每年在工作场所的工伤事故的死亡人数近5000人,十万人的死亡率为3.9人(2003年),伤残人数为300多万人,其中农业生产死亡为700多人,发生致残伤害的有130 000人,农业工人在各主要行业中死亡率高达第二位,工伤导致美国损失达1321亿美元,平均每个工人损失达970美元,工人遭受的死亡伤害中的大约9/10和致残伤害中的约3/5是发生在非工作时间内的。

英国:每年工伤死亡的人数为300余人,重伤近2万人。

德国：每年工伤死亡的人数约为 1500 人，领取工伤保险金的人数约为 5 万人。

法国：每年工伤歇工者达 30 万人，年损失劳动工日约为 3000 万个。

韩国：一年的工伤人数高达 10 万人，死亡的人数为 2500 人；损失工日为 5000 余万个。

新加坡：每年的工伤事故为 5000 余起，百万工时损失率为 448 天。

日本：每年生产性事故死亡的人数为 4000 余人，近百万人受伤致残。

泰国：一年的工伤人数达 13 万人，死亡近 800 人。

表 1-5 是近年来世界部分国家事故死亡水平的统计。

表 1-5 部分国家事故灾难 10 万人死亡率统计数据

国家	10 万人死亡率						人均 GDP/美元		
	2000 年	2001 年	2002 年	2003 年	2004 年	2005 年	2004 年	2005 年	2006 年
缅甸				3	3	2		135	
印度	31	37	28	31	28		530	652	727
吉尔吉斯斯坦	7	7	7	5	8	5		413	
多哥	11.7	16.8	11.3	15.0	16.3		310	357	
保加利亚	7.3	7.3	6.0	5.2	6.0		2130	3325	3769
阿塞拜疆	4	3	6	6	8	6	810	1237	
埃及		7	7	7			1390	1118	1071
突尼斯	14.9	15.9	14.3	16.0	13.1		2240	3052	
泰国	11.3	0.1	9.9	11.2	11.7	18.7	2190	2807	3042
摩尔多瓦	6.5	5.0	5.3	5.6	4.9	6.4		665	
阿尔及利亚		23.2	20.9	19.0	17.6		1890	2601	2800
尼加拉瓜	9	10	9	6			730	794	
中国	9.29	10.22	10.85	10.56	10.521	9.69	1257	1703	2042
乌克兰	9.5	10.5	10.0	9.4	8.9	8.4	970	1589	1746
哥斯达黎加	9.6	9.5	7.5	7.0	6.1	6.4	4280	4484	
立陶宛	6.9	8.9	8.1	11.3	9.0	10.4	4490	6796	
罗马尼亚	8	7	7	7	7	8	2310	3277	3551
土耳其	24.6	20.6	16.8	14.4	13.6		2790	4637	5087
波兰	5.2	5.1	4.9	4.9	4.7	4.4	5 270	6373	6887
墨西哥	14	12	11	12	11	11	6230	6566	6901
克罗地亚	3.1	3.2	3.3	3.4	2.7	4.3	5350	7764	8363
匈牙利	3.98	3.21	4.21	3.39	4.10	3.20	6330	10 896	16 647

国家	10万人死亡率						人均 GDP/美元		
	2000 年	2001 年	2002 年	2003 年	2004 年	2005 年	2004 年	2005 年	2006 年
捷克	4.9	5.2	4.6	4.5	4.3	3.7	6740	10 708	11 608
智利	12	10	11	12	9		4390	5742	6221
美国	4	4	4	4	4		37 610	42 076	43 995
法国	4.4	4.2	3.8	3.7	3.5		24 770	33 126	35 377
英国	0.9	0.8	0.7	0.7	0.7		28 350	36 977	38 636
以色列	4.3	4.2	3.8	3.6	3.3	3.0	16 020	16 987	19 155
西班牙	9.2	8.0	6.1	5.3	4.9	4.7	16 990	24 627	26 763
挪威	2.5	1.6	1.7	2.1	1.7	2.1	43 350	5 3465	56 767
意大利	7	6	5	5	5		21 560	29 648	30 689
奥地利	5.3	4.5	4.7	3.9	19.5		26 720	35 861	37 771
斯洛文尼亚	3.3	4.3	4.0	5.1	2.6	2.6	11 830	17 660	18 728
芬兰	2.3	2.1	1.8	2.1	2.1		27 020	35 242	32 836
加拿大	6.0	6.1	6.1	6.1	5.8	6.8	23 930	32 073	32 898
澳大利亚	3	3	3	2	2		21 650	29 761	31 851
瑞典	1.5	1.4	1.4	1.3	1.4		28 840	38 451	40 962

我国的事故状态也不乐观,以 2011 年的数据指标为例:各类安全事故死亡人数高达 10 万人、全国亿元 GDP 事故死亡率为 0.173、道路交通万车死亡率为 2.8、煤炭百万吨死亡率为 0.56、特种设备万台死亡率为 0.595、百万吨钢死亡率为 0.31,与发达国家相比有数倍的差距。在我国各行业的事故死亡人数比例中,交通事故第一位、铁路事故第二位、煤矿第三位、建筑类事故第四位。由此可看出,这些行业是我国经济总量较大、发展速度最快的行业。

我国安全生产事故和生产安全事故总体形势严峻,重特大事故造成严重的社会危害;高危行业及安全生产问题突出。首先,我国安全生产的基础较为薄弱,一是高危产业占经济总量的比例较高,第二产业占 53%,建筑、矿业、石油化工、交通运输等高危行业占到 40% 以上,并处于高增长率水平;二是高危行业从业人员安全素质还有待提高,现今在中国进城农民工近 2 亿人,2020 年将达 3 亿人,其中建筑业占 79.8%,矿业占 52.5%;三是我国安全生产法的实施晚发达国家 30 年,美国、日本、英国等发达国家 20 世纪 70 年代初期颁布职业安全健康法,我国 2002 年颁安全生产法;四是每年安全生产投入不到 GDP 的 2%,而发达国家高达 3% 以上;五是安全生产领域科技投入水平较低,仅是美国的 1/200;六是全国重大安全隐患数千处,重大危险源数近百万。

生命安全最基本的内涵是不死不伤。因此，生命安全还涉及伤害、伤残的问题。统计表明，事故灾难的死伤比为 1∶4。在这一层面，每年全球职业事故造成上千万人受伤致残，道路交通事故每年的伤害人数高达 5000 万人，意味着事故灾难每秒就有 160 人伤残，4000 人需治疗。

因此，建立和发展安全科学，提高和改善人类安全保障能力和事故灾难的防范水平，对减少事故死亡率和人类生命安全具有重要的意义和价值。

2. 身心健康

安全科学的第二任务或目标就是人的身心健康保障（physical and intellectual integrity）。世界卫生组织对健康的定义是身体、心理及对社会适应的良好状态。显然，事故灾难的发生除了"要命"，还对人的身心状态产生巨大的伤害。首先，可能对个体自身的生命、健康造成直接危害，从而对自己的身心产生伤害；其次，可能是对家人、亲人、朋友、同事，甚至其他不认识人的生命、健康造成伤害，从而间接对自己的身心产生伤害。无论何种状态，都对世界卫生组织定义的人的身体健康和心理健康标准产生了冲击和伤害。

世界卫生组织确定的身体健康十项标志如下。

（1）有充沛的精力，能从容不迫地担负日常的繁重工作。

（2）处事乐观，态度积极，勇于承担责任，不挑剔所要做的事。

（3）善于休息，睡眠良好。

（4）身体应变能力强，能适应外界环境变化。

（5）能抵抗一般性感冒和传染病。

（6）体重适当，身体匀称，站立时头、肩、臂位置协调。

（7）眼睛明亮，反应敏捷，眼和眼睑不发炎。

（8）牙齿清洁，无龋齿，不疼痛，牙龈颜色正常且无出血现象。

（9）头发有光泽，无头屑。

（10）肌肉丰满，皮肤富有弹性。

世界卫生组织确定心理健康的六大标志如下。

（1）有良好的自我意识，能做到自知自觉，既对自己的优点和长处感到欣慰，保持自尊、自信，又不因自己的缺点而感到沮丧。

（2）坦然面对现实，既有高于现实的理想，又能正确对待生活中的缺陷和挫折，做到"胜不骄，败不馁"。

（3）保持正常的人际关系，能承认别人，限制自己；能接纳别人，包括别人的短处。在与人相处中，尊重多于嫉妒，信任多于怀疑，喜爱多于憎恶。

（4）有较强的情绪控制力，能保持情绪稳定与心理平衡，对外界的刺激反应适度，行为协调。

（5）处事乐观，满怀希望，始终保持一种积极向上的进取态度。

（6）珍惜生命，热爱生活，有经久一致的人生哲学。健康的成长有一种一致的定向，为一定的目的而生活，有一种主要的愿望。

显然，事故灾难会对上述身心健康标准的保障产生威胁和影响。

在安全生产领域，身心健康也称职业健康。职业健康的保障是安全工程师重要的任务和职责之一。

在世界范围内，全球的就业人员有 35％遭受职业危害，职业对其健康产生影响，从而造成职业病。

我国职业危害也十分严重。接触粉尘、毒物和噪声等职业危害的员工在2500 万人以上。最新的统计表明，自 2000 年以来，我国职业病报告病例总体呈上升趋势。

近几年，贵州、甘肃、江西、辽宁、安徽等地发生多起尘肺病群发事件。"尘肺病等职业病一旦患病，很难治愈，其严重威胁着劳动者的身体健康乃至生命安全。同时，职业病给这些患者家庭带来了沉重的经济负担，从而形成严重的社会问题"。我国产业领域，伴随着新技术、新工艺、新材料的应用，新的职业病危害也在不断出现。职业病危害广泛分布在矿山、冶金、建材、有色金属、机械、化工、电子等多个行业。职业病危害超标现象非常普遍和严重，特别是石英砂加工企业和石棉矿山企业、金矿企业粉尘超标严重；木质家具企业也存在化学毒物严重超标的现象。

针对职业健康问题，我国制定了《国家职业病防治规划(2009—2015 年)》，以完善监督管理法规标准、职业病危害治理为重点，以机构队伍建设、技术支撑体系建设、专家队伍建设为基础，以宣传培训、三同时管理、许可证管理、服务机构监管、职业危害申报、监督执法工作为抓手，全面加强监督管理工作，落实用人单位职业卫生主体责任，预防、控制、消除职业病危害，从而减少职业病，维护劳动者健康权益。力争到 2015 年，全面完成规划规定的新发尘肺病病例年均增长率下降等 13 项指标任务，使职业病防治监督覆盖率比 2008 年提高 20％以上，严重职业病危害案件查处率达到 100％。

3. 经济财产安全

安全科学的第三个任务和目标就是经济财产安全。安全问题导致的事故灾难对国家、企业、家庭都会产生巨大的财产损失。据联合国统计，世界各国每年要花费国民经济总产值的 6％来弥补由于不安全所造成的经济损失。一些研究也表明，事故对生产企业带来的损失可占企业生产利润的 10％，而安全投入的经济贡献率可达 5％。这些数据说明安全科学技术对社会经济或经济财产安全具有重要作用。安全对于财产安全的作用包括直接的和间接的两个方面。

1) 直接的财产安全影响

美国劳工调查署(BLS)对美国每年的事故经济损失进行了统计研究,其结果占 GDP 比例的 1.9%,1992 年总数高达 1739 亿美元。研究还表明:事故损失总量随着经济的发展呈不断上升的趋势。根据英国国家安全委员会(HSE)研究资料,一些国家的事故损失占 GDP 的比例,如表 1-6 所示。

表 1-6　职业事故和职业病损失占 GNP 或 GNI 的比例对比

国家	基准年(年份)	事故损失占 GNP 的比例/%
英国	1995/1996	1.2~1.4
丹麦	1992	2.7
芬兰	1992	3.6
挪威	1990	5.6~6.2
瑞典	1990	5.1
澳大利亚	1992/1993	3.9
荷兰	1995	2.6

从表 1-6 中可以看出,虽然各国对事故经济损失的统计水平不尽相同,占 GNP 的比例为 1.2%~6.2%,但是可以确定的是事故造成的经济损失是巨大的,事故对社会经济的发展影响是比较大的。

国际劳工组织局长胡安·索马维亚说:人类应加强对工伤和职业病的关注,他还指出,目前工伤事故和职业病给世界经济造成的损失已相当于目前所有发展中国家接受的官方经济援助的 20 倍以上,这将造成世界 GDP 减少 4%,这一数字还不包括一部分癌症患者和所有传染性疾病。

在我国,根据国家安全生产监督管理局组织鉴定的科研课题《安全生产与经济发展关系研究》的调查研究表明:我国 20 世纪 90 年代平均直接损失(考虑职业病损失)占 GDP 的比例为 1.01%;平均年直接损失为 583 亿元,并且按研究比例规律,我国 2001 年事故经济损失高达 950 亿元,接近 1000 亿元;如果考虑间接损失,基于事故直间损失倍比系数为 1:10~1:2,取其下四分位数为直间比系 1:4,可推测,20 世纪 90 年代年平均事故损失总值为 2500 亿元,若采取美国 1992 年事故损失直间比数据,即 1:3,我国事故损失总值为 1800 亿元;根据对我国企业进行的抽样调查获得的数据统计,我国企业的事故损失倍比系数为 1:25~1:1,数据离散较大,但大多数为 1:3~1:2,取其中值,即 1:2.5,则我国 20 世纪 90 年代事故损失总量约为 1500 亿元,而按我国 2002 年的经济规模推算,则每年的事故经济损失高达 2500 亿元。

2) 间接的经济安全作用

间接的安全经济作用主要是通过安全对社会经济的贡献或增值作用来体现的。

　　发展安全科学，提高安全保障能力，能够促进和保障社会经济，这已获得社会普遍的认同。这种增值的或称为正面的经济安全作用和影响是如何形成的呢？

　　安全对社会经济的影响，不仅表现在减少事故造成的经济损失方面，同时安全对经济具有"贡献率"，安全也是生产力。因此，重视安全生产工作，加大安全生产投入对促进国民经济持续、健康、快速发展和坚持以经济建设为中心是完全一致的。

　　安全的生产力作用和经济正增值作用主要是通过对生产力要素的影响和作用来产生的。第一，安全能够保护人，劳动者是第一生产力要素，有安全的作用；第二，对生产资料的安全保护，生产资料也是生产力；第三，管理的作用，安全管理是企业生产经营管理的组成部分。因此，生产力要素创造的价值有安全的贡献率。

　　我国在21世纪初国家组织的《安全生产与经济发展关系研究》课题的研究结果表明，针对我国20世纪80年代和90年代安全生产领域的基本经济背景数据，应用宏观安全经济贡献率的计算模型，即"增长速度叠加法"和"生产函数法"，经过理论的研究分析和数据的实证研究，获得安全生产对社会经济（国内生产总值GDP）的综合（平均）贡献率是2.40%，安全生产的投入产出比高达1∶5.8。因此，从社会经济发展的角度，在生产安全上加大投入，对于国家、社会和企业无论是社会效益和经济效益方面都具有现实的意义和价值。现实中，由于不同行业的生产作业危险性不同，其安全生产所发挥的作用也不同，因此，对于不同危险性行业的安全生产的经济贡献率也不一样。因此，分析推断出不同危险性行业安全生产经济贡献率为高危险性行业：约7%，甚至高达10%以上；一般危险性行业：约2.5%；低危险性行业：约1.5%。

　　众所周知，事故发生的时候生产力水平会下降。究其原因，可能是由于损坏了机器设备和工具；或损失了材料和产品；或由于长久地或者暂时地失去了雇员，以及由于更换人员造成的损失。但是更加具体的、不容易被注意到的原因是事故和疾病对人力资源的精神和士气所造成的损失。在作出恢复生产的安排之前，生产操作可能处于停滞状态；由于照顾受伤者，其他的雇员将花费时间；由于事故发生，许多其他雇员会吃惊、好奇、同情等，这样也可能损失很多时间；由于事故发生，工人的生产积极性和生产情绪会受到极不好的影响，并会很明显地影响工人的生产进度；企业本来监管日常行政工作的重点会转移到对事故的调查、报告、赔偿以及替换和培训受伤人员等方面，对正常的管理效率造成负面影响；雇员士气受到的影响，同样会影响到生产或者服务的质量；此外，企业还可能很难及时寻找到合适的替换工人。概括地说，一旦危险的工作条件影响到了工人的操作，就会造成时间上的浪费和长时间的无效劳动。

　　从另一个角度来说，假如企业在一个项目（工程）的初期进行了一定的安全投入(具体投入数量视具体项目、工程定),毫无疑问,事故率会大幅度减少,因为事故造成的直接损失和间接损失就可以大幅度的减少。不仅如此,由于企业长期不发生事故(事故率很少),生产工人没有心理的压力,可以全身心地投入到工作中,生产能够满负荷的运转,生产力水平能维持在一个较高的水平,另外由于投入到项目或工程中的一部分经费被用作对安全管理人员、生产工人岗位安全知识的培训,被用来进行经常性地安全检查,企业整体的安全管理水平得以提高、安全意识得到加强,作为影响生产力水平的重要因素——人力资源的质量得到提高,从而大大提高了生产水平。从更深的角度讲,由于对生产车间的劳动卫生进行治理,减少对外的排污量(降低污染物浓度,使污染物排放合格),企业及企业周围的大环境质量得到改善,对国家或企业而言这都是一种效益,它大大节约了国家或企业用来治理环境的费用。并且,较长时间不发生事故的企业,其良好的安全信誉构成了一项宝贵的无形资产,企业商誉价值提高,这都能给企业带来了实在的效益。

因此,发展安全科学,提高全社会的生产安全保障水平,对降低事故经济损失影响,具有直接的财产安全作用和意义,同时安全对经济还具有贡献率和增值的作用和影响。

4. 社会安全稳定

社会安全稳定的任务和目标是安全社会价值的体现。安全以保护人的生命安全和健康为基本目标,是"科学发展"的内涵,是"和谐社会"的要求,是"以人为本"的内涵,是社会文明与进步的重要标志。安全生产作为保护和发展社会生产力、促进社会和经济持续健康发展的基本条件,关系到国民经济健康、持续、快速的发展,是生产经营单位实现经济效益的前提和保障,是从业人员最大的福利,是人民生活质量的体现。因此,做好安全科学的发展关系到社会稳定,关系到国家富强、人民安康,关系到"中国梦"的最终实现。

安全科学的社会安全稳定的任务和目标具体体现在以下方面。

1) 安全是"以人为本"的具体体现

以人为本就是要把保障人民生命安全、维护广大人民群众的根本利益作为出发点和落脚点,只有保证人的安全健康,中国人的"中国梦"、"幸福梦"才能实现。人民群众是构建社会主义和谐社会的根本力量,也是和谐社会的真正主人。安全是经济持续、稳定、快速、健康发展的根本保证,是社会主义发展生产力的最根本的要求,也是维护社会稳定的重要前提。"以人为本"是和谐社会的基本要义,是党的根本宗旨和执政理念的集中体现,是科学发展观的核心,也是和谐社会建设的主线,而安全就是人的全面发展的一个重要方面。

安全体现"以人为本",一方面是强调安全的根本性目的是保护人的生命健康和财产安全,实现人对幸福生活的追求;另一方面是要靠人的能动性,充分发挥人的积极性与创造性,实现安全生产和公共安全。安全事关最广大人民的根本利益,事关改革发展和稳定大局,体现了政府的执政理念,反映了科学发展观以人为本的本质特征。以人为本,首先要以人的生命为本。只有从根本上提高全社会的安全保障水平,改善安全状况,大幅度减少各类事故灾难对社会造成的创伤和震荡,国家才能富强安宁,百姓才能安康幸福,社会才能和谐安定。

2) 安全是"科学发展"的基本要求

科学发展的定义包含节约发展、清洁发展和安全发展。安全发展是科学发展的必然要求,没有安全发展,就没有科学发展。

国家执政党把安全发展作为重要的指导原则之一写进党的重要文献中,这是党和国家与时俱进、对科学发展观思想内涵的丰富和发展,充分体现了党对发展规律认识的进一步深化,是在发展指导思想上的又一个重大转变,体现了以人为本的执政理念和"三个代表"重要思想的本质要求。

3) 安全是构建"和谐社会"的重要保障

构建和谐社会必须解决安全生产和公共安全问题,这是现代社会最为关心的问题。如果人的生命健康得不到保障,一旦发生事故,势必造成人员伤亡、财产损失和家庭不幸。因此,切实搞好安全生产工作和解决好公共安全问题,人民的生命财产安全才能得到有效保障,国家才能富强永固,社会才能进步和谐,人民才能平安幸福。

(1) 安全是人类的基本需求。马斯洛的需求层次论指出,人类的需求是以层次的形式出现的,由低级的需求向上发展到高级的需求。人类的需求分 5 个层次,即生理的需求、安定和安全的需求、社交和爱情的需求、自尊和受人尊重的需求、自我实现的需求。由此可见,安全的需求仅次于生理需求,是人类的基本需求。

(2) 安全反映和谐社会的内在要求。构建和谐社会是党从全面建设小康社会、开创中国特色社会主义事业新局面的大局出发而作出的一项重大决策和根本任务,代表着最广大人民群众的根本利益和共同愿望。小康社会是生产发展、生活富裕的社会,是劳动者生命安全能够切实得到保护的社会,理所当然必须坚持以人为本,以人的生命为本。安全生产的最终目的是保护人的生命安全与健康,体现了以人为本的思想和理念,是构建社会主义和谐社会的必然选择。

(3) 安全是保持社会稳定发展的重要条件,也是党和国家的一项重要政策。党和国家领导人对关于安全生产工作的重要批示和国务院有关文件及电视电话会议,都把安全生产提高到"讲政治,保稳定,促发展"的高度。安全生产关系到国家和人民生命财产安全,关系到人民群众的切身利益,关系到千家万户的家庭幸福,一旦发生事故,不仅正常的生产秩序被打乱,严重的还要停产,而且会造成人心不稳定，生产积极性受到严重打击，生产效率下降，直接影响经济效益。每一次重大事故的发生，都会在社会上造成重大的负面影响，甚至影响社会稳定。所以，安全生产是社会保持稳定发展的重要条件。

4) 安全是实现全面建设"小康社会"的必然要求

人民是全面建设小康社会的主体，也是享受全面建成小康社会的主体。安全是人的第一需求，也是全面建设小康社会的首要条件。没有安全的小康，不能称作小康；离开人民生命财产的安全，就谈不上全面的小康社会。不难设想，一个事故不断、人民群众终日处在各类事故的威胁中、老百姓没有安全感的社会，能叫全面小康社会吗？党和国家对人民的生命财产的安全一向高度重视。因此，全面建设小康社会的十六大报告将安全生产作为重要内容写入这份纲领性文献中，并提出了新的更高的要求。报告对各项工作提出了明确而严格的要求，把安全生产摆到了重中之重的位置。

"全面建设小康社会"的这一远大而现实的目标，不应仅仅反映在经济和消费指标上，它的"全面"的内涵还应该反映在社会协调安定、人民生活安康、企业生产安全等反映社会协调稳定、家庭生活质量保障、人民生命安全健康等指标上。因此，社会公共安全、社区消防安全、道路（铁路、航运、民航）交通保障、人民生命安全健康等指标上。交通安全、企业生产安全、家庭生活安全等"大安全"标准体系应纳入"全面建设小康社会"的重要目标内容，纳入国家社会经济发展的总体规划和目标系统中。

1.3.8　安全科学的基本范畴

安全科学的范畴经历了从"小安全"到"大安全"的转变。所谓"小安全"，一是安全目标小，如仅仅是生命安全；二是领域小，如仅涉及劳动保护、安全生产；三是专业适应范围小，如仅仅适应生产安全或生产企业；四是研究对象小，如仅仅针对事故灾难。进入 21 世纪后，安全科学的范畴有扩大的趋势，主要体现在目标从生命安全扩大到身心安全、健康保障、财产安全等；领域从劳动保护扩大到公共安全、生活安全等；适用范围从生产企业扩大到公共社区、社会治安等；研究对象从事故灾难扩大到自然灾难、社会突发事件、公共卫生等。

但是，目前对安全科学的研究范畴并没有一致的认识。这是一门新兴学科发展过程中的必然现象。作为一名安全工程专业的大学生，所要把握的是安全科学范畴的主体和主流。

1. 工业安全范畴

1) 工业安全的发展

第一次工业革命时代，蒸汽机技术直接使人类经济从农业经济进入工业经济，人类从家庭生产进入工厂化、跨家庭的生产方式。机器代替手用工具，原动力变为蒸汽机，人被动地适应机器的节拍进行操作，大量暴露的传动零件使劳动者在使用机器过程中受到危害的可能性大大增加。

当工业生产从蒸汽机进入电气、电子时代，以制造业为主的工业出现标准化、社会化以及跨地区的生产特点，生产更细的分工使专业化程度提高，形成了分属不同产业部门的相对稳定的生产结构系统。生产系统的高效率、高质量和低成本的目标，对机械生产设备的专用性和可靠性提供了更高的要求，从而形成了从属于生产系统并为其服务的机械系统安全。机械安全问题突破了生产领域的界限，机械使用领域不断扩大，融入人们生产、生活的各个角落，机械设备的复杂程度增加，出现了光机电液一体化，这就要求解决机械安全问题需要在更大范围、更高层次上，从"被动防御"转为"主动保障"，将安全工作前移。对机械全面进行安全系统的工程设计包括从设计源头按安全人机工程学要求对机械进行安全评价，围绕机械制造工艺过程进行安全、技术和经济性评价。

20世纪中叶，随着控制理论、控制技术的飞速发展，自动化生产、流水线作业、无人生产等自动智能生产方式逐步取代了传统工业生产中的人的操作。这一方面极大地减少了工人的劳动强度，另一方面大大提高了工业企业的生产效率。在获得这些高效率的同时，一些安全隐患与事故也逐步显现出来。例如，生产线设备故障、控制及操纵故障、现场总线故障等，这些故障一旦发生，将会极大地影响企业的生产效率，严重情况下还会影响企业工人以及周围群众的生命财产安全。基于工业过程安全控制的安全生产自动化技术，如安全检测与监控系统、安全控制系统、安全总线、分布式操作等技术的应用，可为生产过程提供进一步的安全保障。

以工业以太网和国际互联网为代表的数字化网络化技术，把人类直接带进知识经济与信息时代。由于工业网络的复杂性和广泛性，工业网络的不安全因素也很复杂，有来自系统以外的自然界和人为的破坏与攻击；也有由系统本身的脆弱性所造成的。在安全方面的主要需求是基于软件和硬件两个方面，即网络中设备的安全和网络中信息的安全。解决安全问题的手段出现综合化的特点。

2) 现代工业安全事故类型

安全生产事故是企业事故的一种，是指生产过程中发生的，由于客观因素的影响，造成人员伤亡、财产损失或其他损失的意外事件。一般的定义是个人或集体在为实现某一意图或目的而采取行动的过程中，突然发生了与人的意志相反的情况，迫使人们的行动暂时或永久的停止的事件。

通常，事故最常见的分类形式为伤亡事故和一般事故，或称为无伤害事故。伤亡事故是指一次事故中，人受到伤害的事故；无伤害事故是指一次事故中，人没有受到伤害的事故。伤亡事故和无伤害事故是有一定的比例关系和规律的。为了消除伤亡事故，必须首先消除无伤害事故。无伤害事故不存在，则伤亡事故也就杜绝了。另外，在现代工业中，生产安全事故也可以从以下几个角度分类。

（1）按人和物的伤害与损失情况可分为：伤害事故、设备事故、未遂事故 3 种。伤亡事故是指人们在生产活动中，接触了与周围环境条件有关的外来能量，致使人体机能部分或全部丧失的不幸事件；设备事故是指人们在生产活动中，物质、财产受到破坏，遭到损失的事故，如建筑物倒塌、机器设备损坏及原材料、产品、燃料、能源的损失等；未遂事故是指事故发生后，人和物没有受到伤害和直接损失，但影响正常生产的进行，未遂事故也叫险肇事故，这种事故往往容易被人们忽视。

（2）按照事故发生的领域或行业可以将事故分为以下 9 类：即工矿企业事故、火灾事故、道路交通事故、铁路运输事故、水上交通事故、航空飞行事故、农业机械事故、渔业船舶事故及其他事故。

（3）按照事故伤亡人数分为：特别重大事故、重大事故、较大事故、一般伤亡事故 4 个级别。

（4）按照事故经济损失程度分为：特别重大经济损失事故、重大经济损失事故、较大经济损失事故、一般事故 4 个级别。

（5）根据事故致因原理，将事故原因分为 3 类，即人为原因、物及技术原因、管理原因。人为原因是指由于人的不安全行为导致事故发生；物及技术原因是指由于物及技术因素导致事故发生；管理原因是指由于违反安全生产规章，管理工作不到位而导致事故发生。

3）工业生产安全的主要内容

工业生产安全的主要内容包括：机械安全，包括机械制造加工、机械设备运行、起重机械、物料搬运等安全；电气、用电安全；防火、防爆安全；防毒、防尘、防辐射、噪声等安全；个人安全防护、急救处理、高空作业、密闭环境作业、防盗装置等专项安全工程；交通安全、消防安全、矿山安全、建筑安全、核工业安全、化工安全等行业安全。这些内容综合了矿山、地质、石油、化工、电力、建筑、交通、机械、电子、冶金、有色、航天、航空、纺织、核工业、食品加工等产业或行业。可以看出，工业生产安全涉及的内容和领域是非常广泛的。

2. 公共安全范畴

近年来，我国公共安全面临的严峻形势越来越凸显，进入了公共安全事件的高发期。据估算，我国每年因自然灾害、事故灾难、公共卫生和社会安全等突发公共安全事件造成的非正常死亡人数超过 20 万人，伤残人数超过 200 万人；经济损失年均近 9000 亿元，相当于 GDP 的 3.5%，远高于中等发达国家 1%~2% 的同期水平。表 1-7 中是世界各地对公共安全范畴的界定。

表 1-7　公共安全的范畴

公共安全范畴	国际界定		国内学术界定			国内行政界定	
	联合国	公共安全顾问组	国内学者界定	中国公共安全科学技术学会	中国标准化研究院	《中华人民共和国突发事件应对法》	《国家中长期科学和技术发展规划纲要》
自然灾害	√	√	√	√	√	√	√
事故灾难	√	○	√	√	○	○	√
社会安全	√	○	√	√	√	√	√
IT安全	○	√	○	○	○	○	○
国土安全	○	√	○	○	○	○	○
生产安全	○	○	○	√	√	○	○
交通安全	√	√	√	√	√	√	○
社会治安(犯罪)	○	○	√	○	○	○	○
经济安全	○	○	√	○	○	○	○
公共生活安全	○	○	√	○	○	○	○
公共利益安全	○	○	√	○	○	○	○
突发事件安全	○	○	○	○	○	√	√
食品安全	○	○	√	√	○	√	√
公共卫生	○	○	√	√	○	√	○
城市安全	○	○	○	√	○	○	○
药品安全	○	○	○	○	√	○	○
信息网络安全	○	○	○	○	○	○	○
国境检验检疫	○	○	○	○	√	○	○
煤矿安全	○	○	○	○	○	○	√
消防安全	○	○	○	○	○	○	√
危化品安全	○	○	○	○	○	○	√
生物安全	○	○	○	○	√	○	√
核安全	○	○	○	○	○	○	√

注：√表示包含；○表示不包含。

由表 1-7 可知，不同领域对公共安全的界定不同，只有自然灾害是广泛被国内外认为属于公共安全范畴之内的，其次是事故灾难与社会安全，而国内较普遍认可的是突发事件安全、食品安全和公共卫生安全。一些学者研究中，将食品安全和药品安全都包含在社会安全类，国内较国外更关注食品安全。因此，我们归纳国内外普遍认可的公共安全范畴包括自然灾害、事故灾难、社会安全、突发事件安全和公共卫生安全。在我国 2007 年颁布的《中华人民共和国突发事件应对法》中，将食品安全包含在公共卫生安全类，将突发事件归于社会安全类，并明确规定：公共安全包括自然灾害、事故灾难、公共卫生、社会安全四大类。

（1）自然灾害：主要包括水旱灾害、气象灾害、地震灾害、地质灾害、海洋灾害、生物灾害和森林草原火灾等。

（2）事故灾难：主要包括工矿商贸等企业的各类安全事故、交通运输事故、公共设施和设备事故、环境污染和生态破坏事件等。

（3）公共卫生事件：主要包括传染病疫情、群体性不明原因疾病、食品安全和职业危害、动物疫情，以及其他严重影响公众健康和生命安全的事件。

（4）社会安全事件：主要包括恐怖袭击事件、经济安全事件和涉外突发事件等。

在《国家中长期科学和技术发展规划纲要(2006—2020)》中，公共安全作为重要领域纳入了国家科技规划，其科技规划的范畴体系可通过图 1-9 得以展示。

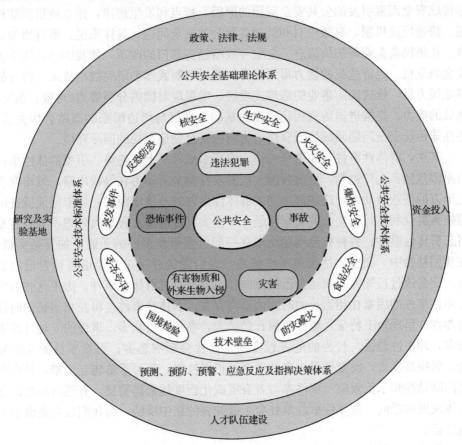

图 1-9　公共安全科技发展规划的范畴体系

在可以预见的将来，我国的公共安全形势还有可能进一步严峻起来。未来我国公共安全问题的发展将呈现出以下几个趋势。

首先，非传统安全因素引发的公共安全问题不断增多。从亚洲金融危机到"9·11"恐怖袭击再到 SARS，非传统安全给国家和人民带来广泛和深远的影响。非传统安全包括经济安全(金融安全)、公共卫生安全(流行疾病)、环境能源资源安全、食品安全、人口安全、文化安全、民族分裂主义和地区分离主义等方面。随着非传统安全因素的出现，由自然灾害、安全事故、群体性事件、犯罪、经济、资源、生态等引发的公共安全问题不断出现，如果不能有效的解决，将会威胁广大人民群众的生命安全，甚至危及国家安全，从而对稳定的社会秩序形成冲击。"中国非传统安全形势严峻，台独势力的发展使我国卷入局部战争的危险不断增加；国内安全国际化和国际安全国内化趋势明显，加快参与经济全球化进程将使我国非传统安全问题更加严重，但非传统安全问题在我国安全战略中的位置难以上升。"因此，我们有必要重视并加强对非传统安全领域的研究，探讨由非传统安全因素引发的公共安全问题的原因、特点和发生规律，建立危机预防机制、快速反应机制，有效应对和处理各种公共安全问题。具体来说，通过增加竞争、扶植民营企业等加快信息、金融等战略经济部门的改革，使我国经济体系抵抗金融危机、经济危机的能力得到提升，通过研制武器和研究战略战术，提升战略威慑力量，推进国防事业的跨越式发展，增强应对国内分裂势力(台独、东突)挑战的能力；在推进国防现代化建设的基础上发展与周边国家的战略合作关系，并在非传统安全问题领域加强合作，为国内安全创造宽松的国际环境。

其次，群体性事件，如聚众上访、游行示威等呈上升趋势。引发群体性事件的原因包括：人口过剩，目前我国上亿的农村剩余劳动力在寻找出路，城市存在上千万的待业劳动力，这些都是诱发群体性事件的不稳定因素；城市征地拆迁问题损害群众利益，引发公共安全问题；一些突发性治安灾害事故处理不当也容易引起群体性事件；各种社会问题交织在一起，使引发事件的矛盾更加复杂尖锐；在我们社会中，利益表达渠道不够畅通，人们无法通过正常渠道表达自己的意愿，而是通过极端方式表达自己的意向，也容易造成群体性事件。由于这些引发群体性事件的因素在相当长的时间内都将存在，群体性事件也将在相当长的时期内存在并呈现以下特征：事件规模日趋扩大，参与人员众多，事件的非理性因素增多，冲击性趋强，行为的危害程度加大，社会影响恶劣；引发事件的原因复杂，解决难度大，反复性强；事件发展的扩展性强，各种矛盾相互交错，具有很强的联动性和示范效应；事件参与者有组织化程度越来越明显，有逐渐向组织化群体发展的趋向。群体性事件是社会矛盾冲突的集中反映，给我们社会造成很大的危害。

最后，公共安全问题具有跨国性。随着全球化的推进，国家与国家之间的联系不断增强，一个国家或地区发生的危机往往会波及其他国家或地区，公共安全问题也越来越具有跨国性的特征（近年来不断升级的恐怖主义）。当前，在全球化浪潮的推动下，不少国家国内的恐怖组织纷纷跨出国界向境外发展，而这些跨越国界的恐怖组织的发展又刺激着尚局限于一国国内的恐怖组织的扩张野心，借助于现代信息技术和网络技术，他们的扩张速度和广度甚至超过经济全球化进程，他们制造爆炸、劫持人质、破坏社会稳定、干扰经济建设，严重威胁着广大人民生命和财产安全。

对于安全工程专业的学生，在公共安全领域要熟悉和掌握生产安全、消防安全、交通安全、工业安全等针对技术系统的安全科学理论和方法。

1.3.9　安全科学的学科体系

我国有以下 4 种关于安全科学学科体系的表述：①基于人才教育的安全科学学科体系；②基于科学研究的安全科学学科体系；③基于系统科学原理的安全科学学科体系；④基于科学成果的安全科学学科体系。

1. 基于人才教育的安全科学学科体系

安全工程专业人才培养的安全科学学科体系，以高等教育人才培养学科目录为依据和标志。2011 年，我国《学位授予和人才培养学科目录》将安全科学与工程（代码 0837）列为一级学科。

构建高等人才教育的学科体系是以人才所需要的科学知识结构为依据的。安全科学是一门交叉性、横断性的学科，它既不单纯涉及自然科学，又与社会科学密切相关，它是一门跨越多个学科的应用性学科。安全科学是在对多种不同性质学科的理论兼容并蓄的基础上经过不断创新逐步发展起来的，是不同学科理论及方法系统集成的综合性学科。

安全科学以不同门类的学科为基础，经过几十年的发展，已经形成了自身的科学体系，有自成一体的概念、原理、方法和学科系统。安全科学涉及的学科及关系如图 1-10 所示。

根据人才教育科学知识结构的规律，安全科学学科体系如图 1-11 所示，表明安全科学知识体系是自然科学与社会科学交叉；安全科学知识体系涉及基础理论体系-应用理论技术-行业管理技术和行业生产技术。

人才教育的学科知识体系需要符合科学学的规律，为此，从科学学的学科原理出发，安全科学学科体系结构如表 1-8 所示，同样从中反映出安全科学是一门综合性的交叉科学：从纵向，依据安全工程实践的专业技术分类，安全科学技术可分为安全物质学、安全社会学、安全系统学、安全人体学 4 个学科或专业分支方向；从横向，依据科学学的学科分层原理，安全科学技术分为哲学、基础科

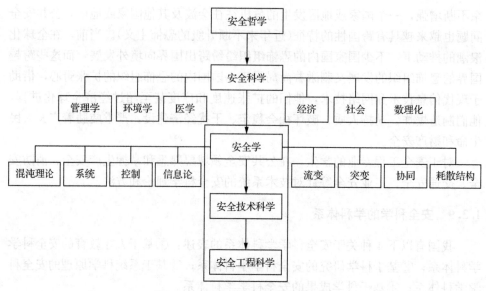

图 1-10　安全科学的学科体系层次

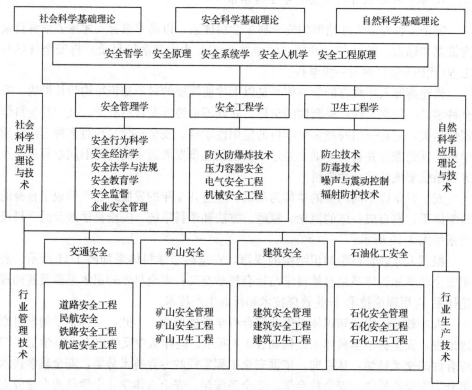

图 1-11　安全科学人才教育知识体系结构

学、工程理论、工程技术 4 个层次。

我国 20 世纪 80 年代开始推进工业安全的高层次学历人才培训，为安全科学技术的发展、安全工程提供专业人才保证。至 20 世纪末期构建了安全工程类专业的博士、硕士和学士学位学科体系。对于安全工程本科学历教育，培训未来的安全工程师，其课程知识体系包括以下 3 个层次。

表 1-8　安全科学的学科体系结构

哲学			基础科学	工程理论		工程技术	
哲学	安全观	安全学	安全物质学 （物质科学类）	安全设备 工程学	安全设备机械工程学	安全设 备工程	安全设备机械工程
					安全设备卫生工程学		安全设备卫生工程
			安全社会学 （社会科学类）	安全社会 工程学	安全管理工程学	安全社 会工程	安全管理工程
					安全经济工程学		安全经济工程
					安全教育工程学		安全教育工程
					安全法学		安全法规
		安全 工程 学			……	安全 工程	……
			安全系统学 （系统科学类）	安全系统 工程学	安全运筹技术学	安全系 统工程	安全运筹技术
					安全信息技术论		安全信息技术
					安全控制技术论		安全控制技术
			安全人体学 （人体科学类）	安全人体 工程学	安全生理学	安全人 体工程	安全生理工程
					安全心理学		安全心理工程
					安全人-机工程学		安全人-机工程

基础学科：高等数学、高等物理、材料力学、电子电工学、机械制造、机械制图、计算机科学、外语、法学、管理学、系统工程、经济学等。

专业基础学科：安全原理、安全科学导论、可靠性理论、安全系统工程、安全人机工程、爆炸物理学、失效分析、安全法学等。

专业学科：安全技术、工业卫生技术、机械安全、焊接安全、起重安全、电器安全、压力容器安全、安全检测技术、防火防爆、通风防尘、通风与空调、工业防尘技术、工业噪声防治技术、工业防毒技术、安全卫生装置设计、环境保护、工业卫生与环境保护、安全仪表测试、劳动卫生与职业病学、瓦斯防治技术、火灾防治技术、矿井灭火、安全管理学、安全法规标准、安全评价与风险管理、安全行为科学（心理学）、安全经济学、安全文化学、安全监督监察、事故管理与统计分析、计算机在安全中的应用等。

安全科学是一个不断发展的学科，其培养的专业人才可适用于安全生产、公共安全、校园安全、防灾减灾等。在社会政府层面，能适应社会管理、行政管理、行业管理等方面；在行业层面，可满足矿业、建筑业、石油化工、电力、交通运输、有色、冶金、机械制造、航空航天、林业、农业等。因此，在人才培养知识体系为基础构建的安全学科体系的指导下，教育培训的安全工程专业人才，能够适应工业安全与公共安全的各行业和各领域。

　　2. 基于科学研究的安全科学学科体系

　　基于科学研究及学科建设的需要，国家 1992 年发布了国家标准《学科分类与代码》（GB/T 13745—1992），其中"安全科学技术"（代码 620）被列为 58 个一级学科之一，下设安全科学技术基础、安全学、安全工程、职业卫生工程、安全管理工程 5 个二级学科和 27 个三级学科。2009 年更新了新版本的国标《学科分类与代码》（GB/T 13745—2009），"安全科学技术"在所有 66 个一级学科中排名第 33 位。"安全科学技术"涉及自然科学和社会科学领域，有 11 个二级学科和 50 多个三级学科，如表 1-9 所示。

表 1-9　《学科分类与代码》（GB/T 13745—2009）**中关于"安全科学技术"的部分**

代码	学科名称	备注
62010	**安全科学技术基础学科**	
6201005	安全哲学	
6201007	安全史	
6201009	安全科学学	
6201030	灾害学	包括灾害物理、灾害化学、灾害毒理等
6201035	安全学	代码原为 62020
6201099	安全科学技术基础学科其他学科	
62021	**安全社会科学**	
6202110	安全社会学	
	安全法学	见 8203080，包括安全法规体系研究
6202120	安全经济学	代码原为 6202050
6202130	安全管理学	代码原为 6202060
6202140	安全教育学	代码原为 6202070
6202150	安全伦理学	
6202160	安全文化学	
6202199	安全社会科学其他学科	
62023	**安全物质学**	
62025	**安全人体学**	
6202510	安全生理学	
6202520	安全心理学	代码原为 6202020

续表

代码	学科名称	备注
6202530	安全人机学	代码原为 6202040
6202599	安全人体学其他学科	
62027	**安全系统学**	代码原为 6202010
6202710	安全运筹学	
6202720	安全信息论	
6202730	安全控制论	
6202740	安全模拟与安全仿真学	代码原为 620230
6202799	安全系统学其他学科	
62030	**安全工程技术科学**	原名为"安全工程"
6203005	安全工程理论	
6203010	火灾科学与消防工程	原名为"消防工程"
6203020	爆炸安全工程	
6203030	安全设备工程	含安全特种设备工程
6203035	安全机械工程	
6203040	安全电气工程	
6203060	安全人机工程	
6203070	安全系统工程	含安全运筹工程、安全控制工程、安全信息工程
6203099	安全工程技术科学其他学科	
62040	**安全卫生工程技术**	
6204010	防尘工程技术	
6204020	防毒工程技术	
	通风与空调工程	见 5605520
6204030	噪声与振动控制	
	辐射防护技术	见 49075
6204040	个体防护工程	
6204099	安全卫生工程技术其他学科	原名为"职业卫生工程其他学科"
62060	**安全社会工程**	
6206010	安全管理工程	代码原为 62050
6206020	安全经济工程	
6206030	安全教育工程	
6206099	安全社会工程其他学科	
62070	**部门安全工程理论**	各部门安全工程入有关学科

续表

代码	学科名称	备注
62080	**公共安全**	
6208010	公共安全信息工程	
6208015	公共安全风险评估与规划	原名称及代码为"6205020 风险评价与失效分析"
6208020	公共安全检测检验	
6208025	公共安全监测监控	
6208030	公共安全预测预警	
6208035	应急决策指挥	
6208040	应急救援	
6208099	公共安全其他学科	
62099	**安全科学技术其他学科**	

国家标准《学科分类与代码》中与安全科学技术相关的学科还有：1601745 土壤质量与食物安全，1602920 化学性食品安全的基础性理论，1602930 食品安全控制方法与控制机理，16029 农畜产品加工中的食品安全问题，1602910 微生物源食品安全的基础性研究，1602920 化学性食品安全的基础性理论，1603845 水产品安全与质量控制，2302330 网络安全，23026 信息安全，2302620 安全体系结构与协议，2302650 信息系统安全，2902660 油气安全工程与技术，2903260，采矿安全科学与工程，3201740 环境安全，3301445 公共安全与危机管理，8203080 安全法学等。

3. 基于系统科学原理的安全科学学科体系

基于系统科学霍尔模型，安全科学的学科体系可概括为图 1-13 所示的，包括 4M 要素、3E 对策、3P 策略 3 个维度。4M 要素揭示了事故致因的 4 个因素：人因（men）、物因（machine）、管理（management）、环境（medium）；3E 对策给出了预防事故的对策体系：工程技术（engineering）、文化教育（education）、制度管理（enforcement）；3P 策略按照事件的时间序列指明了安全工作应采取的策略体系：事前预防（prevention）、事中应急（pacification）、事后惩戒（preception）。基于 4M 要素的 3P 策略构成安全科学技术的目标（价值）体系，基于 3P 策略的 3E 对策构成安全科学技术的方法体系，基于 4M 要素的 3E 对策构成安全科学技术的知识（学科）体系，如图 1-12 所示。

1）安全科学的目标（价值）体系

人、物、环境、管理既是导致事故的因素，其中人、物、环境也是需要保护的目标，管理也需要不断完善机制、提高效率，实现卓越绩效。因此，不论是事

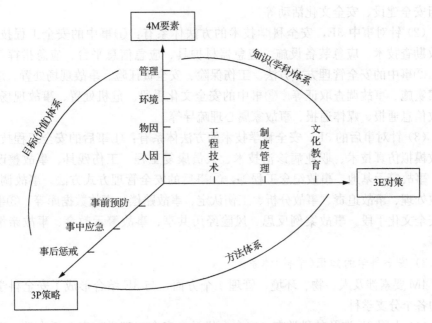

图 1-12　基于系统科学原理的安全科学学科体系

前、事中，还是事后阶段，人、物、环境的安全以及有效的管理始终是安全科学技术追求的目标和价值体现，即安全科学的目标体系如下。

(1) 基于人因 3P：生命安全、健康保障、工伤保险、康复保障等目标(价值)；

(2) 基于物因 3P：财产安全、损失控制、灾害恢复、财损保险等目标(价值)；

(3) 基于环境 3P：环境安全、污染控制、环境补救等目标(价值)；

(4) 基于管理 3P：促进经济、商誉维护、危机控制、社会稳定、社会和谐等目标(价值)。

2) 安全科学的方法体系

针对事前、事中、事后 3 个阶段，采取 3E 对策，构成安全科学技术的各种技术方法。

(1) 针对事前 3E，安全科学技术的方法体系有：①事前的安全工程技术方法。本质安全技术、功能安全技术、危险源监控、安全检测检验、安全监测监控技术；安全报警与预警；安全信息系统；工程三同时；个人防护装备用品等。②事前的安全管理方法。安全管理体制与机制、安全法治、安全规划、安全设计、风险辨识、安全评价、安全监察监督、安全责任、安全检查、安全许可认证、安全审核验收、OHSMS、安全标准化、隐患排查、安全绩效测评、事故心理分析、安全行为管理、五同时、应急预案编制、应急能力建设等。③事前的安全文化方法。安全教育、安全培训、人员资格认证、安全宣传、危险预知活动、班组安全建设、安全文化活动等。

(2) 针对事中 3E，安全科学技术的方法体系有：①事中的安全工程技术。事故勘查技术、应急装备设施、应急器材护具、应急信息平台、应急指挥系统等。②事中的安全管理方式方法。工伤保险、安全责任险、事故现场处置、应急预案实施、事故调查取证等。③事中的安全文化手段。危机处置、事故现场会、事故信息通报、媒体通报、事故家属心理疏导等。

(3) 针对事后的 3E，安全科学技术的方法体系有：①事后的安全工程技术。事故模拟仿真技术、职业病诊治技术、人员康复工程、工伤残具、事故整改工程、事故警示基地、事故纪念工程等。②事后的安全管理方式方法。事故调查、事故处理、事故追责、事故分析、工伤认定、事故赔偿、事故数据库等。③事后的安全文化手段。事故案例反思、风险经历共享、事故警示教育、事故亲情教育等。

3) 安全科学的知识(学科)体系

4M 要素涉及人、物、环境、管理 4 个方面，与 3E 结合形成了安全科学技术的各个分支学科。

(1) 人因 3E 涉及的科学有：安全人机学、安全心理学、安全行为学、安全法学、职业安全管理学、职业健康管理学、职业卫生工程学、安全教育学、安全文化学等。

(2) 物因 3E 涉及的学科有：可靠性理论、安全设备学、防火防爆工程学、压力容器安全学、机械安全学、电气安全学、危险化学品安全学等。

(3) 环境 3E 涉及的学科有：安全环境学、安全检测技术、通风工程学、防尘工程学、防毒工程学等。

(4) 管理 3E 涉及的学科有：安全信息技术、安全管理体系、安全系统工程、安全经济学、事故管理、应急管理、危机管理等。

4. 基于科学成果的安全科学学科体系

出版领域的学科体系是展现科学成果和知识成就的系统，安全学科成果的学科体系以出版领域的国家图书分类法和《中国分类主题词表》(简称《主题词表》)来了解和掌握。

1)《中国图书馆分类法》的安全科学

我国的出版物图书的分类是依据《中国图书馆分类法》(简称《中图法》)。《中图法》采用汉语拼音字母与阿拉伯数字相结合的混合制号码，由类目表、标记符号、说明和注释、类目索引 4 个部分组成，其中最重要的是类目表。由五大部类、22 个基本大类组成。安全科学与环境科学共同划分于"X-环境科学、安全科学"一级类目。

　　1989 年出版的《中图法》(第三版) 中，第一次将劳动保护科学(安全科学)与环境科学并列"X"一级类目。1999 年出版的《中图法》(第四版)中，一个重要的进展是将 X 类目中的"劳动保护科学(安全科学)"改为"安全科学"。下设 4 个二级类目：X91 安全科学基础理论；X92 安全管理(劳动保护管理)；X93 安全工程；X96 劳动卫生保护。

　　2010 年出版《中图法》(第五版)中，安全科学列为一级类目 X9，下设 5 个二级类目：安全科学参考工具书；安全科学基础理论；安全管理(劳动保护管理)；安全工程；劳动卫生工程。具体的细目如下。

X9	安全科学
X9-6	安全科学参考工具书
X9-65	安全标准(劳动卫生、安全标准)
X91	安全科学基础理论
X910	安全人体学
X911	安全心理学
X912	安全生理学
X912.9	安全人机学
X913	安全系统学
X913.1	安全运筹学
X913.2	安全信息论
X913.3	安全控制论
X913.4	安全系统工程
X915.1	安全计量学
X915.2	安全社会学
X915.3	安全法学
X915.4	安全经济学
X915.5	灾害学
X92	安全管理(劳动保护管理)
X921	安全管理(劳动保护)方针、政策及其阐述
X922	安全组织与管理机构
X923	安全科研管理
X924	安全监察
X924.2	安全监测技术与设备
X924.3	安全监控系统
X924.4	安全控制技术
X925	安全教育学

X948	轻工业、手工业安全
X949	航空、航天安全
X951	交通运输安全
X954	农、林、渔业安全
X956	生活安全
X959	其他
X96	劳动卫生工程
X961	作业环境卫生
X962	工业通风
X963	工业照明
X964	工业防尘
X965	工业防毒
X966	噪声与振动控制
X967	异常气压防护
X968	高低温防护

2)《中国分类主题词表》的安全科学

《中国分类主题词表》是在《中国图书馆图书分类法》(含《中国图书资料分类法》)和《汉语主题词表》的基础上编制的两者兼容的一体化情报检索语言，主要目的是使分类标引和主题标引结合起来，从而为文献标引工作的开展创造良好的条件。这部分类主题词表的编成，对我国图书馆和情报机构文献管理与图书情报服务的现代化具有重大意义，而且也是全国图书馆界和情报界又一项重大成果。

2005 年，《中国分类主题词表》(第二版)电子版正式出版，其收录了二十二大类的主题词及其英文翻译，新版《主题词表》印刷版无英文翻译。2007 年年初，我国有关安全科学学者将安全科学有关的主题词分为"安全××"和"××安全"两部分内容进行归纳、整理、摘编，并将主题词的中、英文收集整理后，刊于《中国安全科学学报》2007 年第 17 卷第六期(第 172～第 176 页)和第七期(第 174～第 176 页)上，安全工程专业的学生可进行检索查询。

第2章 安全哲学

2.1 安全哲学的进步与发展

从"山洞人"到"现代人",从原始的刀耕火种到现代工业文明,人类已经历了漫长的岁月。21世纪,人类生产与生活的方式及内容将面临着一系列嬗变,这种结果将把人类现代生存环境和条件的改善与变化提高到前所未有的水平。

显然,现代工业文明给人类带来了利益、效率、舒适、便利,但同时也给人类的生存带来负面的影响,其中最突出的问题之一就是生产和生活过程中来自于人为的意外事故与灾难的极度频繁和遭受损害的高度敏感。近百年来,为了安全生产和安全生存,人类作出了不懈的努力,但是现代社会的重大意外事故仍发生不断。从原苏联20世纪80年代切尔诺贝利核泄漏事故到90年代末日本的核污染事件;从韩国的豪华三丰百货大楼坍塌到我国克拉码依友谊宫火灾;从21世纪新近在美国发生的埃航空难到我国2000年发生的洛阳东都商厦火灾和"大舜号"特大海难事故,直至世界范围内每年近400万人死于意外事故,造成的经济损失高达GDP的2.5%。生产和生活中发生意外事故和职业危害,如同"无形的战争"在侵害着我们的社会、经济和家庭。正像一个政治家所说:意外事故是除自然死亡以外人类生存的第一杀手! 为此,我们需要防范的方法、对策、措施,"安全哲学"——人类安全活动的认识论和方法论,是人类安全科学技术基础理论,也是安全文化之魂,还是安全管理理论之核心。

2.1.1 从文化学看安全哲学的发展

文化学的核心是观念文化和行为文化,观念文化体现认识论,行为文化体现方法论。"观",观念,认识的表现,思想的基础,行为的准则。观念是方法和策略的基础,是活动艺术和技巧的灵魂。现代的安全生产和公共安全活动,需要正确安全观的指导,只有对人类的安全理念和观念有着正确的理解和认识,并有高明安全行动艺术和技巧,人类的安全活动才算走入了文明的时代。观念文化是价值理性的具体反映,行为文化展现工具理性。表2-1展示了人类不同时代安全观念文化和行为文化的变化和发展。

表 2-1 不同时代的安全价值理性与工具理性

时代	观念文化-价值理性	行为文化-工具理性
古代安全文化	宿命论	被动承受型
近代安全文化	经验论	事后型、亡羊补牢式
现代安全文化	系统论	综合型、人机环策略
发展的安全文化	本质论	超前预防型、本质安全化

现代社会先进的安全文化观念具体表现为以下几个方面。

1. "安全第一"的哲学观

"安全第一"是一个相对、辩证的概念，它是在人类活动的方式上（或生产技术的层次上）相对于其他方式或手段而言，并在与之发生矛盾时，必须遵循的原则。"安全第一"的原则通过以下方式体现：在思想认识上，安全高于其他工作；在组织机构上，安全权威大于其他组织或部门；在资金安排上，安全强度重视程度重于其他工作所需的资金；在知识更新上，安全知识（规章）学习先于其他知识培训和学习；在检查考评上，安全的检查评比严于其他考核工作；当安全与生产、安全与经济、安全与效益发生矛盾时，安全优先。安全既是企业的目标，又是各项工作（技术、效益、生产等）的基础。建立起辩证的安全第一的哲学观，就能处理好安全与生产、安全与效益的关系，也就能做好企业的安全工作。

2. 珍视生命的情感观

安全维系人的生命安全与健康，"生命只有一次"、"健康是人生之本"，反之，事故对人类安全的毁灭，则意味着生存、康乐、幸福、美好的毁灭。由此，充分认识人的生命与健康的价值，强化"善待生命，珍惜健康"的"人之常情"之理，是我们社会每一个人应以建立的情感观。不同的人应有不同层次的情感体现，员工或一般公民的安全情感主要是"爱人、爱已"、"有德、无违"。而对于管理者和组织领导，则应表现出用"热情"的宣传教育激励教育职工；用"衷情"的服务支持安全技术人员；用"深情"的关怀保护和温暖职工；用"柔情"的举措规范职工安全行为；用"绝情"的管理严爱职工；用"无情"的事故启发人人。以人为本，尊重与爱护职工是企业法人代表或雇主应有的情感观。

3. 综合效益的经济观

实现安全生产，保护职工的生命安全与健康，不仅是企业的工作责任和任务，而且是保障生产顺利进行、企业效益实现的基本备件。"安全就是效益"、安全不仅能"减损"而且能"增值"，这是企业法人代表应建立的"安全经济观"。

安全的投入不仅能给企业带来间接的回报，而且能产生直接的效益。

　　4. 预防为主的科学观

　　要高效、高质量地实现企业的安全生产，必须走预防为主之路，必须采用超前管理、预期型管理的方法，这是生产实践证实的科学真理。现代工业生产系统是人造系统，这种客观实际给预防事故提供了基本的前提。所以说，任何事故从理论和客观上讲，都是可预防的。因此，人类应该通过各种合理的对策和努力，从根本上消除事故发生的隐患，把工业事故的发生降低到最小限度。采用现代的安全管理技术，变纵向单因素管理为横向综合管理；变事后处理为预先分析；变事故管理为隐患管理；变管理的对象为管理的动力；变静态被动管理为动态主动管理，实现本质安全化。这些是我们应建立的安全生产科学观。根据安全系统科学的原理，预防为主是实现系统(工业生产)本质安全化的必由之路。

　　5. 人、机、环、管的系统观

　　从安全系统的动态特性出发，研究人、社会、环境、技术、经济等因素构成的安全大协调系统。建立生命保障、健康、财产安全、环境保护、信誉的目标体系。在认识了事故系统人-机-环境-管理四要素的基础上，更强调从建设安全系统的角度出发，认识安全系统的要素：人——人的安全素质(心理与生理、安全能力、文化素质)；物——设备与环境的安全可靠性(设计安全性、制造安全性、使用安全性)；能量——生产过程能的安全作用(能的有效控制)；信息——充分可靠的安全信息流(管理效能的充分发挥)是安全的基础保障。从安全系统的角度来认识安全原理更具有理性的意义，更具有科学性的原则。

2.1.2　从历史学看安全哲学的进步

　　人类的发展历史一直伴随着人为或自然意外事故和灾难的挑战，从远古祖先们祈天保佑、被动承受到学会"亡羊补牢"凭经验应付，一步步到近代人类扬起"预防"之旗，直至现代社会全新的安全理念、观点、知识、策略、行为、对策等，人们以安全系统工程、本质安全化的事故预防科学和技术，把"事故忧患"的颓废认识变为安全科学的缜密；把现实社会"事故高峰"和"生存危机"的自扰情绪变为抗争和实现平安康乐的动力，最终创造人类安全生产和安全生存的安康世界。在这人类历史进程中，包含着人类安全哲学——安全认识论和安全方法论的发展与进步。

　　1. 古代的国家安全哲学思想

　　重科技、善制作的科技强安战略。在先秦诸子中，墨子是最重视科技的。墨子本人精通数学、物理，精于器械制造，是个科学家兼能工巧匠。他在自然科学方面的成就，当时在世界上都是居于领先地位。后世尊称他为"科圣"。充满科技知识的《墨经》是墨学的经典，也是墨家教育的主要教材。墨学之所以在军事上能成为防御理论的经典，是以其先进的筑城和防御器械为条件的，而先进的筑城和器械又是以先进的科学技术为基础的。墨家重科技、善制作的优良传统，对于今天来说，更需要大力发扬。墨子的思想成就是中华民族宝贵的文化遗产，他的至善、和平的世界观一直被世人所赞誉和津津乐道，他的军事理论和其中丰富的对国家安全的思考不仅在当时，而且对现代来说仍有很高的研究价值。他反对不义战争，反对霸权主义，不畏强权，坚持正义的精神对现在世界有着很重要的借鉴意义。

战国时期政治家、思想家荀况针对军事策略说过："防为上、救次之、戒为下"。"防"主要是指超前教育，是一种事前的自我约束、软约束；"救"与"戒"则主要依靠检查监督，采用记录、谴责的手段督促纠正，带有强制性，是一种事中、事后的外在约束、硬约束。"救"与"戒"并非上策，只是安全的最后防线。这就是"先其未然谓、发而止之、行而责之"的安全哲学思想。

孔子在"论语"中针对学习方法论说过：生而知之者上也，学而知之者次也，困而学之又其次也，困而不学民斯为下也，从中我们悟出安全的 4 种策略方式：沉思是最高明的、模仿是最容易的、经历是最痛苦、应付是最悲哀的学习方法方式。沉思是基于安全原理和科学规律的学习及工作方式；模仿是依据法规标准及别人成功案例的学习和工作方式；经历是迫于事故责任及血的教训的事后方法方式；应付是无视教训表面作为的学习及工作方式。

古语指教我们的安全观念，不失为"警世良言"。但应予注意的是，面对现代复杂多样的事故与灾祸大千世界，以教条不变的政策、简单的遵守规则是必要的，但是是不够的。正如秘本兵法《三十六计、总说》中所云："阳阴燮理，机在其空；机不可设，设在其中。"只有以变化和发展的眼光，全面综合的对策，在安全活动中探求、体验和落实，有效防范，才能在与事故和灾祸的较量中立于不败之地。

2. 近代的工业安全哲学思想

工业革命前，人类的安全哲学具有宿命论和被动型的特征；工业革命的爆发至 20 世纪初，由于技术的发展使人们的安全认识论提高到经验论水平，在事故的策略上有了"事后弥补"的特征，在方法论上有了很大的进步和飞跃，即从无意识发展到有意识，从被动变为主动；20 世纪初至 50 年代，随着工业社会的发展和技术的不断进步，人类的安全认识论进入了系统论阶段，方法论上能够推行安全生产与安全生活的综合型对策，从而进入了近代的安全哲学阶段；20 世纪

50年代到20世纪末，由于高技术的不断涌现，如现代军事、宇航技术、核技术的利用以及信息化社会的出现，人类的安全认识论进入了本质论阶段，超前预防型成为现代安全哲学的主要特征，这样的安全认识论和方法论大大推进了现代工业社会的安全科学技术和人类征服意外事故的手段和方法。

　　从历史学的角度，表2-2给出了上述安全哲学发展的简要脉络。

表2-2　人类安全哲学发展进程

阶段	时代	技术特征	认识论	方法论
I	工业革命前	农牧业及手工业	听天由命	无能为力
II	17世纪至20世纪初	蒸汽机时代	局部安全	亡羊补牢，事后型
III	20世纪初至70年代	电气化时代	系统安全	综合对策及系统工程
IV	20世纪70年代以来	信息时代	安全系统	本质安全化，超前预防

　　(1) 宿命论与被动型的安全哲学。这样的认识论与方法论表现为对于事故与灾害听天由命，无能为力。认为命运是老天的安排，神灵是人类的主宰。事故对生命的残酷与践踏，人类无所作为，自然或人为的灾难、事故人类只能是被动的承受，人类的生活质量无从谈起，生命与健康的价值被磨灭，一种落后和愚昧的社会形态。

　　(2) 经验论与事后型的安全哲学。随着生产方式的变更，人类从农牧业进入早期的工业化社会——蒸汽机时代。由于事故与灾害类型的复杂多样和事故严重性的扩大，人类进入局部安全认识阶段，哲学上反映出：建立在事故与灾难的经历上来认识人类安全，有了与事故抗争的意识，学会了"亡羊补牢"的手段，是一种头痛医头、脚痛医脚的对策方式。例如，发生事故后原因不明、当事人未受到教育、措施不落实三不放过的原则；事故统计学的致因理论研究；事后整改对策的完善；管理中的事故赔偿与事故保险制度等。

　　(3) 系统论与综合型的安全哲学。建立了事故系统的综合认识，认识到了人、机、环境、管理事故综合要素，主张工程技术硬手段与教育、管理软手段的综合措施。其具体思想和方法有：全面安全管理的思想；安全与生产技术统一的原则；讲求安全人机设计；推行系统安全工程；企业、国家、工会、个人综合负责的体制；生产与安全的管理中要讲同时计划、布置、检查、总结、评比的"五同时"原则；企业各级生产领导在安全生产方面向上级、向职工、向自己的"三负责"制；安全生产过程中要查思想认识、查规章制度、查管理落实、查设备和环境隐患，进行定期与非定期检查相结合，普查与专查相结合，自查、互查、抽查相结合，生产企业岗位每天查、班组车间每周查、厂级每季查、公司年年查，定项目、定标准、定指标、科学定性与定量相结合等安全检查系统工程。

　　(4) 本质论与预防型的安全哲学。进入了信息化社会，随着高技术的不断应用，人类在安全认识论上有了组织思想和本质安全化的认识，方法论上讲求安全的超前、主动。具体表现为从人与机器和环境的本质安全入手，人的本质安全指不但要解决人知识、技能、意识素质，还要从人的观念、伦理、情感、态度、认知、品德等人文素质入手，从而提出安全文化建设的思路；物和环境的本质安全化就是要采用先进的安全科学技术，推广自组织、自适应、自动控制与闭锁的安全技术；研究人、物、能量、信息的安全系统论、安全控制论和安全信息论等现代工业安全原理；技术项目中要遵循安全措施与技术设施同时设计、同时施工、同时投产的"三同时"原则；企业在考虑经济发展、进行机制转换和技术改造时，安全生产方面要同时规划、同步发展、同步实施，即所谓的"三同步"原则；进行不伤害他人、不伤害自己、不被别人伤害的"三不伤害活动"，整理、整顿、清扫、清洁、态度"5S"活动，生产现场的工具、设备、材料、工件等物流与现场工人流动的定置管理，对生产现场的"危险点、危害点、事故多发点"的"三点控制工程"等超前预防型安全活动；推行安全目标管理、无隐患管理、安全经济分析、危险预知活动、事故判定技术等安全系统工程方法。

2.1.3 从思维科学看安全哲学的发展

思维科学(thought sciences)，是研究思维活动规律和形式的科学。思维一直是哲学、心理学、神经生理学及其他一些学科的重要研究内容。辩证唯物主义认为，思维是高度组织起来的物质，即人脑的机能，人脑是思维的器官。思维是社会的人所特有的反映形式，它的产生和发展都同社会实践和语言紧密地联系在一起。思维是人所特有的认识能力，是人的意识掌握客观事物的高级形式。思维在社会实践的基础上，对感性材料进行分析和综合，通过概念、判断、推理的形式，造成合乎逻辑的理论体系，反映客观事物的本质属性和运动规律。思维过程是一个从具体到抽象，再从抽象到具体的过程，其目的是在思维中再现客观事物的本质，达到对客观事物的具体认识。思维规律由外部世界的规律所决定，是外部世界规律在人的思维过程中的反映。

我们的先哲——孔子早就说过：建立在"经历"方式上的学习和进步是痛苦的方式；而只有通过"沉思"的方式来学习，才是最高明的；当然，人们还可以通过"模仿"来学习和进步，这是最容易的。从这种思维方式出发，进行推理和思考，我们感悟到：人类在对待事故与灾害的问题上，千万不要试求通过事故的经历才得以明智，因为这太痛苦，"人的生命只有一次，健康何等重要"。我们应该掌握正确的安全认识论与方法论，从理性与原理出发，通过"沉思"来防范和控制职业事故和灾害，至少我们要选择"模仿"之路，学会向先进的国家和行业学习，这才是正确的思想方法。

我国古代政治家荀况在总结军事和政治方法论时，曾总结出：先其未然谓之防，发而止之谓其救，行而责之谓之戒，但是防为上，救次之，戒为下。这归纳用于安全生产的事故预防上，也是精辟的方法论。因此，我们在实施安全生产保障对策时，也需要"狡兔三窟"，即要有"事前之策"——预防之策，也需要"事中之策"——救援之策与"事后之策"——整改和惩戒之策，但是预防是上策，这就是所谓的"事前预防是上策，事中应急次之，事后之策是下策"。

对于社会，安全是人类生活质量的反映；对于企业，安全也是一种生产力。我们人类已进入 21 世纪，我们国家正前进在高速的经济发展与文化进步的历史快车之道。面对这样的现实和背景，面对这样的命题和时代要求，促使我们清醒地认识到，必须用现代的安全哲学来武装思想、指导职业安全行为，从而为推进人类安全文化的进步，为实现高质量的现代安全生产与安全生活而努力。

2.2　安全科学认识论

认识论是哲学的一个组成部分，是研究人类认识的本质及其发展过程的哲学理论，又称知识论。其研究的主要内容包括认识的本质、结构，认识与客观实在的关系，认识的前提和基础，认识发生、发展的过程及其规律，认识的真理标准等。安全科学的认识论是探讨人类对安全、风险、事故等现象的本质、结构的认识，揭示和阐述人类的安全观，是安全哲学的主体内容，也是安全科学建设和发展的基础和引导。

2.2.1　事故认识论

我国很长时期普遍存在着"安全相对、事故绝对"、"安全事故不可防范，不以人的意志转移"的认识，即存在有生产安全事故的"宿命论"、"必然论"的观念。随着安全生产科学技术的发展和对事故规律的认识，人们已逐步建立了"事故可预防、人祸本可防"的观念。实践证明，如果做到"消除事故隐患，实现本质安全化，科学管理，依法监管，提高全民安全素质"，安全事故是可预防的。

1. 事故的概念

广义上的事故，指可能会带来损失或损伤的一切意外事件，在生活的各个方面都可能发生事故。狭义上的事故，指在工程建设、工业生产、交通运输等社会经济活动中发生的可能带来物质损失和人身伤害的意外事件。我们这里所说的事故，是指狭义上的事故。职业不同，发生事故的情况和事故种类也不尽相同。按事故责任范围可分为：责任事故，即由于设计、管理、施工或者操作的过失所导致的事故；非责任事故，即由于自然灾害或者其他原因所导致的非人力所能全部预防的事故。按事故对象可分为：设备事故和伤亡事故等。

事故是技术风险、技术系统的不良产物。技术系统是"人造系统",是可控的。我们可以从设计、制造、运行、检验、维修、保养、改造等环节,甚至对技术系统加以管理、监测、调适等,对技术进行有效控制,从而实现对技术风险的管理和控制,实现对事故的预防。

2. 事故的可预防性

事故的可防性指从理论上和客观上讲,任何事故的发生是可预防的,其后果是可控的。事故的可预防性和事故的因果性、随机性和潜伏性一样都是事故的基本性质。认识这一特性,对坚定信念、防止事故发生有促进作用。人类应该通过各种合理的对策和努力,从根本上消除事故发生的隐患,降低风险,把事故的发生及其损失降低到最小限度。

事故可预防性的理论基础是"安全性"理论。由安全科学的理论我们有

$$安全性\ S = 1 - R = 1 - R(P, L) \tag{2-1}$$

式中,R 为系统的风险;P 为事故的可能性(发生的概率);L 为可能发生事故的严重性。

$$事故的可能性\ P = F(4M) = F(人,机,环,管) \tag{2-2}$$

式中,人(men)为人的不安全行为;机(machine)为机的不安全状态;环境(medium)为生产环境的不良;管理(management)为管理的欠缺。

$$可能发生事故的严重性\ L = F[时态,危险性(能量、规模),环境,应急]$$
$$\tag{2-3}$$

式中,时机为系统运行的时态因素;危险性为系统中危险的大小,由系统中含有的能量、规模等因素决定;环境为事故发生时所处的环境状态或位置;应急为发生事故后所具有的应急条件及能力。

事故的发生与否和后果的严重程度是由系统中的固有风险和现实风险决定的,所以控制了系统中的风险就能够预防事故的发生。而风险是指特定危害事件(不期望事故)发生的概率与后果严重程度的结合。一个特定系统的风险是由事故的可能性(P)和可能事故的严重性(L)决定的,因此可以通过采取必要的措施控制事故的可能性来预防事故的发生;同时利用必要的手段控制可能事故后果的严重性,即可以利用安全科学的基本理论和技术,在事故发生之前就采取措施控制事故发生的可能性和事故后果的严重性,从而实现事故的可预防性。

人的不安全行为、物的不安全状态、环境的不良和管理的欠缺是构成事故系统的因素,决定事故发生的可能性和系统的现实安全风险,控制这 4 个因素能够预防事故的发生。在一个特定系统或环境中存在的这 4 个因素是可控的,我们可

以在安全科学的基本理论和技术的指导下，利用一定的手段和方法来消除人的不安全行为、机的不安全状态、环境的不良和管理的欠缺，从而实现预防事故的目的，因此我们说事故的发生是可预防的，事故具有可预防性。例如，我们都知道220V 或 360V 因含有超过人体限值的能量而有触电的可能性，如果一个系统中采用 360V 供电那就具有触电的危险，但是我们可以通过对人员进行安全教育和培训、对电源进行隔离或机器进行漏电保护、控制空气湿度和加强管理等手段，预防触电事故的发生。

　　系统中的危险性，系统所处的环境或位置和应急条件或能力决定了可能发生事故的后果的严重性，也就是说可以控制事故后果的严重性，实现事故的可预防。系统的危险性是由系统中所含有的能量决定的，系统中的能量决定了系统的固有风险。通过对系统能量的消除、限值、疏导、屏蔽、隔离、转移、距离控制、时间控制、局部弱化、局部强化、系统闭锁等技术措施来控制能量的大小及其不正常转移。系统所处的环境或位置也决定了可能事故的后果，我们可以通过厂址的选择、建筑的间距和减少人员聚集等措施控制事故后果。由于自然或人为、技术等原因，当事故和灾害不可能完全避免的时候，进一步落实加强应急管理工作，建立重大事故应急救援体系，组织及时有效的应急救援行动已成为抵御事故或控制灾害蔓延、降低危害后果的关键手段。通过增加应急救援体系的投入、应急预案的编制和演练、提高应急救援的能力等措施来提高系统或组织的应急条件和能力。对于同样的 360V 供电具有触电危险的问题，我们可以通过采用36V 安全电压来控制系统的危险性，从根本上消除触电危险；也可以将 360V 电源设置到一个根本不会有人接触的位置，通过改变环境来控制事故后果；当然，我们也可以对人员进行触电急救方面的培训，增加医疗设施，避免触电事故造成严重后果。

　　通过上述分析，我们知道可以利用安全科学的基本理论和技术，采取适当的措施，避免事故的发生，控制事故的后果是可行的。也就是说，事故是可以预防的，事故后果是可以控制的，事故具有可预防性。事故的可预防性决定了安全科学技术存在和发展的必要性。

2.2.2　风险认识论

　　我国在 20 世纪 80 年代中期从发达国家引入了"安全系统工程"的理论，通过近 20 年的实践，在安全生产界"系统防范"的概念已深入人心。这在安全生产的方法论层面表明，我国安全生产和公共领域已从"无能为力，听天由命"、"就事论事，亡羊补牢"的传统方式逐步转变到现代的"系统防范，综合对策"的方法论。在我国的安全生产实践中，政府的"综合监管"、全社会的"综合对策和系统工程"、企业的"管理体系"无不表现出"系统防范"的高明对策。

1. 风险与危险的联系

在通常情况下，"风险"的概念往往与"危险"或"冒险"的概念相联系。危险是与安全相对立的一种事故潜在状态，人们有时用"风险"来描述与从事某项活动相联系的危险的可能性，即风险与危险的可能性有关，它表示某事件产生事件的概率。事件由潜在危险状态转化为伤害事故，往往需要一定的激发条件，风险与激发事件的频率、强度以及持续时间的概率有关。

严格地讲，风险与危险是两个不同的概念。危险只是意味着一种现实的或潜在的、固有的不希望、不安全的状态，危险可以转化为事故。而风险用于描述可能的不安全程度或水平，它不仅意味着事故现象的出现，更意味着不希望事件转化为事故的渠道和可能性。因此，有时虽然有危险存在，但并不一定要承担风险。例如，人类要应用核能，就有受辐射的危险，这种危险是客观存在的；使用危险化学品，就有火灾、爆炸、中毒的危险。但在生活实践中，人类采取各种措施使其应用中受辐射或化学事故的风险最小化，甚至人绝对地与之相隔离，尽管仍有受辐射和中毒的危险，但由于无发生渠道或可能，所以我们并没有受辐射或火灾事故的风险。这里也说明了人们更应该关心的是"风险"，而不仅仅是"危险"，因为直接与人发生联系的是"风险"，而"危险"是事物客观的属性，是风险的一种前提表征或存在状态。我们可以做到客观危险性很大，但实际承受的风险较小，这就是所谓的追求"高危-低风险"的状态。

2. 风险的特征

风险多种多样的，但只要我们通过一定数量样本的认真分析研究，我们就可以发现风险具有以下特征。

（1）风险存在的客观性。自然界的地震、台风、洪水，社会领域的战争、冲突、瘟疫、意外事故等，都不以人的意志为转移，它们是独立于人的意识之外的客观存在。这是因为无论是自然界的物质运动，还是社会发展的规律，都是由事物的内部因素所决定的，也是由超过人们主观意识所存在的客观规律所决定的。人们只能在一定的时间和空间内改变风险存在和发生的条件，降低风险发生的频率和损失幅度，而不能彻底消除风险。

（2）风险存在的普遍性。在我们的社会经济生活中会遇到自然灾害、意外事故、决策失误等意外不幸事件，也就是说，我们面临着各种各样的风险。随着科学技术的进步、生产力的提高、社会的发展、人类的进化，一方面人类预测、认识、控制和抵抗风险的能力不断增强，另一方面又产生新的风险，且风险造成的损失越来越大。在当今社会，个人面临生、老、病死、意外伤害等风险；企业则面临着自然风险、市场风险、技术风险、政治风险等；甚至国家和政府机关也面临各种风险。总之，风险渗入到社会、企业、个人生活的方方面面，无时、无处不在。

（3）风险的损害性。风险是与人们的经济利益密切相关的。风险的损害性是指风险损失发生后给人们的经济造成的损失以及对人的生命造成的伤害。

（4）某一风险发生的不确定性。虽然风险是客观存在的，但就某一具体风险而言，其发生是偶然的，是一种随机现象。风险必须是偶然的和意外的，即对某一个单位而言，风险事故是否发生不确定，何时发生不确定，造成何种程度的损失也不确定。必然发生的现象，既不是偶然的也不是意外的，如折旧、自然损耗等不适风险。

（5）总体风险发生的可测性。个别风险事故的发生是偶然的，而对大量风险事故的观察会发现，其往往呈现出明显的规律性，运用统计方法去处理大量相互独立的偶发风险事故，其结果可以比较准确地反映风险的规律性。根据以往大量的资料，利用概率论和数理统计方法可测算出风险事故发生的概率及其损失幅度，并且可以构造出损失分布的模型。

（6）风险的变化发展性。风险是发展和变化的。这首先表现为风险性质的变化，如车祸，在汽车出现的初期是特定风险，在汽车成为主要交通工具后则成为基本风险。其次是风险量的复化，随着人们对风险认识的增强和风险管理方法的完善，某些风险在一定程度上得以控制，可降低其发生频率和损失程度。再次，某些风险在一定的时间和空间范围内被消除。最后，新的风险产生。

3. 风险意识的科学内涵

在当今社会，构建社会主义和谐社会已成为全社会的共识。对于如何构建社会主义和谐社会，人们也从不同的视角作了探讨和论述。值得一提的是，任何和谐都是认识、规避和排除风险的和谐，如果整个社会的风险意识和风险观念不强，和谐社会的构建是不可想象的。在这个意义上，我们要构建社会主义和谐社会，必须在全社会树立强烈的风险意识。

所谓风险意识，是指人们对社会可能发生的突发性风险事件的一种思想准备、思想意识以及与之相应的应对态度和知识储备。一个社会是否具有很强的风险意识，是衡量其整体文明水平高低的重要标准，也是影响这一社会风险应对能力的重要因素之一。事实上，在欧美不少发达国家，风险意识被人们普遍重视，因而在政府的管理中，不仅有整套相应的应急措施和法规，而且还经常举行各种规模的应对危机的演练和风险意识教育活动，以此增强整个社会抗拒风险的能力。

科学的风险意识的树立，对于和谐社会的构建有着极为重要的意义，是整个社会良性运行和健康发展不可或缺的重要因素。树立科学的风险意识观念，学会正确处理风险危机，应当成为当代人的必修课和生存的基本技能。风险意识的科学内涵是非常丰富的，从不同的角度可以总结出不同的内容，但至少应该包括以下 3 个方面。

首先，要有风险是永恒存在的意识。从哲学的观点来看，风险现象之所以产生，是因为不确定因素、偶然性因素的始终存在。没有哪一个时代是确定必然地那样发展的，也没有哪一个人或哪一种事物的发展道路是预先设定好的，不确定因素、偶然性因素总是存在于社会发展的过程之中。因此，风险的存在也是必然的，就像德国社会学家贝克所说的，"风险是永恒存在的"，所不同的是，现代风险的破坏力、影响力和不可预测性都大大加剧了。明白了这一点，我们就要居安思危，建立健全各种风险应对机制，这样在面对某一具有巨大危害性的风险事件时，才不至于惊恐万分、不知所措、丧失理智。

其次，要以科学的态度认识风险，充分认识风险具有的两重性。风险不仅有其消极的一面，也有其积极的一面。人们通常是从消极的角度去认识和评价风险的，这当然没有错，问题在于，我们也不能由此忽视甚至否认风险的积极意义。从积极的角度来看，风险的存在扩大了人们的选择余地，给人们提供了选择自己的生活方式与发展道路的可能和机会，人们通过积极的创造去把握这种机会，就有可能把理想化为现实。这在经济领域中表现得尤为突出，积极地利用风险作出投资决策被看做是市场中最富有活力的一个方面。明白了风险的两重性，面对风险，我们才不至于产生悲观主义情绪、消极厌世、无所作为。

最后，要以健康的心态应对风险。当风险事件爆发，灾害降临的时候，人的心理状况和意志力是抵抗灾害、战胜灾害的有力保证。大量心理学研究已经证明，大多数人在面对灾害突然发生时都有可能产生害怕、担忧、惊慌和无助等心理体验，但过分的恐慌、焦虑、不安、紧张的情绪和过度的担心会削弱人们身体的抵抗力，降低人们应对灾害的心智水平。为此，面对风险的爆发，一方面要坦然面对和承认自己的心理感受，不必刻意强迫自己否认存在负面的情绪；同时采取适当的方法处理这些情绪，以积极的方式来调整自己的心理状态，尽快恢复被灾害打乱的正常生活；另一方面，要保持乐观自信的理智态度，树立战胜灾难的坚定信念。越是危难之时越能考验一个人的心理素质，战胜困难需要勇气和信心，更需要必胜的信念。总之，健康的心态是应对风险的必然要求，也是风险意识的基本内涵之一。

2.2.3　安全认识论

安全是人生存的第一要素，始终伴随着人类的生存、生活和生产过程。从这个意义上说，安全始终都应该放在第一位。安全是人类生存的最基本的需要之一，没有安全就没有人类的生活和生产。"安全第一，预防为主"是我国安全生产的指导方针，要求一切经济部门和企事业单位都应确立"人是最宝贵的财富，人命关天，人的安全第一"的思想。

1. 本质安全的认识

"本质安全"的认识主要是意识到要想实现根本的安全需要从根源上减少或消除危险，而不是通过附加的安全防护措施来控制危险。通过采用没有危险或危险性小的材料和工艺条件，将风险减小到忽略不计的安全水平，生产过程对人、财产或环境没有危害威胁，不需要附加或应用程序安全措施。本质安全方法通过设备、工艺、系统、工厂的设计或改进来消除或减少危险。安全功能已融入生产过程、工厂或系统的基本功能或属性。

安全是人们的基本需要，人们追求本质安全，但本质安全是人们的一种期望，是相对安全的一种极限。人类在认识和改造客观世界的过程中，事故总是在人们追求上述的过程中不断发生，并难以完全避免事故。事故是人们最不愿发生的事，即追求零事故，但追求零事故，即绝对安全，这在现实中是不可能的。只能让事故隐患趋近于零，也就是尽可能预防事故，或把事故的后果减至最小。

随着20世纪50年代世界宇航技术的发展，"本质安全"一词被提出并被广泛接受，这是人类科学技术的进步以及对安全文化的认识密切相连的，是人类在生产、生活实践的发展过程中，对事故由被动接受到积极事先预防，以实现从源头杜绝事故和人类自身安全保护的需要，也是在安全认识上取得的一大进步。

1974年，英国的克莱兹(Kletz)提出了过程工业本质安全设计的理念。在弗里克斯保罗(Flixborough)、塞维索(Seveso)等重大工业事故之后，本质安全设计的理念在化工、石油化工领域受到广泛重视。1998年，欧盟颁布的《塞维索指令Ⅱ》(*Seveso Directive* Ⅱ)要求作为重大危险源的重大危险设施优先采用本质安全设计。

1978年，英国化工安全专家克莱兹提出"预防事故的最佳方法不是依靠更加可靠的附加安全设施，而是通过消除危险或降低危险程度以取代那些安全装置，从而降低事故发生的可能性和严重性"，并称该理念为本质安全。随之引起了学术界和企业界的强烈关注，美国、英国、加拿大、荷兰等工业发达国家迅速对其展开研究。2000年，美国化工过程安全中心(CCPS)将本质安全列为重点研究课题之一，并在《2020年展望》报告中指出："美国要维持化学工业未来的国际竞争力，必须重视化工本质安全的研究。"目前，对本质安全的研究包括本质安全理论，本质安全工艺、技术及应用方法，本质安全定量化评价工具等，从最初的设备、技术的本质安全向系统、管理层面的本质安全化发展。美国、欧盟等国家和地区十分重视本质安全的研究与应用，已取得了一系列技术成果。

化工、石油化工等过程工业领域的主要危险源是易燃、易爆、有毒有害的危险物质,相应地涉及生产、加工、处理它们的工艺过程和生产装置。1985 年,克莱兹把工艺过程的本质安全设计归纳为消除、最小化、替代、缓和及简化 5 项技术原则:①消除(elimination);②最小化(minimization);③替代(substitution);④缓和(moderation);⑤简化(simplification)。

在机械安全领域,在欧盟标准基础上的国际标准 ISO12100《机械类安全设计的一般原则》中贯穿了"人员误操作时机械不动作"等本质安全要求。在机械设计中要充分考虑人的特性,遵从人机学的设计原则。除了考虑人的生理、心理特征,减少操作者生理、精神方面的紧张等因素之外,还要"合理地预见可能的错误使用机械"的情况,必须考虑由于机械故障、运转不正常等情况发生时操作者的反射行为,操作中图快、怕麻烦而走捷径等造成的危险。为了防止机械的意外启动、失速、危险出现时不能停止运行、工件掉落或飞出等伤害人员,机械的控制系统也要进行本质安全设计。根据该国际标准,机械本体的本质安全设计思路为:①采取措施消除或消减危险源;②尽可能减少人体进入危险区域的可能性。

核电站在运用系统安全工程实现系统安全的过程中,逐渐形成了"纵深防御(defense-in-depth)"的理念。为了确保核电站的安全,在本质安全设计的基础上采用了多重安全防护策略,建立了 4 道屏障和 5 道防线。其中,为了防止放射性物质外泄设置的 4 道屏障——被动防护措施包括:①燃料芯块;②燃料包壳;③压力边界;④安全壳。

美国化工过程安全中心(CCPS)提出了防护层(layer of protection,LP)的理念。针对本质安全设计之后的残余危险设置若干层防护层,使过程危险性降低到可接受的水平。防护层中往往既有被动防护措施也有主动防护措施。

国际电工标准 IEC 61511《机能安全——过程工业安全仪表系统》中介绍的典型的过程工业防护层。在工艺本质安全设计的基础上设置了 6 个防护层(图 2-1):①基本过程控制系统;②监测报警系统;③安全仪表系统;④机械防护;⑤结构防护;⑥厂内、外应急响应。

我国在 2000 年之后,石油化工行业全面实施 GB/T24001、GB/T28001 和HSEMS "三合一" 一体化贯标以来,在致力于提高经济效益的同时,在如何提升员工的 HSE 素质上,在加强隐患治理、实行标准化管理、确保本质安全等方面做出了不懈努力,并取得了一定的收获。HSE 实行标准化管理的实践告诉我们:推行 HSE 标准化管理,是从机制上实现本质安全的保证。

2. 安全的相对性

安全相对性指人类创造和实现的安全状态和条件是动态、变化的,是指安全的程度和水平是相对法规与标准要求、社会与行业需要存在的。安全没有绝对,

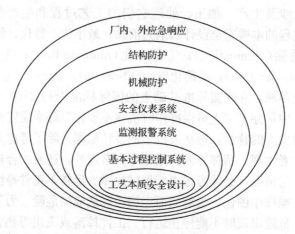

图 2-1　过程工业防护层

只有相对；安全没有最好，只有更好；安全没有终点，只有起点。安全的相对性
是安全社会属性的具体表现，是安全的基本而重要的特性。

1）绝对安全是一种理想化的安全

理想的安全或者绝对的安全，即 100% 的安全性，是一种纯粹完美、永远对
人类的身心无损、无害，绝对保障人能安全、舒适、高效地从事一切活动的一种
境界。绝对安全是安全性的最大值，即"无危则安，无损则全"。理论上讲，当
风险等于"零"，安全等于"1"，即达到绝对安全或"本质安全"。

事实上，绝对安全、风险等于"零"是安全的理想值，要实现绝对安全是不
可能的，但却是社会和人们努力追求的目标。无论从理论上还是实践上，人类都
无法制造出绝对安全的状况，这既有技术方面的限制，也有经济成本方面的限
制。由于人类对自然的认识能力是有限的，对万物危害的机理或者系统风险的控
制也是在不断地研究和探索中；人类自身对外界危害的抵御能力也是有限的，调
节人与物之间的关系的系统控制和协调能力也是有限的，难以使人与物之间实现
绝对和谐并存的状态，这就必然会引发事故和灾害，造成人和物的伤害和损失。

客观上，人类发展安全科学技术不能实现绝对的安全境界，只能达到风险趋
于"零"的状态，但这并不意味着事故不可避免。恰恰相反，人类通过安全科学
技术的发展和进步，实现了"高危-低风险"、"无危-无风险"、"低风险-无事故"
的安全状态。

2）相对安全是客观的现实

既然没有绝对的安全，那么在安全科学技术理论的指导下，设计和构建的安
全系统就必须考虑到最终的目标：多大的安全度才是安全的？这是一个很难回
答，但必须回答的问题，这就是通过相对安全的概念来实现可接受的安全度水

平。安全科学的最终目的就是应用现代科学技术将所产生的任何损害后果控制在绝对的最低限度，或者至少使其保持在可容许的限度内。

安全性具有明确的对象，有严格的时间、空间界限，但在一定的时间、空间条件下，人们只能达到相对的安全。人-机-环均充分实现的那种理想化的"绝对安全"，只是一种可以无限逼近的"极限"。

作为对客观存在的主观认识，人们对安全状态的理解，是主观和客观的统一。伤害、损失是一种概率事件，安全度是人们生理上和心理上对这种概率事件的接受程度。人们只能追求"最适安全"，就是在一定的时间、空间内，在有限的经济、科技能力状况下，在一定的生理条件和心理素质条件下，通过创造和控制事故、灾害发生的条件来减小事故、灾害发生的概率和规模，使事故、灾害的损失控制在尽可能低的限度内，求得尽可能高的安全度，以满足人们的接受水平。对不同的民族、不同群体而言，人们能够承受的风险度是不同的。社会把能都满足大多数人安全需求的最低危险度定为安全指标，该指标随着经济、社会的发展变化而不断提高。

不同的时期、不同的客观条件下提出的满足人们需求的安全目标，即相对的安全标准，也就是说安全的相对性决定了安全标准的相对性。所以可以从另一个方面来理解安全这一概念，可以理解为安全是人们可接受风险的程度。当实际状况达到这一程度时，人们就认为是安全的，低于这一程度时就认为是危险的，这一程度就叫做安全阈值。

3) 做到相对安全的策略和智慧

相对安全是安全实践中的常态和普遍存在。做到相对安全有如下策略。

(1) 相对于规范和标准。一个管理者和决策者，在安全生产管理实践中，最基本的原则和策略就是实现"技术达标"、"行为规范"，使企业的生产状态及过程是规范和达标的。"技术达标"是指设备、装置等生产资料达到安全标准要求；"行为规范"是指管理者的安全决策和管理过程是符合国家安全规范要求的。安全规范和标准是人们可接受的安全的最低程度，因此说，"相对的安全规范和标准是符合的，则系统就是安全的"。在安全活动中，人人应该做到行为符合、规范，事事做到技术达标。因此，安全的相对性首先是体现在"相对规范和标准"方面。

(2) 相对于时间和空间。安全相对于时间是变化和发展的，相对于作业或活动的场所、岗位，甚至行业、地区或国家，都具有差异和变化。在不同的时间和空间里，安全的要求和可接受的风险水平是变化的、不同的。这主要是在不同时间和空间里，人们的安全认知水平不同、经济基础不同，因而人们可接受的风险程度也是不相同的。所以，在不同的时间和空间里，安全标准不同，安全水平也不相同，在从事安全活动时，一定要动态地看待安全，才能有效地预防事故的发生。

(3) 相对于经济及技术。在不同时期，经济的发展程度是不同的，那么安全水平也会有所差异。随着人类经济水平的不断提高和人们生活水平的提高，对安全的认识应该不断深化，对安全的要求也应该提出更高的标准。因此，我们要做到安全认识与时俱进，安全技术水平不断提高，安全管理不断加强，应逐步降低事故的发生率，追求"零事故"的目标。人类的技术是发展的，因此安全标准和安全规范也是变化发展的，随着技术的不断变化，安全技术要与生产技术同行，甚至领先和超前于生产技术的发展和进步。

4) 安全相对性与绝对性的辩证关系

安全科学是一门交叉科学，既有自然属性，也有社会属性。因此，从安全的社会属性角度，安全的相对性是普遍存在的，而从安全的自然属性角度，针对微观和具体的技术对象而言，安全也存在着绝对性特征。例如，从物理或化学的角度，基于安全微观的技术标准而言，安全技术标准是绝对的。因此，我们认识安全相对性的同时，也必须认识到从自然属性角度，安全技术标准的绝对性。

追溯人类的进化史，我们可以看到，安全是人类演化的"生命线"，这条线为人类正常可靠的进化铺垫了安全的轨道，稳固了人类进化的基础，保障了人类进化的进程。再看人类今天的生存状态，安全是人们生活依赖的保护绳，这条绳维系着生灵的生命安全与健康，稳定着社会的安定与和平。安全成为现代人类生活中最基本的，且最重要的需要之一。最后再观人类的发展史，安全是人类社会发展的"促进力"，这种力量推动人类文明的进程，创造美好和谐的世界——安全和健康的生活与生产成为人类文明的象征，创造安全的文明成为人类社会文明的重要组成部分。因此，可以不夸张地说：人类的进化，生存和发展，都与安全密切相关，不可分割。从生产到生活，从家庭到社会，从过去到现在，从现在到将来，整个时空世界，无时无处不在呼唤着安全。安全永远伴随着人类的演化和发展，安全是人类历史永恒的话题。

在进入 21 世纪之初，我们还深切地感受着过去百年人类安全科学技术的进步与发展光芒，同时也对未来的安全科学技术充满期待和畅想。从安全立法到安全管理，从安全技术到安全工程，从安全科学到安全文化，人们期盼着安全科学技术不断发展和壮大，从而在安全生产和安全生活方面服务于人类、造福于人类。

2.3　安全科学的方法论

方法论，就是人们认识世界、改造世界的方式方法，是人们用什么样的方式、方法来观察事物和解决问题，是从哲学的高度总结人类创造和运用各种方法的经验，探求关于方法的规律性知识。概括地说，认识论主要解决世界"是什么"的问题，方法论主要解决"怎么办"的问题。人类防范事故的科学已经历了漫长的岁月，从事后型的经验论到预防型的本质论；从单因素的就事论事到安全系统工程；从事故致因理论到安全科学原理，工业安全科学的理论体系在不断完善和完善。追溯安全科学理论体系的发展轨迹，探讨其发展的规律和趋势，对于系统、完整和前瞻性地认识安全科学理论，以指导现代安全科学实践和事故预防工程具有现实的意义。

2.3.1 事故经验论

经验论就是人们基于事故经验改进安全的一种方法论。显然，经验论是必要的，但是事后改进型的方式是传统的安全方法论。

17 世纪前，人类安全的认识论是宿命论的，方法论是被动承受型的，这是人类古代安全文化的特征。17 世纪末期至 20 世纪初，由于事故与灾害类型的复杂多样和事故严重性的扩大，人类进入了局部安全认识阶段。哲学上反映出：建立在事故与灾难的经历上来认识人类安全，有了与事故抗争的意识，人类的安全认识论提高到经验论水平，方法论有了"事后弥补"的特征。

1. 事后经验型安全管理模式

经验论是事故学理论的方法论和认识论，主要是以实践得到的知识和技能为出发点，以事故为研究的对象和认识的目标，是一种事后经验型的安全哲学，是建立在事故与灾难的经历上来认识安全，是一种逆式思路(从事故后果到原因事件)。其主要特征在于被动与滞后、凭感觉和靠直觉，是"亡羊补牢"的模式，突出表现为一种头痛医头、脚痛医脚、就事论事的对策方式。当时的安全管理模式是一种事后经验型的、被动式的安全管理模式(图 2-2)。

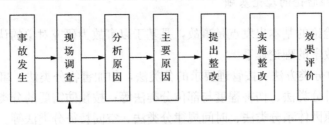

图 2-2 事后经验型安全管理模式

2. 事故经验论的优缺点

从被动地接受事故的"宿命论"到可以依靠经验来处理一些事故的"经验论"，是一种进步，经验论具有一些"宿命论"无法比的优点。首先经验论可以帮助我们处理一些常见的事故，使我们不再是听天由命的状态；其次经验论有助于我们不犯同样的错误，减少事故的发生。即使在安全科学已经得到充分发展的今天，经验论也有其自身的价值，如我们可以从近代世界大多数发达国家的发展进程中来寻求经验。一些国家的经历表明，随着人均 GDP 的提高(到一定水平)，事故总体水平在降低，如美国、日本等一些发达国家的发展过程表明，当人均 GDP 在 5000 美元以下时，事故水平处于不稳定状态；当人均 GDP 达到 1 万美元时，事故率稳定下降。这是发达国家安全与经济因素关系的现实情况。但是，影响安全的因素是多样和复杂的，除了经济因素外(这是重要的因素之一)，还与国家制度、社会文化(公民素质、安全意识)、科学技术(生产方式和生产力水平)等有关。而我国的国家制度、公民安全意识、现代生产力水平，总体上说已"今非昔比"，我们今天总体的社会安全环境(影响因素)：生产和生活环境(条件)、法制与管理环境、人民群众的意识和要求，都有利于安全标准的提高和改善。当然，安全科学的发展已经告诉只凭经验是不行的，经验论也有其缺点和不足，经验论具有预防性差、缺乏系统性等问题，并且经验的获得往往需要惨痛的代价。我们的先哲——孔子早就说过：建立在"经历"方式上的学习和进步是痛苦的方式；而只有通过"沉思"的方式来学习才是最高明的；当然，人们还可以通过"模仿"来学习和进步，这是最容易的。从这种思维方式出发，进行推理和思考，我们感悟到：人类在对待事故与灾害的问题上，千万不要试求通过事故的经历才得予明智，因为这太痛苦，"人的生命只有一次，健康何等重要"。我们应该掌握正确的安全认识论与方法论，从理性与原理出发，通过"沉思"来防范和控制职业事故和灾害，至少我们要选择"模仿"之路，学会向先进的国家和行业学习，这才是正确的思想方法。

3. 事故经验论的理论基础

事故经验论的基本出发点是事故，是基于以事故为研究对象的认识，逐渐形成和发展事故学的理论体系。

(1) 事故分类方法：按管理要求的分类法，如加害物分类法、事故程度分类法、损失工日分类法、伤害程度与部位分类法等；按预防需要的分类法，如致因物分类法、原因体系分类法、时间规律分类法、空间特征分类法等。

(2) 事故模型分析方法：因果连锁模型(多米诺骨牌模型)、综合模型、轨迹交叉模型、人为失误模型、生物节律模型、事故突变模型等。

(3) 事故致因分析方法：事故频发倾向论、能量意外释放论、能量转移理论、两类危险源理论。

(4) 事故预测方法：线性回归理论、趋势外推理论、规范反馈理论、灾变预测法、灰色预测法等。

（5）事故预防方法论：3E 对策理论、3P 策略理论，安全生产 5 要素(安全文化、安全法制、安全责任、安全科技、安全投入)等。

（6）事故管理：事故调查、事故认定、事故追责、事故报告、事故结案等。

4. 事故经验论的方法特征

事故经验论的主要特征在于被动与滞后，是"亡羊补牢"的模式，多用"事后诸葛亮"的手段，突出表现为一种头痛医头、脚痛医脚、就事论事的对策方式。在上述思想认识的基础上，事故学理论的主要导出方法是事故分析(调查、处理、报告等)、事故规律的研究、事后型管理模式、三不放过的原则(即发生事故后原因不明、当事人未受到教育、措施不落实三不放过)；建立在事故统计学上致因理论研究；事后整改对策；事故赔偿机制与事故保险制度等。

事故经验论基于研究事故规律，认识事故的本质，从而对指导预防事故有重要的意义，在长期的事故预防与保障人类安全生产和生活过程中发挥了重要的作用，是人类安全活动实践的重要理论依据。但是，其仅停留在事故学的研究上，一方面由于现代工业固有的安全性在不断提高，事故频率逐步降低，建立在统计学上的事故理论随着样本的局限使理论本身的发展受到限制，另一方面由于现代工业对系统安全性的要求不断提高，直接从事故本身出发的研究思路和对策，其理论效果不能满足新的要求。

2.3.2　安全系统论

安全系统论是基于系统思想防范事故的一种方法论。系统思想，即体现出综合策略、系统工程、全面防范的方法和方式。显然，安全系统论是先进和有效的安全方法论。

20 世纪初至 50 年代，随着工业社会的发展和技术的不断进步，人类的安全认识论和方法论进入了系统论阶段。

1. 系统的特性

系统理论是指把对象视为系统进行研究的一般理论。其基本概念是系统、要素。系统是指由若干相互联系、相互作用的要素所构成的有特定功能与目的的有机整体。系统按其组成性质，分为自然系统、社会系统、思维系统、人工系统、复合系统等，按系统与环境的关系分为孤立系统、封闭系统和开放系统。系统具有 6 方面的特性。

（1）整体性，是指充分发挥系统与系统、子系统与子系统之间的制约作用，以达到系统的整体效应。

（2）稳定性，即系统由于内部子系统或要素的运动，总是使整个系统趋向某一个稳定状态。其表现为在外界相对微小的干扰下，系统的输出和输入之间的关系，系统的状态和系统的内部秩序(即结构)保持不变，或经过调节控制而保持不变的性质。

(3) 有机联系性，即系统内部各要素之间以及系统与环境之间存在着相互联系、相互作用。

(4) 目的性，即系统在一定的环境下，必然具有达到最终状态的特性，它贯穿于系统发展的全过程。

(5) 动态性，即系统内部各要素间的关系及系统与环境的关系是时间的函数，其随着时间的推移而转变。

(6) 结构决定功能的特性，系统的结构指系统内部各要素的排列组合方式。系统的整体功能是由各要素的组合方式决定的。要素是构成系统的基础，但一个系统的属性并不只由要素决定，它还依赖于系统的结构。

2. 安全系统论的理论基础

安全系统论以危险、隐患、风险作为研究对象，其理论的基础是对事故因果性的认识，以及对危险和隐患事件链过程的确认。由于研究对象和目标体系的转变，安全系统论的理论，即风险分析与风险控制理论发展了如下的理论体系。

(1) 系统分析理论：事故系统要素理论、安全控制论、安全信息论、FTA故障树分析理论、ETA事件树分析理论、FMEA故障及类型影响分析理论和方法等。

(2) 安全评价理论：安全系统综合评价理论、安全模糊综合评价理论、安全灰色系统评价理论等。

(3) 风险分析理论：风险辨识理论、风险评价理论、风险控制理论。

(4) 系统可靠性理论：人机可靠性理论、系统可靠性理论等。

(5) 隐患控制理论：重大危险源理论、重大隐患控制理论、无隐患管理理论等。

(6) 失效学理论：危险源控制理论、故障模式分析、RBI分析理论和方法等。

3. 安全系统要素及结构

从安全系统的动态特性出发，人类的安全系统是人、社会、环境、技术、经济等因素构成的大协调系统。无论从社会的局部还是整体来看，人类的安全生产与生存需要多因素的协调与组织才能实现。安全系统的基本功能和任务是满足人类安全的生产与生存，以及保障社会经济生产发展的需要，因此安全活动要以保障社会生产、促进社会经济发展、降低事故和灾害对人类自身生命和健康的影响为目的。为此，安全活动首先应与社会发展基础、科学技术背景和经济条件相适应与相协调。安全活动的进行需要经济和科学技术等资源的支持，安全活动既是一种消费活动(为生命与健康安全为目的)，也是一种投资活动(以保障经济生产和社会发展为目的)。从安全系统的静态特性看，安全系统的要素及结构如图 2-3 所示。

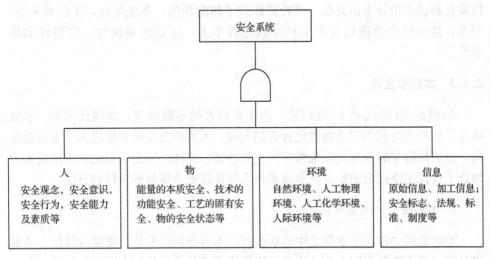

图 2-3　安全系统要素及结构

研究和认识安全系统要素是非常重要的，其要素涉及：人——人的安全素质(心理与生理；安全能力；文化素质)；物——设备与环境的安全可靠性(设计安全性；制造安全性；使用安全性)，以及生产过程能的安全状态和作用(能的有效控制)；环境——作业现场及岗位的自然环境及人工环境条件，如气象、气温等自然环境，以及照明、声响等人工环境等；信息——原始的安全一次信息，如作业现场、事故现场等，以及通过加工的安全二次信息，如法规、标准、制度、事故分析报告等。认识事故系统要素，对指导我们从打破事故系统来保障人类的安全具有实际的意义，这种认识带有事后型的色彩，是被劫、滞后的，而从安全系统的角度出发，则具有超前和预防的意义。因此，从创建安全系统的角度来认识安全原理更具有理性、预防的意义，更符合科学性原则。

4. 安全系统论的方法特征

安全系统论建立了事件链的概念，有了事故系统的超前意识流和动态认识论。确认了人、机、环境、管理事故综合要素，主张工程技术硬手段与教育、管理软手段综合的措施，提出超前防范和预先评价的概念和思路。由于有了对事故的超前认识，安全系统的理论体系导致了比早期事故学理论下更为有效的方法和对策。从事故的因果性出发，着眼于事故的前期事件的控制，对实现超前和预期型的安全对策，提高事故预防的效果有着显著的意义和作用。其具体的方法，如预期型管理模式；危险分析、危险评价、危险控制的基本方法过程；推行安全预评价的系统安全工程；四负责的综合责任体制；管理中的"五同时"原则；企业安全生产的动态"四查工程"等科学检查制度等。安全系统理论，即危险分析与风险控制理论指导下的方法，其特征体现了超前预防，系统综合，主动对策等。但是，这一层次的理论在安全科学理论体系上，还缺乏系统性、完整性和综合性。

2.3.3 本质安全论

20世纪50年代到21世纪末，由于高技术的不断涌现，如现代军事、宇航技术、核技术的利用以及信息化社会的出现，人类的安全认识论进入了本质论阶段，超前预防型成为现代安全哲学的主要特征，这样的安全认识论和方法论大大推进了现代工业社会的安全科学技术和人类征服安全事故的手段和方法。

1. 本质安全的概念及内涵

本质是指"存在于事物之中的永久的、不可分割的要素、质量或属性"或者说是指"事物本身所固有的、决定事物性质面貌和发展的根本属性"。

本质安全，又称内在安全或本质安全化方法，最初的概念是指从根源上消除或减少危险，而不是依靠附加的安全防护和管理控制措施来控制危险源和风险的技术方法。它可以与传统的无源安全措施（无需能量或资源的安全技术措施，如保护性措施）、有源安全措施（具有独立能量系统的安全措施，噪声的有源控制）和安全管理措施等综合应用，通过消除/避免、阻止、控制和减缓危险等原理，为生产过程提供安全保障，本质安全与常规安全方法的联系与区别如图2-4所示。

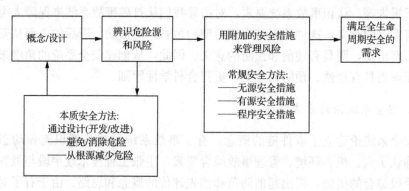

图2-4 本质安全与常规安全方法的关系

常规安全（也称外在安全）是通过附加安全防护装置来控制危险，从而减小风险；附加的安全装置需要花费额外的费用，并且还必须对其进行维修保养，由于固有的危险并没有消除，仍然存在发生事故的可能性，并且其后果可能会因为防护装置自身的故障而更加严重。本质安全方法主要应用在产品、工艺和设备的设计阶段，相对于传统的设计方法，本质安全设计方法在设计初始阶段需要的费用较大，但在整个生命周期的总费用相对较少。本质安全设计的实施可以减少操作和维护费用，提高工艺、设备的可靠性。常规安全措施的主要目的是控制危险，而不是消除危险，只要存在危险，就存在该危险引起事故的可能性；而本质安全主要是依靠物质或工艺本身的特性来消除或减小危险，可以从根本上消除或减小事故发生的可能性。本质安全理论可广泛应用于各类生产活动的全生命周期，尤其是在设计和运行阶段。从纵深防御的安全保障作用上看，本质安全比常规安全方法效果更好。

为了应对事故风险，近代朦胧的本质安全思想伴随着工业革命而出现，下面列举了一些具有本质安全思想的应用事例，如表 2-3 所示。

表 2-3　近代本质安全应用事例

时间	发明人	应用方面	具体应用
1820 年	Stevenson	蒸汽机车	简化控制系统
1867 年	Howden	美国中央太平洋铁路	现场制造炸药
1867 年	Nobel	炸药	TNT 炸药
1870 年	Mond	碳酸钠	索尔韦法
19 世纪 70 年代		硝化甘油	搅拌反应釜代替间歇反应釜
1930 年	Midgely	制冷剂	CFC 制冷剂

人类古代就有本质安全的认识和措施，如人们建造村庄时，选择高处，用本质安全位置的方式避免洪水风险。4 个轮子的马车就是一种本质安全设计，它比两个轮子的战车在运输货物时要更加安全；只允许单向行驶的两条并排铁路比供双向行驶的一条铁路要安全。

随着视野和理解的升华，本质安全上升为本质安全论，其含义得到了深化和扩展。本质论是人们从本质安全角度改进安全的一种方法论。目前，从安全科学技术角度来讲，本质安全（inherent safety）有以下 3 种理解，其中有一种狭义理解，两种广义理解。

定义 1（狭义——设备）：本质安全是指设备、设施或技术工艺含有内在的、能够从根本上防止发生事故的功能。本质安全是从根源上消除或减小生产过程中的危险。本质安全方法与传统安全方法不同，即不依靠附加的安全系统实现安全保障。

定义 2(广义——系统)：本质安全是指安全系统中人、机、环境等要素从根本上防范事故的能力及功能。本质安全的特征表现为根本性、实质性、主体性、主动性、超前性。

定义 3(广义——企业)：本质安全就是通过追求企业生产流程中人、物、系统、制度等诸要素的安全可靠和谐统一，使各种风险因素始终处于受控制状态，进而逐步趋近本质型、恒久型的安全目标。"物本"——技术设备设施工具的本质安全性能；"人本"——人的意识观念态度等根本性安全素质，即失误-安全功能(fool-proof)，指操作者即使操作失误，也不会发生事故或伤害；故障-安全功能(fail-safe)，指设备、设施或技术工艺发生故障或损坏时，还能暂时维持正常工作或自动转变为安全状态。

2. 本质安全论的理论基础

本质安全论以安全系统作为研究对象，建立了人-物-能量-信息的安全系统要素体系，提出系统安全的思路，确立了系统本质安全的目标。通过安全系统论、安全控制论、安全信息论、安全协同学、安全行为科学、安全环境学、安全文化建设等科学理论研究，提出在本质安全化认识论基础上全面、系统、综合地发展安全科学理论。目前，已有的初步体系如下。

(1) 安全的哲学原理。从历史学和思维学的角度研究实现人类安全生产和安全生存的认识论和方法论。如果有了这样的归纳：远古人类的安全认识论是宿命论的，方法论是被动承受型的；近代人类的安全认识提高到了经验的水平；现代随着工业社会的发展和技术的进步，人类的安全认识论进入了系统论阶段，从而在方法论上能够推行安全生产与安全生活的综合型对策，甚至能够超前预防。有了正确的安全哲学思想的指导，人类现代生产与生活的安全才能获得高水平的保障。

(2) 安全系统论原理。从安全系统的动态特性出发，研究人、社会、环境、技术、经济等因素构成的安全大协调系统。建立生命保障、健康、财产安全、环境保护、信誉的目标体系。在认识了事故系统人-机-环境-管理 4 要素的基础上，更强调从建设安全系统的角度出发，认识安全系统的要素：人——人的安全素质(心理与生理；安全能力；文化素质)；物——设备与环境的安全可靠性(设计安全性；制造安全性；使用安全性)；能量——生产过程能的安全作用(能的有效控制)；信息——充分可靠的安全信息流(管理效能的充分发挥)是安全的基础保障。从安全系统的角度来认识安全原理更具有理性的意义，更具有科学性的原则。

(3) 安全控制论原理。安全控制是最终实现人类安全生产和安全生存的根本措施。安全控制论提出了一系列有效的控制原则。安全控制论要求从本质上来认识事故(而不是从形式或后果)，即事故的本质是能量不正常的转移。由此推出了高效实现安全系统的方法和对策。

（4）安全信息论原理。安全信息是安全活动所依赖的资源。安全信息原理研究安全信息的定义、类型，研究安全信息的获取、处理、存储、传输等技术。

（5）安全经济性原理。从安全经济学的角度，研究安全性与经济性的协调、统一。根据安全-效益原则，通过"有限成本-最大安全"、"达到安全标准-安全成本最小"，以及实现安全最大化与成本最小化的安全经济目标。

（6）安全管理学原理。安全管理最基本的原理首先是管理组织学的原理，即安全组织机构合理设置，安全机构职能的科学分工，安全管理体制协调高效，管理能力自组织发展，安全决策和事故预防决策的有效和高效。其次是专业人员保障系统的原理，即遵循专业人员的资格保证机制：通过发展学历教育和设置安全工程师职称系列的单列，对安全专业人员提出具体严格的任职要求；建立兼职人员网络系统：企业内部从上到下（班组）设置全面、系统、有效的安全管理组织网络等。最后投资保障机制，研究安全投资结构的关系，正确认识预防性投入与事后整改投入的关系，要研究和掌握安全措施投资政策和立法，讲求谁需要、谁受益、谁投资的原则；建立国家、企业、个人协调的投资保障系统等。

（7）安全工程技术原理：随着技术和环境的不同，发展相适应的硬技术原理，机电安全原理、防火原理、防爆原理、防毒原理等。

3. 本质安全的技术方法

本质安全的技术方法就是从根源上减少或消除危险，而不是通过附加的安全防护措施来控制危险。通过采用没有危险或危险性小的材料和工艺条件，将风险减小到忽略不计的安全水平，生产过程对人、环境或财产没有危害威胁，不需要附加安全措施。本质安全的技术方法可以通过设备、工艺、系统、工厂的设计或改进来减少或消除危险，使安全技术功能已融入生产过程、工厂或系统的基本功能或属性。表 2-4 列举了通用的本质安全技术方法和关键词。

表 2-4　本质安全技术方法及关键词

关键词	技术方式方法
最小化	减少危险物质的数量
替代	使用安全的物质或工艺
缓和	在安全的条件下操作，如常温、常压和液态
限制影响	改进设计和操作，使损失最小化，如装置隔离等
简化	简化工艺、设备、任务或操作
容错	使工艺、设备具有容错功能
避免多米诺效应	设备、设施有充足的间隔布局，或使用开放式结构设计
避免组装错误	使用特定的阀门或管线系统避免人为失误
明确设备状况	避免复杂设备和信息过载
容易控制	减少手动装置和附加的控制装置

4. 本质安全的管理方法

根据广义的概念，本质安全管理方法的主要内容包括以下四个方面。

一是人的本质安全，它是创建本质安全型企业的核心，即企业的决策者、管理者和生产作业人员，都应具有正确的安全观念、较强的安全意识、充分的安全知识、合格的安全技能，人人安全素质达标，都能遵章守纪、按章办事、干标准活、干规矩活、杜绝"三违"，实现个体到群体的本质安全。

二是物(装备、设施、原材料等)的本质安全，任何时候、任何地点，都始终处在能够安全运行的状态，即设备以良好的状态运转，不带故障；保护设施等齐全，动作灵敏可靠；原材料优质，符合规定和使用要求。

三是工作环境的本质安全，生产系统工艺性能先进、可靠、安全；高危生产系统具有闭锁、联动、监控、自动监测等安全装置，如企业有提升、运输、通风、压风、排水、供电等主要系统及分枝的单元系统，这些系统本身应该没有隐患或缺陷，且有良好的配合，在日常生产过程中，不会因为人的不安全行为或物的不安全状态而发生事故。

四是管理体系的本质安全，建立健全完善的规章制度和规范、科学的管理制度，并规范的运行，实现管理零缺陷，安全检查经常化、时时化、处处化、人人化，使安全管理无处不在、无人不管，使安全管理人人参与，变传统的被管理的对象为管理的动力。

本质安全管理方法的基本目标是创建本质安全型企业，其基本方法如下。

1) 通过综合对策实现本质安全

综合对策就是要推行系统工程，懂得"人机环管"安全系统原理，做到事前、事中、事后全面防范；技防、管防、人防的系统综合对策。有效预防各类生产安全事故，保障安全生产，一是需要"技防"——安全技术保障，即通过工程技术措施来实现本质安全化。具体来讲，有以下几个方面。

(1) 防火防爆技术措施：①消除可燃可爆系统的形成；②消除、控制引燃能源。

(2) 电气安全技术措施：①接零、接地保护系统；②漏电保护；③绝缘；④电器隔离；⑤安全电压(或称安全特低电压)；⑥屏护和安全距离；⑦连锁保护。

(3) 机械伤害防护措施：①采用本质安全技术；②限制机械应力；③材料和物的安全性；④履行安全人机工程学原则；⑤设计控制系统的安全原则；⑥安全防护措施。

二是要求"管防"——安全管理防范，即通过监督管理措施来实现本质安全化。主要包括基础管理和现代管理两方面。基础管理包括完善组织机构、专业人员配备；投入保障；责任制度；规章制度；操作规程；检查制度；教育培训；防护用品配备等方面。现代管理指安全评价、预警机制、隐患管理、风险管理、管理体系、应急救援和安全文化等。三是依靠"人防"——安全文化基础，即通过安全文化建设、教育培训来提高人的素质，从而实现本质安全。教育培训主要包括单位主要负责人的教育培训、安全生产专业管理人员的安全培训教育、生产管理人员的培训、从业人员的安全培训教育和特种作业人员教育培训等方面。各级政府和各行业、企业的决策者，要有安全生产永无止境、持续改进的认知，不能用突击、运动、热点、应付、过关的方式对待，既要重视安全技术硬实力，又要发展安全管理、安全文化软实力。

2) 通过"三基"建设实现本质安全

显然，要实现本质安全，必须重视事故源头，这就需要强化安全生产的根本，夯实"三基"。强化"三基"建设。强化"三基"就是要将安全工作的重点发力于"基层、基础、基本"的因素，即抓好班组、岗位、员工 3 个安全的根本因素。班组是安全管理的基层细胞，岗位是安全生产保障的基本元素，员工是防范事故的基本要素。当前的安全工作要确立"依靠员工、面向岗位、重在班组、现场落实"的安全建设思路。"三基"建设涉及班级、员工、岗位、现场四元素，班组是安全之基、员工是安全之本、岗位是安全之源、现场是安全之实。元素是基础，"三基"是载体，而实质是文化；"三基"是目，文化是纲，通过"三基"联系 4 个元素，构建本质安全系统，而安全文化是本质安全系统的动力和能源。

3) 通过班组建设实现本质安全

班组是安全的最基本单元组织，是执行安全规程和各项规章制度的主体，是贯彻和实施各项安全要求和措施的实体，更是杜绝违章操作和杜绝安全事故的主体。因此，生产班组是安全生产的前沿阵地，班组长和班组成员是阵地上的组织员和战斗员。企业的各项工作都要通过班组去落实，上有千条线，班组一针穿。国家安全法规和政策的落实，安全生产方针的落实，安全规章制度和安全操作程序的执行，都要依靠和通过班组来实现。特别是作为现代企业，职业安全健康管理体系的运行，以及安全科学管理方法的应用和企业安全文化建设的落实，都必须依靠班组。反之，班组成员素质低，作业岗位安全措施不到位，班组安全规章制度得不到执行，将是事故发生的土壤和温床。

本质论是必需的，它表明了安全科学的进步，是一种超前预防型的方法。只有建立在超前预防的基础上，才能做到防患于未然，真正实现零事故的目标。

2.4　现代安全哲学观

哲学观是指人们对哲学和与哲学相关的基本问题的根本观点和看法，这样的根本观点和看法集中体现为一种哲学学说或哲学理论所具有的核心理念和基本观念。那么，在当今社会飞速发展的时代，安全领域又需要怎样的哲学观呢？

2.4.1　安全社会发展观

安全生产作为保护和发展社会生产力、促进社会和经济持续健康发展的基本条件，是社会文明与进步的重要标志，是实现全面建设小康社会宏伟目标的关键内涵。社会进步、国民经济发展和人民生活质量提高是安全生产的必然结果，重视和加强安全生产工作，将安全生产规划纳入全面建设小康社会总体发展目标体系之中，是"三个代表"重要思想的具体体现，是政府"执政为民"思想的基本要求，也是社会主义市场经济发展的客观需要。同时，提高安全生产保障水平，对于维护国家安全、保持社会稳定、实施可持续发展战略，都具有现实的意义。因此，安全生产对实现全面建设小康社会的宏伟目标具有重要的战略意义。

1. 安全生产事关社会的安全稳定

党和政府历来高度重视安全生产工作。我国《宪法》明确规定了劳动保护、安全生产是国家的一项基本政策。党的十六大报告中明确提出："高度重视安全生产，保护国家财产和人民生命的安全"的基本目标和要求。安全生产的基本目标与我党提出的"三个代表"重要思想的基本精神是一致的，即把人民群众的根本利益放在至高无上的地位。在人民群众的各种利益中，生命的安全和健康保障是最实在和最基本的利益。因此，要求各级政府和每一个党的领导要站在维护人民群众根本利益的角度来认识安全生产工作。"立党为民"是党的基本宗旨，满足人民群众的利益要求是国家稳定和发展的基础，而安全生产是人民根本利益的重要内容，因此重视安全生产工作事关社会稳定、事关社会发展。

安全生产职业安全健康状况是国家经济发展和社会文明程度的反映。使所有劳动者具有安全与健康保障的工作环境和条件，是社会协调、安全、文明、健康发展的基础，也是保持社会安定团结和经济持续、快速、健康发展的重要条件。因此，安全生产不仅是"全面小康社会"的重要标准，而且是党的立党之基——"三个代表"的重要体现，因为安全生产保障水平体现了"最广大人民群众根本利益"的要求。如果安全生产工作做不好，发生工伤事故和职业病，这对人民群众生命与健康，对社会基本细胞——家庭将产生极大的损害和威胁，由此导致广大人民群众和劳动者对社会制度，对党为人民服务的宗旨，对改革的目标产生疑虑和动摇。当这些问题积累到一定程度和突然发生震动性事件的时候，有可能成为影响社会安全、稳定的因素之一。当人民群众的基本工作条件与生活条件得不到改善，甚至出现尖锐的矛盾时也会直接影响大局的稳定发展。

2. 安全生产是以人为本的体现

以人为本,就是以"每个人"都作为"本"的主体,就是要把保障人民生命安全、维护广大人民群众的根本利益作为事故应急处置工作的出发点和落脚点,只有保证人的安全,才能从根本上实现公共安全。人民群众是构建社会主义和谐社会的根本力量,也是和谐社会的真正主人。安全生产是市场经济持续、稳定、快速、健康发展的根本保证,也是维护社会稳定的重要前提,是社会主义发展生产力的最根本的要求。"以人为本"是和谐社会的基本要义,是我们党的根本宗旨和执政理念的集中体现,是科学发展观的核心,也是和谐社会建设的主线,而安全就是人的全面发展的一个重要方面。

安全生产、以人为本,一方面是强调安全生产的根本性目的是保护人的生命健康和财产安全,实现人对幸福生活的追求;另一方面是要靠人的能动性工作,充分发挥人的积极性与创造性,实现安全生产。安全生产事关最广大人民群众的根本利益,事关改革发展和稳定大局,体现了党的立党为公、执政为民的执政理念,反映了科学发展观以人为本的本质特征。以人为本,首先要以人的生命为本。只有从根本上改善安全状况,大幅度减少各类安全事故对社会造成的创伤和震荡,国家才能富强安宁,百姓才能平安幸福,社会才能和谐安定。

3. 安全生产是科学发展的要求

科学发展观是党的十六大以来,我们党从 21 世纪新阶段党和人民事业发展全局出发提出的重大战略思想。发展是第一要务,要发展,必须讲安全。强化科学管理,确保安全生产。树立和落实科学发展观,实现强势、快速发展,首先是要实现安全生产。安全生产是科学发展的基础保证。

党的十六届五中全会、六中全会提出并确立了"安全发展"这一重要指导原则,党的十七大又重申了这一重要指导原则。把安全发展作为重要的指导原则之一写进党的重要文献中,这在我们党的历史上还是第一次。这是胡锦涛主席坚持与时俱进,对科学发展观思想内涵的进一步丰富和发展,充分体现了我们党对发展规律认识的进一步深化,是在发展指导思想上的又一个重大转变,体现了以人为本的执政理念和"三个代表"重要思想的本质要求。

安全发展是科学发展的必然要求,没有安全发展,就没有科学发展。只有真正地树立和落实科学发展观,用其统领安全生产工作,才能明确安全生产工作的方向,把握安全生产工作的大局;才能抓住安全生产中的主要矛盾和问题,夺取工作的主动权;才能理清思路、周密部署,强化措施、完善对策,加大力度、狠抓落实,不断推进、取得实效;才能做好安全生产工作,促进安全生产形势的稳定好转。

4. 公共安全是建设和谐社会的体现

我国政府提出"坚持改革开放，推动科学发展，促进社会和谐，为夺取全面建设小康社会新胜利而奋斗"的战略目标，明确了"社会和谐是中国特色社会主义的本质属性"，社会主义和谐社会，是一个全体人民各尽其能、充满创造活力的社会，是诸方利益关系不断得到有效协调的社会，是稳定有序、安定团结、和谐共处并让社会平稳进步和发展的社会。安全生产是构建和谐社会的重要组成部分，是构建和谐社会的有力保障。只有搞好安全生产，真正做到以人为本，才能实现人身的和谐，实现人与自然的和谐，实现人与人、人与社会的和谐，最终实现国家内部系统诸要素间的和谐，才能构建起真正的和谐社会。

构建社会主义和谐社会的总体要求是民主法治、公平正义、诚信友爱、充满活力、安定有序、人与自然和谐相处。和谐社会的一个基本要求就是安定有序，安全促进安定，安定则社会有序。可见，安全生产已成为维护社会稳定、构建和谐社会的重要内容。而安全生产也需要健全的法律法规和完善的法治秩序，需要保障劳动者的安全权益，需要建立安全诚信机制。只有生命安全得到切实保障，才能调动和激发人的创造活力和生活热情，才能实现社会的安定有序，才能实现人与自然的和谐相处，从而促进生产力的发展和人类社会的进步。因此，我们说安全生产是构建和谐社会的前提和必要条件之一。

构建和谐社会必须解决公共安全与安全生产问题，这是当代全民最为关心的问题。如果人的生命健康得不到保障，一旦发生事故灾难，势必造成人员伤亡、财产损失和家庭不幸，因此安全发展，使人民群众的生命财产得到有效保障，国家才能富强永固，社会才能进步和谐，人民才能平安幸福。

5. 安全生产事关全面建设小康社会

人民是建设全面建设小康社会的主体，也是享受全面建设小康社会的主体。安全是人的第一需求，也是全面建设小康社会的首要条件。没有安全的小康，不能称作是小康；离开人民生命财产的安全，就谈不上全面的小康社会。不难设想，一个事故不断，人民群众终日处在各类事故的威胁中，老百姓没有安全感的社会，能叫全面小康社会吗？党和国家一向高度重视人民生命财产的安全。因此，全面建设小康社会的十六大报告将安全生产作为重要内容写入这份纲领性文献中，并提出了新的更高的要求。报告对各项工作提出了明确而严格的要求，把安全生产摆到了重中之重的位置，把安全生产纳入全面建设小康社会的国民经济社会发展的总体部署和目标体系之中。

中国是一个发展中国家，面临着全面建设小康社会和加快推进社会主义现代化的宏伟目标，加快发展，是今后相当长历史时期的基本政策。为了尽快达到全面小康社会的目标和中国可持续发展战略的实施，迫切要求迅速扭转安全生产形势的不利局面，应从国家发展战略高度，把安全生产工作纳入国家总的经济社会发展规划中，应用管理、法制、经济和文化等一切可调动的资源，实现最优化配置，在发展的进程中，逐步和有效地降低国家和企业伤亡事故风险水平，将事故频率和伤亡人数都控制在可容许的范围内。而且，我国现已加入 WTO，以美国为首的西方国家习惯把政治、社会问题与经济、贸易挂钩，要确保我国的政治、经济利益不受到损害。因此，安全生产职业健康应纳入国家经济社会发展的总体规划，为适应社会主义市场经济体制，加强我国在国际上的竞争力，应建立统一、高效的现代化职业安全健康监管体制与机制，与经济发展同步，逐渐增加国家和企业对安全生产的投入和大力加强安全生产的法制建设等。

"全面建设小康社会"这一远大而现实的目标，不应仅仅反映在经济和消费指标上，它的"全面"的内涵还应该包括社会协调安定、人民生活安康、企业生产安全等反映社会协调稳定、家庭生活质量保障、人民生命安全健康等指标上。因此，社会公共安全、社区消防安全、道路(铁路、航运、民航)交通保障、人民生命安全健康等指标上。交通安全、企业生产安全、家庭生活安全等"大安全"标准体系应纳入"全面建设小康社会"的重要目标内容，纳入国家社会经济发展的总体规划和目标系统中。

6. 公共安全是"中国梦"的核心组成

2013 年春，我国新一届政府提出"民族复兴、国家富强、人民幸福"的"中国梦"的概念。中国梦、梦中国，必然需要强化安全、重视安全、发展安全。因为，安康是人民的期望，是强国的基础，是复兴的保障。

在国家重要文件中，将安全发展的理念上升到安全发展的战略高度，并明确指出文化是民族的血脉，是人民的精神家园。全面建成小康社会，实现中华民族伟大复兴，必须推动社会主义文化大发展大繁荣，兴起社会主义文化建设新高潮，提高国家文化软实力，发挥文化引领风尚、教育人民、服务社会、推动发展的作用。并在十八大报告中提出了：强化公共安全体系、强化企业安全生产基础建设、遏制重特大事故的要求。由此，在未来一段时期，安全界提出了"文化引领，文化兴安"的新战略、新理论、新体系。明确了强化公共安全体系，安全科学发展的宏观战略；加强安全基础建设，提升本质安全保障水平；遏制重大事故的发生，创建和谐社会安全发展的宏伟目标。

2.4.2　安全经济发展观

安全是最好的经济效益，这一观念已经被很多企业家所接受。从国家角度来看，安全生产是推动一国经济可持续发展的一个必要条件。

1. 安全生产是国民经济的有机整体

国民经济是一个统一的有机整体，是由各部门、各地区、各生产企业及从业人员组成的，从业人员是企业、地区、各部门的主体，是生产过程的直接承担者，企业是国民经济的基本单位，是国民经济的重要细胞组织。

整个国民经济是由一个个相互联系、相互制约的相对独立的生产企业经济组织组成的。企业经济是构成国民经济的基础，企业经济目标的完成和发展需要安全生产的保障。因此，企业安全生产同国民经济是不可分割的整体。没有安全生产的保证体系，就不可能有企业的经济效益；没有企业的经济效益，国民经济目标就不可能实现。所以，安全生产是实现国民经济目标的主要途径和基石。

2. 安全生产与综合国力和可持续发展战略

职业伤害使公众的健康水平下降，导致人力资本的减少。事故造成的财产损失直接导致创造性资本的减少，而事故和职业病使生产力中最核心的因素——人力资本受损，又间接地导致创造性资本的减少。特别是，受伤害者中很多是带领工人工作在生产第一线的先进生产者、劳动模范和班组长等生产骨干，这种情况对创造性资本减少的影响更大。因此，安全生产对提高一国的综合国力发挥着基础性作用。

从经济的可持续发展角度讲，安全生产又是推动一国经济可持续发展的一个必要条件。因为，我们所需要的发展不是一味地追求 GNP 的增长，而是把社会、经济、环境、职业安全健康、人口、资源等各项指标综合起来评价发展的质量；强调经济发展和职业安全健康、环境保护、资源保护是相互联系和不可分割的；强调把眼前利益和长远利益、局部利益和整体利益结合起来，注重代际之间的机会均等；强调建立和推行一种新型的生产和消费方式，应当尽可能有效地利用可再生资源，包括人力资源和自然资源；强调人类应当学会珍惜自己，爱护自然。这些都需要安全生产作后盾，安全生产对一国经济的可持续发展起着保障作用。

3. 安全生产状况是社会经济发展水平的标志

西方一些国家的研究表明，经济发展周期影响伤亡事故的发生。伤亡事故的发生及其严重程度与经济发展周期的变化是一致的，即在经济萧条时期，伤亡事故的发生及严重程度会下降，而在高度就业时期则会上升。经济学家对此的解释是，在萧条时期，更多有经验、受过高等训练的雇员被企业留下了，而没有经验、受训练较少的雇员则被解雇了。与此相反，在充分就业时期，大批无经验、稍受训练或者未受训练的工人都被引入到一般企业中做工，因而造成事故比率增加。另外，萧条时期平均工作时间趋于减少，疲惫作为工伤事故的原因也减少了。相反，充分就业时期平均工作时间显著的增加，而且许多工人在同一时期内从事多种工作的机会也增多了。其结果，很可能是工人的平均疲惫程度高，从而导致工伤事故的发生率和严重率上升。

这种理论在一定的程度上可以解释我国目前的安全生产情况（我国目前正处于经济增长期，工矿事故率高发），但我国的制度毕竟与西方国家不同，体制也不一样，因此也绝不能盲目地套用西方理论，必须具体问题具体分析。例如，我国在这几年经济高速发展的时期，就业人口虽然大幅度的增加，但我国是一个人口大国，广大农村仍然有大批的剩余劳动力，我国的经济结构正处于调整和转型期，城镇工人也并没有达到上述理论所说的充分就业。在我国，我们考虑更多的应该是我国劳动力水平普遍低下，部分管理者缺乏应有的道德修养，有关的安全生产制度还不是很健全，甚至出现一些有法不依、执法不严等现象，特别是面临经济高速增长期，我们遇到了一些前所未有的问题，在这些问题的处理上，我们还缺乏足够的经验等，所有这些因素混合在一起导致了这几年工矿事故的居高不下。

当今世界各国经济发展水平的差距是客观存在的，因此安全生产情况也不尽相同。在 20 世纪 70 年代之后，发达国家的职业伤害事故水平一直处于稳步下降的趋势。例如，日本在 1975～1985 年，职业伤害事故死亡总量下降了 50%，美国在 1970 年实施《职业安全健康法》后的 15 年间事故死亡总数降低近 18.8%，万人死亡率降低近 38.9%，英国在 1972 年实施《职业安全健康法》后的 15 年间，死亡总数下降近 40%。

我国是发展中国家，工业基础比较薄弱，科学技术水平低，法律尚不够健全，管理水平不高，发展水平不平衡。从总体上看，我国的安全生产还比较落后，工伤事故和职业危害比较严重，在未来的几年中，仍需加强安全生产工作，保证全国安全生产形势持续好转。

4. 安全生产对社会经济发展的影响

众所周知，事故发生的时候生产力水平会下降。安全生产对社会经济的影响主要表现在事故造成的经济损失方面。事故经济损失对我国社会和经济的影响是非常巨大的，而且安全生产问题所造成的负面效应不仅表现为人民生命财产的损失和经济损失，安全生产问题对于人们心理的间接效应远远不是这种量化的指标所能体现的。

安全生产对社会经济的影响表现在减少事故造成的经济损失方面，同时安全对经济具有"贡献率"，安全也是生产力。从社会经济发展的角度，在生产安全上加大投入，对于国家、社会和企业无论是社会效益和经济效益方面都具有现实的意义和价值。因此，重视安全生产工作、加大安全生产投入，对促进国民经济持续、健康、快速发展和坚持以经济建设为中心是完全一致的。重视生产安全、加大安全投入，首先是社会发展的需要，这已获得社会的普遍认同。但是，安全对社会经济的发展具有直接的作用和意义，这在发达国家已成为一种普遍性的认识，而在我国还需要转变观念和加强认识。

"生产必须安全、安全促进生产"，这是整个经济活动最基本的指导原则之一，也是生产过程的必然规律和客观要求，因此安全生产是发展国民经济的基本动力。

提高全社会的生产安全保障水平，对于维护国家安全，保持社会稳定，实施可持续发展战略，都具有现实的意义。因此，国家应将生产安全纳入全面建设小康社会宏伟目标体系中，并将生产安全作为优先发展的战略。

2.5　安全科学原理

科学原理是学科的灵魂与精髓。安全科学原理是安全科学技术发展和深化的标志和必然。本章循着两个逻辑主线展开：从认识论到方法论；从安全科学公理到安全定理和安全法则。人类安全活动的认识论和方法论，是安全科学技术建立与发展的理论基础。在公共安全科学理论的体系中，最为基本的理论问题就是对安全科学公理和安全科学定理的研究和探讨。这一基本理论问题，一直制约着安全科学理论体系自身的发展完善，以及对公共安全工作和公共安全科学监管实践的理论导向。

2.5.1　安全科学公理

公理是事物客观存在及不需要证明的命题，据此，安全科学公理可理解为"人们在安全实践活动中，客观面对的、并无可争论的命题或真理"。安全科学公理是客观、真实的事实，不需要证明或争辩，能够被人们普遍接受，具有客观真理的意义。安全科学公理的认知对推导安全科学定理发挥着基础性、引证性的作用。安全科学公理是人们在长期的安全科学技术发展和公共安全与生活工作的实践中逐步认识和建立起来的。

1. 第一公理：生命安全至高无上

"生命安全至高无上"是我们每一个人、每一个企业和整个社会所接受和认可的客观真理。对于个人，没有生命就没有一切；对于企业，没有生命安全，就没有基本的生产力。生命安全是个人和家庭生存的根本，是企业和社会发展的基础。因此，我们说"生命安全至高无上"，以此作为安全科学的第一公理。

涵义："生命安全至高无上"是指生命安全在一切事物中，必须置于最高、至上的地位，即要树立"安全为天，生命为本"的安全理念。

安全科学的第一公理表明了安全的重要性。

释义：对"生命安全至高无上"这一公理的理解可以从个人、企业和社会 3 个角度来认识。"生命安全至高无上"是我们每一个人、每一个企业和整个社会所接受和认可的客观真理。"生命安全至高无上"这一公理告诉我们，无论是自然人和社会人，无论是企业家还是政府管理者，都应该建立安全至上的道义观、珍视生命的情感观和正确的生命价值观。

"生命安全至高无上"表明，无论对于个人、企业还是整个社会，人的生命安全必须高于一切。首先对于个人，生命安全为根。从个人的角度说，生命是唯一的、不可逆的，人的一切活动和价值都是以生命的存在和延续为根基；任何一个个体生命的一生，都在追求各种东西，无论是精神上的还是物质上的，但是所有的一切都是以生命安全的存在为前提，如果没有生命，则一切存在都没有意义。所以，生命安全对于个人是一切存在的根本，生命安全高于一切，生命安全至高无上。其次对于企业，生命安全为天。从企业的角度说，在生产经营的一切要素中，人是决定性因素，人是第一生产力，企业的一切活动都需要人，因此，在企业的生产管理中必须把人的因素放在首位，体现"以人为本"的基本思想。以人为本有两层含义：一是一切管理活动都是以人为本展开的，人既是管理的主体，又是管理的客体，每个人都处在一定的管理层面上，离开人就无所谓管理；二是管理活动中，作为管理对象的要素和管理系统各环节，都是需要人掌管、运作、推动和实施。同时，在企业中生命安全至高无上还体现在"人的生命是第一位的"、"生命无价"这种基本的价值观念和价值保障上，必须要以人的生命为本。人的生命最宝贵，发展不能以牺牲人的生命为代价，不能损害劳动者的安全和健康权益。企业在生产、效益和安全中，一定要首选安全，因为安全是生产-效益的保证。把生命安全至高无上的理念深入于企业决策层与管理层的内心深处和意识中，落实到企业生产经营的全过程。最后对于社会，生命安全为本。从整个社会角度说，社会是共同生活的人们通过各种各样社会关系联合起来的集合，人是构成社会的基本要素。社会的发展为了人民、发展依靠人民、发展成果由人民共享。人是社会的主体，是社会的根本，社会的存在以个人的存在为基础，个人利益的实现又以个人生命存在为基础。因此，生命安全为本，是文明社会的基本标志、科学发展观的重要内涵、和谐社会的具体体现。

2. 第二公理：事故是安全风险的产物

"事故是安全风险的产物"是客观的事实，是人们在长期的事故规律分析中得出的科学结论。安全的目标就是预防事故、控制事故，而这一公理告诉我们，只有从全面认知安全风险出发，系统、科学地将风险因素控制好，才能实现防范事故、保障安全的目标。

涵义：事故及公共安全事件的发生取决于安全风险因素的形态及程度，或者说，事故灾难是风险因素的函数，风险因素是事故灾难发生及其后果严重度的变量。

安全科学的第二公理表明了安全的本质性或根本性。

释义：安全风险是事物所处的一种不安全状态，在这种状态下，将可能导致某种事故或一系列的损害或损失事件的发生。事故是由生产过程或生活活动中，人、机、环境、管理等系统因素控制不当或失效所致，这种不当或失效，就是风险因素。我们将安全风险定义为安全系统不期望事件的概率与可能后果严重度的结合。

理论上讲，事故都是来自于技术系统的风险，系统能量的大小决定系统固有的风险，而且系统存在形态和环境决定系统现实的风险。风险因素的概率和程度决定安全程度，安全程度或水平决定事故预防的能力。安全风险因素包括人的不安全行为、物的不安全状态、环境因素不良、管理措施不到位。这4个要素就是事故的变量，在安全科学方法论的系统论中，我们称这4个要素是事故系统的4M要素。用数学上的理论描述，事故是4M要素的函数，即事故是风险因素的函数。因此，事故是安全风险的产物。

3. 第三公理：安全是相对的

安全的相对性是安全科学的社会属性。安全科学是一门交叉科学，既有自然属性，也有社会属性。针对安全的自然属性，从微观和具体的技术对象角度，安全存在着绝对性特征。从安全的社会属性角度，安全的相对性是普遍存在的。因此，我们从自然属性来理解安全技术标准的绝对性的同时，也必须从社会属性来理解安全的相对性。

涵义：安全的相对性是指人类创造和实现的公共安全状态和条件是动态、变化的，公共安全的程度和水平是相对法规与标准要求、社会与行业需要存在的。安全没有绝对，只有相对；安全没有最好，只有更好；安全没有终点，只有起点。安全的相对性是安全社会属性的具体表现，是安全基本而重要的特性。安全科学的第三公理表明了安全的相对性特征。

释义：由于人类控制安全的科学是发展的、技术是动态的、经济是有限的，人类安全的能力是发展、动态和有限的，因此在特定时间、空间条件下，安全是相对的。绝对安全是一种理想化的安全，相对安全是客观现实。

（1）绝对安全是一种理想化的安全。理想的安全或者绝对的安全，即100％的安全性，是一种纯粹完美，永远对人类的身心无损、无害，绝对保障人能安全、舒适、高效地从事一切活动的一种境界。绝对安全是安全性的最大值，即"无危则安，无损则全"。理论上讲，当风险等于"零"，安全等于"1"，即达到绝对安全或"本质安全"的程度。事实上，绝对安全、风险等于"零"是安全的理想值，要实现绝对安全，由于受技术和经济的限制，常常是很困难的，甚至是不可能的，但是却是社会和人们努力追求的目标。无论从理论上还是实践上，人类都无法制造出绝对安全的状况，这既有技术方面的限制，也有经济成本方面的限制。由于人类对自然的认识能力是有限的，对万物危害的机理或者系统风险的控制也是在不断地研究和探索中；人类自身对外界危害的抵御能力也是有限的，调节人与物之间的关系的系统控制和协调能力也是有限的，难以使人与物之间实现绝对和谐并存的状态，这就必然会引发事故和灾害，造成人和物的伤害和损失。客观上，人类的安全科学技术不能实现绝对的安全境界，只达到风险趋于"零"的状态，但这并不意味着事故不可避免。恰恰相反，人类通过安全科学技术的发展和进步，在有限的科技和经济条件下，实现了"高危-低风险"、"无危-无风险"、"低风险-无事故"的安全状态，甚至变"高危行业为安全行业"。

(2) 相对安全是客观的现实。安全具有明确的对象，有严格的时间、空间界限，但在一定的时间、空间条件下，人们只能达到相对的安全。人-机-环均充分实现的那种理想化的"绝对安全"，只是一种可以无限逼近的"极限"。首先，相对于时间和空间。在不同的时间里安全的内容是不同的，人们对风险的可接受程度也是不同的。随着时间的推移，任务的转换、环境的变化和管理的松懈以及机器的折旧，都会出现新的不安全因素；随着时间的前进，人类对安全的认知会不断深化，对安全的要求也会不断改变。此外，在不同的空间里，安全问题的展现及其显现程度是不一样的，如煤矿矿难在一些发达国家已经得到了有效的控制，在美国、加拿大和澳大利亚，煤矿百万吨煤死亡率事故率已经降至0.02，而一些发展中国家的煤矿矿难发生率仍居高不下，尚未从根本上解决安全问题。因此，从时间和空间角度来说，安全是相对的。其次，相对于法规和标准。在不同法律、法规和安全标准的条件下，安全并不是绝对的安全。安全标准是相对于人类的认识和社会经济的承受能力而言的，抛开社会环境讨论安全是不现实的，安全是追求风险最小化的结果，是人们在一定的社会环境下可接受风险的程度。人们只能追求"最适安全"，就是在一定的时间、空间内，在有限的经济、科技能力状况下，在一定的生理条件和心理素质条件下，通过创造和控制事故、灾害发生的条件来减小事故、灾害发生的概率和规模，使事故、灾害的损失控制在尽可能低的限度内，求得尽可能高的安全度，以满足人们的接受水平。不同的时代，不同的生产领域，可接受的损失水平是不同的，因而衡量系统是否安全的标准也是不同的。另外，在安全活动中，活动场所的安全设置应略大于安全规范和标准的设置规定。

4. 第四公理：危险是客观的

人类发展安全科学技术是基于技术系统的客观危险，辨识、认知、分析、控制危险是安全科学技术的最基本任务和目标。在控制危险之前，我们应该先对危险有一个充分的认识，才能采取有效的措施。

涵义："危险是客观的"这一公理是指社会生活、公共生活和工业生产过程中，来自于技术与自然系统的危险因素是客观存在的。危险因素的客观性决定了安全科学技术需要的必然性、持久性和长远性。安全科学的第四公理反映了安全的客观性属性。

释义：首先，由于任何技术能量的必须性，以及物理和化学因素的客观性，决定了危险的客观性。在生产或生活过程中，技术系统无处不在，如果技术系统的能量产生非常态转移，或物理、化学因素发生不正常作用，即导致事故的发生。因此，危险无处不在，无处不有，它存在于一切系统的任何时间和空间中。其次，危险是独立于人的意识之外的客观存在。不论我们的认识多么深刻，技术多么先进，设施多么完善，人-机-环-管综合功能的残缺始终存在，危险始终不会消失。人们的主观努力只能在一定时间和空间内改变危险存在的条件或状态，降低危险转变为事故的可能性和后果的严重度，然而，但从总体上、宏观上说，危险是"客观的"，技术是一把"双刃剑"，利弊共存。

例如，核能的开发和利用给能源危机带来了新的希望，但是在缓解能源危机的同时，也给人类和环境带来了很大的灾难。在核工业中，辐射物的放射性可以杀伤动植物的细胞分子，破坏人体的 DNA 分子并诱发癌症，同时也会给下一代留下先天性的缺陷。在化工行业中，由于化工产品大部分是高温高压做出来的，所以很多时候比较容易发生爆炸（管道堵塞没有及时清理和发现的情况下），危险时刻存在，无论人类的科学技术处于什么水平，这种危险是时刻客观存在的，不以人的意志为转移的；在自然中，地震、滑坡、泥石流等自然灾害是客观存在的，人们只能采取一定的措施降低危险发生所造成的严重后果。现实生活以及工业生产中，危险是客观存在的，为了降低危险导致事故发生的可能性和其造成的严重后果，人们不断地以本质安全为目标，致力于系统改进。

5. 第五公理：人人需要安全

安全是生命存在的基础。无论是自然人、还是社会人，生命安全"人人需要"；无论是企业家还是员工，安全生产"人人需要"，因为安全保护生命、安全保障生产。反之，没有安全就没有一切。对于个人，安全是 1，而家庭、事业、财富、权力、地位都只是 1 后面的零，失去了安全这个 1，就是失去生命和健康，再多的零，都没有意义；对于企业，安全是效益的基础和前提，安全不能决定一切，但是安全可以否定一切。因此，人人需要安全。

涵义："人人需要安全"这一公理是指每一个自然人、社会人，无论地位高低、财富多少，都需要和期望自身的生命安全健康，都需要安全生存、安全生产、安全发展，安全是人类社会普遍性及基础性的目标。安全是人类生产、生存、生活的最根本的基础，也是生命存在和社会发展的前提和条件，人类从事任何活动都需要安全作为保障和基础。安全科学的第五公理表明了安全的普遍性或普适性。

释义：安全是人类生存发展的需要，亚伯拉罕·马斯洛提出了"需要层次"理论，认为人类的需要是以层次的形式出现的，即由低级人类的需要开始逐级向上发展到高级的需要，他将人的需要分为生理的需要、安全的需要、归属的需要、尊重的需要以及自我实现的需要。而安全需要就排在人类生存本能之后，可见它的重要性。

第一，个人需要安全。从个人角度讲，没有安全就没有个人的生存；没有安全就没有我们的幸福生活。生命对于每个人来说只有一次，安全意味着幸福、康乐、效率、效益和财富。安全是人与生俱来的追求，是人民群众安居乐业的前提。人类在生存、繁衍和发展中，必须创建和保证人类一切活动的安全条件和卫生条件，没有安全，人类的任何活动都无法进行，人类是安全的需求者，安全也是珍爱生命的一种方式。首先，安全条件下的生产活动和安全和谐的时空环境能够保障人的生命不受外部的伤害和危害；其次，安全标准和安全保障制度能够促进人的身体健康和心情愉悦的生产生活；最后，安全具有人类亲情主义和团结的功能。每一个正常的社会人都期望生命安全健康，在安全的条件下，人们才能身心愉悦的幸福生活，其乐融融。

第二，企业需要安全。从企业角度讲，没有安全，生产就不能持续，就没有企业的发展，更谈不上企业的效益。安全是生产的前提，安全促进生产，生产必须安全。重视安全生产会减少企业的巨大损失，从而促进企业的稳步发展。安全生产，事关广大人民群众的切身利益，事关改革开放、经济发展和社会稳定的大局。对于现代企业来说，安全是一种责任，安全生产更是企业生存和发展之本，是企业的头等大事。

第三，社会需要安全。从社会角度讲，安全是文明和进步的标志，是社会稳定和经济发展的基石，是最基本的生产力。

社会生活中存在着各种各样的灾害威胁，这些灾害事故是突然发生的，会对人的生命和财产造成伤害和损失，面对这些威胁，人人都需要安全。安全是人类生存、生活和发展最根本的基础，也是社会存在和发展的前提和条件。

2.5.2　安全科学定理

定理是指事物发展的必然要求或必须遵循的规律，定理可基于公理推导得出。安全科学定理是基于安全科学公理推理证明的规律和准则。安全科学定理为安全科学的发展和公共安全活动提供理论的支持和方向引导，对公共安全工作或安全科学监管的实践具有指导性，是安全活动或工作必须遵循的必然规律及基本原则。

1. 定理 1：坚持安全第一的原则

安全生产是企业生产经营的前提和保障，没有安全就无法生产，发生事故会对生产效率和效益产生影响，还会导致员工生命的丧失和经济的巨大损失。因此，在生产经营的全过程中，必须坚持安全是第一的原则。

涵义："坚持安全第一原则"是指人类一切活动过程中，时时处处人人事事必须"优先安全"、"强化安全"、"保障安全"。对于企业，当安全与生产、安全与效益、安全与效率发生矛盾和冲突时，必须"安全第一"、"安全为大"。

释义：由第一公理可知，人的生命安全至高无上，因此在一切活动过程中，必须将安全放在第一位，即坚持"安全第一"的原则。"安全第一"这一口号，起源于 1901 年美国的钢铁工业。尽管当时受经济萧条的影响，美国钢铁公司依然提出了"安全第一"的经营方针，致力于安全生产的目标，不但减少了事故，而且产量和质量都有所提高。百年之间，"安全第一"已从口号变为安全生产的基本方针，成为人类生产活动，甚至一切活动的基本准则。"安全第一"是人类社会一切活动的最高准则。"安全第一"是在社会可接受程度下的"安全第一"，是在条件允许情况下尽力做到的"安全第一"。"安全第一"是一个相对、辩证的概念，它是在人类活动的方式上相对于其他方式或手段而言，并在与之发生矛盾时，必须遵循的重要原则。

2. 定理 2：秉持事故可预防信念

在人类社会发展的过程中，事故给人类带来了巨大的灾难，但是作为社会主宰者的人类，秉持着事故可预防的信念，在不断地与事故博弈的过程中，已经取得了很大的进步，在安全科学技术发展的今天，我们更应该继承前人的智慧，秉持事故可预防的信念，向着"零伤害、零事故"的目标迈进。

涵义："事故的可预防"定理是指从理论上和客观上讲，任何事故的发生是可预防的，其后果是可控的。事故的可预防性是基于对事故的因果性的认知。正因为有了对事故这一特性的把握，我们才能够坚信"事故可预防"的定理。

释义：由"事故是安全风险的产物"这一公理可知，事故是技术系统风险不良的产物。技术系统是"人造系统",是可控的。我们可以对技术系统从设计、制造、运行、检验、维修、保养、改造等环节,从人因、物因、环境、管理等要素出发,甚至对技术系统加以管理、监测、调适等措施,对技术存在条件、状态和过程进行有效控制,从而实现对技术风险的管理和控制,实现对事故的防范。

事故可预防的理论基础可由安全性原理给以揭示,即安全性 $S = F(R) = 1 - R(P, L)$ 的原理。这一原理表明:降低、控制或消除风险,就可以提高安全水平或标准,从而防范事故发生。预防事故发生的途径或措施可能通过揭示事故概率函数来获得,即事故概率函数 $P = F(4M) = F[人(men)——人的不安全行为;机(machine)——机的不安全状态;环境(medium)——生产环境的不良;管理(management)——管理的欠缺]$。事故的发生与否和后果的严重程度是由系统中的固有风险和现实风险决定的,所以控制了系统中的风险就能够预防事故的发生。而风险是指特定危害事件(安全事故-不期望事件)发生的概率与后果严重程度的结合。

3. 定理 3:遵循安全发展规律

安全发展是社会文明与社会进步程度的重要标志,社会文明与社会进步程度越高,人民对生活质量和生命与健康保障的要求就越强烈。满足人们不断增长的物质与文化生活水平的要求,必须坚持安全发展。

涵义:"安全发展"这一定理一是指人类对安全的需求是变化和发展的过程,人类的安全标准和规范是不断提高的;二是指人类的社会发展和经济发展要以安全发展为基础,只有安全发展,才能有社会经济的长远发展和持续发展。

释义:由"安全是相对的"这一公理可知,安全没有最好,只有更好。在人类社会的发展过程中,安全认知、标准和科学技术水平是不断发展和进步的。

第一,安全认知是发展的。认知是人们认识活动的过程,安全认知是人们对安全的认识过程。经验是人类学习的一种方法论,人类对事故灾害规律的认知是逐步进化和发展的。在一定的生产力水平下,由于人们认识的局限和科技水平的制约,人们只能认识一定的危险,同时也只能对已经认识、并认为应该控制且可以控制的危险进行控制管理。随着人类科技水平和人们对安全与健康要求的提高,人们发现了新的危险,同时生产过程也可能出现新的危险状态,这时人们必须探索并采取新的技术、管理等措施来取得新的安全状态。人类总是在所认识的范围内,按照生产力水平,不断改善自身的安全状况。人类对安全的认知和改善自身安全状况的过程实际上是一个不断螺旋上升的符合认识辩证法的发展过程。

第二,安全法规标准是发展的。安全的相对性决定了安全标准和法规的相对性,由于人类的认识能力不断提高,各类事物和周围环境在不断变化,科技不断进步,经济不断发展,人们生活水平不断提高,加上社会安全文明氛围的形成和世界范围内先进的安全卫生立法经验的吸收，安全标准是在不断变化发展的。

　　第三，安全科学技术是发展的。科学技术是第一生产力，为了创造更多的社会财富，更好地促进经济的发展，科学技术在不断地发展进步。安全科学技术是实现安全生产的技术手段，生产的稳定持续运行必须依靠建立在先进的科学理论发现和技术发明基础之上的安全科学技术；先进的安全装置、防护设施，预测报警技术都是保护生产力、解放生产力、发展生产力的重要物质手段和技术支持。随着生产力的不断发展，人们对安全的重视程度不断加深，将劳动者从繁重的体力、脑力劳动中解放出来，从风险大、危害大的作业岗位上解放出来已经成为安全生产的重要工作，为了满足人们日益增长的安全需求，社会对安全科技的投入不断加大，安全科技在不断进步。随着技术的不断发展，安全技术要与生产技术同行，甚至领先和超前于生产技术的发展和进步。只有这样，才能应对不断更新的科学技术可能产生的事故，才能有效地预防事故发生。

　　4.定理4：把握持续安全方法

　　由于系统的危险是客观的，甚至是永存的，如交通工具快速高能、石油化工易燃易爆、冶金有色高温高压等。系统再高的安全标准或水平，都有特定的约束和特定的限制条件。因此，要保持安全的科学性和有效性，就必须强调持续安全的理论，把握持续安全的方法。

　　涵义："持续安全"这一定理是指安全是一个长期发展的、实践的过程，在任何时期从事安全活动，注重安全理念和方法的科学性、有效性和寻求安全与资源的最优化匹配组合。

　　释义：由"危险是客观的"这一公理可知，在任何时期、任何条件下，危险都是客观存在的，那么安全就是永恒的话题，要实现安全的永恒性，就必须把握持续安全的方法论。

　　第一，危险的客观性决定安全的永恒性。危险是客观的，安全是永恒存在的。曾经的安全并不代表未来的可靠，不能用过去式状态来肯定当前的状态。安全是在不断发展的，不同的时期，不同的环境、经济水平条件下，安全的内容是不同的，因此安全应该是持续的，只有持续的安全才能在发展中不断解决安全问题，使安全水平达到人们在不同时期不同条件下可接受的程度。安全形势好，企业一定进步，行业一定发展。企业发展了，行业壮大了，就有条件、有能力在基础建设、设施改善、技术改进、人员培训、激励机制等事关安全的硬、软件方面加大投入，从而提高安全裕度，使实现持续安全得到更强有力的保障。

　　第二，危险的复杂性决定安全的艰难性。一个技术系统或生产系统，涉及的危险因素常常是复杂、多样的，因此相应的安全保障系统必须基于控制论的"等同原则"，达到优于、高于、先行的状态。对安全系统的这种要求和标准，常常使得安全系统功能的实现是艰难和复杂的。安全系统由许多子系统组成，而子系统又由许多细节、过程构成，安全工作必须重视任何一个细节、任何一个过程，认认真真地从每一个细节、每一个过程做起，确保细节安全、过程安全，最后才能确保系统安全。而危险因素是客观存在的，如果某一个环节发生疏漏，其危险因素就会通过其传导机制，不断进行扩散、放大，形成事故链。如果这个事故链上的关键环节不能及时得到消除和控制，酿成事故是必然的。要想保持安全系统的长期平稳运行，就必须以科学的、有效的思想和方法论应对，要不断地进行安全系统的优化、改善和调整。因此，危险的客观性，决定了安全持续性，只有把握持续安全的方法，才能有效地控制系统危险，保证系统安全。

　　5. 定理 5：遵循安全人人有责的准则

　　人都应该珍惜生命，相互关爱，不伤害自己、不伤害他人、不被他人伤害、防止他人不被伤害，对自己的生命负责，对他人的生命负责。安全人人有责。

　　涵义："安全人人有责"这一定理是指安全需要人人参与，人人当责，坚持"安全义务，人人有责"的原则，建立全员安全责任网络体系，实现安全人人共享。

　　释义："人人需要安全"公理表现安全对我们每个人的重要性。既然人人需要安全，那么人人就应该参与安全，为安全尽责。其中，"责"可以理解为"责任心"、"安全职责"、"安全思想认识和安全管理是否到位"等。不论是个人、企业还是社会，都应该对安全尽责，形成"人人讲安全，事事讲安全，时时讲安全，处处讲安全"的安全氛围。

　　第一，安全，个人有责。从个人角度讲，只有当每一个人将安全意识融入血液中，自觉主动地负起自己的安全责任，工作中按章办事，严守规程，将自己成为一道安全屏障，才能够避免事故的发生。

　　第二，安全，企业有责。从企业角度讲，安全不是离开生产而独立存在的，是贯穿于生产整个过程之中体现出来的。企业作为安全生产的责任主体，只有从上到下建立起严格的安全生产责任制，责任分明、各司其职、各负其责，将法规赋予生产经营单位的安全生产责任由大家来共同承担，安全工作才能形成一个整体，从而避免或减少事故的发生。

　　第三，安全，社会有责。从社会角度讲，应帮助企业建立起"以人为中心"的核心价值观和理念，倡导以"尊重人、理解人、关心人、爱护人"为主体思想的企业安全文化。因为人的安全意识、安全态度、安全行为、安全素质决定了企业安全水平和发展方向。只有提高人的安全素质，让每一个人做到由"要我安全"到"我要安全"，直到"我会安全"的转变，推动安全生产与经济社会的同步协调发展，使人民群众的生命财产得到有效的保护，企业才能在"以人为本"

的安全理念中走上全面协调的可持续发展之路。

2.5.3　安全科学定律

　　定律，也称作法则，是基于经验或理论归纳推理的事物的客观规律。

　　安全科学定律是为实践和事实所证明，反映事物在一定条件下发展变化的客观规律的论断，具体包括经验法则和理论法则。基于经验的安全科学法则在安全科学知识体系中处于低层次的理论地位，它反映的是事物现象之间某种联系的普遍性，却并不能理解、解释这种普遍性。这部分讲的基于经验的安全科学法则有海因里希定律和墨菲法则，这两个法则都是通过对事故的统计得到的。理论法则在安全科学知识体系中处于比经验法则更高层次的理论地位，它反映事物、现象之间必然的因果联系，是对经验法则的理论解释。安全度定律、风险最小化定律、本质安全定律、安全效率定律和安全效益定律都属于理论法则。

1. 海因里希定律

1) 海因里希定律的涵义

　　海因里希定律的基本涵义是不同程度的事故具有从重到轻、从大到小的金字塔规律，要防范严重的事故，需要从一般性事故入手，小的事故不发生了，就还会伴随严重或大的事故发生。因此，预防好一般的事故，严重的事故就可以预防了。

　　1931 年，海因里希(Heinrich)统计了 55 万件机械事故，其中死亡和重伤事故为 1666 件，轻伤为 48 334 件，其余则为无伤害事故，从而得出一个重要结论，即在机械事故中，死亡和重伤、轻伤、无伤害事故的比例为 1∶29∶300，这就是著名的“海因里希定律”[图 2-5(a)]。博德(Bird)于 1969 年调查了北美保险公司承保的 21 个行业拥有 175 万职工的 297 家企业的 1 753 498 起事故，得到类似的结论[图 2-5(b)]，壳牌石油公司统计了石油行业的事故，也得到类似结论[图 2-5(c)]。这个统计规律说明在进行同一项活动中，无数次意外事件，必然导致重大伤亡事故的发生。为了防止重大事故的发生，就必须减少和消除无伤

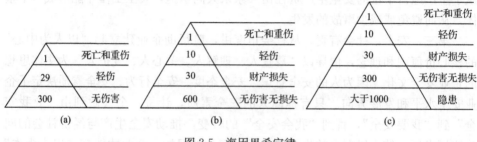

图 2-5　海因里希定律

害事故，要重视事故的苗头和未遂事故、险肇事故，否则终会酿成大祸。

这一法则强调两点：一是严重事故的发生是一般事故量积累的结果；二是要防范事故的发生需要从基础事件入手。这一法则还使我们懂得：当一起严重事故发生后，我们在分析处理事故本身的同时，还要及时对同类问题的"事故征兆"和"事故苗头"进行排查处理，以防止类似问题的重复发生，及时解决再次发生重大事故的隐患，把问题解决在萌芽状态。

2）海因里希定律在安全管理中的应用

"海因里希定律"多被用于企业的生产管理，特别是安全管理中。许多企业在对安全事故的认识和态度上普遍存在一个"误区"：只重视对事故本身进行总结，甚至会按照总结得出的结论"有针对性"地开展安全大检查，却往往忽视了对事故征兆和事故苗头进行排查；而那些未被发现的征兆与苗头，就成为下一次火灾事故的隐患，长此以往，安全事故的发生就呈现出"连锁反应"。一些企业发生安全事故，甚至重特大安全事故接连发生，问题就出在对事故征兆和事故苗头的忽视上。"海因里希定律"对企业来说是一种警示，它说明任何一起事故都是有原因的，并且是有征兆的；它同时说明安全生产是可以控制的，安全事故是可以避免的；它也给了企业管理者生产安全管理的一种方法，即发现并控制征兆。

具体来说，利用"海因里希定律"进行生产的安全管理主要步骤如下。

（1）首先任何生产过程都要进行程序化，这样使整个生产过程都可以进行考量，这是发现事故征兆的前提；

（2）对每一个程序都要划分相应的责任，可以找到相应的负责人，要让他们认识到安全生产的重要性，以及安全事故带来的巨大危害性；

（3）根据生产程序的可能性，列出每一个程序可能发生的事故，以及发生事故的先兆，培养员工对事故先兆的敏感性；

（4）在每一个程序上都要制定定期的检查制度，及早发现事故的征兆；

（5）在任何程序上一旦发现生产安全事故的隐患，要及时报告、及时排除；

（6）在生产过程中，即使有一些小事故发生，可能是避免不了或者经常发生的，也应引起足够的重视，要及时排除。当事人即使不能排除，也应该向安全负责人报告，以便找出这些小事故的隐患，及时排除，避免安全事故的发生。

2. 墨菲定律

1）墨菲定律的涵义

墨菲定律是由美国的一名工程师爱德华·墨菲作出的著名论断，亦称莫非定律、莫非定理或摩菲定理，是西方世界常用的俚语。墨菲定律的主要内容是事情如果有变坏的可能，不管这种可能性有多小，它总会发生。

　　"墨菲定律"告诉我们，可能发生的都会发生。例如，你衣袋里有两把钥匙，一把是你房间的，一把是汽车的，如果你现在想拿出车钥匙，会发生什么？是的，你往往拿出了房间钥匙。墨菲定律的适用范围非常广泛，它揭示了一种独特的社会及自然现象。它的极端表述是如果坏事有可能发生，不管这种可能性有多小，它总会发生，并会造成最大可能的破坏。这个定律在远古的东方的《晴明逸话》中就有详细记载：所有生物包括人都被各种东西束缚，束缚的存在就是自然法则之一。人要面对"时间"这样的"枷锁"，身体是装着灵魂的容器，也同样束缚着灵魂。人无法摆脱束缚的枷锁，而且很多束缚的枷锁，是所有生物都有，而不是人独有的。世界上只有一种枷锁是人独有的，这个枷锁的能量很强。语言就是人独有的最可怕、最强的枷锁，人们一说出，就无法收回自己刚才说的，说出的不能当做没有发生。如果担心坏事可能发生，在内心自言自语，这样坏的事情就一定发生。

　　2) 墨菲定律的警示意义

　　(1) 正确认识墨菲定律。对待这个定律，安全管理者存在着两种截然不同的态度：一种是消极的态度，认为既然差错是不可避免的，事故迟早会发生，那么管理者就难有作为；另一种是积极的态度，认为差错虽不可避免，事故迟早要发生，那么安全管理者就不能有丝毫放松的思想，要时刻提高警觉，防止事故发生，保证安全。正确的思维方式是后者。根据墨菲定律可得到以下几点启示。

　　① 认识之一：不能忽视小概率危险事件

　　由于小概率事件在一次实验或活动中发生的可能性很小，因此就给人们一种错误的理解，即在一次活动中不会发生。与事实相反，正是由于这种错觉，麻痹了人们的安全意识，加大了事故发生的可能性，其结果是事故可能频繁发生。例如，中国运载火箭每个零件的可靠度均在 0.9999 以上，即发生故障的可能性均在万分之一以下，可是在 1996 年、1997 年两年中却频繁地出现发射失败，虽然原因是复杂的，但这不能不说明小概率事件也会常发生的客观事实。纵观无数的大小事故的原因，可以得出结论：认为小概率事件不会发生是导致侥幸心理和麻痹大意思想的根本原因。墨菲定律正是从强调小概率事件的重要性的角度明确指出：虽然危险事件发生的概率很小，但在一次实验(或活动)中，仍可能发生，因此不能忽视，必须引起高度重视。

　　② 认识之二：墨菲定律是长鸣的警钟

　　安全管理的目标是杜绝事故的发生，而事故是一种不经常发生和不希望有的意外事件，这些意外事件发生的概率一般都比较小，就是人们所称的小概率事件。由于这些小概率事件在大多数情况下不发生，所以往往被人们忽视，产生侥幸心理和麻痹大意思想，这恰恰是事故发生的主观原因。墨菲定律告诫人们，安全意识时刻不能放松。要想保证安全，必须从现在做起，从我做起，采取积极的预防方法、手段和措施，消除人们不希望有的和意外的事件。

③ 认识之三：安全管理要发挥预警的功能

安全预警功能是指在人们从事各项活动之前将危及安全的危险因素和发生事故的可能性找出来，告诫有关人员注意以引起重视，从而确保其活动处于安全状态的一种安全策略。由墨菲定律揭示的两点启示可以看出，它是安全管理的高级方式，对于提高安全管理水平具有重要的现实意义。在安全管理中，预警功能具有如下作用。

(2) 预警是安全管理中预防控制功能得以发挥的先决条件。任何管理，都具有控制职能。由于不安全状态具有突发性的特点，使安全管理不得不在人们活动之前采取一定的控制措施、方法和手段，防止事故发生。这说明安全管理控制职能的实质内核是预防，坚持预防为主是安全管理的一条重要原则。墨菲定律指出：只要客观上存在危险，那么危险迟早会变为不安全的现实状态。所以，预防和控制的前提是要预知人们活动领域里固有的或潜在的危险，并告诫人们预防什么，如何去控制。

(3) 发挥预警功能，有利于强化安全意识。安全管理的预警功能具有警示、警告之意，能够促进预控和预防作用，提醒人们不仅要重视发生频率高、后果严重的事故，而且要重视潜在的缺陷、隐患和一般性事件；在思想上不仅要消除麻痹大意思想，而且要克服侥幸心理，有关人员的安全意识时刻不能放松，这正是安全管理的重要任务。

(4) 推行预警管理模型，变被动管理为主动管理。传统安全管理是被动的安全管理，是在人们活动中采取安全措施或事故发生后，通过总结教训，进行"亡羊补牢"式的管理。当今，科学技术迅猛发展，市场经济导致个别人员的价值取向、行为方式不断变化，新的危险不断出现，发生事故的诱因增多，而传统安全管理模式已难以适应当前的情况。为此，要求人们不仅要重视已有的危险，还要主动去识别新的危险，变事后管理为事前与事后管理相结合，变被动管理为主动管理，牢牢掌握安全管理的主动权。

(5) 建立预警体系，倡导全员参与，增加员工安全管理的自觉性。安全状态如何，是各级各类人员活动行为的综合反映，个体的不安全行为往往祸及全体，即"100−1＝0"。因此，安全管理不仅仅是领导者的事，更与全体人员的参与密切相关。根据心理学原理，调动全体人员参加安全管理积极性的途径通常有两条：①激励，即调动积极性的正诱因，如奖励、改善工作环境等正面刺激；②形成压力，即调动积极性的负诱因，如惩罚、警告等负面刺激。对于安全问题，负面刺激比正面刺激更重要，这是因为安全是人类生存的基本需要，如果安全，则被认为是正常的；如果不安全，一旦发生事故会更加引起人们的高度重视。因此，不安全比安全更能引起人们的注意。墨菲定律正是从此意义上揭示了在安全问题上要时刻提高警惕，人人都必须关注安全问题的科学道理。这对于提高全员参加安全管理的自觉性，将产生积极的影响。

3. 安全度定律

安全是人们可接受风险的程度，当风险高于某一程度时，人们就认为是不安全的；当风险低于某一程度时，人们就认为是安全的。那么如何理解这一程度呢？由此我们引入安全度的概念。

1) 安全度理论

国家标准(GB/T—28001)对"安全"给出的定义是"免除了不可接收的损害风险的状态"。安全度是衡量系统风险控制能力的尺度，表示人员或者物质的安全避免伤害或损失的程度或水平；风险度是指单位时间内系统可能承受的损失，是特定危害性事件发生的可能性与后果的严重度的结合，就安全而言，损失包括财产损失、人员伤亡损失、工作时间损失或环境损失等。如果某种危险发生的后果很严重，但发生的概率极低；另一种危险发生的后果不很严重，但发生的概率很高，那么有可能后者的危险度高于前者，前者比后者安全。

安全的定量描述可用"安全性"或"安全度"来反映，"安全度"的数学表述如下：

$$安全性\ S = F(R) = 1 - R(P, L), \qquad 0 \leqslant S \leqslant 1$$

式中，R 为系统的风险；P 为事故的可能性(发生的概率)；L 为可能发生事故的严重性。事故的可能性 P 涉及 4M 因素，即人因(men)——人的不安全行为；物因(machine)——机的不安全状态；环境因素(medium)——生产环境的不良；管理因素(management)——管理的欠缺。可能事故的后果严重性 l 涉及时态因素、客观的危险性因素、环境条件、应急能力等。

2) 安全与风险的关系

安全度定律揭示了安全与风险的关系和规律：安全是风险的函数，风险是安全的变量；安全度的影响因素是风险程度或水平；实现安全最大化决定于风险最小化；风险度为"0"，安全度为 100%。

安全与风险，既对立又统一，即共存于人们的生产、生活和一切活动中，这是不以人的愿望为转移的客观存在。安全度与风险度具有互补的关系。安全度高，风险度低，发生事故的概率小。安全度与风险度在一项活动中总是此涨彼落或此落彼涨的。这一点我们的祖先早已认识到，在《庄子·则阳》中就有"安危相易，祸福相生"以及"祸兮福所倚，福兮祸所伏"的告诫。

4. 风险最小化定律

安全的本质是风险，只有控制风险才能预防事故的发生，风险最小化是人们所期盼的, 也是人们通过一定的努力、一定的安全科学技术措施所能实现的。

　1) 风险特征

　风险是指特定危害事件(不期望事故)发生的概率与后果严重程度的结合。风险具有四个方面的特征: 第一, 风险是客观存在的, 它是不以人的意志为转移的。这是第一个特征。第二, 风险是相对的, 是可以变化的。风险不仅跟风险的客体, 也就是说风险事件本身所处的时间和环境有关, 而且它跟风险的主体, 也就是说, 从事风险的人有关。所以不同的人, 由于他自身的条件、能力和所处的环境的不同, 对同一个风险事件, 可能他的态度也是不一样的, 这是第二个特征。第三, 风险是可以预测的, 风险是在一个特定的时空条件下的概念, 所以风险是现实环境和变动的不确定性在未来事件当中的一个反映, 它是可以通过现实环境因素的观察初步加以预测的。第四, 风险在一定程度上是可以控制的, 风险是在特定条件下不确定性的一种表现, 条件改变, 引起风险事件的结果也就会有相应的变化。第五, 风险跟目标相联系。目标越大, 风险可能就越大。

　2) 风险法则涵义

　风险是描述系统危险程度的客观量, 又称风险程度或者风险水平。风险 R 具有概率 p 和后果严重度 l 二重性, 即 $R = f(p, l)$。如果某种风险发生的后果很严重, 但发生的概率极低; 另一种风险发生的后果不很严重, 但发生的概率很高, 那么有可能后者的风险度高于前者, 前者比后者安全。

5. 本质安全定律

　本质安全概念的提出距今已过半个多世纪, 最初该概念源于 20 世纪 50 年代宇航技术界, 主要用于电气设备。本质安全是指通过设计等手段使生产设备或生产系统本身具有安全性, 即使在误操作或发生故障的情况下也不会造成事故的功能, 具体包括失误-安全功能(误操作不会导致事故发生或自动阻止误操作)、故障-安全功能(设备、工艺发生故障时还能暂时正常工作或自动转变为安全状态)。它包括物本安全和人本安全。

　1) 本质安全理论

　本质安全是安全技术追求的目标, 也是安全系统方法中的核心。由于安全系统把安全问题中的人-机-环境统一为一个"系统"来考虑, 因此不管是从研究内容还是系统目标来考虑, 是新问题就是本质安全, 就是研究系统本质安全的途径和方法。本质安全具有如下特征: 人的安全可靠性; 物的安全可靠性; 系统的安全可靠性; 管理规范和持续改进。在这 4 个特征中, 机器设备和环境相对来说比较稳定, 具有先决性、引导性、基础性地位。事实上, 通过多年对安全事故的分析, 绝大多数事故发生的原因都与人有关。因此, 只要有不安全的思想和行为, 就会造成隐患, 就可能演变成事故。

2) 本质安全内涵

本质安全法则是 $R→0$，$S→1$，即实现风险最小化、安全最大化。本质安全是珍爱生命的实现形式，本质安全致力于系统追问，本质改进。强调以"人-机-环境-管理"这一系统为平台，透过复杂的现象，通过优化资源配置和提高其完整性，追求诸要素安全可靠、和谐统一，使各危害因素始终处于受控状态，去把握影响安全目标实现的本质因素，找准可牵动全系统的那"一发"所在，纲举目张、安全零事故。实现安全最大化、风险最小化，即 $R→0$，$S→1$，追求趋于绝对安全的境界。

6. 安全效率定律

1) 安全效率金字塔

安全效率定律揭示出在不同阶段进行安全投入的效率，即系统设计 1 分安全性＝10 倍制造安全性＝1000 倍应用安全性，如图 2-6 所示。

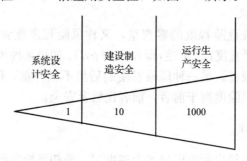

图 2-6　安全效率金字塔模型

2) 安全效率定律启示

(1) 安全效率定律启示我们，在安全生产中，在设计阶段投入 1 分安全，相当于 10 倍制造安全和 1000 倍应用安全，安全成本投入在系统设计阶段效率最高，其次是建设制造阶段，运行生产阶段效率最低，所以要重视设计阶段安全设计，加大安全投入，在设计阶段减少事故隐患，实现本质安全。设计阶段所花费的安全生产投入成本是建造阶段的 1/10，是使用阶段的 1/1000。就是说，在设计阶段的安全生产投入的产出是最大的。这充分说明了通过事前的安全生产投入预防安全事故的重要性。

(2) 日常安全管理中，我们往往把工作重心放在运行生产阶段，在运行生产阶段投入大量人力和物力进行隐患排查和安全防护。导致这种安全管理模式的原因是系统设计阶段和建设制造阶段的安全设计不够、安全投入不足，存在大量安全隐患，在运行生产阶段容易发生各类事故，所以要投入大量人力和物力进行隐患排查和安全防护，防止为伤亡事故付出代价。若在系统设计阶段没有 1 分安全投入和安全设计，在建设制造阶段就要投入 10 倍安全，在运行生产阶段就要投入 1000 倍安全，才能保证运行生产安全，这不仅造成了人力和物力的浪费，而且容易发生事故，甚至是生命的代价。所以，在安全管理中，要加大系统设计阶段的安全投入和安全设计，在设计阶段减少事故隐患，防止运行生产中事故的发生。

(3) 在系统设计阶段投入安全资金，进行安全设计，可以实现系统本质安全。这里的本质安全主要指设备本质安全和环境本质安全。在设备设计和制造环节上都要考虑到应具有较完善的防护功能，以保证设备和系统都能够在规定的运转周期内安全、稳定、正常的运行，这是防止事故的主要手段。环境本质安全包括空间环境、时间环境、物理化学环境、自然环境和作业现场环境安全。实现空间环境的本质安全，应保证企业的生产空间、平面布置和各种安全卫生设施、道路等都符合国家有关法规和标准；实现时间环境的本质安全，必须要按照安全设备使用说明和设备定期实验报告，来决定设备的修理和更新；实现物理化学环境本质安全，就要以国家标准作为管理依据，对采光、通风、温湿度、噪声、粉尘及有害物质采取有效措施，加以控制，以保护劳动者的健康和安全；实现自然环境本质安全，就是要提高装置的抗灾防灾能力，做好事故的应急预防对策的组织落实。

7. 安全效益定律

安全具有两大效益功能：第一，安全能直接减轻或免除事故或危害事件，减少对人、社会、企业和自然造成的损害，实现保护人类财富，减少无益消耗和损失的功能，简称"减损功能"。第二，安全能保障劳动条件和维护经济增值过程，实现其间接为社会增值的功能。第一种功能称为"拾遗补缺"，可用损失函数 $L(S)$ 来表达；第二种功能称为"本质增益"，可用增值函数 $I(S)$ 来表达，如图 2-7 所示。无论是"本质增益"，即安全创造"正效益"，还是"拾遗补缺"，即安全减少"负效益"，都表明安全创造了价值。后一种可称为"负负得正"，或"减负为正"。以上两种基本功能，构成了安全的综合（全部）经济功能。用安全功能函数 $F(S)$ 来表达（在此功能的概念等同于安全产出或安全收益）。

罗云教授通过理论研究和实证研究相结合的方法，论证了安全效益定律，即罗氏法则：$1:5:\infty$，即 1 分的安全投入，创造 5 分的经济效益，创造出无穷大的社会效益，如图 2-8 所示。安全经济效益分为直接经济效益和间接经济效益。安全的直接经济效益是人的生命安全和身体健康的保障与财产损失的减少，这是安全的减轻生命与财产损失的功能；安全的间接经济效益是维护和保障系统功能（生产功能、环境功能等）得以充分发挥，这是安全效益的增值能力。安全的社会效益主要指减少事故的发生，保障人的生命安全与健康，保护环境，治理环境污

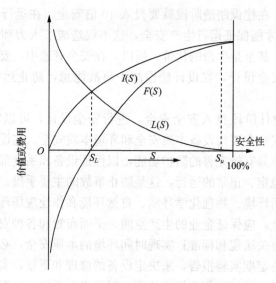

图 2-7　安全减损和增值函数

染，提升企业商誉价值和丰富企业文化等。

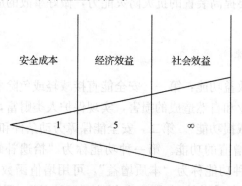

图 2-8　安全效益金字塔法则

　　1分的安全成本可以是时间成本或活化劳动成本，以及经济成本或物化劳动成本。安全效益定律启示我们，安全投入是创造价值的，具体表现在有效地防止生产事故的发生并带来价值增值，从而对社会、企业和个人产生正效果。相对于生产性投入的产出，安全投入的产出具有滞后性。安全投入所产生的安全产出，不是在安全投入实施之时就能立刻体现出来，而是在其后的防护及保护时间之内，甚至是发生事故之间才发挥作用。因此，需要有超前预防的意识，注重防患于未然，才能有效防范安全风险，获得安全保障。事实上，寄希望于临时抱佛脚式的安全生产投入，或者在事故发生之后才迫不得已地进行安全投入，往往都会付出更大代价，甚至于事无补，无所效益。

第 3 章 安全系统学

3.1 安全系统学科概述

安全系统学是以系统工程的方法研究，解决贯穿生命周期各个阶段的生产安全问题，运用工程学和管理学的原理、标准、技术，来有效地预防伤亡事故和经济损失发生的一门学科，是随着生产的发展而发展起来的。

人类社会在发展过程中经历了各种各样的事故，人类为了自身的生存和延续，不仅要采取各种安全措施来解决生产中的各种事故，还要研究生产过程中各种事故之间的内在联系和变化规律。过去人们通过实践运用事故发生后吸取教训的办法进行预防控制危险，也叫做"问题触发性"方法，即传统的安全工程方法。这种事后型阻止安全事故发生的安全哲学、安全方法具有滞后性，目前普遍运用系统安全工程的方法控制事故，有人也叫做"问题发现型"方法。这种方法是从系统内部出发，针对系统的生命周期，通过工程技术、管理操作等手段，采取有计划、有规律且系统的方式进行危险识别、危险分析和危险控制，从而减少或消除危险性，把事故发生的可能性降低到最小限度。

3.1.1 系统安全工程相关概念

1. 系统（system）

系统的定义有很多，钱学森的定义为"由相互作用和相互依赖的若干组成部分结合而成的具有特定功能的有机整体"。美国军标 MIL-STD-882 中定义系统为："系统是不同复杂程度的人员、规程、材料、工具、设备、设施及软件的组合；这些组分在拟定支持的操作环境中整合在一起完成某项给定的任务，以实现某项特别的目的或使命。"之后，该标准在其升级版 MIL-STD-882E 中，系统的定义被进一步修改为"硬件、软件、人员、材料、设备、数据和维护组成的组织，需要在指定的环境中完成规定目标的指定功能。"

在安全生产领域，系统是指特定的工作环境中，为完成某项操作或特定功能而整合在一起的人员、规程、设备等。不同行业、不同岗位、不同的工作，甚至同一工作中的不同人员所面临的系统都各不相同。

2. 系统安全（system safety）

系统安全是针对产品、系统、项目或活动的生命周期，应用特殊的技术手段和管理手段，进行系统的、前瞻性的危险辨识与危险控制。MIL-STD-882E 对系统安全的定义：针对系统生命周期各个阶段，应用工程和管理的原理、准则以及技术，结合操作效果及适应性、时间及资金投入等条件约束达到可接受的事故风险水平。

系统安全的概念强调从一个产品或一项工程最初的概念设计阶段开始，直至后续的设计阶段、生产阶段、测试使用，再至其报废、放弃等各阶段，始终进行安全分析与危险控制的活动。另外，系统安全具有超前性，强调在产品或系统真正生产之前，运用工程或管理手段将可接受的安全要求通过严谨的计划和周密的组织融入设计中。在事故或损失还没有产生之前，通过系统的危险辨识和评价加以控制。只有这些危险被消除或控制在可接受的范围内才可能进一步进行研发、测试、使用或维修。

3. 系统安全工程（system safety engineering）

MIL-STD-882E 定义系统安全工程为运用理学和工学原理、准则及技术，采用专门的专业知识和技术进行危险辨识，进而消除危险或当危险不能被消除时减少相关事故风险的一门工程学学科。

系统安全工程的关键任务主要包括：辨识危险、评估事故风险、识别或减轻事故风险的措施、减少事故风险到可接受的水平、事故风险减少确认以及相应的跟踪等。

4. 系统安全管理（system safety management）

系统安全管理是运用管理的手段结合系统思想来控制危险，其贯穿生命周期的各个阶段。2012 年 MIL-STD-882E 新修改的系统安全管理定义为：系统安全管理的所有计划和行动都是为了进行识别危险；评估并减少相关风险；把系统及其子系统与设备设施在设计、研发、测试、记录收集、使用、维修、报废过程中所遇到的风险进行跟踪、控制、接受、建档。

3.1.2　系统安全工程的发展历程

安全科学的发展首先以安全技术为先导，安全技术则随着产业革命而产生。自从人类进入蒸汽时代，各种机器设备被应用到纺织、冶金、采矿和交通运输等领域。由于机械的复杂性，致使工人的伤亡事故和职业病日益增多。针对机器设备造成的危害，安全技术便应运而生。1730 年，英国设计出煤矿井下通风换气方法；1754 年，亨克利出版了《矿工肺病和冶金工疾病》一书；1815 年，戴维发明了矿工安全灯；蒸汽动力的发展，相应地引出了安全阀、压力表、水位计及高压锅炉水压检验等安全装置和措施。为了防止事故的发生，1817 年，英国创建了检验公司；1833 年，美国制定了《蒸汽船检验规则》；1844 年，英国修订《工厂法》，规定机器设备安装安全装置；1864 年，英国创办锅炉保险公司；同时由于电力的应用，引起安全用电的研究，于是产生了保护接零、保护接地、绝缘防护、避雷针等，进而防爆电气设备、安全仪器仪表、防护装置得到了广泛应用。至此，各行业都是以生产技术经验来达到安全目的，也就是所谓的"事后经验型"安全科学。

进入 20 世纪之后，特别是经过第二次世界大战，西方工业百废待兴，得到了空前的大发展。工业繁荣的同时，伴随着生产事故的屡屡发生，事后型的安全科学已逐渐不能满足社会的需求。安全科学研究开启了一个新的课题，系统安全工程学应运而生（图 3-1）。

1947 年 9 月，美国航空业一篇题为《为了安全的工程》的科技论文最先提出了系统安全的概念，从此对事故控制进入了"超前预防型"阶段，人们开始探索事故的机理以及追求本质安全。系统安全工程得以真正的发展是在 20 世纪 50 年代末至 60 年代初。1957 年，苏联发射了第一颗地球人造卫星之后，美国为了赶上空间优势，匆忙地进行导弹技术开发，实施所谓的研究、设计、施工齐头并进的方法，由于对系统的可靠性和安全性研究不足，在一年半的时间内连续发生了 4 次重大事故，每一次都造成了数百万美元的损失，最后不得不从头做起。弹道系统的发展需要一种新的方法来测验与武器系统有关的危险，正式、严谨的系统安全方案应运而生，美国空军以系统安全工程的方法研究导弹系统的可靠性和安全性，于 1962 年第一次提出了 BSD-Exhibit-62-41《弹道火箭系统安全工程学》，1963 年，这份文件被修改形成空军规范 MIL-S-38130，即《军事规范——针对系统、有关子系统和设备安全工程的通用要求》，这对以后发展多弹头火箭的成功创造了条件；1966 年 6 月，美国国防部对其做了微小的改动，采用了空军的安全标准，制定了 MIL-S-38130A。1969 年，这个规范被进一步修改，形成美国军标 MIL-STD-882《系统及相关子系统和设备的系统安全方案》，在这项标准中首次奠定了系统安全工程的概念以及设计、分析等基本原则。该标准起初是针对美国国防部的要求，后来适用于所有系统和产品。该标准于 1977 年、1984 年、1993 年、2000 年及 2012 年分别进行了 5 次修订，标准号分别为 MIL-STD-882A、MIL-STD-882B、MIL-STD-882C、MIL-STD-882D 和 MIL-STD-882E，前三者标准名称均为《系统安全规划要求》，后两版名称为《系统安全实践标准》。

如同空军逐渐形成了系统安全的要求一样，美国国家航空和宇宙航行局（NASA）也认识到有必要将系统安全作为其管理方案的一部分，空军的成功在于

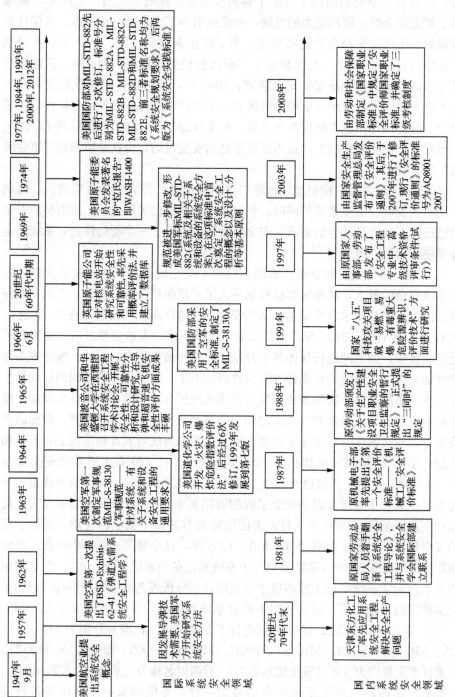

图 3-1 系统安全工程大事年表

提供了部件或系统的危险以及危险的控制方法等有价值的数据，NASA 的成功则在于推进通过危险辨识、评价和控制的做法来实现系统安全的目的。1965 年，美国波音公司和华盛顿大学在西雅图召开了系统安全工程专门的学术讨论会议，以波音公司为中心对航空工业展开了安全性、可靠性分析和设计的研究，在导弹和超音速飞机的安全性评价方面取得了很好的成果，并陆续推广到航空、航天、核工业、石油、化工等领域。

1964 年，美国道化学公司根据化工生产的特点，开发出"火灾、爆炸危险指数评价法"，用于对化工生产装置进行安全评价，该方法经历 6 次修订，到1993 年已发展到第七版。1974 年，英国帝国化学公司蒙德部在道化学公司评价方法的基础上，引进毒性的概念，并发展了某些补偿系数，提出了"蒙德火灾、爆炸、毒性指标"的评价方法。

另外，英国以原子能公司为中心，从 20 世纪 60 年代中期开始收集有关核电站故障的数据，对系统的安全性和可靠性问题，采用了概率评价方法，后来进一步推动了定量评价工作，并建立了系统可靠性服务所和可靠性数据库。它们的任务是收集核电站的设备和装置的故障数据，提供给有关单位。1974 年，美国原子能委员会发表了有关核电站事故评价报告。这项报告是该委员会委托麻省理工学院的拉斯姆逊教授，组织了十几个人，用时两年，耗资 300 万美元完成的，称作"拉氏报告"，即 WASH-1400。该报告收集了核电站各个部位历年发生的故障及其概率，采用了事件树及事故树的分析方法，作出了核电站的安全性评价。

日本引进系统安全工程的方法虽为时稍晚，但发展很快。自 1971 年召开"可靠性、安全性学术讨论会"以来，十几年来在电子、宇航、航空、铁路、公路、原子能、化工、冶金等领域，系统安全工程方法的研究十分活跃。

当前，系统安全工程已普遍引起各国的重视，国际系统安全工程学会每两年举办一次年会。1983 年，在美国休斯敦召开第六次会议，参加国有 40 多个，讨论议题涉及广泛，可以看出这门学科越来越引起人们的兴趣。

在我国，系统安全工程的研究、开发是从 20 世纪 70 年代末开始的。天津东方化工厂应用系统安全工程成功地解决了高度危险企业的安全生产问题，为我国各个领域学习、应用系统安全工程起了带头作用。其后是各类企业借鉴引用外国的系统安全的分析方法，对现有系统进行分析。1981 年，原国家劳动总局科技人员了解到国外关于"系统安全"思想的介绍时，出于自身专业的敏感性，立即对其产生了极其浓厚的兴趣，于是着手翻译一册较权威的著作《系统安全工程导论》，同时与设在美国的系统安全学会国际部建立了联系，陆续得到了该协会提供的部分资料和信息。从此以后，国内诸多科研单位与大专院校对"系统安全"十分关注，并在各个行业领域进行了大胆的尝试，这些研究也引起了许多大中型生产经营单位和行业管理部门的高度重视。1987 年，原机械电子部率先提出了第一个安全评价标准——《机械工厂安全评价标准》；1991 年，国家"八五"科技攻关项目就"易燃、易爆、有毒重大危险源辨识、评价技术"方面进行研究，使安全评价逐步进入正轨。

与此同时，1973 年 10 月 21 日，中共中央《关于认真做好劳动保护工作的通知》对工矿企业的建设工程等项目中有关安全和工业卫生设施提出了一项具体要求的概括：新建、改建、扩建的工矿企业和革新、挖潜的工程项目，都必须有保证安全生产和消除有毒有害物质的设施。这些设施要与主体工程同时设计、同时施工、同时投产。1988 年 5 月 27 日，原劳动部颁发了《关于生产性建设项目职业安全卫生监察的暂行规定》，对各级管理部门、建设单位、施工单位，在建设项目中实施职业安全卫生"三同时"。

2003 年 3 月 31 日，由国家安全生产监督管理总局发布了《安全评价通则》，是我国首个安全生产行业评价标准，现行《安全评价通则》（AQ8001—2007），是于 2007 年 1 月 4 日修订后实施。其后，我国出台了多项安全评价导则。专业人才方面，1997 年 11 月 19 日，由原国家人事部、劳动部发布《安全工程专业中、高级技术资格评审条件(试行)》，此项资格考试一直延续至今。2008 年 2 月 29 日，由劳动和社会保障部制定《国家职业标准》中规定了安全评价师国家职业标准，并确定了三级考核制度。2014 年 11 月，经国务院由安全监督管理总局发布《安全评价人员资格登记管理规则》取消安全评价资格考试。各种评价导则和各项规定与资格考试的出台都共同促进了系统安全的理论和实践的进一步发展。

3.2　系统安全流程

系统安全工程的本质就是尽可能地在产品或系统的生命周期早期阶段，通过危险辨识，减小危险的技术方法，以保护人员、系统、设备和环境免于危险的影响。其基本目标在于消除可能导致人员伤亡或职业病、系统损坏或环境破坏的危险。如果这些危险最终不能被消除，则采用控制措施尽可能减小其风险，以保证最小的投入和最大的效益。

在生产实践中，根据生产特点或生命循环周期的各个阶段，人们探索出很多方法，基本可归类为系统安全分析方法和系统安全评价方法。

系统安全分析是系统安全工程的核心内容。运用系统安全方法控制危险，就是在事故发生之前，进行危险辨识、安全分析、安全评价和危险控制的一系列方法。通过系统安全分析，可以查明系统中的危险源或危险有害因素，分析可能出现的危险状态，估计事故发生的概率、可能产生的伤害及后果的严重程度，为通过修改系统设计或改变控制系统运行程序来进行系统安全风险控制提供重要依据。

本节主要介绍系统安全的基本流程，其中涵盖系统安全分析和系统安全评价。系统安全分析与系统安全评价均是据此流程图展开的。系统安全分析包括预先危险性分析(PHA)、故障模式及影响分析(FMEA)、故障类型与影响及危险度分析(FMECA)、事件树分析(ETA)、事故树分析(FTA)、安全检查表分析(SCL)、危险和可操作性分析(HAZOP)、系统可靠性分析(SRA)、原因-后果分析(CCA)等。系统安全的评价方法包括作业条件危险性评价法(LEC)、道化学法(DOW)、蒙德法(ICI/Mond)等，上述这些方法的应用对象不同，针对的生命周期的阶段也不同，但是都遵循一个共同的流程。我们将分别在 3.3 节和 3.4 节作详细介绍。

3.2.1　系统安全流程图

系统安全的最终目的是辨识危险，消除和控制危险，并尽可能减少残余风险，以确保系统安全，它是通过管理监督和工程分析来提供一个综合、系统的风险管理方法。系统安全的流程如图 3-2 所示。正如所有学科解决实践问题所采用的方法一样，首先是确定研究对象，需要界定我们要研究的系统，包括人、机、

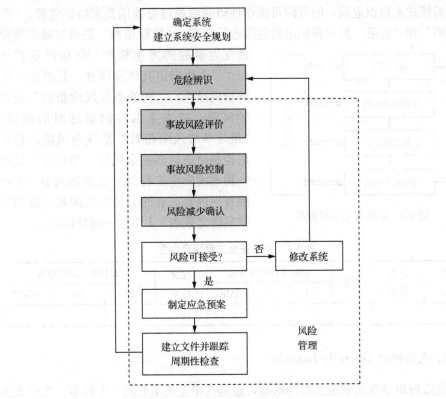

图 3-2　系统安全流程

环各要素及各要素之间的关系，要考虑系统所能接受的风险水平和投入的计划，然后建立系统安全方案；在此基础上辨识系统中可能存在的危险，对它们产生的风险进行评估，提出减缓风险的控制措施及方法，并确保这些措施和方法真正地使风险降低到可接受的水平，最后通过权威人士或机构进行检验，通过文件进行管理。当然这个过程不是静态的，要实时跟踪危险，确保该流程各个环节是顺利进行的。图 3-2 的各模块中，白色模块所反映的是管理手段，灰色模块所反映的是工程手段，当然二者之间并没有绝对界限。整个流程最为核心的内容就是危险辨识、最为关键的环节就是危险的控制。系统安全的研究内容主要包括：危险辨识、事故风险评价、事故风险控制和风险减少确认，以及对该过程中危险的跟踪。

3.2.2　系统安全工程流程图

　　图 3-3 是系统安全工程的核心，针对产品、系统、项目或某项活动的生命循环周期，所采取得方法并不相同，解决问题的关键也各有侧重。该工程各阶段内通常以安全工作表的形式体现，工作表的基本内容如表 3-1 所示。其中，"危险辨识"因采用的方法不同而具有不同的辨识特点，如故障模式及影响分析通过辨识故障模式来辨识危险，而危险可操作性研究则通过寻找偏差来辨识危险；"产生原因"和"后果"是对辨识出的危险进行分析，"风险指数"是通过确定危险演变为事故的发生概率（S）和严重程度（P），从而确定其风险所在，是事故风险评价的结果，"初始事故风险指数"是原始风险，指未采取控制措施时的风险，"最终事故风险指数"是残余风险，指采取控制措施后的剩余风险。当然并不是每一种系统安全工程的方法都涵盖表 3-1 中的各项内容，有的方法因强调某一方面细节只能完成表 3-1 中的一部分内容。

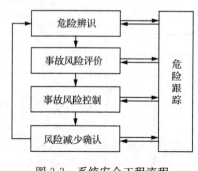

图 3-3　系统安全工程流程

表 3-1　系统安全工程研究内容

危险辨识	产生原因	后果	初始事件风险指数			控制措施	最终事故风险指数		
			P1	S1	IMRI		P2	S2	FMRI

1. 危险辨识 (identify hazards)

　　危险辨识是系统安全工程的基础，也是其中至关重要的一个环节。生产安全中许多事故的发生往往是对这一步骤的疏忽或者做得不够充分。这个过程是通过对系统的硬件、软件、有关的工作环境以及工程的目的进行详细分析，采用系统危险分析的方法辨识危险。当然这个过程中还要考虑本系统或相似系统以前曾经辨识过的危险和有关的事故数据、经验教训。危险辨识的过程要充分考虑系统在生命周期内不同阶段可能产生的危险。危险辨识的过程如同头脑风暴，尽可能多、尽可能准确地辨识所有的危险，其方法有很多种，随着生产行业的不同、系统所处生命周期阶段的不同，所采取的方法都不相同，每种危险辨识方法都有其适用性。危险辨识后要进行分析，研究危险产生的原因以及它对相关系统可能造成的后果，进一步则需要进行事故风险评估。

2. 事故风险评价（assess mishap risk）

若要确定采取什么行动消除或控制已经辨识的危险，就要进行事故风险评价。针对所辨识的每一种危险，评估它演变为事故的风险及严重程度和发生概率，从而确定它对人员、设备、公众乃至环境的影响。事故风险评估越准确，越有利于决策者正确理解生产所面临的风险程度，也越有利于指导决策者进行怎样的安全投入以保证需要的安全水平。

事故风险评价的方法是基于风险概念本身。首先根据系统的三要素（人、机、环）确定事故的严重程度等级，再确定危险的发生概率等级，MIL-STD-882E 对事故风险严重程度等级和发生概率等级的分级标准如表 3-2 和表 3-3 所示，表中给出各等级的具体描述。

表 3-2　危险严重度等级分级标准

级别	表示	危险等级描述
灾难性的	I	导致：人员死亡或永久性全部失能；或设备或社会财富损失超过 100 万美元；或不可逆转的环境破坏
严重的	II	导致：人员永久性部分失能或超过 3 人需要入院治疗的伤害或职业病；或设备或社会财富损失超过 20 万美元而低于 100 万美元；或可逆转的环境破坏
中等的	III	导致：人员损失工时超过 1 天的伤害或职业病；或设备或社会财富损失超过 1 万美元而低于 20 万美元；或中等程度的可逆转的环境破坏
可忽略的	IV	导致：没有导致人员损失工时日的伤害或职业病；或设备或社会财富损失超过 2000 美元而低于 1 万美元；或很小的环境破坏

通过事故风险分析可以了解系统中的潜在危险和薄弱环节，发生事故的概率和可能的严重程度。事故风险评价的方法大体可以分为定性评价和定量评价。定性评价后能够知道系统中危险性的大致情况，如数量多少和严重程度，主要用于工厂考察、审查、诊断和安全检查，这包括系统各阶段审查、工程可行性研究和

表 3-3　危险发生概率等级分级标准

级别	表示	针对某特定事件的描述	用量次表示
经常发生	A	某事件在其生命周期经常发生	持续发生
很可能发生	B	某事件在其生命周期发生多次	经常发生
偶尔发生	C	某事件在其生命周期发生数次	多次发生
很少发生	D	某事件在其生命周期不容易但有可能发生	不易发生，但理论上有可能发生
几乎不可能发生	E	事件不可能发生或假设没有经历过	不容易发生，但也不排除可能
根本不发生	F	事件不会发生，此级别用于排除辨识出的隐患	根本不可能会发生，此级别用于甄别排查隐患

原有设备的安全评价，主要方法有安全检查表形式和技术评价法；定量评价的目的在于判定危险的程度以进行事故预防和控制，只有通过定量评价才能充分发挥系统安全工程的作用。

决策者可以根据评价的结果选择技术路线，保险公司可以根据企业不同的风险等级规定不同的保险金额，领导和监察机关可以根据评价结果督促企业改进安全状况。

3. 事故风险控制（reduce mishap risk）

系统安全工程的最终目的是控制危险，因为一旦完成危险辨识和风险评价之后就要选择危险控制的方法，事故风险控制通常包括工程控制和管理控制。工程控制是指工程中通过硬件的改变以达到消除危险或减缓危险发生的风险的手段。管理控制指组织自身的调整。要使风险降低到可接受的水平，系统安全工程控制措施应依据一定的顺序，具体如下。

（1）通过设计选择以消除危险，如果危险无法消除，则通过设计尽可能减少风险；

（2）如果无法通过设计选择消除危险，则增加安全保护设施或安全装置以减少风险；

（3）如果安全设置或装置无法使风险降低到可接受水平，则提供针对危险的监测、报警装置以警示有关人员。

如果以上方法仍无法保证危险控制在可接受的水平之内，则需要建立安全制度并进行相应的培训。

风险控制措施有优先顺序，在对事故风险进行控制时，也应优先选择危险的严重程度高的风险进行控制。

危险的根源辨识清楚以后，需要采取预防措施，避免其发展成为事故。采取预防措施的原则应着手于危险的起因。

4. 风险减少确认(verify risk reduction)

在对危险进行风险控制之后，理论上其风险程度应该降低，是否真正达到了应有的效果，还需要通过适当的分析、测试和检查来进行风险减少的确认，并记录下残余风险。对测试过程形成的新的危险也要辨识出来，并建立文件档案。

在确认过程中要保证采用的手段和方法针对系统是有效的。当无法确认所采取的安全措施是否真正降低了事故风险时，要进行测试并评估测试的有效性；当测试的费用过高而条件不允许时，也可通过工程分析、实验室模拟等方法进行验证。

5. 危险跟踪(track hazards)

尽管在生产安全过程中依据产品或系统的生命循环周期进行了危险辨识、危险分析、风险评价和危险控制，但系统是一个动态系统，危险辨识因而也应是一个动态的过程，危险辨识和危险控制也应该被实时跟踪。

系统安全分析方法就是针对系统中某个特性或生命周期中某个阶段的特点，通过系统安全的分析方法，识别出系统中的危险所在。系统安全分析方法是在对不同系统进行安全性分析的过程中形成和完善起来的，迄今为止，人们已经研究了数十种系统安全分析方法，分别适用于不同工程、不同行业的系统安全分析过程。

不同的系统安全分析方法各有侧重，它们从各种不同的角度对系统的安全性进行分析。要较好地完成某一系统的安全性分析，有时不仅需要采用多种安全分析方法相结合的工作方式，而且还要与实际情况相结合，总结同类型系统的事故规律，经过分析、比较，得到最终的系统安全分析结论。

3.3　系统安全分析方法

3.3.1　预先危险分析

1. 方法简介

预先危险分析法(priliminary hazard analysis，PHA)又被称为"预先危险性分析"或"危险性预先分析"。它是在设计、施工、生产等活动之前，预先对系统可能存在的危险类别、事故出现的条件以及导致的后果进行概略的分析，从而避免采用不安全的技术路线，避免使用危险性物质、工艺和设备，防止由于考虑不周而造成的损失。

预先危险性分析可以在各项活动之初识别危险并加以控制，因而对于系统的安全性起着非常重要的作用，在一定程度上保证系统的本质安全。所以，无论项目的规模大小和成本高低，都建议展开PHA，以便在项目生命周期的早期阶段尽量辨识出系统所有的危险，确定系统安全的关键功能和顶上事件，进而明确在设计阶段安全工作中应关注的重点。

PHA是在系统安全领域内应用最早的系统方法之一，由于其对危险的分析只停留在一个粗略的层面，因此早期在MIL-S-38130中被称为概略危险分析（gross hazard analysis）。另外，这种方法一般是基于预先危险列表（preliminary hazard list，PHL）而展开的。

2. 预先危险列表

预先危险列表是在系统概念设计的早期阶段进行的，用来辨识和列出系统中可能存在的或已知存在的各种各样潜在危险的一种分析方法，并且通过此方法的分析，可进一步了解及明确系统安全的关键点以及相应危险可能造成的事故。

所有的系统在生命周期的初始阶段都可以采用这种方法，但是随着系统设计的深入展开，经PHL所辨识出的所有危险都应通过更详细的系统安全分析方法进行分析，而通常情况下，各种分析方法也是基于该危险列表展开的。预先危险列表有时单独作为一种危险分析方法而使用，但是更多的学者和工程师把它作为预先危险分析的一部分。

预先危险列表通常采用头脑风暴法得出或按照系统的功能结构逐一识别系统的危险所在。在进行预先危险列表分析时，相应的分析人员或分析小组成员应该包括该系统所涉及的各个专业领域的专家、工程师和分析人员。当有经验的安全专家将该技术应用于他所擅长的领域时，能够十分准确快速地辨识出系统中潜在的一般危险和高层次的系统危险。而对于分析小组而言，应掌握已有的设计知识和相关危险知识（对系统设计有着基本的了解，能够列出系统的主要组成部分；必须了解各种危险、危险源、危险要素以及相似系统中存在的危险），并收集和获取该系统或相关系统曾经有过的经验教训，通过分析、比较、讨论等方式，最终提供该系统存在的危险、可能导致的事故以及进一步设计中的关键因素等。

3. PHA分析流程

预先危险分析常常是在预先危险列表的基础上分析系统中存在的危险、危险产生的原因、可能导致的后果，然后确定其风险等级，从而在技术手册上的信息不够充分的情况下，确定在设计中应该采取相应的措施消除或控制这些危险。图3-4是PHA的基本分析过程。

预先危险分析的过程如下所述。

（1）熟悉系统。明确系统的范围和边界，了解系统设计、使用以及系统的组

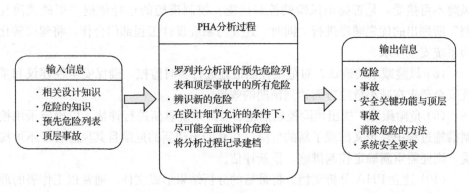

图 3-4　PHA 基本分析过程

成，确定系统将要保护的对象。对系统任务、任务阶段、任务环境都应该十分熟悉。对系统越熟悉，界定越清晰，危险分析才越彻底、越全面。

（2）制定 PHA 分析计划。制定 PHA 分析表，安排分析日程和流程。根据事故风险矩阵，确定本系统可接受的风险水平。在此阶段，了解系统的重要功能结构以及判断该分析处于生命周期的哪个阶段，找出进行该分析的具体前提（是基于建造，还是基于设计，抑或是基于确定控制措施）。

（3）确定 PHA 分析小组的成员。小组成员应该是由分析所涉及的各专业的专家或工程师以及相应的操作人员组成。

（4）收集资料与信息。尽管在进行 PHA 分析时，可获取的直接资料较少，但所必需的资料信息不可缺少。例如，类似系统或相关系统的情况，以及其他可用的危险相关知识与信息等。所适用的法律法规及部门规章制度也是不可或缺的。对于 PHA 来说，资料收集得越充分，危险辨识也才可能越准确。

（5）实施 PHA。辨识系统中存在的危险，分析每一个危险将要危及的对象。这一步通常是分析小组采用头脑风暴的过程。一般可用的辨识危险的方法有以下几种：①凭借工程师以往的经验和个人判断；②咨询相关的人员，以便对相似的设备或系统进行检查和调查；③查阅相关的法规、准则或标准，以及相关的检查表；查阅有关的历史文档等，如事故文件、未遂事件报告、伤害记录、制造商的可靠性分析报告等；④将影响系统安全的其他重要因素纳入考虑范围之内，如员工的性格和心理生理素质、工时制度、外部气象条件、系统所处的地理环境及所触及的各种能量等。

（6）评价风险。评估每一个危险对每一个目标影响的严重程度以及发生概率；并且还要在系统设计阶段实施减少危险措施的前后，确认每个被识别的危险的事故风险。

（7）给出相应的控制措施建议。根据风险评估结果决定风险可否接受，如果风险不可接受，是否提出风险的控制措施？控制措施的选择依据"事故风险控制"所列出的优先顺序进行。同时，还要与系统设计工程部门合作，将建议转化为系统安全要求。

（8）风险减小的确认。对危险控制措施进行实时监控，确保安全性建议和系统安全要求在减小危险方面达到预期的效果。

（9）危险跟踪。提出风险控制措施后要对系统重新进行评估，以确定采用控制措施过程中是否又出现了新的危险，如真的出现新的危险且其风险程度不可接受，则还需重新确定控制措施，重新评估。

（10）建立 PHA 分析文档。将最后的分析结果形成文件，通常以工作表的形式体现，并且在此基础上形成 PHA 报告。PHA 报告包括以上分析的所有过程、工作表、结论和建议等。

3.3.2　故障假设分析

1. 方法概述

故障假设分析(what-iF analysis，WIA)方法是对工艺过程或操作的创造性分析方法，这种分析方法可辨识检查设计、安装、技改或操作过程中可能产生的危险，危险分析人员在分析会上围绕分析人员所确定的安全分析项目对工艺过程或操作进行分析，鼓励每个分析人员对假定的故障问题发表不同的看法。由此可见，此法通常由经验丰富的分析人员来完成，分析的结果一般以工作表的形式体现。

我们通常将故障假设分析法与安全检查表法(safety check list，SCL)(安全检查表是进行安全检查，发现潜在危险，督促各项安全法规、制度、标准实施的一个较为有效的工具)作比较。从某种意义上来说，故障假设分析与安全检查表有很多的相同之处，都是旨在对生产系统进行检查，识别危险有害因素，它们在安全生产领域都有着广泛的应用。但二者也有区别，即前者在进行危险辨识时常采用一种固定的模式进行提问，假设某处出现故障后的情况，即"如果某某出现了问题会出现什么情况"，分析小组在提出这样的问题后通过回答、分析危险导致的后果、确定已采用的安全措施以及提出还应补充的措施等，从而尽可能解决所提出的问题。而后者的分析精确度虽然较低，但是它采用的是系统工程的观点，进行的是全面科学的分析，安全检查表的编制过程就是辨识特定危险的过程，因而其分析过程更加系统化、整体化。

2. 故障假设分析流程

故障假设分析过程，具体的分析步骤如图 3-5 所示。

图 3-5　故障假设分析过程

（1）首先成立专业的分析小组。分析成员要熟悉系统的生产工艺，进行相关资料的准备。

（2）确定要分析的范围和分析的目标。要考虑取得什么样的分析结果作为目标，目标又可以根据分析的要求进一步加以限定。

（3）了解情况，准备故障假设问题，然后提出要分析的问题。按照准备好的问题，从工艺进料开始，一直进行到成品产出为止，逐一提出如果发生那种情况，操作人员应该怎么办？分别得出正确答案。分析的过程仍旧采用头脑风暴的过程，分析中应确定假设出现某故障时其可能导致的最坏的后果，列出所有的后果。在分析某一系统时应注意与其他系统的相互作用，避免遗漏掉危险因素。

（4）将提出的问题和达成一致的正确答案加以整理。检查和分析系统在设计初始时针对该故障已经采取的安全保护措施，判断其是否能够真正消除危险或将风险降低到可接受的水平。若不足以保证生产安全，则需制定进一步的控制措施。

（5）编制分析结果文件。编制分析结果文件，使文件更具有条理性；分析组还可以在后续的分析过程中根据分析结果，补充任何新的故障假设问题，以及提出提高过程安全性的建议。公司还可以根据各自的要求对结果文件进行相应的调整。

3.3.3　故障模式及影响分析

1. 方法简介

故障模式及影响分析（failure modes and effects analysis，FMEA）是一种辨识系统、组件、产品或功能可能发生的故障和故障呈现的状态（故障模式）的工具，是系统安全工程中分析系统、元器件的可靠性和安全性的重要方法之一。

FMEA 是一种十分规范的评价方法，其关注的是产品的设计或功能。它采用系统分割的概念，根据实际需要分析的水平，把系统分割成子系统或进一步分割成元件，然后自下而上逐个分析元件潜在的故障模式，再进一步分析故障类型对子系统以致整个系统产生的影响，最后采取措施加以解决。并且，FMEA 还可以作为分析结果归档，成为提出改进系统设计建议的重要资料。在系统设计和实施过程的阶段必须为 FMEA 的深入展开预留充分的时间与准备完备的资源，这样才会使得系统设计和过程的更改更加易于操作，费用也会相应减少。

当初步完成 FMEA 分析之后，对于其中特别严重，甚至会造成死亡或重大财物损失的故障类型，则可以单独拿出来进行详细分析，这种方法叫致命度分析（criticality analysis，CA），故障模式及影响分析与致命度分析合起来称为 FME-CA。致命度分析是故障模式及影响分析的扩展和量化，需要注意的是，在采用致命度分析时需要从分析中获取更多详细、确定的信息，如有关元器件故障的严格数据等。

2. 系统划分

FMEA 分析所考虑的系统基本构成的模块是系统硬件或功能，分别对应系统的结构特性和功能特性。功能特性定义了系统的运行方式及其必须执行的功能任务。结构特性定义了功能是如何通过硬件设备设施得以实现，而实际上系统运行正是由这些硬件来实现的。由此可见，系统的划分方式与系统的划分程度对 FMEA 的分析结果都十分重要。一般情况下，在系统安全工程中系统划分的方法包括功能划分法（functional approach）、结构划分法（structural approach）及将二者结合使用的混合划分法（hybrid approach）。

1）系统功能划分法

针对系统的功能，展开故障模式及影响分析。被分析的功能可以位于任何约定层次：系统、子系统、单元、组件等的划分[图 3-6(a)]。该划分方式强调系统各部分在运行其功能时出现什么样的故障，分析层次多基于系统层次，也适用于在软件功能方面作出评估。

2）系统结构划分法

针对系统的硬件，根据系统的结构依次将系统进行系统、子系统、单元、组件等的划分[图 3-6(b)]，然后再进行故障模式及影响分析。该划分方式强调系统各部分运行其功能时是怎样出现故障的，多基于元器件的层次，因而更适用于硬件方面的评估。

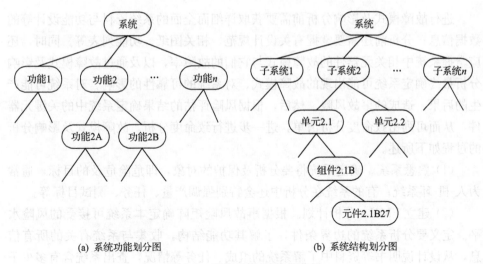

(a) 系统功能划分图　　　　　　　　　(b) 系统结构划分图

图 3-6　系统功能/结构划分图

3）混合划分法

混合划分法是功能划分法和结构划分法的结合。通常这种方法始于对系统功能的划分，然后将分析的焦点转移至其硬件，要特别关注基于安全准则会直接导致关键功能失效的硬件。

3. FMEA 分析流程

FMEA 是用于评价潜在故障模式的分析方法，其分析的基本过程如图 3-7 所示。可靠性理论表明系统中的每一个元器件本身都存在故障模式，故障模式及影响分析针对每一个元器件的故障来分析该故障模式对整个系统的影响。通过辨识元器件的故障来识别危险，从而控制风险。该分析方法最初的目的在于通过元件的故障确定系统的可靠性，而目前这项分析技术从已确定系统的可靠性扩展到确定系统的安全。

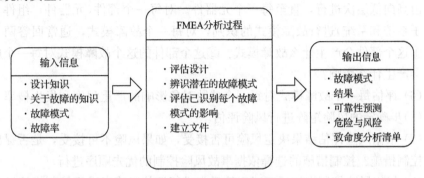

图 3-7　FMEA 分析过程

　　进行故障模式及影响分析前需要获取详细而全面的系统资料与功能设计等的数据信息；分析前还需要掌握有关设计规范、相关图纸、功能列表等。同时，还应掌握系统中相关元器件的故障模式与它们的故障率，以及通过故障模式及影响分析最终确定系统可能出现的故障模式、对系统的可靠性的影响、对系统可能产生的后果、造成的事故风险。然后，根据风险评估的结果确定系统中的关键元器件，从而可列出致命度分析清单，进一步进行致命度分析。故障模式及影响分析的过程如下所述。

　　(1) 熟悉系统。确定系统将要分析及保护的对象，即危险危及的目标，通常为人-机-环系统；有的系统在分析中还会特别强调产量、任务、测试目标等。

　　(2) 建立 FMEA 分析计划。根据事故风险矩阵确定本系统可接受的风险水平。定义要分析系统的边界条件，了解其功能结构，收集与系统有关的所有信息，从设计说明书等资料中了解系统的组成、任务等情况，查出系统含有多少子系统，各个子系统又含有多少单元或元件，了解它们之间是如何接合的，熟悉它们之间的相互关系、相互干扰以及输入和输出等情况。

　　(3) 确认分析小组的成员。

　　(4) 收集有关资料。进行 FMEA 分析时，应充分掌握子系统、元器件的功能及其故障模式，现在一些分析软件已经将各类元件的故障模式集结成为数据库，便于提高分析人员的效率。但应注意，任何一个专家库或数据库都不是绝对充分的，分析时要特别注意结合系统特点及实践需要。了解系统的使用寿命以及该分析所处生命周期的哪个阶段，然后采取适当的方式将系统进行合理的划分。

　　(5) 依据分析系统的层次从高至低提问：辨识系统的故障是否导致不可接受的损失或不可承受的灾难，如果结果是“否”，则不需要进一步分析；如果结果是“是”，则分析需转入较低层次，即辨识子系统是否导致不可接受的损失或不可承受的灾难，同样，如果结果是“否”，则不需要进一步分析；如果结果是“是”，则分析需转入下一个子系统，各子系统分析后再转入较低层次……这样的分析由高向低层次进行，直至每一个元器件。对每一个部件(元器件、组件、单元、子系统和系统)进行故障模式的识别，对每一个故障模式，通常回答两个问题：①这个部件会产生什么故障模式？②这个部件的这个故障模式对每一个威胁对象会产生什么影响？

　　(6) 评估每一个故障模式对每一个威胁对象影响的严重程度和发生概率。根据第(2)步确定的风险矩阵进行风险评估。

　　(7) 根据风险评估结果决定风险可否接受，如果风险不可接受，是否提出风险的控制措施？控制措施的选择依据事故风险控制的优先顺序进行。

　　(8) 提出风险控制措施后要对系统重新进行评估以确定采用控制措施过程中

是否又出现了新的危险，如果真的出现新的危险且其风险程度不可接受，则还需重新确定控制措施，重新评估。

（9）最后将分析结果形成文件，通常以工作表的形式体现，在此基础上形成FMEA 报告。

3.3.4　危险与可操作性研究

1. 方法简介

危险与可操作性研究（hazard and operability study，HAZOP）又称为危险与可操作分析（hazard and operability analysis，HAZOP），是从生产系统中的工艺状态参数出发，运用启发性引导词来研究状态参数的变动，从而进行危险辨识，在此基础上分析危险可能导致的后果以及相应的控制措施。从理论上来说，HAZOP 是一个相对简单的过程，具有高度组织化、结构化、条理化等特点，其包含的每一步都应该被仔细研究，以达到保持分析过程严谨性的目的。

HZAOP 分析是由英国帝国化学工业公司（ICI）于 20 世纪 70 年代早期提出的。随着当时工厂生产规模的不断扩大，生产工艺也越来越复杂。出于经济成本方面的考量，单系列的工艺生产装置更加普遍，而一旦发生故障就会对整个系统造成很大的影响，甚至引发事故。如果在设计过程中，从开始就注意消除系统的危险性，无疑能提高工厂生产的安全性和可靠性。但是仅靠设计人员的经验和相应的法规标准很难达到完全消除危险的目的，特别是对于操作条件严格、工艺过程复杂的工厂则需要寻求新的方法，使得该方法能在设计开始时对建议的工艺流程进行预审定，在设计终了时对工艺详细图纸进行详细的校核。

为了解决上述问题，人们已经找到了许多方法，但由于历史原因，这类方法往往偏重于设备方面。一般来说，化工生产是分批操作的，事故也多发生在设备上，因而分析人员从设备的角度来考虑安全问题是很自然的，如考虑设备的结构强度是否足够，选用的材料是否适当，设备上安装的减压阀、排放管、仪表等安全装置是否适用等。前面所介绍的 FMEA 法就是这种方法之一。当然这类方法都是有效的，但是生产是一个系统在活动，该系统是将各种设备按不同需要连在一起为一个生产目标而进行活动，是一个运动着的整体。这时仅仅考虑设备就不够了，还必须考虑操作。很多潜在的危险性在静止时往往是被掩盖着的，一旦运转起来便出现了。因此，对于本身就处理庞大能量的石油化工行业，在控制条件、产品质量要求十分严格的情况下，更需要开发新的系统安全分析方法来判明操作中的潜在危险性。

为了在设计开始和定型阶段发现潜在的危险性和操作难点，英国帝国化学工业公司于 1974 年开发了可操作性研究(operability study，OS)方法。随后该方法得到了扩展和改进，发展成为危险与操作性研究。现已广泛应用于石油化工行业，该方法也被应用于食品行业与水利行业(更多的关注污染而非爆炸和化学物质泄漏)。

2. 基本概念介绍

1) 系统参数

系统参数(system parameter)又称为工艺参数，是与过程有关的物理和化学特性，包括概念性的项目，如反应、混合、浓度、pH，及具体性的项目，如温度、压力、相数及流量，通过工艺参数可以知道系统正在进行的操作。

2) 工艺指标

工艺指标(design representation)是指工艺过程的正常操作条件，通常采用一系列的表格，用文字或图表进行说明，如工艺说明、流程图、管道图、工艺管道及仪表流程(PID)图。具体性的工艺指标确定了装置应如何按照希望进行操作而不是发生偏差。例如，某管线中的液体以某特定速度、特定温度或特定压力沿特定方向流动，其中"速度"、"温度"、"压力"、"流向"的具体值，即其工艺指标，通过工艺指标可以知道系统被操作时的具体参数。

3) 引导词

引导词(guide word)是用于定性或定量说明工艺指标值的简单词语，其目的在于引导识别工艺过程中的工艺指标与预计值间存在的偏差。在识别潜在设计偏差过程中，引导词有助于引导和激发创造性思维。不同的行业工艺、所处产品生命周期不同的阶段，对引导词的理解都不相同。由于引导词过于简单，在运用时还应结合具体的生产实践。表 3-4 是 HAZOP 常用引导词的示例。

表 3-4　HAZOP 常用引导词及其意义说明

引导词	意义说明
空白(NONE)	完全无法实现设计规定要求。例如，在设计中管内应有流体流动，但实际上没有流量
更多(MORE)	在数量上比设计规定的要求增加了。例如，比设计规定高的温度、压力、流量等
更少(LESS)	在数量上比设计规定的要求减少了。例如，比设计规定低的温度、压力、流量
以及(AS WELL AS)	在质的方面发生变化。例如，出现其他的组分说不希望的相(phase)
部分(PART OF)	数量、质量均出现下降。例如，组分标准下降，仅能达到设计和运转的部分要求
反向(REVERSE)	出现与设计和运转要求相反的情况。例如，发生逆流、逆反应等
异常(OTHER THAN)	出现了不同的事件，完全达不到设计和运转的标准及要求

4）偏差

偏差（deviation）指使用引导词系统地对每个分析节点的工艺参数（如流量、压力等）进行分析发现的一系列偏离工艺指标的情况（如无流量、压力高）。HAZOP 方法辨识了系统的偏差，则辨识了系统的危险，在使用时应注意区分偏差与其原因的差别。偏差的形式通常是"引导词＋工艺参数"。

5）偏差原因

偏差原因（cause of deviation）是指导致偏差形成的原因。一旦找到发生偏差的原因，就意味着找到了控制偏差的方法和手段，这些原因可能是设备故障、人为失误、不可预见的工艺状态（如组成改变）或来自外部破坏（电源故障）等。

6）偏差结果

偏差后果（effect of deviation）是指偏差所造成的后果（如释放有毒物质）。分析小组常常假定发生偏差时已有的安全保护措施失效，不考虑那些细小的、与安全无关的后果。

3. HAZOP 分析流程

HAZOP 针对系统中的某个节点的某项操作，对照其工艺指标采用引导词辨识有关的偏差，从而辨识系统的危险，继而分析偏差的原因及可能导致的后果，最后提出控制措施加以解决。HAZOP 分析过程如图 3-8 所示。

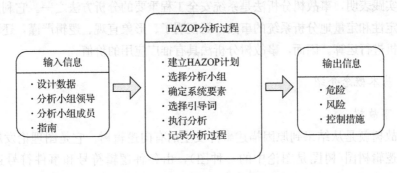

图 3-8　HAZOP 分析过程概要图

3.3.5　事故树分析

1. 方法简介

事故树分析（fault tree analysis，FTA）是根据系统可能发生的事故或已经发生的事故所提供的信息，确定不希望事件的发生原因和发生概率，从而采取有效的防范措施，防止同类事故再次发生。事故树分析用于评价大型复杂动态系统，分析、了解并预测潜在危险性。通过严谨而系统化的事件树分析法，进行系统分析的相关人员可以建立导致不期望事件发生的故障事件的组合模型，而所说的不期望事件可能是值得关注的系统危险或者正在调查的事故。

该分析方法属于演绎方法，它从一个顶层不期望事件出发，去分析底层所有可能的根本原因，是一个从一般的问题推出具体原因的过程。无论是在系统的设计阶段，还是在意外事件发生或发生后，都可采用这种方法进行定性评价或定量评价。可以在定性分析的基础上展开定量分析，从而计算顶上事件发生的概率，分析导致顶上事件的根本原因。分析时采用定性分析还是定量分析，取决于分析所要达到的要求、分析条件和分析成本，在选择时必须慎重考虑。

事故树分析法起源于美国。1961 年，美国贝尔电话研究所的沃森（Watson）在研究民兵式导弹发射控制系统的安全性评价时，首先提出了这个方法；接着该所的默恩斯（Mearns）等改进了这个方法，对解决火箭偶发事故的预测问题做出了贡献。其后，美国波音飞机公司哈斯尔（Hassl）等认识到了该方法的重要作用，对这个方法又做了重大改进，并采用电子计算机进行辅助分析和计算，后来还运用此法对整个民兵导弹武器系统作了定量的安全分析评价。1974 年，美国原子能委员会应用 FTA 对商用核电站的危险性进行评价，发表了"拉马森报告"，引起了世界各国的关注，从而迅速推动了 FTA 的发展与应用。我国从 1978 年开始，在航空、化工、核工业、冶金、机械等工业企业部门，对这一方法进行研究并应用。实践表明，事故树分析法是系统安全工程重要的分析方法之一。它利用事故树模型定性和定量地分析系统的事故，简便明了、形象直观、逻辑严谨，还可以利用计算机进行运算。因而，事故树分析法具有推广应用的价值。

2. 基本概念介绍

1) 事故树

事故树就是从结果到原因描述事件发生的有向逻辑树。它是图理论发展而来的一种逻辑树图（树图是图论中的一种图），由各种逻辑符号和事件符号连接而成，用来描述某种事故发生的因果关系。

2) 事件符号

在事故树分析中，各种非正常状态或不正常情况皆称事故事件，各种完好状态或正常情况皆称成功事件，两者均简称为事件。事故树中的每一个节点都表示一个事件。事故树常用的分析事件符号如表 3-5 所示。

表 3-5　事故树的事件符号及其转移符号

(a)	(b)	(c)	(d)
▭	◯	◇	⌂
(e)	(f)	(g)	(h)
⬭	△	◁	▽

结果事件：结果事件包括顶上事件和中间事件两类。在事故树分析中，结果事件是由其他事件或事件组合所导致的事件，它总是位于逻辑门的输出端。用矩形符号表示结果事件(a)。

基本事件：基本事件是事故树分析中仅导致其他事件发生的原因事件，用圆形符号表示(b)。

省略事件：省略事件表示事前不能分析或者没有分析必要的二次事件(secondary failure)，用菱形符号表示(c)。

正常事件：正常事件又称开关事件，是在正常工作条件下必然发生或者必然不发生的事件，在事故树中用房型符号表示(d)。

条件事件：条件事件是限定逻辑门开启的事件，用椭圆形符号表示(e)。

转移事件：转移事件包括转入与转出事件，用三角形符号表示。连线引向三角形(f)上方时，表示从他处转入；连线引向三角形侧部(g)时，表示向其他部分转出。当转入部分与转出部分内容一致，而数量不同时，则转移符号采用倒三角形符号(h)。

3) 逻辑门符号

逻辑门是连接各事件并表示其逻辑关系的符号。正确选择逻辑门编制事故树是保证事故树分析正确的关键。主要的逻辑门有如下几种。

(1) 与门。

与门可以连接数个输入事件 E_1，E_2，…，E_n 和一个输出事件 E，表示仅当所有的输入事件都发生时，输出事件 E 才发生的逻辑关系。反之，当 E_1，E_2，…，E_n，事件中有一个或一个以上事件不发生时，E 就不会发生。与门符号如图 3-9 所示。

(2) 或门。

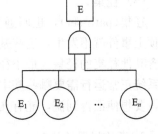

图 3-9　与门

或门可以连接数个输入事件 E_1，E_2，…，E_n 和一个输出事件，表示只要有一个输入事件发生，输出事件就会发生；反之，若输出事件全不发生，则输出事件肯定不会发生，如图 3-10 所示。

（3）条件与门。

条件与门表示输入事件不仅同时发生，且还必须满足条件 α，才会有输出事件发生，否则就不发生。α 是指输出事件发生的条件，如图 3-11 所示。

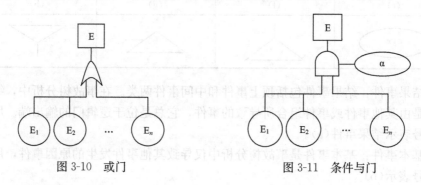

图 3-10　或门　　　　　　　　　　图 3-11　条件与门

（4）条件或门。

条件或门表示输入事件中至少有一个发生，且在满足条件 α 的情况下，输出事件才能发生，如图 3-12 所示。

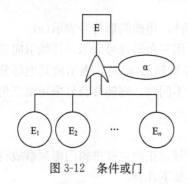

图 3-12　条件或门

（5）割集。

割集（cut set），亦称作截集或截止集，它是导致顶上事件发生的基本事件的集合。也就是说，在事故树中，一组基本事件发生能够造成顶上事件发生，这组基本事件就称为割集。在同一事故树中，凡是不含其他割集的割集为最小割集。割集是系统可靠性工程中的术语，在模拟系统可靠性的有向图中，能够造成系统失效的弧的集合称为不割集。

（6）径集。

径集（path set），也叫通集或路集，即如果事故树中某些基本事件不发生，则顶上事件就不发生，这些基本事件的集合称为径集。在同一事故树中，凡是不包含其他径集的径集为最小径集。径集也是系统可靠性工程的概念，它是研究保证系统正常运行需要哪些基本环节正常发挥作用的问题，即在系统可靠性有向图中，要想使汇得到流，能有几条通路的问题。

3. 事故树图的编制

事故树图的编制是事故树分析的最基础与最关键的环节，它直接影响到事故树定性分析与定量分析的结果是否正确，关系到事故树分析方法的成败。所以，在编制过程中需要对要研究的系统有着较好地掌握，对所研究系统反复研究，不断深入，才能更加完善。事故树编制通常包括以下步骤。

（1）确定系统与熟悉系统。首先我们要确定分析系统所包含的内容及其边界范围，熟悉整个系统的情况。并且还要对其进行深入的调查研究，包括了解其状态、性能、构成、工艺过程、维修、作业情况、环境状况等。这项工作是编制事故树的基础和依据。只有熟悉系统，才能作出切合实际的分析。

（2）收集、调查系统中发生的各类事故。全面收集、调查所分析系统已经发生的以及未来可能发生的事故，同时还要广泛收集、调查本单位与外单位、国内与国外同类系统曾发生的所有事故。全面收集调查各类事故有利于确定事故类型。

（3）确定顶上事件。顶上事件就是必须用事故树分析法来分析的事故。在确定顶上事件之前，需要进行详细的事故调查，了解有关事故的发生情况、事故发生的可能性与事故发生后对系统造成的危害程度等，最后结合实际需要确定顶上事件。一般情况下，在分析时选择易于发生且后果严重的事故作为事故树分析的对象。有时也把不容易发生，但后果非常严重，以及后果虽不很严重，但极易发生的事故作为分析的对象。

（4）调查、分析造成顶上事件的各种原因。可以从人的因素、机的不安全状态、环境和信息因素等各个方面调查与事故树顶上事件有关的所有事故原因。

（5）编制事故树。把事故树顶上事件与引起顶上事件的原因事件，用相应的事件符号和恰当的逻辑门符号把它们从上到下连接起来，一直到最基本的原因事件，构成一个不成圈的连通图。其过程可用图 3-13 来表示。

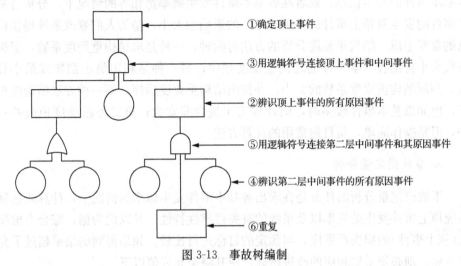

图 3-13　事故树编制

（6）完善事故树。绘制事故树的过程应当相当谨慎，在绘制完成后还要进行反复推敲、修改、完善；有时除了局部修改之外，有的还要推倒重新绘制，直到符合实际情况，达到满意的效果为止。

4. 事故树定性分析

事故树的定性分析，是依据事故树对所有事件的两种状态（发生与不发生）进行分析的方法，其目的在于根据事故树的结构查明顶上事件的发生途径，确定顶上事件的发生模式、起因及影响程度，为改善系统安全提供可选择的措施。

事故树的定性分析包括确定其最小割集，了解事故发生的可能性；确定其最小径集，从而提出控制事故发生的措施。在此基础上，定性了解各基本事件的结构重要度。

确定最小割集：对于简单的事故树可以直接观察出它的最小割集，一般的事故树则需要借助于具体的方法来求出最小割集。最小割集的求取方法有布尔代数化简法、行列法、结构法、素数法及矩阵法。

确定最小径集：在事故树定性分析和定量分析中，除最小割集外，经常应用的还有最小径集这一概念。其作用与最小割集一样重要，在某些具体条件下，应用最小径集进行事故树分析更为方便。最小径集的求法也有很多种，常用的是根据事故树求其对偶的成功树，成功树的最小径集，即事故树的最小径集。另一种方法是根据布尔函数的合取标准式来求最小径集。

结构重要度分析：一个基本事件或最小割集对顶上事件发生的贡献率称为重要度。重要度分析是从事故树结构上分析各个基本事件的重要程度，即在不考虑各基本事件的发生概率，或者在各基本事件发生概率都相等的情况下，分析各基本事件的发生对顶上事件的发生所产生的影响的大小，是为人们修改系统提供信息的重要手段。结构重要度分析的方法有两种：一种是求结构重要度系数，根据系数大小排出各基本事件的结构重要度顺序；另一种是利用最小割集或最小径集，判断结构重要度系数的大小，并排出结构重要度顺序。第一种方法精确度更高，但如果基本事件较多时，则计算工作量会非常大；第二种精确度稍微差一些，但是操作简单，是目前常用的计算方法。

5. 事故树定量分析

事故树定量分析的任务是在求出各基本事件发生概率的情况下，计算或估算系统顶上事件发生的概率以及系统的有关可靠性特性，并以此为据，综合考虑事故（顶上事件）的损失严重度，与预定的目标进行比较。如果得到的结果超过了允许目标，则必须采取相应的改进措施，使其降至允许值以下。

在进行定量分析时，应满足如下几个条件：①各基本事件的故障参数或故障率已知，并且数据可靠，否则计算结果误差大；②在事故树中应完全包括主要故障模式；③对全部事件用布尔代数作出正确的描述。

此外，一般还要作 3 点假设：①基本事件之间是相互独立的；②基本事件和顶上事件都只有两种状态，发生或不发生（正常或故障）；③一般情况下，故障分布都假设为指数分布。

进行定量分析的方法很多，这里介绍几种常用的方法。

1) 结构函数

结构函数的定义：若事故树有 n 个互不相同的基本事件，每个基本事件只有发生和不发生两种状态，且分别用数值 1 和 0 表示。因此，基本事件 i 的状态可记为

$$x_i = \begin{cases} 1, & \text{基本事件发生} \\ 0, & \text{基本事件不发生} \end{cases} \quad i = (1,2,\cdots,n) \tag{3-1}$$

若事故树有 n 个相互独立的基本事件，则各个基本事件相互组合具有 2^n 种状态。各基本事件状态的不同组合，又构成顶上事件的不同状态。用变量 Φ 表示，则有

$$\Phi(x) = \begin{cases} 1, & \text{顶上事件发生} \\ 0, & \text{顶上事件不发生} \end{cases} \tag{3-2}$$

因为顶上事件的状态 Φ 完全取决于基本事件 i 的状态变量 $x_i (i=1, 2, \cdots, n)$，所以 Φ 是 x 的函数，即 $\Phi = \Phi(x)$。

结构函数的性质：结构函数 $\Phi(x)$ 具有如下性质：

当事故中基本事件都发生时，顶上事件必然发生；当所有基本事件都不发生时，顶上事件必然不发生。

当除基本事件 i 以外的其他基本事件固定为某一状态，基本事件 i 由不发生转变为发生时，顶上事件可能维持不发生状态，也可能由不发生转变为发生状态。

由任意事故树描述的系统状态，可以用全部基本事件做成"或"结合的事故树表示系统的最劣状态（顶上事件最容易发生）；可以用全部基本事件做成"与"结合的事故树表示系统的最佳状态（顶上事件最难发生）。

2) 基本事件发生概率

为了计算顶上事件的发生概率，首先确定各个基本事件的发生概率，这样才可以根据所取得的结果与预定的目标值进行比较。因而合理确定基本事件的发生

概率，是事故树定量分析的基础工作，也是决定定量分析成败的关键工作。基本事件的发生概率可分为两大类：机械或设备的元件故障概率与人的失误率。

以下内容主要介绍的是元件故障率的计算方法。

机械或设备单元的故障概率，可通过其故障概率进行计算。

对一般可修复系统，元件或单元的故障概率为

$$q = \frac{\lambda}{\lambda + \mu} \tag{3-3}$$

式中，μ 为可维修度，是反映单元维修难易程度的数量标度；λ 为元件或单元的故障率，是单位时间或周期内故障发生的概率，它是元件平均故障间隔期间（或称平均无故障时间，MTBF）的倒数，

$$\lambda = \frac{1}{\text{MTBF}} \tag{3-4}$$

一般 MTBF 由生产厂家给出，或通过实验得出。它是元件到故障发生时运行时间 t_i 的算术平均值，即

$$\text{MTBF} = \frac{\sum_{i=1}^{n} t_i}{n} \tag{3-5}$$

式中，n 为所测元件的个数。元件在实验室条件下测出的故障率为 λ_0，即故障率数据库储存的数据。为准确开展事故树的定量分析，科学地进行定量安全评价，应积累并建立故障率数据库，用计算机进行存储和检索。许多工业发达的国家都建立了故障率数据库，我国也有少数行业开始进行建库工作，但数据还相当缺乏，对此还要进行长期的工作研究。

3）基本事件的概率重要度和临界重要度分析

事故树的基本事件的重要度，仅仅以结构重要度评价是不够的。因为结构重要度只分析了各基本事件的重要程度，因而它是在忽略了各基本事件发生概率不同影响的情况下，分析各基本事件的重要程度的。而往往在分析各基本事件重要度时，必须考虑各基本事件发生概率的变化对顶上事件发生概率的影响，即对事故树进行定量的概率重要度分析。

利用顶上事件发生概率函数是一个关于基本事件发生概率的多重线性函数这一特性，只要对自变量 q_i 求一次偏导就可以得到该基本事件的概率重要度系数，即顶上事件发生概率对基本事件 i 发生概率的变化率。式（3-6）中，I_g 为第 i 个基本事件的概率重要度系数。

$$I_g(i) = \frac{\partial g}{\partial q_i} \tag{3-6}$$

式中，I_g 为第 i 个基本事件的概率重要度系数。

　　基本事件的概率重要度系数，只反映了基本事件发生概率改变 Δq 与顶上事件发生变化 Δg 之间的关系，并没有反映基本事件本身的发生概率对顶上事件发生概率的影响。当各基本事件的发生概率不等时，如果将各基本事件发生概率都改变 Δq，则对发生概率大的事件进行这样的改变就比发生概率小的事件来得容易。因此，用基本事件发生概率的变化率（$\Delta q_i/q_i$）与顶上事件发生概率的变化率（$\Delta q_i/g$）比值来确定事件 I 的重要程度更有实际意义。这个比值称为临界重要度系数，即

$$I_G(i) = \frac{\partial \ln g}{\partial \ln q_i} = \frac{\partial g}{g} \Big/ \frac{\partial q_i}{q_i} = \frac{q_i}{g} I_g(i) \tag{3-7}$$

式中，$I_G(i)$ 为第 i 个基本事件的临界重要度系数。

3.3.6　事件树分析

1. 方法简介

　　事件树分析（event tree analysis，ETA）是根据系统工程里的决策论对某一问题的初始事件后续过程依次采用两元决策以确定事故状况的一种分析方法，它是系统安全工程的重要分析方法之一。其目的是为了判断初始事件是否会演变成严重事故，或者能否利用系统设计采用的安全系统和安全规程有效控制该事件。ETA 能获得单一初始事件可能导致的各种不同后果，并能够计算各种后果的概率。

　　事件树的理论基础是系统工程里的决策论。所谓决策，就是为解决当前或未来可能发生的问题，选择最佳方案的一种过程。以往，人们的决策往往凭经验和主观判断，而决策论则是在做某项工作或从事某项工程之前，通过分析、评价各种可能的结果，权衡利弊，根据科学的判断和预测做出最佳决策的一种系统的方法论。决策论中的一种决策方法是用决策树进行决策的，而事件树分析则是从决策树引申而来的一种辨识和评估潜在事故情境各中间事件的分析方法。

　　事件树分析方法的产生与发展源于美国商用核电站风险评价（WASH-1400）研究。1974 年，WASH-1400 小组在运用事故树分析方法对核电站进行概要性风险评估时，他们意识到事故树分析法非常繁杂、庞大，不便于使用。于是在保留 FTA 部分特点的基础上利用 ETA 将分析结果压缩成一个更适于管理的图形，创造了更倾向于采用决策性框图分析的事件树分析法。这种方法现已成为许多国家

的标准化的分析方法。

2. 基本概念介绍

1) 事故情境

事故情境(accident scenario)是指最终导致事故的一系列事件。该序列事件通常起始于初始事件，后续的一个或多个中间事件，最终导致不希望发生的事件或状态。回答"什么可能出错?"有助于对事故情境进行分析。事故情境示意图如 3-14 所示。

图 3-14　事故情境示意图

2) 初始事件

初始事件(initiating event)是指导致故障或不希望事件的系列事件的起始事件。初始事件是否会导致事故，取决于系统设计时针对危险的控制措施是否正常起到作用。

3) 中间事件

中间事件(intermediate event)又叫环节事件或枢轴事件，是初始事件与最终结果之间的中间事件。中间事件是系统设计时阻止初始事件演变为事故的安全控制措施。如果它正常发挥作用，则会阻止事故情境的发生；如果它控制失效，则事故情境将继续向下发展。

4) 事件树

事件树(event tree)指用来进行事故情景建模的，用图形方式所表达的多结果事故情境。图 3-15 是进行事件树建树的基本过程图。

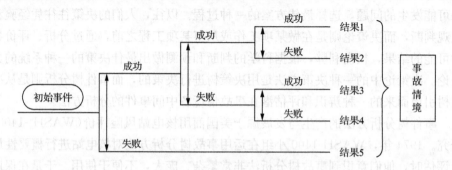

图 3-15　事件树基本构成图

3. ETA 分析流程

ETA 基于二态逻辑，也就是每个事件都有发生或不发生两种结果，每个部件都有正常或故障两种状态，这种假设有利于分析某个故障或不期望事件导致的后果。每个事件树以一个初始事件为起点，如温度/压力上升、危险物质泄漏等，这些事件都可能导致一起事故。沿着一系列可能的路径就能得到事件的最终结果。每条路径都有各自的发生概率，由此可以计算各种可能的概率。图 3-16 是该分析方法的概要图。

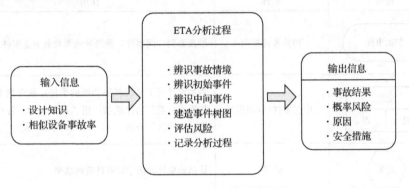

图 3-16　ETA 分析过程概要图

3.3.7　因果分析法

1. 方法简介

因果分析方法（cause-consequence analysis，CCA）是事故树分析与事件树分析的结合，是将树逆推的特点融为一体的方法，使用双向展开的图解法，向前是事件结果，向后是事件的基本原因。其目的是辨识某一初始事件可能导致的各种原因，通常始于一个意外事件而以不希望的结果结束。

3.3.5 节和 3.3.6 节分别介绍了事故树分析和事件树分析，二者是截然不同的两种分析方法。前者在逻辑上称为演绎分析法，是一种静态的微观分析方法；后者逻辑上称为归纳分析法，是一种动态的宏观分析法。两者各具优点，但同时也有不足之处。为了对斯堪的纳维亚地区的一些国家的核电站进行可靠性分析和风险分析，丹麦瑞索（RISO）国家实验室在 20 世纪 70 年代将这两种方法的长处充分融合，弥补各自之短，进而推出了将二者结合的方法，即因果分析方法。

2. 基本概念介绍

因果分析原因部分是指系统所要面临的希望发生和不希望发生的事件或条

件，不希望发生的事件通常为事故树顶上事件，而且可以求出其发生概率。

结果所体现的是进行中间事件的控制措施的成功和失败的状态，可以获得每个中间事件的成功或失败的概率数据。

因果分析方法是事故树分析与事件树分析的结合，因而其涉及的基本概念，如初始事件、中间事件、事故情境和事件树的相同，逻辑符号的使用与事故树的相同。因果分析法是通过因果图来确定的，因果图基本符号如表 3-6 所示。

表 3-6　因果图基本符号说明

符号	名称	作用
初始事件	初始事件框图	触发系列中间事件，最终导致事故的独立事件
功能 是　否	中间事件(双向框)	表示元件或子系统某项功能的事件，通常指安全防护手段。若其功能成功，用"是"表示；若功能失败，用"否"表示
结果	结果	从初始事件经历中间事件后的结果
FT-n ⟹	事故树指针	指向引发初始事件或中间事件的事故时分析，用于辨识事件失效的原因，还可以进行概率分析

3. 因果分析法分析流程

进行因果分析时，其基础是辨识和形成事故情境，这一点与事件树分析相似，是从某一初始事件起做出事件树图，这一过程中如何挖掘中间事件很重要，一定要将初始事件可能导致的各种中间事件写清楚，判断这些作为阻止事故发生的安全控制措施或手段是否防范有效。因果分析还将事件树的初因事件和失败的中间事件作为顶上事件，采用事故树分析方法做出事故树图，以辨识事件产生的原因。

因果分析步骤如下所述。

(1) 确定及熟悉系统。明确系统、子系统的边界范围以及各部件的相互关系。

(2) 辨识事故情境。通过进行系统评估和危险分析以辨识系统设计中存在的危险和事故情境，如火灾导致的损失、过马路出现的交通事故。

(3) 辨识初始事件。初始事件是事件树中在一定条件下造成事故后果的最初原因事件，如着火、过马路、系统故障、设备失效、人员误操作或工艺过程异常。

　　(4) 辨识中间事件。辨识在系统设计中为避免初始事件发生而设置的安全防护措施，如烟感、火灾报警器等。

　　(5) 建造因果图。从初始事件分析中间事件，直至完成每个事件的结果；对初始事件和中间事件的失败环节进行事故树分析。

　　(6) 获取各事件失败概率。获取或计算初始事件和中间事件在事件树框图的发生概率，该数据可通过事故树分析方法获得。

　　(7) 评估风险。计算事件树每一分支的概率以求总概率。

　　(8) 控制措施。如果某分支风险不可接受，则需提出改进措施，并对危险进行跟踪。

　　(9) 建立文档，保存数据。

3.4　系统安全评价

　　系统安全评价，也称系统风险评价或系统危险评价，它是以实现系统安全为目的，利用系统安全工程原理和方法分析辨识与评价系统中存在的风险，然后根据评价结论提出科学、合理、可行的安全控制措施。

3.4.1　作业条件危险性评价法

　　作业条件危险性评价法(job risk analysis，JRA)又称为 LEC 法，是美国的格雷厄姆(Graham)和金尼(Kinney)基于风险概念本身对具有危险的作业环境所采取的评价方法。针对有危险的作业环境，事故发生的概率既与该作业环境本身发生的概率有关，还与人员暴露于该环境的状况有关，因而影响危险作业条件的因素可由 3 方面确定：①危险作业条件(或环境)发生事故的概率，通常用 L 表示。②人员暴露危险作业条件(或环境)的概率，通常用 E 表示。③事故一旦发生可能产生的后果，通常用 C 表示。

　　如果作业危险性评价结果用 D 表示，则作业危险性评价公式如下：

$$D = L \times E \times C \tag{3-8}$$

　　作业危险性评价法依据格雷厄姆和金尼确定的各值分级标准如图 3-17 所示，代入公式计算后，从而可以确定评价结果。D 值大，说明该系统危险性大，需要增加安全措施，或改变发生事故的可能性，或减少人体暴露于危险环境中的频繁程度，或减轻事故损失，直至调整到允许范围。

　　L 是指发生事故的可能性大小。事故或危险事件发生的可能性大小，当用概率来表示时，绝对不可能的事件发生的概率为 0；而必然发生的事件的概率为 1。

　　然而，在作系统安全考虑时，绝不发生事故是不可能的，所以人为地将"发生事故可能性极小"的分数定为0.1，而必然要发生的事件的分数定为10，介于这两种情况之间的情况指定了若干个中间值，L值分级标准如图3-17所示。

分数值	事故发生的可能(L)	分数值	人员暴露于危险环境的频繁程度(E)
10	完全可以预料到	10	连续暴露
6	相当可能	6	每天工作时间暴露
3	可能，但不经常	3	每周一次，或偶然暴露
1	可能性小，完全意外	2	每月一次暴露
0.5	很不可能，可以设想	1	每年几次暴露
0.2	极不可能	0.5	非常罕见的暴露
0.1	实际不可能		

$$D=L\times E\times C$$

分数值	事故严重度/万元	发生事故可能造成的后果(C)
100	>500	大灾难，许多人死亡，或造成重大的财产损失
40	100	灾难，数人死亡，或造成很大的财产损失
15	30	非常严重，1人死亡，或造成一定的财产损失
7	20	严重，重伤，或较小的财产损失
3	10	重大，致残，或很小的财产损失
1	1	引人注目，不利于基本的安全卫生要求

LEC法危险性分级依据

危险源级别	D值	危险程度
一级	>320	极其危险，不能继续作业
二级	160~320	高度危险，需要立即整改
三级	70~160	显著危险，需要整改
四级	20~70	一般危险，需要注意
五级	<20	稍有危险，可以接受

图3-17　LEC分级法

　　E是指暴露于危险环境的频繁程度。人员出现在危险环境中的时间越长，则危险性越大。规定连接现在危险环境的情况定为10，而非常罕见地出现在危险环境中定为0.5。同样，将介于两者之间的各种情况规定若干个中间值，E值分级标准如图3-17所示。

　　C是指发生事故产生的后果。事故造成的人身伤害变化范围很大，对伤亡事故来说，可从极小的轻伤直到多人死亡的严重结果。由于范围广阔，所以规定分数值为 1～100，把需要救护的轻微伤害规定分数为 1，把造成多人死亡的可能性分数规定为 100。其他情况的数值均为 1～100，C 值分级标准如图 3-17 所示。

D 是指危险性分值。根据公式就可以计算作业的危险程度，但关键是如何确定各个分值和总分的评价。根据经验，总分在 20 以下被认为是低危险的，这样的危险比日常生活中骑自行车去上班还要安全些；如果危险分值到达 70～160，那就有显著的危险性，需要及时整改；如果危险分值为 160～320，那么这是一种必须立即采取措施进行整改的高度危险环境；分值在 320 以上的高分值表示环境非常危险，应立即停止生产直到环境得到改善为止。危险等级的划分是凭经验判断，难免带有局限性，不能认为是普遍适用的，应用时需要根据实际情况予以修正。危险等级划分如图 3-17 所示。

作业危险性评价方法是评价人们在某种具有潜在危险的作业条件(或环境)中进行作业的危险程度，该法简单易行，危险程度的级别划分比较清楚。但是，由于该方法主要是根据经验来确定 3 个因素的分数值，随系统的变化，其应用具有局限性，因而应用时可根据行业特点或系统特点对其进行修正。

3.4.2　美国道化学公司火灾爆炸指数评价法

1. 方法简介

美国道化学公司自 1964 年开发"火灾、爆炸危险指数评价法"（第一版）以来，历经 29 年，不断修改完善，在 1993 年推出了第七版。道化学公司"火灾、爆炸危险性指数评价法"（简称道工版）是以工艺过程中物料的火灾、爆炸的潜在危险性为基础，结合工艺条件、物料量等因素求取火灾、爆炸指数，以已往的事故统计资料及物质的潜在能量和现行安全措施为依据，以可能造成的经济损失来评估生产装置的安全性。

2. 评价步骤

道化学火灾、爆炸指数评价法的基本步骤如图 3-18 所示。

3.4.3　英国帝国化学公司蒙德法

1. 方法简介

英国帝国化学公司(ICI)蒙德(Mond)工厂，在美国道化学公司安全评价法的基础上，提出了一个更加全面、更加系统的安全评价法——英国帝国化学公司蒙德法，简称 ICI/Mond 法。

该方法与道化学公司的方法原理相同，都是基于物质系数法。在肯定道化学

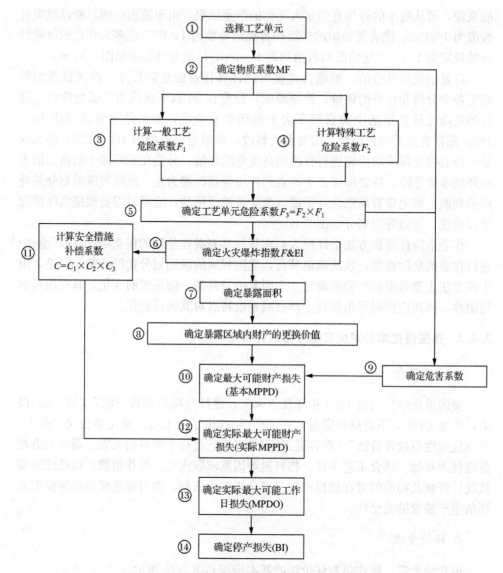

① 选择工艺单元

② 确定物质系数MF

③ 计算一般工艺危险系数F_1

④ 计算特殊工艺危险系数F_2

⑤ 确定工艺单元危险系数$F_3=F_2 \times F_1$

⑪ 计算安全措施补偿系数 $C=C_1 \times C_2 \times C_3$

⑥ 确定火灾爆炸指数F&EI

⑦ 确定暴露面积

⑧ 确定暴露区域内财产的更换价值

⑨ 确定危害系数

⑩ 确定最大可能财产损失（基本MPPD）

⑫ 确定实际最大可能财产损失(实际MPPD)

⑬ 确定实际最大可能工作日损失(MPDO)

⑭ 确定停产损失(BI)

图 3-18　道化学火灾、爆炸指数评价法的基本步骤

公司的火灾、爆炸危险指数评价法的同时，增加了毒性的概念和计算、增加了几个特殊工程类型的危险性并发展了某些补偿系数。该方法在考虑对系统安全的影响因素方面更加全面、更注意系统性，而且注意到在采取措施、改进工艺后根据反馈的信息修正危险性指数，能对较大范围内的工程及储存设备进行研究，突出了该方法的动态特性。

2. 评价步骤

蒙德火灾、爆炸、毒性指标评价方法的步骤如图 3-19 所示。

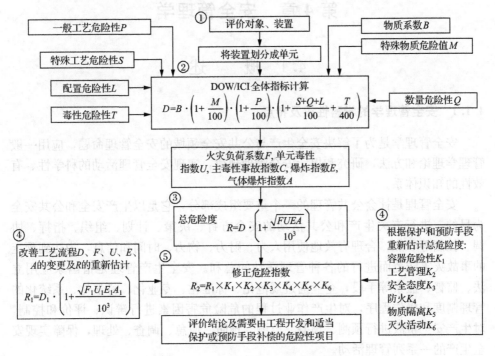

图 3-19　DOW/ICI Mond 安全评价图

第 4 章 安全管理学

4.1 概 述

4.1.1 安全管理学的学科性质及特点

安全管理学是为了解决安全生产与公共安全领域的安全管理命题，应用一般管理学理论和方法，研究和揭示安全管理规律，实现安全管理活动的科学性、有效性的知识体系。

安全管理是社会公共管理的一个重要组成部分，它是以生产安全和公共安全为目的，进行有关生产和公共活动的安全方针、决策、计划、组织、指挥、协调、控制等职能，合理有效地使用人力、财力、物力、时间和信息，为达到预定的事故灾害防范而进行的各种管理活动的总和。安全生产管理是指国家应用立法、监督、监察等手段，企业通过规范化、标准化、专业化、科学化、系统化的管理制度和操作程序，对生产作业过程的危险危害因素进行辨识、评价和控制，对生产安全事故进行预测、预警、监测、预防、应急、调查、处理，保障实现安全生产的一系列管理活动。

1. 安全管理的学科性质及特点

安全管理学首先属于社会科学范畴，但又不是一般意义上的社会学。安全管理学涉及对人因、设备、工艺、环境因素的管理，安全管理学既以社会科学为基础，又涉及自然科学因素，因此具有综合性、交叉性的学科特点。

2. 安全管理学的学科地位及作用

安全管理学是安全科学技术体系中重要和实用的二级学科。从科学属性角度，安全管理学属于软科学范畴；在学科体系中，安全管理学属社会科学范畴。

基于安全科学的对策原理，安全管理是重要的安全"三E"对策之一。通过人类长期的安全活动实践，以及安全科学与事故理论的研究和发展，人们已清楚地认识到，要有效地预防生产与生活中的事故、保障人类的安全生产和安全生活，人类有"三E"安全对策：一是安全工程技术对策(engineering)，这是技术系统本质安全化的重要手段；二是安全教育对策(education)，这是人因安全素质的重要保障措施；三是安全管理对策(enforcement)，这一对策既涉及物的因素，即对生产过程设备、设施、工具和生产环境的标准化、规范化管理，也涉及人的因素，即作业人员的行为科学管理等。因此，安全管理科学是安全科学技术体系中重要的分支学科，是人类预防事故的"三大对策"的重要方面。

基于安全保障的层次"三 P"原理：事前预防(prevention)、事中应急(pacification)事后惩戒(preception)，安全管理的功能和作用贯穿于整个层次体系，即安全管理在超前预防、应急管理和事后管制层次都具有重要的作用和功能。

4.1.2　安全管理学的范畴及研究内容

基于科学学的基本原理，安全管理学的研究内容和理论方法体系可概括地归纳于表 4-1。

表 4-1　基于科学学原理的安全管理学内容四层次结构

学科层次	学科理论与方法特征	主要学科内容
工程技术	安全管理技术的方法与手段	安全法制、安全管理制度、安全管理体系、安全标准化管理方法、安全行政许可制度、安全监察技术、职业安全健康管理、安全基础管理方法、安全风险管理技术、安全管理模式等
技术科学	安全管理学的应用基础理论	安全法学、安全管理原理、安全管理理论、安全管理体制、安全管理机制、安全管理模型、安全行为科学、安全心理学等
基础科学	安全管理学的基础科学	法学、管理科学、系统科学、数学科学、经济学、行为科学等
哲学	安全管理的认识论和方法论	安全管理理念、科学管理观、事故预防观等

4.1.3　安全管理理论的发展

人类的安全管理理论经历了四个发展阶段，如表 4-2 所示。

表 4-2　安全管理理论的发展

发展阶段	理论基础	管理模式	核心策略	对策特征
低级阶段	事故理论	经验型	凭经验	感性，生理本能
初级阶段	危险理论	制度型	用法制	责任制，规范化标准化
中级阶段	风险理论	系统型	靠科学	理性，系统化科学化
高级阶段	安全原理	本质型	兴文化	文化力，人本物本原则

第一阶段：在人类工业发展初期，发展了事故学理论，建立在事故致因分析理论基础上，是经验型的管理方式，这一阶段常常被称为传统安全管理阶段。

第二阶段：在电气化时代，发展了危险理论，建立在危险分析理论基础上，具有超前预防型的管理特征，这一阶段提出了规范化、标准化管理，常常被称为科学管理的初级阶段。

第三阶段：在信息化时代，发展了风险理论，建立在风险控制理论基础上，具有系统化管理的特征，这一阶段提出了风险管理，是科学管理的高级阶段。

第四阶段：进入 21 世纪，发展了安全原理，以本质安全为管理目标，推进兴文化的人本安全和强科技的物本安全，是实现安全管理的理想境界。

上述四个阶段管理理论，对应的具有 4 种管理模式。

(1) 事故型管理模式：以事故为管理对象；管理的程式是事故发生—现场调查—分析原因—找出主要原因—理出整改措施—实施整改—效果评价和反馈，这种管理模型的特点是经验型，缺点是事后整改，成本高，不符合预防的原则。

(2) 缺陷型管理模式：以缺陷或隐患为管理对象，管理的程式是查找隐患—分析成因—找到关键问题—提出整改方案—实施整改—效果评价，其特点是超前管理、预防型、标本兼治，缺点是系统全面有限、被动式、实时性差、从上而下、缺乏现场参与、无合理分级、复杂动态风险失控等。

(3) 风险型管理模式：以风险为管理对象，管理的程式是进行风险全面辨识—风险科学分级评价—制定风险防范方案—风险实时预报—风险适时预警—风险及时预控—风险消除或削减—风险控制在可接受水平，其特点是风险管理类型全面、过程系统、现场主动参与、防范动态实时、科学分级、有效预警预控，其缺点是专业化程度高、应用难度大、需要不断改进。

(4) 安全目标型管理模式：以安全系统为管理对象，全面的安全管理目标，管理程式是制定安全目标—分解目标—管理方案设计—管理方案实施—适时评审—管理目标实现—管理目标优化，管理的特点是全面性、预防性、系统性、科学性的综合策略，缺点是成本高、技术性强，还处于探索阶段。

可以说，在不同层次安全管理理论的指导下，企业安全生产管理经历了两次大的飞跃，第一次是从经验管理到科学管理的飞跃，第二次是从科学管理到文化管理的飞跃。目前，我国的多数企业已经完成或正在进行着第一次的飞跃，少数较为现代的企业在探索第二次飞跃。

4.2　安全管理的基本原理

安全管理的基本原理基于安全科学原理。从理论层次角度，安全科学原理包括基本概念、基础理论、应用理论和技术方法等，为安全管理工作明确了基本法则或方法论。基本概念及安全科学公理、定理、定律等基本理论已在前面章节介绍，本节主要介绍安全系统论、安全信息论、安全控制论、安全协调学等安全管理原理。

4.2.1　安全系统论原理

系统科学是研究系统一般规律、系统的结构和系统优化的科学，它对于管理也具有一般方法论的意义。因此，系统科学最基本的理论，即系统论、控制论和信息论，对现代企业的安全管理具有基本的理论指导意义。从系统科学原理出发，用系统论来指导认识安全管理的要素、关系和方向；用控制论来论证安全管理的对象、本质、目标和方法；用信息论来指导安全管理的过程、方式和策略。通过安全系统理论和原理的认识和研究，将能提高现代企业安全管理的层次和水平。

系统原理就是运用系统理论对管理进行系统分析，以达到科学管理的优化目标。系统原理的掌握和运用对提高管理效能有重大作用。掌握和运用系统原理必须把握系统理论和系统分析。

1. 系统科学基本理论

系统理论是指把对象视为系统进行研究的一般理论。其基本概念是系统、要素。系统是指由若干相互联系、相互作用的要素所构成的有特定功能与目的的有机整体。系统按其组成性质，分为自然系统、社会系统、思维系统、人工系统、复合系统等；按系统与环境的关系分为孤立系统、封闭系统和开放系统。系统具有 6 方面的特性。

（1）整体性，指充分发挥系统与系统、子系统与子系统之间的制约作用，以达到系统的整体效应。

（2）稳定性，即系统由于内部子系统或要素的运动，总是使整个系统趋向某一个稳定状态。其表现是在外界相对微小的干扰下，系统的输出和输入之间的关系、系统的状态和系统的内部秩序（即结构）保持不变，或经过调节控制而保持不变的性质。

（3）有机联系性，即系统内部各要素之间以及系统与环境之间相互联系、相互作用。

（4）目的性，即系统在一定环境下，必然具有达到最终状态的特性，它贯穿于系统发展的全过程。

（5）动态性，即系统内部各要素间的关系及系统与环境的关系是时间的函数，其随着时间的推移而转变。

（6）结构决定功能的特性，系统的结构指系统内部各要素的排列组合方式，系统的整体功能是由各要素的组合方式决定的。要素是构成系统的基础，但一个系统的属性并不只由要素决定，它还依赖于系统的结构。

2. 系统基本分析

系统分析是如何确定系统的各组成部分及相互关系，使系统达到最优化而对系统进行的研究。它包括 6 个方面：了解系统的要素，分析系统是由哪些要素构成的；分析系统的结构，研究系统各个要素相互作用的方式是什么；弄清系统的功能；研究系统的联系；把握系统历史；探讨系统的改进。

3. 安全系统的构成

从安全系统的动态特性出发，人类的安全系统是由人、社会、环境、技术、经济等因素构成的大协调系统。无论从社会的局部还是整体来看，人类的安全生产与生存需要多因素的协调与组织才能实现。安全系统的基本功能和任务是满足人类安全的生产与生存，以及保障社会经济生产发展的需要，因此安全活动要以保障社会生产、促进社会经济发展、降低事故和灾害对人类自身生命和健康的影响为目的。为此，安全活动首先应与社会发展基础、科学技术背景和经济条件相适应和相协调。安全活动的进行需要经济和科学技术等资源的支持，安全活动既是一种消费活动(为生命与健康安全为目的)，也是一种投资活动(以保障经济生产和社会发展为目的)。

从安全系统的静态特性看，安全系统论原理要研究两个系统对象，一是事故系统，二是安全系统。

事故系统涉及 4 个要素，通常称为"4M"要素，即人(men)——人的不安全行为；机(machine)——机的不安全状态；环境(medium)——生产环境的不良；管理(management)——管理的欠缺。但是重要的因素是管理，因为管理对人、机、境都会产生作用和影响。

认识事故系统因素，使我们对防范事故有了基本的目标和对象。但是，要提高事故的防范水平，建立安全系统才是更为有意义的。安全系统的要素是：人——人的安全素质(心理与生理；安全能力；文化素质)；物——设备与环境的安全可靠性(设计安全性；制造安全性；使用安全性)；能量——生产过程能的安全作用(能的有效控制)；信息——充分可靠的安全信息流(管理效能的充分发挥)是安全的基础保障。认识事故系统要素，对指导我们从打破事故系统来保障人类的安全具有实际的意义，这种认识带有事后型的色彩，是被动、滞后的，而从安全系统的角度出发，则具有超前和预防的意义。因此，从建设安全系统的角度来认识安全原理更具有理性的意义，更符合科学性原则。

4. 安全系统的优化

可以说，安全科学、安全工程技术学科的任务就是为了实现安全系统的优化。特别是安全管理，更是控制人、机、环境 3 要素，以及协调人、物、能量、信息 4 元素的重要工具。

其中一个重要的认识是，不仅要从要素个别出发研究和分析系统的元素，如安全教育、安全行为科学研究和分析人的要素，安全技术、工业卫生研究物的要素，更有意义的是要从整体出发研究安全系统的结构、关系和运行过程等，安全系统工程、安全人机工程、安全科学管理等则能实现这一要求和目标。

4.2.2　安全信息论原理

1. 信息的概念

当代信息科学技术发展异常迅速，极大地推动了社会生产发展和科学技术进步，引起了世界各国的普遍关注。科学家预言，未来信息科学将与材料科学、能源科学并驾齐驱，成为三大主要科学之一。

信息是现代社会发展的产物，其概念有多种。有的认为信息是具有新内容、新知识的消息；有的认为信息是关于环境事实可通信的知识；也有的认为信息是一种资料或情报，用于沟通企业组织机构相互的意见，交流人员思想，反映生产经营的活动情况等。这些给予信息的定义，虽然具有一定的道理，但是并没有揭示出信息的本质，只是对信息的外延现象和作用用了一些表述，用于指导人们对自然界、社会中存在的所有信息的认识，尚不能满足应用的客观要求。例如，在自然界中存在的地球运动、植物生长、动物生存等各种自然信息，在社会中存在的人际关系、经济发展、商品流通、生产安危等各种社会信息，不管它是不是可通信的新内容、新知识，但都是客观存在的，而且需要加以认识和利用。

在探索信息的内在联系及其运动规律中认识到：信息存在于一切事物之中，每一事物的发展过程始终存在着信息；事物的发展变化的事实是信息的本质，事物发展的表现形式是信息的外延现象。世界上没有无信息的事物。但如何获取信息，必须依据事物之间存在的差异所具有的表现形式（如物质行为，以及用来反映事物变化的文字、数量、符号、图像、信号等形式）才能获知。也就是说，信息是由事物发展变化的事实和能被人们认识的表现形式，即由信息的内涵本质与外延现象构成的。

2. 安全信息的概念

安全信息是安全活动所依赖的资源，安全信息是反映人类安全事物和安全活动之间的差异及其变化的一种形式。安全科学是一门新兴的交叉学科。安全科学的发展，离不开信息科学技术的应用。安全管理就是借助于大量的安全信息进行管理，其现代化水平决定于信息科学技术在安全管理中的应用程度。只有充分发挥和利用信息科学技术，才能使安全管理工作在社会生产现代化的进程中发挥积极的指导作用。

在日常生产活动中，各种安全标志、安全信号就是信息，各种伤亡事故的统计分析也是信息。掌握了准确的信息，就能进行正确的决策，从而就能更好地为提高企业的安全生产管理水平服务。

安全信息原理要研究安全信息定义、类型，安全信息的获取、处理、存储、传输等技术。安全信息类型分为一次安全信息和二次安全信息。一次安全信息指生产和生活过程中的人-机-境客观安全性，以及发生事故后的现场。二次安全信息包括安全法规、条例、政策、标准，安全科学理论、技术文献，企业安全规划、总结、分析报告等。安全信息流技术要认识生产和生活中的人-人信息流，人-机信息流，人-境信息流，机-境信息流等。安全信息动力技术涉及系统管理网络、检验工程技术，监督、检查、规范化和标准化的科学管理等。

3. 安全信息的功能

(1) 安全信息是企业编制安全管理方案的依据。企业在编制安全管理方案、确定目标值和保证措施时，需要有大量可靠的信息作为依据。例如，既要有安全生产方针、政策、法规和上级安全指示、要求等指令性信息，又要有安全内部历年来安全工作经验教训、各项安全目标实现的数据，以及通过事故预测获知的生产安危等信息，来作为安全决策的依据，这样才能编制出符合实际的安全目标和保证措施。

(2) 安全信息具有间接预防事故的功能。安全生产过程是一个极其复杂的系统，不仅同静态的人、机、环境有联系，而且同动态的人、机、环境结合的生产实践活动有联系，同时又与安全管理效果有关。如何对其进行有效的安全组织、协调和控制，主要是通过安全指令性信息(如安全生产方针、政策、法规，安全工作计划和领导指示、要求)，统一生产现场员工的安全操作和安全生产行为，促使生产实践规律运动，以预防事故的发生，这样安全信息就具有了间接预防事故的功能。

(3) 安全信息具有间接控制事故的功能。在生产实践活动中，员工的各种异常行为，工具、设备等物质的各种异常状态等大量生产的不良信息，均是导致事故的因素。企业管理人员通过安全信息的管理方式，获知了不利安全生产的异常信息之后，通过采取安全教育、安全工程技术、安全管理手段等，改变了人的异常行为、物的异常状态，使之达到安全生产的客观要求，这样安全信息就具有了间接控制事故的功能。

4. 安全信息的分类

依据不同的方式和原则，安全信息可有不同的分类方式。

从信息的形态来划分，安全信息划分为一次信息，即原始的安全信息，如事故现场，生产现场的人、机器、环境的客观安全性等；二次信息，即经过加工处理过的安全信息，如法规、规程、标准、文献、经验、报告、规划、总结等。

从应用的角度，安全信息可划分为以下 3 种类型。

1) 生产安全状态信息

生产安全状态信息包括以下内容。

(1) 生产安全信息，如从事生产活动人员的安全意识、安全技术水平，以及遵章守纪等安全行为；投产使用工具、设备(包括安技装备)的完好程度，以及在使用中的安全状态；生产能源、材料及生产环境等，符合安全生产客观要求的各种良好状态；各生产单位、生产人员及主要生产设备连续安全生产的时间；安全生产的先进单位、先进个人的数量，以及安全生产的经验等。

(2) 生产异常信息，如从事生产实践活动人员，违章指挥、违章作业等违背生产规律的各种异常行为；投产使用的非标准、超载运行的设备，以及有其他缺陷的各种工具、设备的异常状态；生产能源、生产用料和生产环境中的物质，不符合安全生产要求的各种异常状态；没有制定安全技术措施的生产工程、生产项目等无章可循的生产活动；违章人员、生产隐患及安全工作问题的数量等。

(3) 生产事故信息，如发生事故的单位和事故人员的姓名、性别、年龄、工种、工级等情况；事故发生的时间、地点、人物、原因、经过，以及事故造成的危害；参加事故抢救的人员、经过，以及采取的应急措施；事故调查、讨论分析的经过和事故原因、责任、处理情况，以及防范措施；事故类别、性质、等级，以及各类事故的数量等。

2) 安全活动信息

安全活动信息来源于安全管理实践，具有反映安全工作情况的作用。具体包括以下内容。

(1) 安全组织领导信息，主要有安全生产方针、政策、法规和上级安全指示、要求的贯彻落实情况；安全生产责任制的建立、健全及贯彻执行情况；安全会议制度的建立及实际活动情况；安全组织保证体系的建立、安全机构人员的配备及其作用发挥的情况；安全工作计划的编制、执行，以及安全竞赛、评比、总结表彰情况等。

(2) 安全教育信息，主要有各级领导干部、各类人员的思想动向及存在的问题；安全宣传形式的确立及应用情况；安全教育的方法、内容，受教育的人数、时间；安全教育的成果，考试人员的数量、成绩；安全档案、卡片建立及时性的应用情况等。

（3）安全检查信息，主要有安全检查的组织领导，检查的时间、方法、内容；查出的安全工作问题和生产隐患的数量、内容；隐患整改的数量、内容和违章等问题的处理；没有整改和限期整改的隐患及待处理的其他问题等。

（4）安全指标信息，主要有各类事故的预计控制率，实际发生率及查处率；职工安全教育率、合格率、违章率及查处率；隐患检出率、整改率，安措项目完成率；安全技术装备率、尘毒危害治理率；设备定试率、定检率、完好率等。

3）安全指令性信息

安全指令性信息来源于安全生产与安全管理，具有指导安全工作和安全生产的作用。其主要内容如下：

（1）安全生产方针、政策、法规和上级主管部门及领导的安全指示、要求。

（2）安全工作计划的各项指标。

（3）安措计划。

（4）企业现行的各种安全法规。

（5）隐患整改通知书、违章处理通知书等。

5. 安全信息应用的方式、方法

依据安全信息所具有的反映安全事物和活动差异及其变化的功能，从中获知人们对物的本质安全程度、人的安全素质、管理对安全工作的重视程度、安全教育与安全检查的效果、安全法规的执行和安全技术装备使用的情况，以及生产实践中存在的隐患、发生事故的情况等状况，用于指导安全管理，消除隐患，改进安全生产状况，从而达到预防、控制事故的目的。

1）安全信息应用的方式

安全信息应用方式是指依据安全管理的需求，运用安全管理规律和安全管理技术而确立的对安全信息进行应用管理的形式。大致分为以下几种。

（1）安全管理记录：安全会议记录、安全调度记录、安全教育记录、安全检查记录、违章登记、隐患登记、事故登记、事故调查记录、事故讨论分析记录等；

（2）安全管理报表：事故速报表、事故月报表、安全管理工作月报表等；

（3）安全管理登记表：伤亡事故登记表、非伤亡事故登记书、重大隐患整改表、违安人员控制表等；

（4）安全管理台账：事故统计台账、职工安全管理统计台账、隐患统计台账、安全天数管理台账等；

（5）安全管理图表：安全组织体系、事故动态图和安全工作周期表等；

（6）安全管理卡片：职工安全卡片、安检人员卡片、尘毒危害人员卡片、工伤职工卡片、新工人卡片等；

　　(7) 安全管理档案：职工安全档案、事故档案、安全法规档案、计划总结档案、隐患管理档案、违安人员管理档案、安全文件档案、安全宣传教育档案、尘毒危害治理档案、安措工程档案、安技设备档案等；

　　(8) 安全管理通知书：隐患整改通知书，违章处理通知书等；

　　(9) 安全宣传信息：安全简报、安全板报、安全广播、安全标志、安全天数显示板、安全宣传教育室等。

　　2) 安全信息应用的方法

　　安全信息既来源于安全工作和生产实践活动，又反作用于安全工作和生产实践活动，它促进安全管理目的的实现。因此，对安全信息的管理，要抓住安全信息在安全工作和生产实践中流动这个中心环节，使之成为沟通安全管理的信息流。安全信息的应用方法，是以收集、加工、储存和反馈，这 4 个有序联系的环节，促使安全信息在企业安全管理中流通的。

　　3) 安全信息的收集方法

　　(1) 利用各种渠道收集安全生产方针、政策、法规和上级的安全指示、要求等。

　　(2) 利用各种渠道收集国内外安全管理情报，如安全管理，安全技术方面的著作、论文，安全生产的经验、教训等方面的资料。

　　(3) 通过安全工作汇报，安全工作计划、总结，安检人员、职工群众反映情况等形式，收集安全信息。

　　(4) 通过开展各种不同形式的安全检查和利用安全检查记录，收集安全检查信息。

　　(5) 利用安全技术装备，收集设备在运行中的安全运行、异常运行及事故信息。

　　(6) 利用安全会议记录、安全调度记录和安全教育记录，收集日常安全工作和安全生产信息。

　　(7) 利用事故登记、事故调查记录和事故讨论分析记录，收集事故信息。

　　(8) 利用违章登记、违安人员控制表，收集与掌握人的异常信息。

　　(9) 利用安全管理月报表、事故月报表，定期综合收集安全工作和安全生产信息。

　　4) 安全信息的加工

　　安全信息的加工，是提供规律信息、指导安全科学管理的重要环节。对信息进行加工处理，就是把大量的原始信息进行筛选、分类、排列、比较和计算，聚同分异、去伪存真，使之系统化、条理化，以便储存和使用。

　　(1) 利用事故统计台账，对事故的类别、等级、数量、频率、危害等进行综合分析，进而掌握事故的动向。

（2）利用隐患统计台账，对隐患的数量、等级、整改率、转化率进行综合统计分析，进而掌握隐患的发现、整改及导致事故的情况。

（3）利用职工安全统计台账，对职工的结构、安全培训、违安人员、发生事故等情况进行综合统计分析，进而掌握职工的安全动态。

（4）利用安全天数管理台账，对事故改变了安全局面，影响安全天数的事故单位、事故时间、类别、等级，以及过去连续安全天数等，进行定期累计，从中掌握企业的安全动态。

5）安全信息的储存

安全信息的储存的方法，除可利用各种安全管理记录、各种报表进行临时简易储存外，还可以利用如下信息管理形式进行定项、定期储存。

（1）利用安全管理台账，既可以对安全信息进行处理，又可以对安全信息进行积累储存待用。

（2）利用安全管理卡片，可以对安全管理人员、工伤职工、特种作业人员、新工人、尘毒危害人员的自然情况和动态变化，进行简易储存待用。

（3）利用安全管理档案，可以对安全信息进行综合、分类储存。

（4）也可以运用电子计算机，对安全信息进行加工处理和储存。

6）安全信息的反馈

安全信息的反馈，具有指导安全管理、改进安全工作和改变生产异常的作用。反馈的方式主要有两种：一是直接向信息源反馈；二是加工处理后集中反馈。

（1）通过领导讲话、指示、要求和安全工作计划、安全技术措施计划、安全法规的贯彻执行，对安全信息进行集中反馈。

（2）利用各种安全宣传教育形式，对安全信息进行间接反馈。

（3）利用各种管理图表，反映安全管理规律，安全工作进度和事故动态。

（4）发现人的异常行为、物的异常状态等生产异常信息，当即提出处理意见，直接向信息源进行反馈。

（5）利用违章处理通知书和隐患整改通知书，对违章人员和隐患提出处理意见，这也是对安全信息的一种反馈。

6. 安全信息的质量与价值

信息质量是指信息所具有的使用价值。信息的使用价值，是由收集信息的及时性，掌握信息的准确性和使用信息的适用性所构成的。信息的价值取决于以下几点。

1）信息的及时性

信息的及时性指收集和使用信息的时间，所具有的使用价值。如果不能及时地收集、使用应收集、使用的信息，错过了收集和使用的时间，信息就失去了应有的作用。这是因为，生产实践活动处在不断发展变化之中，生产中的安全与事故不仅同生产活动方式联系在一起，而且同人们对其管理也联系在一起。例如，人们在进行安全管理时，如果能够做到及时发现并及时纠正劳动者在生产中的异常行为，消除设备的异常状态，这样就能有效地控制住事故的发生。反之则不能及时发现劳动者的异常行为和设备的异常状态，如果不能及时地纠正劳动者的异常行为和消除设备的异常状态，迟早要导致事故的发生。由此可见，安全信息的使用价值与及时收集和及时使用联系在一起，因此安全信息的及时性，属于信息管理的质量范畴。

2）信息的准确性

信息的准确性，是指真实的、完整的安全信息所具有的全部使用价值。收集到的安全信息如果不真实或不完整，要影响信息的使用效果，有的可能失去应有的使用价值，有的可能失去部分使用价值，甚至导致做出不符合实际的使用决策，贻误了安全管理工作。例如，有一名高空作业人员没有按规定系安全带，原因是没有安全带，领导就决定让他上高空作业。在收集此件信息中，如果只收集到高空作业人员没有系安全带的违章作业行为，没有掌握到领导违章指挥的全部事实，这样在使用高空作业人员没有系安全带这个信息时，就会导致由于对信息掌握的不全面而影响信息使用的全部价值。其结果只解决了高空作业人员的违章作业问题，而没有解决领导者的违章指挥问题。

3）信息的适用性

信息的适用性，是指适用的安全信息所具有的使用价值。在应用安全信息加强安全管理中，收集掌握的安全信息，有的是储存的是直接可以使用的，有的是需加工后使用的，有的是储存待用的，也有的是无用的。其中，由于人们的需求和使用的时间、使用的方式、使用的对象不同，这样安全信息的适用性就决定了信息的使用价值。只有适用的安全信息才有使用价值。因此，在应用安全信息中，除要注意收集、选择直接能应用的信息外，还要学会加工处理信息，使它具有使用价值，这样才能更好地发挥信息的作用。

4）安全信息流

保证安全信息流的合理、高效状态是信息发挥其价值的前提。安全生产过程的信息流形态有人-人信息流（作业过程员工间的有效、可靠配合）；人-机信息流（机器、设备、工具的有效控制和操作）；人-境信息流（人对环境的感知），机-境信息流（高效的自动控制等）。

7. 安全信息的处理技术——安全管理信息系统

21世纪80年代以来，随着现代安全科学管理理论及安全工程技术和微机软、硬件技术的发展，在工业安全生产领域应用计算机作为安全生产辅助管理和事故信息处理的手段，得到了国内外许多企业和部门的重视。这一技术正在不断得到推广应用。国外很多专业领域，如航空工业系统、化工工业系统，以及美国国家职业安全卫生管理部门、国际劳工组织等机构，都建立了自己的安全工程技术数据库和开发了符合自己综合管理需要的系统。在国内，很多工业行业也都开发有适合自己行业使用的各种管理系统，如原劳动部门开发了劳动法规数据库和安全信息处理系统；航空、冶金、煤炭、化工、石油天然气等行业，都开发了事故管理系统、安全仿真培训系统等。

近几年来，国内各行业都在大力推行安全科学管理，有的行业开展了事故预测和安全评价技术的应用研究，并且在一定范围内获得了成功。

在安全信息技术方面，开发了很多实用软件，如"事故信息管理与分析系统"、"安全生产综合信息管理系统"、"职业安全健康法规、标准数据库系统"、"石油勘探开发安全生产多媒体培训系统"、"建筑安全生产多媒体培训系统"、"FTA树分析系统"、"安全评价系统"、"安全工程电子课件系统教材"、"危险源预控与应急信息系统"等。

对安全信息技术方面总的发展趋势进行分析，把现代的计算机技术与安全科学管理技术有机的结合；把安全系统管理和事故分析预测、预警、辅助决策相结合；利用多媒体技术和仿真技术提高安全教育和培训的功能和效果，将会大大促进现代企业安全管理、安全教育，提高事故预防能力和安全生产保障水平。

4.2.3 安全控制论原理

1. 一般控制论原理

管理学的控制原理认为，一项管理活动由四个方面的要素构成：一是控制者，即管理者和领导者。前者执行的主要是程序性控制、例行（常规）控制，后者执行的是职权性控制、例外（非常规）控制。二是控制对象，包括管理要素中的人、财、物、时间、信息等资源及其结构系统。三是控制手段和工具，主要包括管理的组织机构和管理法规、计算机、信息等。组织机构和管理法规保证控制活动的顺利进行，计算机可以提高控制效率，信息是管理活动沟通情况的桥梁。四是控制成果。管理学上的控制分为前馈控制和后馈控制、目标控制、行为控制、资源使用控制、结果控制等。

在安全管理领域，安全控制论要研究组织合理的安全生产的管理人员和领导者；明确事故防范的控制对象，对人员、安全投资、安全设备和设施、安全计划、安全信息和事故数据等要素有合理的组织和运行；建立合理的管理机制，设置有效的安全专业机构，制定实用的安全生产规章制度，开发基于计算机管理的安全信息管理系统；进行安全评价、审核、检查的成果总结机制等。

运用控制原理对安全生产进行科学管理，其过程包括三个基本步骤：一是建立安全生产的判断准则（指安全评价的内容）和标准（确定对优良程度的要求）；二是衡量安全生产实际管理活动与预定目标的偏差（通过获取、处理、解释事故、风险、隐患等安全管理信息，确定如何采取纠正上述偏差状态的措施）；三是采取相应的安全管理、安全教育以及安全工程技术等纠正不良偏差或隐患的措施。

安全控制是最终实现企业安全生产的根本。如何实现安全控制？怎样才能实现高效的安全控制？安全控制论原理为我们回答了上述问题。

2. 安全管理的一般性控制原则

从控制论理论中，可以得到以下安全管理的一般控制原则：①闭环控制原则，要求安全管理要讲求目的性和效果性，要有评价；②分层控制原则，安全的管理和技术的实现的设计要讲阶梯性和协调性；③分级控制原则，管理和控制要有主次，要讲求单项解决的原则；④动态控制性原则，无论技术上或管理上要有自组织、自适应的功能；⑤等同原则，无论是从人的角度还是物的角度必须是控制因素的功能大于和高于被控制因素的功能；⑥反馈原则，对于计划或系统的输入要有自检、评价、修正的功能。

3. 安全管理策略的一般控制原理

对于技术系统的管理，需要遵循以下一般控制原理：系统整体性原理、计划性原理、效果性原理、单项解决的原理、等同原理、全面管理的原理、责任制原理、精神与物质奖励相结合的原理、批评教育和惩罚原理、优化干部素质原理。

4. 预防事故的能量控制原理

预防事故的能量控制原理的立论依据是对事故本质的定义，即事故的本质是能量的不正常转移。这样，研究事故的规律则从事故的能量作用类型出发，研究机械能（动能、势能）、电能、化学能、热能、声能、辐射能的转移规律；研究能量转移作用的规律，即从能级的控制技术，研究能转移的时间和空间规律；预防事故的本质是能量控制，可通过对系统能量的消除、限值、疏导、屏蔽、隔离、转移、距离控制、时间控制、局部弱化、局部强化、系统闭锁等技术措施来控制能量的不正常转移。

5. 事故预防与控制的工程技术原理

在具体的事故预防工程技术对策中，一般要遵循以下技术性原理。

(1) 消除潜在危险的原理，即在本质上消除事故隐患，是理想的、积极的、进步的事故预防措施。其基本的作法是以新的系统、新的技术和工艺代替旧的不安全的系统和工艺，从根本上消除发生事故的基础。例如，用不可燃材料代替可燃材料；以导爆管技术代替导致火绳起爆的方法；改进机器设备，消除人体操作对象和作业环境的危险因素，排除噪声、尘毒对人体的影响等，从本质上实现职业安全卫生。

(2) 降低潜在危险因素数值的原理，即在系统危险不能根除的情况下，尽量地降低系统的危险程度，使系统一旦发生事故，所造成的后果的严重程度最小。例如，手电钻工具采用双层绝缘措施；利用变压器降低回路电压；在高压容器中安装安全阀、泄压阀抑制危险发生等。

(3) 冗余性原理，就是通过多重保险、后援系统等措施，提高系统的安全系数，增加安全余量。例如，在工业生产中降低额定功率；增加钢丝绳强度；设计飞机系统的双引擎；系统中增加备用装置或设备等措施。

(4) 闭锁原理，在系统中通过一些元器件的机器联锁或电气互锁，作为保证安全的条件。例如冲压机械的安全互锁器；金属剪切机室安装出入门互锁装置；电路中的自动保安器等。

(5) 能量屏障原理，在人、物与危险之间设置屏障，防止意外能量作用到人体和物体上，以保证人和设备的安全。例如，建筑高空作业的安全网、反应堆的安全壳等，都起到了屏障作用。

(6) 距离防护原理，当危险和有害因素的伤害作用随距离的增加而减弱时，应尽量使人与危险源距离远一些。噪声源、辐射源等危险因素可采用这一原则减小其危害。化工厂建在远离居民区、爆破作业时的危险距离控制，均是这方面的例子。

(7) 时间防护原理，是使人暴露于危险、有害因素的时间缩短到安全程度之内。例如，开采放射性矿物或进行有放射性物质的工作时，缩短工作时间；粉尘、毒气、噪声的安全指标，随工作接触时间的增加而减少。

(8) 薄弱环节原理，即在系统中设置薄弱环节，以最小的、局部的损失换取系统的总体安全。例如，电路中的保险丝、锅炉的熔栓、煤气发生炉的防爆膜、压力容器的泄压阀等。它们在危险情况出现之前就发生破坏，从而释放或阻断能量，以保证整个系统的安全性。

(9) 坚固性原理，这是与薄弱环节原则相反的一种对策，即通过增加系统强度来保证其安全性。例如，加大安全系数、提高结构强度等措施。

(10) 个体防护原理，根据不同作业性质和条件配备相应的保护用品及用具。采取被动的措施，以减轻事故和灾害造成的伤害或损失。

(11) 代替作业人员的原理，在不可能消除和控制危险、有害因素的条件下，以机器，机械手、自动控制器或机器人代替人或人体的某些操作，摆脱危险和有害因素对人体的危害。

(12) 警告和禁止信息原理，采用光、声、色或其他标志等作为传递组织和技术信息的目标，以保证安全。例如，宣传画、安全标志、板报警告等。

4.2.4　安全协调学原理

从协调理论出发，安全管理在组织机构、人员保障和经费保障 3 方面要遵循以下最基本的协调学原理。

1. 组织协调学原理

组织协调学原理要求安全的组织机构要进行合理的设置；安全机构职能要有科学的分工，事故、隐患要分类管理，要有分级管理的思想；安全管理的体制要协调高效，管理能力自组织发展，安全决策和事故预防决策要有效和高效，事故应急管理指挥系统的功能和效率等方面要有总体的要求和协调。

任何要完成一定功能目标的活动，都必须有相应的组织作为保障。建立合理的安全管理组织机构是有效地进行安全生产指挥、检查、监督的组织保证。企业安全管理组织机构是否健全，管理组织中各级人员的职责与权限界定是否明确，直接关系到企业安全工作能否全面开展和职业安全卫生管理体系是否有效运行。

1) 安全工作的组织协调

事故预防是有计划、有组织的行为。为了实现安全生产，必须制定安全工作计划，确定安全工作目标，并组织企业员工为实现确定的安全工作目标努力。因此，企业必须建立安全生产管理体系，而安全管理体系的一个基本要素就是安全工作组织。

组织是为实现某一共同目标，若干人分工合作，建立起来的具有不同层次的责任和职权制度的一个系统。组织也是管理过程中的一项基本职能。组织是在特定环境中，为了有效地实现共同目标和任务，合理确定组织成员、任务和各项活动之间的关系，并对组织资源进行合理配置的过程。

由于企业安全工作涉及面广，因此合理的安全管理组织应形成网络结构，其纵向要形成一个从上而下指挥自如的全企业统一的安全生产指挥系统；横向要使企业的安全工作按专业部门分系统归口管理，层层展开，实现企业安全管理纵向到底，横向到边，全员参加，全过程管理。一个健全、合理、能充分发挥组织机能的安全工作组织，需要妥善解决以下问题。

　　(1) 合理的组织结构。为了形成"横向到边、纵向到底"的安全工作体系，需要合理地设置横向安全管理部门，合理地划分纵向安全管理层次。

　　(2) 明确责任和权利。安全工作组织内各部门、各层次乃至各工作岗位都要明确安全工作责任，并由上级授予相应的权利。这样有利于组织内部各部门、各层次为实现安全生产目标而协同工作。

　　(3) 人员选择与配备。根据安全工作组织内不同部门、不同层次的不同岗位的责任情况，选择和配备人员。特别是专业安全技术人员和专业安全管理人员，应该具备相应的专业知识和能力。

　　(4) 制定和落实规章制度。制定和落实各种规章制度可以保证安全工作组织有效的运转。

　　(5) 信息沟通。组织内部要建立有效的信息沟通模式，使信息沟通渠道畅通，保证安全信息及时、正确的传达。

　　(6) 与外界协调。企业存在于大的社会环境中，企业安全工作要受到外界环境的影响，要接受政府的指导和监督等。企业安全工作组织与外界的协调非常重要。

　　《安全生产法》对安全组织机构的建立和安全管理人员的配备做了专门的规范。根据生产经营单位的生产经营性质和规模不同，法律的具体规范要求也不同。

　　(1) 对矿山、建筑施工单位和危险物品的生产、经营、储存单位的要求。矿山、建筑施工以及危险物品的生产、经营、储存单位，都属于高危险行业，容易发生安全事故，对安全管理要求严格。因此，不管其生产规模如何，都应当设置安全生产管理机构或者配备专职安全生产管理人员，以确保生产经营过程中的安全。

　　(2) 对其他生产经营单位的要求。对于矿山、建筑施工单位和危险物品的生产、经营、储存单位以外的其他生产经营单位的安全组织机构和安全管理人员配置，《安全生产法》主要以生产规模大小作为划分设置的依据，凡是从业人员超过一百人的生产经营单位，应当设置安全生产管理机构或者配备专职安全生产管理人员；从业人员在100人以下的生产经营单位，应当配备专职或者兼职的安全生产管理人员。

　　2) 安全工作组织的协调

　　不同行业、不同规模的企业，安全工作组织形式也不完全相同。应根据上述的安全工作组织要求，结合本企业的规模和性质，建立本企业的安全工作组织。图4-1为企业安全管理工作组织的一般组成网络，它主要由三大系统构成管理网络：安全工作系统、安全检查系统和群众监督系统。

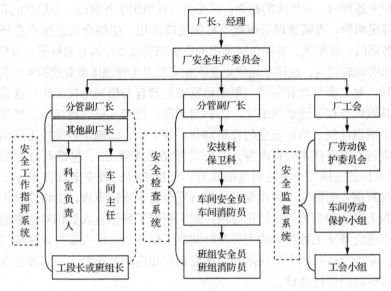

图 4-1　企业安全管理工作组织网络

(1) 安全工作系统。该系统由厂长或经理委托一名副厂长或副经理(通常为分管生产的)负责,对职能科室负责人、车间主任、工段长或班组长实行纵向领导,确保企业职业安全卫生计划、目标的有效落实与实施。

(2) 安全检查系统。安全检查系统是具体负责实施职业安全卫生管理体系中"检查与纠正措施"环节各项任务的重要组织,该系统的主体是由分管副厂长、安技科、保卫科、车间安全员、车间消防员、班组安全员、班组消防员组成。另外,安全工作的指挥系统也兼有安全检查的职责。实际工作中,对一些职能部门是双重职责。

(3) 安全监督系统。安全监督系统主要是由工会组成的安全防线。有的企业形成党、政、工、团安全防线,即由企业工会女工部门负责筑起"妇女抓帮"安全防线;组织部门负责筑起"党组织抓党"安全防线;团委负责筑起"共青团抓岗"安全防线;工会生产保护部门负责筑起"工会抓网"安全防线;厂长办公室负责筑起"行政抓长"安全防线。

2. 专业人员保障系统的协调

要建立安全专业人员的资格保证机制:通过发展学历教育和设置安全工程师职称系列的单列,对安全专业人员进出要有具体严格的任职要求。企业内部的安全管理要建立兼职人员网络系统:企业内部从上到下(班组)设置全面、系统、有效的安全管理组织和人员网络等。

要保证安全管理组织机构的效能,必须合理配置有关的安全管理人员,合理界定组织中各部门、各层次的职责。对安全管理组织中各部门、各层次的职责与权限必须界定明确，否则管理组织就不可能发挥作用。应结合安全生产责任制的建立，对各部门、各层次、各岗位应承担的安全职责以及应具有的权限、考核要求与标准作出明确的规定，这样才能使企业职业安全卫生管理体系有效的实施与运行。

例如，对人事与教育部门，要求负责安全教育与培训考核工作，这是总的要求，对其职责与权限还必须细化：①制定干部、技安人员、班组长、特殊工种和青工安全培训计划，负责安全教育培训和考核工作；②制定各类技工培训学习计划时，应列入安全技术教育内容；③负责督促检查新工人（包括新分配的大、中专学生）入厂的三级安全教育制度的执行，坚持未经三级安全教育不分配工作的原则，对新招入的特殊工种作业人员进行安全技术资格审查；④将安全生产纳入干部、职工晋级和实习人员转正考核，制定特殊工种作业人员相对稳定的管理办法，对不适应特殊工种作业的人员及时调换工作等。这样人事与教育部门才能具体运作。除界定这些职责与权限外，还应制定相应的考核办法，以便企业最高管理层对这些部门进行考核。

安全生产委员会实行定期会议议事制度，通过年初或年终的定期会议部署全年度的安全工作，总结经验教训。同时，结合企业的生产经营情况，每季度至少要召开一次安全工作会议，听取各部门的安全工作汇报，研究存在的安全问题，部署相关的安全工作，组织企业相关部门和人员开展检查和宣传教育活动。如果遇到安全生产重大问题或发生重大伤亡事故，安全管理委员会成员可以申请召开临时会议，及时研究解决问题，并提出应急应变的对策。

3. 安全经济投资保障协调合理机制

这一原理要求研究安全投资结构的关系，如在企业的各种安全投资项目中，要掌握以下安全投资结构的比例协调关系：安措经费：个人防护品费用从目前的 $1:2$ 的投资比例结构逐步过渡到合理的工业发达国家的 $2:1$ 的结构；安技费用：工业卫生费用从现行的 $1.5:1$ 的比例结构逐步过渡到 $1:1$ 的结构。正确认识预防性投入与事后整改投入的等价关系，即要懂得预防性投资 1 元相当于事故整改投资 5 元的效果，这一安全经济的基本定量规律是指导安全经济活动的重要基础。安全效益金字塔的关系是设计时考虑 1 分的安全性，相当于加工和制造时 10 分的安全性效果，而能达到运行或投产时 1000 分的安全性效果，这一规律指导我们考虑安全问题要尽量的超前、提早。要研究和掌握安全措施投资政策和立法，讲求谁需要、谁受益、谁投资的原则；建立国家、企业、个人协调的投资保障系统。要进行科学的安全技术经济评价，进行有效的风险辨识及控制，事故损失测算，保险与事故预防的机制，推行安全经济奖励与惩罚，安全经济（风险）抵押等方法。

4.3　安全管理方法

从安全管理的范围、目的、对象等不同角度和需求出发，实践中形成了各种安全管理模式。模式是事物或过程系统化、规范化的体系，它能简洁、明确地反映事物或过程的规律、因素及其关系，是系统科学的重要方法。安全管理模式是反映系统化、规范化安全管理的一种体系和方式，具有动态、系统和功能化特征，对于改进企业安全管理具有现实的意义和效果，因而得到普遍的推崇。安全管理模式一般应包含安全目标、原则、方法、过程和措施等要素。

国内外发展和推行的很多安全管理模式是在企业长期安全管理的经验的基础上，运用现代安全管理理论与事故预防工作实践经验相结合的产物。目前，推行的一些现代安全管理模式具有以下特征：抓住企业事故预防工作的关键性矛盾和问题；强调决策者与管理者在安全生产工作中的关键作用；提倡系统化、标准化、规范的管理思想；强调全面、全员、全过程的安全管理；应用闭环、动态、反馈等系统论方法；推行目标管理、全面安全管理的对策；不但强调控制人行为的软环境，而且努力改善生产作业条件等硬环境。

4.3.1　宏观、综合的安全生产管理模式

1. 国家安全生产管理机制

"机制"一词来源于希腊文，开始是用于机构工程学，意指机械、机械装置、机械结构及其制动原理和运行规则等；后用于生物学、生理学、医学等，用于说明有机体的构造、功能和相互关系。随着概念和内涵的延伸，在宏观经济学领域，把社会经济体系比作一架大机器或动物机体，用"机制"说明经济机体内部各构成要素间的相互关系、协调方式和原理。因此，管理机制从系统论的观点看，应是指管理系统的构成要素(主体)、管理要素(主体)间相互协调和作用的方式以及运行的规则。

安全管理是一个全人类共同面临的问题，对此世界各国都具有一些共同的规律和属性。在安全管理体制方面，由于各个国家政治制度、经济体制和发展历史的不同，其安全管理体制也存在一些差异。但随着国际经济一体化和全球化的趋势和发展，各个国家的安全管理产生了相互的影响和渗透的趋向。在安全管理体制方面，世界很多国家推行的是"三方原则"的管理体制或模式，即国家—雇主—雇员三方利益协调的原则。这一原则必然建立起国家为社会和整体的利益，通过立法、执法、监督的手段来实现；行业代表雇主或企业的利益，通过协调、综合管理来实现；工会代表员工的利益，通过监督手段来实现相互督促、牵制和协调、配合的机制。

2. 我国安全生产工作机制

2014 年，颁布实行的《安全生产法》明确了我国安全生产工作机制是"生产经营单位负责、职工参与、政府监管、行业自律、社会监督"。首先明确了生产经营单位的主体责任，同时重要的是系统地阐明了企业、员工、政府、行业、社会多方参与和协调共担的安全生产保障模式和机制。由此，可以认为安全发展战略的实施是五方主体，其功能和任务是生产经营单位守法与尽责、员工参与与自律、政府引领与监管、行业协调与管理、社会督促与监督的机制。推进安全发展战略，落实生产经营单位主体责任是根本，员工参与是基础，政府监管是关键，行业自律是发展方向，社会监督是实现预防和减少生产安全事故目标的保障。安全发展战略的五方主体机制如图 4-2 所示，安全发展战略的价值链模型如图 4-3 所示。

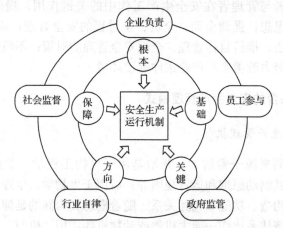

图 4-2　安全发展战略五方主体机制结构示意图

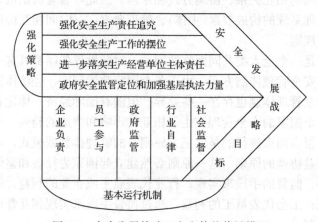

图 4-3　安全发展战略五方主体价值链模型

安全生产五方主体机制的主要内涵如下。

1) 企业守法尽责是根本

生产经营单位是安全生产的责任主体，其依法尽责是安全生产保障的根本因素。新修订的《安全生产法》明确了安全生产的责任主体是生产经营单位，并在生产经营单位的安全生产保障一章先明确负责人的安全生产责任。因此，把发挥生产经营单位决策安全生产管理机构和安全生产管理人员作用作为一项重要内容，作出三个方面的重要规定：一是明确委托规定的机构提供安全生产技术、管理服务的，保证安全生产的责任仍然由本单位负责；二是明确生产经营单位的安全生产责任制的内容，规定生产经营单位应当建立相应的机制，加强对安全生产责任制落实情况的监督考核；三是明确生产经营单位的安全生产管理机构以及安全生产管理人员履行的七项职责。这无疑体现了企业在安全生产中附有责任主体的地位提升，也顺应了国家宏观经济发展方式转变的改革方向，使企业扭转了经济增长方式粗放的现状，弱化了以经济利益为第一目标的思想，从而更加注重员工的生命安全与身体健康。

2) 全员参与自律是基础

员工既有权利，也有义务，生产经营单位的全员参与和自律是安全生产的根基。"职工参与"在新版《安全生产法》中体现了职工的"话语权"，并且章名改为《从业人员的安全生产权利义务》。在之前版本的《安全生产法》中规定，职工在安全生产中依法享有参与权、监察权、知情权、抵制违章指挥、违章作业权等八项权利的基础上，扩大了被派遣从业人员的权利与义务，并且赋予了职工在行使安全生产权利时充分的法律依据，提高了职工参与安全生产的热情和能动性。

3) 政府引领监管是关键

各级政府的领导和相关部门的依法监管是实现安全生产战略的关键因素。在新《安全生产法》中，强化"三个必须"（管行业必须管安全、管业务必须管安全、管生产经营必须管安全）的要求，明确安全监管部门执法的地位。同时扩大了政府部门的范围，国务院和县级以上地方人民政府应当建立健全安全生产工作协调机制，进行协同、联动的综合监管。明确乡镇人民政府以及街道办事处、开发区管理机构安全生产职责，同时，针对性地解决各地经济技术开发区、工业园区的安全监管体制不顺、监管人员配备不足、事故隐患集中、事故多发等突出问题，强化安全生产基础。

4) 行业协调监管是保障

生产行业主管部门主导生产"全过程"协调和行业的专业管制，是实现安全生产的重要保障。在新《安全生产法》中统称为负有安全生产监督管理职责的部门，强化了行业的监管责任与地位。要求在各自职责范围内对相关的安全生产工作实施监督管理，并且各级安全生产监督管理部门和其他负有安全生产监督管理职责的部门作为执法部门，依法开展安全生产行政执法工作，对生产经营单位执行法律、法规、国家标准或者行业标准的情况进行监督检查。

　　5）社会督促监督是支持

　　社会各方的督促与监督，是安全生产的重要支持。在新《安全生产法》中强调了增强全社会的安全生产意识，其检举和监督的权利和义务，全社会无论单位还是个人，乃至新闻媒体、社区组织等，都应参与到安全生产的监督工作中来。充分调动全社会的资源，为安全生产的发展提供有力的支撑和保障。

4.3.2　企业安全管理模式

　　基于安全管理科学的基本理论，企业安全管理具有 4 种模式，如表 4-3 所示。

表 4-3　安全管理模式的发展及方法

发展阶段	理论基础	方法模式	核心策略	对策特征
低级阶段	事故理论	经验型	凭经验	感性，生理本能
初级阶段	危险理论	制度型	用法制	责任制，规范化标准化
中级阶段	风险理论	系统型	靠科学	理性，系统化科学化
高级阶段	安全原理	本质型	兴文化	文化力，人本物本原则

　　与上述表格相对应的 4 种安全管理模式分别为经验管理模式、缺陷管理模式、风险管理模式、目标管理模式。

1. 经验管理模式

　　安全经验管理模式也称为事故型管理模式，是一种被动的管理模式，以事故为管理对象，在事故或灾难发生后进行亡羊补牢，以避免同类事故再发生的一种管理方式。这种模式遵循以下技术步骤，如图 4-4 所示。

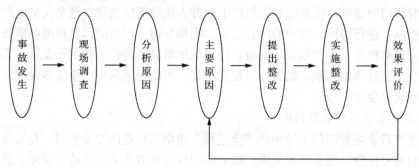

事故发生 → 现场调查 → 分析原因 → 主要原因 → 提出整改 → 实施整改 → 效果评价

图 4-4　经验型管理模式

事故型管理模式的关键技术如下。

（1）管理对象：事故、事件；

（2）管理模式：事后型；

（3）管理方法：应急处置、救援逃生、追责查处、事后补救、事后整改、四不放过……

（4）特征：普遍性、传统管理、经验管理；

（5）问题：代价高、不符合预防原则。

2. 缺陷管理模式

缺陷管理模式也叫隐患型管理模式，是一种主动的管理模式。在事故发生前查找隐患或者危险因素，分析原因，采取措施消除隐患，避免事故发生。这种模式遵循以下技术步骤，如图 4-5 所示。

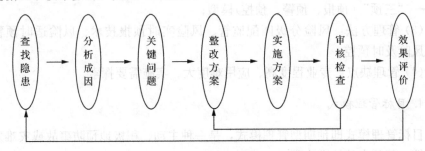

图 4-5　缺陷管理模式

缺陷管理模式的关键技术如下。

（1）管理对象：隐患缺陷、危险危害因素；

（2）管理模式：管理体系、标准化建设、全过程管理；

（3）管理方法：隐患排查、危险源辨识、安全评价、风险管理；

（4）特征：超前预防、制度与程式化管理；

（5）问题：技术至上、缺乏人本。

3. 风险管理模式

以风险为对象的管理模式称为风险管理模式。其基本的技术方法包括：辨识建立全面的风险数据库；进行风险管理对象或因素的科学评价分级；制定基于风险分级的风险管理方案；推行"预报、预警、预控"的"三预"机制；实施"风险分级控制"的匹配型风险管理措施；实现风险最小化和风险可接受的风险管理目标（图 4-6）。

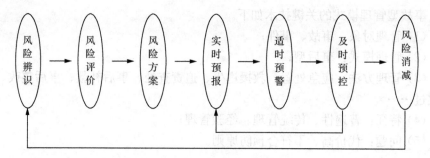

图 4-6　风险管理模式

风险管理模式的关键技术如下。

（1）管理对象：全面风险因素；

（2）管理模型：风险静态模型——辨识—评价—控制模型，风险动态模型——"三预"（预报、预警、预控）模型；

（3）管理方法：风险分级匹配监管、风险实时预报技术、风险适时预警技术、风险及时预控；

（4）管理缺点：专业程度高、应用难度大、实施需要探索。

4. 目标管理模式

目标管理模式即预期型管理模式，是一种主动、积极地预防事故或灾难发生的对策。其基本的技术步骤。

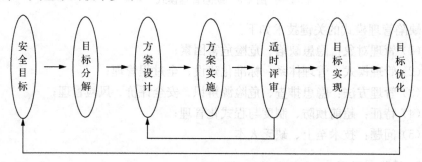

图 4-7　目标管理模式

目标管理模式的关键技术如下。

（1）管理对象：安全目标（装备、环境、管理、文化）；

（2）管理模式：目标安全管理；

（3）特点：基础性、预防性、系统性、科学性的综合策略；

（4）缺点：成本高，技术性、专业性强。

4.3.3 职业安全健康管理体系

20 世纪 80 年代以来，一些发达国家率先开展了实施职业安全健康管理体系的活动，1996 年，英国颁布了 BS8800《职业安全健康管理体系(OHSAS)指南》国家标准；美国工业卫生协会制定了关于《职业安全健康管理体系》的指导性文件；1997 年，澳大利亚、新西兰提出了《职业安全健康管理体系原则、体系和支持技术通用指南》草案；日本工业安全卫生协会(JISHA)提出了《职业安全健康管理体系导则》；挪威船级社(DNV)制定了《职业安全健康管理体系认证标准》；1999 年，英国标准协会(BSI)、挪威船级社(DNV)等 13 个组织提出了职业安全健康评价系列标准，即 OHSAS18001《职业安全健康管理体系——规范》、OHSAS18002《职业安全健康管理体系——OHSAS18001 实施指南》。

1996 年，我国参加了国际标准化组织(ISO)组织召开的 OHSMS 标准国际研讨会，随后中国劳动保护科学技术学会、原劳动部劳动保护科学研究所（现改建为国家经济贸易委员会安全科学技术研究中心）等单位开展了 OHSMS 标准研究工作。1997 年，中国石油天然气总公司制订了《石油天然气工业健康、安全与环境管理体系》、《石油地震队健康、安全与环境管理规范》、《石油钻井健康、安全与环境管理体系指南》3 个行业标准；1998 年，中国劳动保护科学技术学会提出了《职业安全健康管理体系规范及使用指南》(CSSTLP1001：1998)。1999 年10 月，国家经济贸易委员会颁布了《职业安全健康管理体系试行标准》。2001 年11 月 12 日，国家质量监督检验检疫总局正式颁布了《职业安全健康管理体系规范》，自 2002 年 1 月 1 日起实施，代码为 GB/T28001—2001，属推荐性国家标准，该标准与 OHSAS18001 内容基本一致。最新版为 GB/T28001—2011。

OHSMS 适用于各类组织或企业，可根据组织实际情况制定切实可行的目标和方案。与其他管理体系标准一样，为了证明体系有效运行，需通过第三方审核，获得认证证书。OHSMS 要素如表 4-4 所示。

表 4-4 OHSMS 18001：2007 要素

一级要素	二级要素
4.1 总要求	
4.2 职业健康安全方针	
4.3 策划	4.3.1 危险源辨识、风险评价和控制措施的确定；4.3.2 法律法规和其他要求；4.3.3 目标和方案；4.3.4 安全管理方案
4.4 实施和运行	4.4.1 资源、作用、职责、责任和权限；4.4.2 能力、培训和意识；4.4.3 沟通、参与和协商；4.4.4 文件；4.4.5 文件控制；4.4.6 运行控制；4.4.7 应急准备和响应

续表

一级要素	二级要素
4.5 检查	4.5.1 绩效测量和监视；4.5.2 合规性评价；4.5.3 事件调查、不符合、纠正措施和预防措施；4.5.4 记录控制；4.5.5 内部审核
4.6 管理评审	

还有一些类似的安全管理体系，如石油石化行业推行的健康安全环境(HSE)管理体系。HSE 是健康、安全、环境管理模式的简称，起源于壳牌石油公司为代表的国际石油行业。我国于 1997 年 6 月 27 日发布了 SY/T6276—1997《石油天然气工业安全管理体系》标准，其要素如表 4-5 所示。

表 4-5　HSE 管理体系的要素

一级要素	二级要素
领导和承诺	
方针和战略目标	
组织机构、资源和文件	(1)组织结构和职责；(2)管理代表；(3)资源；(4)能力；(5)承包方；(6)信息交流；(7)文件及其控制
评价和风险管理	(1)危害和影响的确定；(2)建立判别准则；(3)评价；(4)建立说明危害和影响的文件；(5)具体目标和表现准则；(6)风险削减措施
规划(策划)	(1)总则；(2)设施的完整性；(3)程序和工作指南；(4)变更管理；(5)应急反应计划
实施和监测	(1)活动和任务；(2)监测；(3)记录；(4)不符合及纠正措施；(5)事故报告；(6)事故调查处理文件
审核和评审	(1)审核；(2)评审

2013 年，国际标准化组织同意将 OHSMS18001 纳入正式的 ISO 标准，命名为 ISO45001，该标准的起草工作正在进行，它的发布将推动全球职业安全健康管理工作模式的一致化、标准化。

4.3.4　企业安全生产标准化

2010 年，国家安全生产监督管理总局发布了《企业安全生产标准化基本规范》(以下简称《基本规范》)安全生产行业标准，标准编号为 AQ/T9006—2010。

1. 基本概念

《基本规范》中"安全生产标准化"是指通过建立安全生产责任制，制定安全管理制度和操作规程，排查治理隐患和监控重大危险源，建立预防机制，规范生产行为,使各生产环节符合有关安全生产法律法规和标准规范的要求,人、机、物、环处于良好的生产状态,并持续改进,不断加强企业安全生产规范化建设。

这一定义涵盖了企业安全生产工作的全局,是企业开展安全生产工作的基本要求和衡量尺度,也是企业加强安全管理的重要方法和手段。

我国《标准化法》中的"标准化",主要是通过制定和实施国家、行业等标准,来规范各种生产行为,以获得最佳生产秩序和社会效益的过程,二者有所不同。

2. 基本内容

《基本规范》共分为范围、规范性引用文件、术语和定义、一般要求、核心要求5章。在核心要求这一章,对企业安全生产工作的组织机构、安全投入、安全管理制度、人员教育培训、设备设施运行管理、作业安全管理、隐患排查和治理、重大危险源监控、职业健康、应急救援、事故的报告和调查处理、绩效评定和持续改进等方面的内容作了具体规定。《基本规范》由 13 个一级要素、42 个二级要素组成,具体见表 4-6。

表 4-6　《基本规范》(AQ/T9006—2010)核心要素

一级要素名称	二级要素名称
5.1 目标	5.1.1 安全生产目标;5.1.2 目标分解、考核
5.2 组织机构和职责	5.2.1 组织机构;5.2.2 职责
5.3 安全生产投入	
5.4 法律法规与安全管理制度	5.4.1 法律法规、标准规范;5.4.2 规章制度;5.4.3 操作规程;5.4.4 评估;5.4.5 修订;5.4.6 文件和档案管理
5.5 教育培训	5.5.1 教育培训管理;5.5.2 安全生产管理人员教育培训;5.5.3 操作岗位人员教育培训;5.5.4 其他人员教育培训;5.5.5 安全文化建设
5.6 生产设备设施	5.6.1 生产设备设施建设;5.6.2 设备设施运行管理;5.6.3 新设备设施验收及旧设备拆除、报废
5.7 作业安全	5.7.1 生产现场管理和生产过程控制;5.7.2 作业行为管理;5.7.3 警示标志;5.7.4 相关方管理;5.7.5 变更
5.8 隐患排查和治理	5.8.1 隐患排查;5.8.2 排查范围与方法;5.8.3 隐患治理;5.8.4 预测预警
5.9 重大危险源监控	5.9.1 辨识与评估;5.9.2 登记建档与备案;5.9.3 监控与管理
5.10 职业健康	5.10.1 职业健康管理;5.10.2 职业危害告知和警示;5.10.3 职业危害申报

一级要素名称	二级要素名称
5.11 应急救援	5.11.1 应急机构和队伍；5.11.2 应急预案；5.11.3 应急设施、装备、物资；5.11.4 应急演练；5.11.5 事故救援
5.12 事故报告、调查和处理	5.12.1 事故报告；5.12.2 事故调查和处理
5.13 绩效评定和持续改进	5.13.1 绩效评定；5.13.2 持续改进

3. 运行模式及特点

(1) 借鉴了职业安全健康管理体系的运行模式，采用国际通用的策划 (plan)、实施(do)、检查(check)、改进(act)动态循环的 PDCA 现代安全管理模式。通过企业自我检查、自我纠正、自我完善的动态循环管理模式，能够更好地促进企业安全绩效的持续改进和安全生产长效机制的建立。

(2)《基本规范》对各行业、各领域具有广泛适用性。《基本规范》总结归纳了煤矿、危险化学品、金属非金属矿山、烟花爆竹、冶金、机械等已经颁布的行业安全生产标准化标准中的共性内容，提出了企业安全生产管理共性的基本要求，既适应各行业安全生产工作的开展，又避免了自成体系的局面。

(3)《基本规范》体现了企业主体责任与外部监督相结合的思想。《基本规范》要求企业对安全生产标准化工作进行自主评定，自主评定后申请外部评审定级，并由安全生产监督管理部门对评审定级进行监督。

4. 重要意义

(1) 有利于进一步规范企业的安全生产工作。《基本规范》涉及企业安全生产工作的方方面面，提出的要求明确、具体，较好地解决了企业安全生产工作干什么和怎么干的问题，能够更好地引导企业落实安全生产责任，做好安全生产工作。

(2) 有利于进一步维护从业人员的合法权益。安全生产工作的最终目的都是为了保护人民群众的生命财产安全，《基本规范》的各项规定，尤其是关于教育培训和职业健康的规定，可以更好地保障从业人员安全生产方面的合法权益。

(3) 有利于进一步促进安全生产法律法规的贯彻落实。安全生产法律法规对安全生产工作提出了原则要求，设定了各项法律制度。《基本规范》是对这些相关法律制度内容的具体化和系统化，并通过运行，使之成为企业的生产行为规范，从而更好地促进安全生产法律法规的贯彻落实。

开展安全生产标准化工作是企业做好安全生产工作的重要内容，是强化企业安全主体责任、提高企业从业人员安全素质的一项基本建设工程，是一项带有基

础性、长期性、前瞻性、战略性、根本性的工作，是企业建立安全生产长效机
制，建设本质安全型企业的治本之策。

4.4　风险管理的概念

风险管理是一门新兴的管理学科，越来越受到各国工业安全领域的重视，在
企业安全管理中广泛而迅速地得到推广和应用。在西方发达国家，风险管理在大
中小企业已普及。

企业所面临的风险包括生产事故、自然事故和经济、法律、社会等方面的事
件或事故。企业在生产、经营过程遇到的这些意外事件，其后果可能严重到足以
把企业拖入困境甚至破产的境地。风险管理的任务就是通过风险分析，确定企业
生产、经营中所存在的风险，制定风险控制管理措施，以降低损失。风险管理方
法是现代企业管理，特别是建立职业安全健康管理体系的重要方法，也是一种实
施预防为主的重要手段。

4.4.1　风险的概念

根据国际标准化组织的定义（ISO 13702，1999），风险是衡量危险性的指标，
风险是某一有害事故发生的可能性与事故后果的组合。通俗地讲，风险就是发生
不幸事件的概率，即一个事件产生我们所不期望的后果的可能性。

1. 风险与危险的联系

在通常情况下，"风险"的概念往往与"危险"或"冒险"的概念相联系。
危险是与安全相对立的一种事故的潜在状态，人们有时用"风险"来描述与从事
某项活动相联系的危险的可能性，即风险与危险的可能性有关，它表示某事件产
生事件的概率。事件由潜在危险状态转化为伤害事故往往需要一定的激发条件，
风险与激发事件的频率、强度以及持续时间的概率有关。

严格地讲，风险与危险是两个不同的概念。危险只是意味着一种现实的或潜
在的、固有的不希望、不安全的状态，危险可以转化为事故。而风险用于描述可
能的不安全程度或水平，它不仅意味着事故现象的出现，更意味着不希望事件转
化为事故的渠道和可能性。因此，有时虽然有危险存在，但并不一定要承担风
险。例如，人类要应用核能，就有受辐射的危险，这种危险是客观存在的；使用
危险化学品，就有火灾、爆炸、中毒的危险。但在生活实践中，人类采取各种措
施使其在应用中受辐射或化学事故的风险最小化，甚至使人绝对地与之相隔离，
尽管仍有受辐射和中毒的危险，但由于无发生渠道或可能，所以我们并没有受辐
射或火灾事故的风险。这里也说明了人们更应该关心的是"风险"，而不仅仅是

"危险"，因为直接与人发生联系的是"风险"，而"危险"是事物客观的属性，是风险的一种前提表征或存在状态。我们可以做到客观危险性很大，但实际承受的风险较小，所谓追求"高危-低风险"的状态。

2. 风险的特征

风险是多种多样的，但只要我们通过对一定数量的样本进行认真分析研究，就可以发现风险具有以下特征。

1）风险存在的客观性

自然界的地震、台风、洪水，社会领域的战争、冲突、瘟疫、意外事故等，都不以人的意志为转移，它们是独立于人的意识之外的客观存在。这是因为无论是自然界的物质运动，还是社会领域的发展规律，都是由事物的内部因素所决定的，由超过人们主观意识所存在的客观规律所决定的。人们只能在一定的时间和空间内改变风险存在和发生的条件，降低风险发生的频率和损失的幅度，而不能彻底消除风险。

2）风险存在的普遍性

在我们的社会经济生活中会遇到自然灾害、意外事故、决策失误等意外不幸事件，也就是说，我们面临着各种各样的风险。随着科学技术的进步、生产力的提高、社会的发展、人类的进化，一方面，人类预测、认识、控制和抵抗风险的能力不断增强，另一方面又产生新的风险，且风险造成的损失越来越大。在当今社会，个人面临生、老、病死、意外伤害等风险；企业则面临着自然风险、市场风险、技术风险、政治风险等；甚至国家和政府机关也面临各种风险。总之，风险渗入到社会、企业、个人生活的方方面面，无时、无处不在。

3）风险的损害性

风险是与人们的经济利益密切相关的。风险的损害性是指风险发生后给人们的经济造成的损失以及对人的生命造成的伤害。

4）某一风险发生的不确定性

虽然风险是客观存在的，但就某一具体风险而言，其发生是偶然的，是一种随机现象。风险必须是偶然的和意外的，即对某一个单位而言，风险事故是否发生不确定，何时发生不确定，造成何种程度的损失也不确定。必然发生的现象，既不是偶然的也不是意外的，如折旧、自然损耗等不适风险。

5）总体风险发生的可测性。

个别风险事故的发生是偶然的，而对大量风险事故的观察会发现，其往往呈现出明显的规律性，运用统计方法去处理大量相互独立的偶发风险事故，其结果可以比较准确地反映风险的规律性。根据以往大量的资料，利用概率论和数理统计方法可测算出风险事故发生的概率及其损失，并且可以构造出损失分布的模型。

6）风险的变化发展性

风险是发展和变化的。这首先表现为风险性质的变化，如车祸，在汽车出现的初期是特定风险，在汽车成为主要交通工具后则成为基本风险。其次，风险量的复化，随着人们对风险认识的增强和风险管理方法的完善，某些风险在一定程度上得以控制，可降低其发生的频率和损失。再次，某些风险在一定的时间和空间范围内被消除。最后，新的风险产生。

3. 风险意识的科学内涵

在当今社会，构建社会主义和谐社会已成为全社会的共识。对于如何构建社会主义和谐社会，人们也从不同的视角做了探讨和论述。值得一提的是，任何和谐都是认识、规避和排除风险的和谐，如果整个社会的风险意识和风险观念不强，和谐社会的构建是不可想象的。在这个意义上，我们要构建社会主义和谐社会，必须在全社会树立强烈的风险意识。

所谓风险意识，是指人们对社会可能发生的突发性风险事件的一种思想准备、思想意识以及与之相应的应对态度和知识储备。一个社会是否具有很强的风险意识，是衡量其整体文明水平高低的重要标准，也是影响这一社会风险应对能力的重要因素之一。事实上，在欧美不少发达国家，风险意识普遍被人们重视，因而在政府的管理中，不仅有整套相应的应急措施和法规，而且还经常举行各种规模的应对危机的演练和风险意识教育活动，以此增强整个社会的抗拒风险能力。

科学的风险意识的树立，对于和谐社会的构建有着极为重要的意义，是整个社会良性运行和健康发展不可或缺的重要因素。树立科学的风险意识观念，学会正确处理风险危机，应当成为当代人的必修课和生存的基本技能。风险意识的科学内涵是非常丰富的，从不同的角度可以总结出不同的内容，但至少应该包括以下 3 个方面。

首先，要有风险是永恒存在的意识。从哲学的观点来看，风险现象之所以产生，是因为不确定因素、偶然性因素的始终存在。没有哪一个时代是确定必然地那样发展的，也没有哪一个人或哪一种事物的发展道路是预先设定好的，不确定因素、偶然性因素总是存在于社会发展的过程之中。因此，风险的存在也是必然的，就像德国社会学家贝克所说的"风险是永恒存在的"，所不同的是，现代风险的破坏力、影响力和不可预测性都大大加剧了。明白了这一点，我们就要居安思危，建立健全各种风险应对机制，这样在面对某一具有巨大危害性的风险事件时，才不至于惊恐万分，不知所措，丧失理智。

其次，要以科学的态度认识风险，充分认识风险具有的两重性。风险不仅有其消极的一面，也有其积极的一面。人们通常是从消极的角度去认识和评价风险的，这当然没有错，问题在于，我们也不能由此忽视甚至否认风险的积极意义。从积极的角度来看，风险的存在扩大了人们的选择余地，给人们提供了选择自己的生活方式和发展道路的可能和机会，人们通过积极的创造去把握这种机会，就有可能把理想化为现实。这在经济领域中表现得尤为突出，积极地利用风险作出投资决策被看做是市场中最富有活力的一个方面。明白了风险的两重性，面对风险，我们才不至于产生悲观主义情绪、消极厌世、无所作为。

最后，要以健康的心态应对风险。当风险事件爆发、灾害降临的时候，人的心理状况和意志力是抵抗灾害，战胜灾害的有力保证。大量心理学研究已经证明，大多数人在面对灾害突然发生时都有可能产生害怕、担忧、惊慌和无助等心理体验，但过分的恐慌、焦虑、不安、紧张的情绪和过度的担心会削弱人们身体的抵抗力，降低人们应对灾害的心智水平。为此，面对风险的爆发，一方面要坦然面对和承认自己的心理感受，不必刻意强迫自己否认存在负面的情绪；同时采取适当的方法处理这些情绪，以积极的方式来调整自己的心理状态，尽快恢复被灾害打乱的正常生活。另一方面，保持乐观自信的理智态度，树立战胜灾难的坚定信念。越是危难之时越能考验一个人的心理素质，战胜困难需要勇气和信心，更需要必胜的信念。总之，健康的心态是应对风险的必然要求，也是风险意识的基本内涵之一。

4.4.2　风险测量

1. 风险数学模型

根据上述风险的概念，可将风险表达为事件发生概率及其后果的函数，即

$$风险 R = f(P,L) \tag{4-1}$$

式中，P 为事件发生概率；L 为事故后果的严重程度。对于事故风险来说，L 就是事故的损失(生命损失及财产损失)后果。

风险分为个体风险和整体风险。个体风险是一组观察人群中每一个个体(个人)所承担的风险。总体风险是所观察的全体承担的风险。

在 Δt 时间内，涉及 N 个体组成的一群人，其中每一个个体所承担的风险可由下式确定：

$$R_{个体} = E(L)/(N\Delta t)[损失单位/(个体数×时间单位)] \tag{4-2}$$

式中，$E(L) = \int L dF(L)$；L 为危害程度或损失量；$F(L)$ 为 L 的分布函数(累积

概率函数)。其中对于损失量 L 以死亡人次、受伤人次或经济价值等来表示。由于有

$$\int L dF(L) = \sum L_k n P L_i \tag{4-3}$$

式中，n 为损失事件总数；PL_i 为一组被观察的人中一段时间内发生第 i 次事故的概率；L_k 为每次事件所产生同一种损失类型的损失量。因此，式 (4-2) 可写为

$$R_{个体} = L_k \frac{\sum iPL_i}{N\Delta t} = L_k H_S \tag{4-4}$$

式中，H_S 为单位时间内损失或伤亡事件的平均频率。所以，个体风险的定义是

$$个体风险 = 损失量 \times 损失或伤亡事件的平均频率 \tag{4-5}$$

如果在给定时间内，每个人只会发生一次损失事件，或者这样的事件发生频率很低，使得几种损失连续发生的可能性可忽略不计，则单位时间内每个人遭受损失或伤亡的平均频率等于事故发生概率 P_k。这样个体风险公式为

$$R_{个体} = L_k P_k \tag{4-6}$$

式(4-6)的意思是个体风险＝损失量×事件概率。还应说明的是 $R_{个体}$ 为所观察人群的平均个体风险；而时间 Δt 为说明所研究的风险在人生活中的某一特定时间，如工作时实际暴露于危险区域的时间。

对于总体风险有

$$R_{总体} = E(L)/\Delta t(损失单位 / 时间单位) \tag{4-7}$$

或

$$R_{总体} = NR_{个体} \tag{4-8}$$

即总体风险＝个体风险×观察范围内的总人数。

2. 风险定量计算

认识风险的数学理论内涵，可针对个体风险的分析应用来认识。见表 4-7 和表 4-8 数据，给出了发生 1 次事故(即 $n=1$)条件下的一人次事故经济损失统计值，应用个体风险的数学模型，其均值是

$$\sum L_i n P_i = \sum L_i P_i = 0.05 \times 0.91 + 0.3 \times 0.052 + 2.0 \times 0.022$$
$$+ 8.0 \times 0.011 + 20 \times 0.0037 = 0.2671(万元)$$

表 4-7　$n=1$ 时的一人次事故经济损失均值统计分析表

伤害类型	轻伤	局部失能伤害	严重失能伤害	全部失能	死亡
经济损失 L_i/万元	0.05	0.3	2.0	8.0	20.0
频率（概率）P_i	0.91	0.052	0.022	0.011	0.0037
发生人次	245	14	6	3	1
$L_i P_i$	0.0455	0.0156	0.044	0.088	0.074

表 4-8　$n=1$ 时的一人次事故伤害损失工日均值统计分析表

伤害类型	轻伤	局部失能伤害	严重失能伤害	全部失能	死亡
损失工日（日）L_i	4	250	500	2000	7500
频率（概率）P_i	0.91	0.052	0.022	0.011	0.0037
发生人次	245	14	6	3	1
$L_i P_i$	3.64	13	11	22	27.75

发生事故一人次的伤害损失工日均值是

$$\sum L_i n P_i = \sum L_i P_i$$
$$= 4 \times 0.91 + 250 \times 0.052 + 500 \times 0.022 + 2000 \times 0.011$$
$$+ 7500 \times 0.0037 = 77.39（日）$$

3. 个体风险定量计算

风险的定量分析表示方法中以发生事故造成人员死亡人数为风险衡量标准的生命风险又可分为个人风险和社会风险。

个人风险（individual risk，IR），定义为一个未采取保护措施的人，永久地处于某一个地点，在一个危害活动导致的偶然事故中死亡的概率，以年死亡概率度量，如式(4-9)所示：

$$IR = P_f \times P_{d|f} \tag{4-9}$$

式中，IR 为个人风险；P_f 为事故发生频率；$P_{d|f}$ 为假定事故发生情况下个人发生死亡的条件概率。

个人风险具有很强的主观性，主要取决于个人偏好；同时，个人风险具有自愿性，即根据人们从事的活动特性，可以将风险分为自愿的或非自愿的。为了进一步表述个人风险，还有其他 4 种定义方式：①寿命期望损失（the loss of life expectancy）；②年死亡概率（the delta yearly probability of death）；③单位时间内工作伤亡率（the activity specific hourly mortality rate）；④单位工作伤亡率（the death perunit activity）。目前，个人风险确定的方法主要有风险矩阵、年死亡风险(annual fatality risk，AFR)、平均个人风险(average individual risk，AIR)和聚合指数(aggregated indicator，AI)等。

(1) 风险矩阵，由于量化风险往往受到资料收集不完善或技术上无法精确估算的限制，其量化的数据存在着极大的不确定性，而且实施它需花费较多的时间与精力。因此，以相对的风险来表示是一种可行的方法，风险矩阵是其中一个较为实用的方法。风险矩阵以决定风险的两大变量——事故可能性与后果为两个维度，采用相对的方法，分别大致地分成数个不同的等级，经过相互的匹配，确定最终风险的高低。表 4-9 是一个典型的风险矩阵，横排为事故后果严重程度，纵列为事故可能性。

表 4-9 典型的风险矩阵

事故可能性	风险大小				
	Ⅴ（可忽略的）	Ⅳ（轻度的）	Ⅲ（中度的）	Ⅱ（严重的）	Ⅰ（灾难的）
A（频繁）	较高	较高	高	高	高
B（很可能）	中	较高	较高	高	高
C（有时）	低	中	较高	高	高
D（极少）	低	低	中	较高	高
E（不可能）	低	低	中	较高	较高

(2) 年死亡风险(annual fatality risk，AFR)。是指一个人在一年时间内的死亡概率，它是一种常用的衡量个人风险的指标。国际健康、安全与环境委员会(HSE)建议，普通工业的员工可接受的最大风险为 $AFR=10^{-3}$；大型化工工厂的员工和周边一定范围内的群众可接受的最大风险为 $AFR=10^{-4}$；从事特别危险活动的人员以及该活动可能影响到的群众的可接受的最大风险为 $AFR=10^{-6}$。

(3) 平均个人风险(average individual risk，AIR)，其定义为

$$AIR = \frac{PLL}{POB_{av} \times \frac{8760}{H}} \qquad (4\text{-}10)$$

式中，PLL 为潜在生命丧失；H 为一个人在一年内从事海洋活动的时间；POB_{av} 为某设备上全部工作人员的年平均数目。

(4) 聚合指数(aggregated indicator，AI)，指单位国民生产总值的平均死亡率，其定义为

$$AI = \frac{N}{GNP} \qquad (4\text{-}11)$$

式中，N 为死亡人数；GNP 为国民生产总值。

4. 社会风险定量计算

英国化学工程师协会(institution of chemical engineers，IchemE)将社会风险(social risk，SR)定义为某特定群体遭受特定水平灾害的人数和频率的关系。社会风险用于描述整个地区的整体风险情况，而非具体的某个点，其风险的大小与该范围内的人口密度呈正比关系，这点是与个人风险不同的。目前，社会风险接受准则的确定方法有风险矩阵法、F-N 曲线、潜在生命丧失(potential loss of life，PLL)、致命事故率(fatal accident rate，FAR)、设备安全成本(implied cost of averting a facility，ICAF)、社会效益优化法等。

(1) F-N 曲线，所谓 F-N 曲线，早在 1967 年，Frarmer 首先采用概率论的方法，建立了一条各种风险事故所容许发生概率的限制曲线。起初主要用于核电站的社会风险可接受水平的研究，后来被广泛运用到各行业社会风险、可接受准则等风险分析方法当中，其理论表达式为

$$P_f(x) = 1 - F_N(x) = P(N > x) = \int_x^\infty f_N(x)dx \tag{4-12}$$

式中，$P_f(x)$ 为年死亡人数大于 N 的概率；$F_N(x)$ 为年死亡人数 N 的概率分布函数；$f_N(x)$ 为年死亡人数 N 的概率密度函数。

F-N 曲线在表达上具有直观、简便、可操作性与可分析性强的特点。然而在实际中，事故发生的概率是难以得到的，分析时往往以单位时间内事故发生的频率来代替，其横坐标一般定义为事故造成的死亡人数 N，纵坐标为造成 N 或 N 以上死亡人数的事故发生的频率 F。

$$F = \sum f(N) \tag{4-13}$$

式中，$f(N)$ 为年死亡人数为 N 的事故发生频率；F 为年内死亡事故的累积频率。

目前，常用式(4-14)确定 F-N 曲线社会风险可接受的准则：

$$1 - F_N(x) < \frac{c}{x^n} \tag{4-14}$$

式中，c 为风险极限曲线位置确定常数；n 为风险极限曲线的斜率。

式(11-6)中，n 值说明了社会对于风险的关注程度。绝大多数情况下，决策者和公众在对损失后果大的风险事故的关注度上要明显大于对损失后果小的事故的关注度。例如，他们会更加关心死亡人数为 10 人的一次大事故而相对会忽略每次死亡 1 人的 10 次小事故，这种倾向被称为风险厌恶，即在 F-N 曲线中 $n=2$，而 $n=1$ 则称为风险中立。

(2) 潜在生命丧失(potential loss of life，PLL)，指某种范围内的全部人员

在特定周期内可能蒙受某种风险的频率，其定义为

$$PLL = P_f \cdot POB_{av} \qquad (4\text{-}15)$$

式中，P_f 为事故年发生概率；POB_{av} 为某设备上全部工作人员的年平均数目。

（3）致命事故率（fatal accident rate，FAR），表示单位时间某范围内全部人员中可能死亡人员的数目。通常是用一项活动在 108h（大约等于 1000 个人在 40 年职业生涯中的全部工作时间）内发生的事故来计算 FAR 值，其计算公式为

$$FAR = \frac{PLL \cdot 10^8}{POB_{av} \cdot 8760} \qquad (4\text{-}16)$$

在比较不同的职业风险时，FAR 值是一种非常有用的指标，但是 FAR 值也常常容易令人误解，这是因为在许多情况下，人们只花了一小部分时间从事某项活动。例如，当一个人步行穿过街道时具有很高的 FAR 值，但是当他花很少的时间穿过街道时，穿过街道这项活动的风险只占总体风险很小的一部分，此时如何衡量 FAR 值有待进一步研究。

（4）设备安全成本（implied cost of averting a facility，ICAF），可用避免一个人死亡所需成本来表示。ICAF 值越低，表明风险减小措施越符合低成本高效益的原则，即所花费的单位货币可以挽救更多人的生命。通过计算比较减小风险的各种措施的 ICAF 值，决策人员能够在既定费用基础上选择一个最能减小人员伤亡的风险控制方法，其定义为

$$ICAF = \frac{g \cdot e \cdot (1-w)}{4w} \qquad (4\text{-}17)$$

式中，g 为国内生产总值，其范围是 2600～14 000 美元；e 为人的寿命，发展中国家 $e=56$ 年，中等发达国家 $e=67$ 年，发达国家 $e=73$ 年；w 为人工作所花费的生命时间。

（5）社会效益优化法，从社会效应的角度确定风险接受准则的优化是目前最高水准的方法。从事这方面研究的代表人物有加拿大的 Lind 等。Lind 从社会影响的角度，选择一个合适的社会指数，它能比较准确地反映社会或一部分人生活质量的某些方面，他推荐了生命质量指数（life quality index，LQI）。这种方法本质上认为一项活动对社会的有利影响应当尽可能大，其计算比较复杂。

特种设备社会风险，即我国各类特种设备所发生的死亡事故频率与其造成的死亡人数的关系，在一定程度上反映了特种设备的宏观整体安全水平，是对特种设备安全性分析评判的重要标准之一，能够反映特种设备综合性、动态性、现实性的风险水平。从社会风险的一般研究方法来看，利用 F-N 曲线法分析研究特种设备社会风险，不但能够简便、直观地反映特种设备的社会风险规律性，而且具有

实用性与可操作性，可以为后续制定特种设备社会风险可接受准则打下基础。

4.4.3　风险管理与安全管理

　　风险管理是指企业通过识别风险、衡量风险、分析风险，从而有效控制风险，用最经济的方法来综合处理风险，以实现最佳安全生产保障的科学管理方法。由此定义表明以下内容。

　　(1) 所讲的风险不局限于静态风险，也包括动态风险。研究风险管理是以静态风险和动态风险为对象的全面风险管理。

　　(2) 风险管理的基本内容、方法和程序是共同构成风险管理的重要方面。

　　(3) 强调风险管理应体现成本和效益关系，要从最经济的角度来处理风险，在主客观条件允许的情况下，选择最低成本、最佳效益的方法，制定风险管理决策。

　　在实际工作中，安全工作人员一般将风险管理和安全管理视为同样的工作。其实，两者间关系虽然密切，但也有区别，主要体现在以下方面。

　　(1) 风险管理的内容较安全管理广泛。风险管理不仅包括预测和预防事故、灾害的发生、人机系统的管理等这些安全管理所包含的内容，而且还延伸到了保险、投资，甚至延伸到了政治风险领域。

　　(2) 安全管理强调的是减少事故，甚至消除事故，是将安全生产与人机工程相结合，给劳动者以最佳工作环境。而风险管理的目标是为了尽可能地减少风险的经济损失。由于两者的着重点不同，也就决定了它们控制方法的差异。

　　风险管理的产生和发展造成了对传统安全管理体制的冲击，促进了现代安全管理体制的建立；它对现有安全技术的成效作出评判并提出新的安全对策，从而促进了安全技术的发展。

　　与传统的安全管理相比，风险管理的主要特点还表现于以下方面。

　　(1) 确立了系统安全的观点。随着生产规模的扩大、生产技术的日趋复杂和连续化生产的实现，系统往往由许多子系统构成。为了保证系统的安全，就必须研究每一个子系统，另外各个子系统之间的"接点"往往会被忽略而引发事故，因而"接点"的危险性不容忽视。风险评价是以整个系统安全为目标的，因此不能孤立地对子系统进行研究和分析，而要从全局的观点出发，才能寻求到最佳的、有效的防灾途径。

　　(2) 开发了事故预测技术。传统的安全管理多为事后管理，即从已经发生的事故中吸取教训，这当然是必要的。但是有些事故的代价太大，必须预先采取相应的防范措施。风险管理的目的是预先发现、识别可能导致事故发生的危险因素，以便于在事故发生之前采取措施消除、控制这些因素，防止事故的发生。

　　在某种意义上说，风险管理是一种创新，但它毕竟是从传统的安全分析和安全管理的基础上发展起来的。因此，传统安全管理的宝贵经验和从过去事故中汲取的教训对于安全风险管理依然是十分重要的。

4.5　风险管理技术

4.5.1　风险管理周期

风险管理包括风险分析（风险识别、风险估计和风险评价）和风险的控制管理（风险规划、风险控制、风险监督）。风险识别、风险估计、风险评价、风险管理技术的选择和效果评价构成一个风险管理周期（图 4-8）。

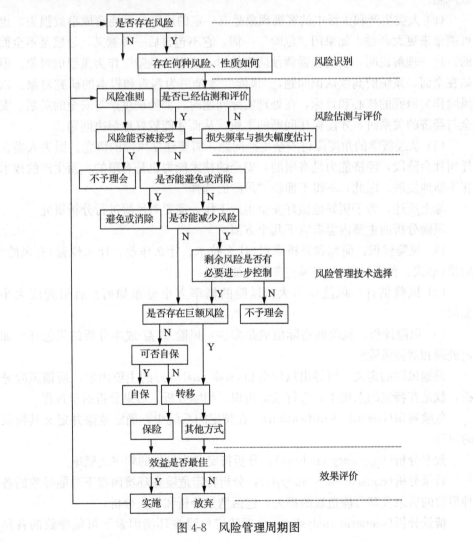

图 4-8　风险管理周期图

4.5.2　风险分析内容

一段时期以来，人类对事故的态度更偏颇于重视对其预测和预防，似乎认为对事故能够准确预测，误差很小，就能正确采取措施，从而消除事故。其实这种做法是不够全面的，是对事故风险缺乏应有的认识，是停留在对危险认识的水平上的。人类对安全认识层次应是事故-危险-风险。当前的安全科学技术更大程度上只认识了事故和危险这两个层次，而这里提出风险这一层次是基于如下理解的。

（1）风险是一种客观存在，人类要生产，要发展技术，就不可避免地要有事故风险。

（2）人类生产和生活中的客观现象是有一定的风险，可能造成事故损失，也可能带来更大利益。如果用"危险"一词，它不包含后一种意义，显然是不全面的。这一理解说明，我们在强调预防事故时，应以"危险"作为重要的对象。但站在全面、系统的高度认识问题，"风险"才是更为客观和根本的研究对象。以风险作为研究的核心和目标，在处理实际问题时，如处理生产与安全的关系、安全与经济的关系时，才能抓住问题的本质，从而才能较好地解决问题。

（3）从经济学的角度探讨安全生产问题，需要建立风险的概念。因为人类在任何社会阶段，经济能力是有限的，安全的技术能力也是有限的，而生产的技术在不断地发展。因此，不得不面临"风险的选择"。

综上所述，为了更好地做好安全生产工作，需要对风险进行分析研究。

风险分析的主要内容有以下几个方面。

（1）风险辨识：研究和分析哪里（什么技术、什么作业、什么位置）有风险？后果（形式、种类）如何？有哪些参数特征？

（2）风险估计：风险率多大？风险的概率大小分布如何？后果程度大小如何？

（3）风险评价：风险的边际值应是多少？风险-效益-成本分析结果怎样？如何处理和对待风险？

根据风险的定义，可导出风险分析（risk analysis）的主要内容。所谓风险分析，就是在特定的系统中，进行危险辨识、频率分析、后果分析的全过程。

危险辨识（hazard identification）：在特定的系统中，确定危险并定义其特征的过程。

频率分析（frequency analysis）：分析特定危险发生的频率或概率。

后果分析（consequence analysis）：分析特定危险在环境因素下可能导致的各种事故的后果及其可能造成的损失，包括情景分析和损失分析。

情景分析（scenario analysis）：分析特定危险在环境因素下可能导致的各种

事故后果。

　　损失分析(loss analysis)：分析特定后果对其他事物的影响，进一步得出其对某一部分的利益造成的损失，并进行定量化。

　　频率分析和后果分析合称风险估计(risk estimation)。

　　通过风险分析，得到特定系统中所有危险的风险估计。在此基础上，需要根据相应的风险标准，判断系统的风险是否可被接受，是否需要采取进一步的安全措施，这就是风险评价(risk evaluation)。风险分析和风险评价合称风险评估(risk assessment)。

　　在风险评估的基础上，采取措施和对策降低风险的过程，就是风险控制(对策)(risk control)。而风险管理(risk management)，指包括风险评估和风险控制的全过程，它是一个以最低成本最大限度地降低系统风险的动态过程。

　　风险管理的内容及相互关系用图 4-9 说明。它是风险分析、风险评价和风险控制的整体。

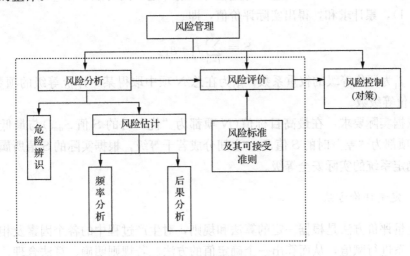

图 4-9　风险管理的内容

4.5.3　风险评价方法

　　风险分析方法可以分为定性评价方法、半定量评价方法和定量评价方法。

1. 定性评价方法

　　定性评价方法主要是根据经验和判断对生产系统的工艺、设备、环境、人员、管理等方面的状况进行定性的评价。例如，安全检查表、预先危险性分析、失效模式和后果分析、危险可操作性研究等都属于此类。

2. 半定量评价法

半定量评价法包括：打分的检查表法、LEC 法、MES 法等。这种方法大都建立在实际经验的基础上，合理打分，根据最后的分值或概率风险与严重度的乘积进行分级。由于其可操作性强且还能依据分值有一个明确的级别，因而也广泛用于地质、冶金、电力等领域。因化工、煤矿、航天等行业的系统复杂、不确定性因素太多，对于人员失误的概率估计困难，难以应用。

打分的检查表法的操作顺序同前面所述的检查表法，但在评价结果时不是用"是/否"来评价，而是根据标准的严与宽，给出标准分，根据实际的满足情况，打出具体分，即安全检查表的结果一栏被分成两栏，一栏是标准分，另一栏是实得分。由于有了具体数值，就可以实现半定量评价。

这种评价计分法是把安全检查表所有的评价项目，根据实际检查结果，分别给予"优"、"良"、"可"、"差"等定性等级的评定，同时赋予相应的权重（如 4、3、2、1），累计求和，得出实际评价值，即

$$S = \sum_{I=1}^{n} f_1 \cdot g_1$$

式中，f_1 为评价等级的权重系数；g_1 为在总 N 项中取得某一评价等级的项数和；n 为评价等级数。

依据实际要求，在最高目标值（N 项都为"优"时的 S 值 S_{max}）与最低目标值（N 项都为"差"时的 S 值 S_{min}）之间分成若干等级，根据实际的 S 值所属的等级来确定系统的实际安全等级。

3. 定量评价方法

定量评价方法是根据一定的算法和规则，对生产过程中的各个因素及相互作用的关系进行赋值，从而算出一个确定值的方法。若规则明确、算法合理，且无难以确定的因素，则此方法的精度较高且不同类型评价对象间有一定的可比性。

概率风险评价方法（QRA），美国道（DOW）化学公司的火灾、爆炸指数法，英国帝国化学公司蒙德工厂的蒙德评价法，日本的六阶段风险评价方法和我国化工厂危险程度分级方法，我国易燃、易爆、有毒危险源评价方法均属于此类。

4.5.4　风险可接受准则

1. 风险可接受准则的不同表述

对于风险分析的结果，人们往往认为风险越小越好，实际上这是一个错误的概念。减少风险是要付出代价的。无论减少危险发生的概率还是采取防范措施使

发生造成的损失降到最小，都要投入资金、技术和劳务。通常的做法是将风险限定在一个合理的、可接受的水平上，根据影响风险的因素，经过优化，寻求最佳的投资方案。"风险与利益间要取得平衡"、"不要接受不必需的风险"、"接受合理的风险"——这些都是风险接受的原则。

制订可接受风险准则，除了考虑人员伤亡、建筑物损坏和财产损失外，环境污染和对人健康潜在危险的影响也是一个重要因素。例如，美国国家环境保护局和国际卫生组织颁布的致癌风险评价准则、健康手册、环境评价手册、环境保护的优先排序和策略、空气清洁法的风险管理等，都是风险可接受准则制订的依据。

风险可接受准则的表述形式有许多种。系统、装置的安全系数是传统的表述方法。除此以外，近年来以安全指标(safety index, SI)和失效概率(P)进行表述最为普遍。

美国钢结构研究所(AISC)、美国土木工程师学会(ASCE)及美国高速公路和运输公务员协会(AASHTO)规定使用 SI 值作为风险接受准则。SI 是基于应力-强度干涉模型定义的可靠度指标，它与失效概率 P 之间有如下换算关系：

$$P = \Phi(-\text{SI}) \tag{4-18}$$

式中，Φ 为标准正态累积分布函数。对于机械结构 SI 推荐值如表 4-10 所示。

表 4-10　机械结构 SI 推荐值

失效后果	第一类失效	第二类失效	第三类失效
不严重	3.09	3.71	4.26
严重	3.71	4.26	4.75
很严重	4.26	4.75	5.20

风险可接受程度对于不同行业，系统、装置的具体条件，有着不同的准则。由于风险管理具有跨学科的特点，学科间新技术相互渗透还存在不少问题。基础研究、方法和模型的建立，可信度和特殊化学物质数据库的建立等都是目前各国竞相开发的领域。特别值得提及的是风险规范、标准的制订，这是大势所趋，无疑应该引起重视。

风险评价标准是为管理决策服务的，风险管理政策包括与效应相关的政策和与危害相关的政策。各种环境保护和卫生标准及相应的政策都属于与效应相关的政策。

风险评价标准的制定必须是科学的、实用的，即在技术上是可行的，在应用中有较强的可操作性。标准的制定，首先要反映公众的价值观，灾害承受能力。不同的地域、人群，由于受价值取向、文化素质、心理状态、道德观念、宗教习俗等诸多因素的影响，承灾力差异很大。例如，人们对煤电站已经习以为常，但大量科学的数据表明，煤电站的危害比核电站要高两个数量级以上。其次，风险评价标准必须考虑社会的经济能力。标准过严，社会经济能力无法承担，就会阻碍经济发展。因此，必须进行费用-效益分析，寻找平衡点，优化标准，从而制定风险评价标准——最大可接受水平。

2. 风险管理的 ALARP 原则

国际上常用最低合理可行（as low as reasonably practicable，ALARP）原则确定风险可接受准则。ALARP 原则的含义是任何工业系统都是存在风险的，不可能通过预防措施来彻底消除风险，而且当系统的风险水平越低时，要进一步降低就越困难，其成本往往呈指数曲线上升。也可以这样说，安全改进措施投资的边际效益递减，最终趋于零，甚至为负值。因此，必须在工业系统的风险水平和成本之间作出一个折中。为此，实际工作人员常把"ALARP 原则"称为"二拉平原则"，ALARP 原则可用图 4-10 来表示。

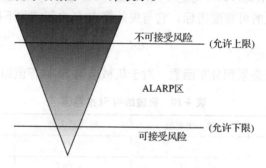

图 4-10　风险评价的 ALARP 原则

其内涵包括以下内容。

（1）对工业系统进行定量风险评估，如果所评估出的风险指标在"不可容忍线"之上，则落入"不可容忍区"。此时，除特殊情况外，该风险无论如何是不能被接受的。

（2）如果所评出的风险指标在"可忽略线"之下，则落入"可忽略区"。此时，该风险是可以被接受的，无需再采取安全改进措施。

（3）如果所评出的风险指标在"可忽略线"和"不可容忍线"之间，则落入"可容忍区"，此时的风险水平符合"ALARP 原则"。此时，需要进行安全措施投资成本-风险分析（cost-risk analysis），如果分析成果能够证明进一步增加安全措施投资，对工业系统的风险水平降低贡献不大，则风险是"可容忍的"，即可以允许该风险的存在，以节省一定的成本。

3. "ALARP 原则" 的经济本质

同工业系统的生产活动一样，采取安全措施、降低工业系统风险的活动也是经济行为，同样服从一些共同的经济规律。在经济学中，主要用生产函数理论来描述和解释工业系统的生产活动。下面是有关学者建立的与生产函数类似的风险函数，用来描述和解释工业安全工作，并在此基础上根据边际产出变化规律来分析 "ALARP 原则" 的经济本质。

根据边际产出的变化规律，分析风险产出函数可以得出以下结论。

如果对工业系统不采取任何安全措施，则系统将处于最高风险水平。

在安全措施投资的投入过程中，风险并不是呈线性降低的，而是同生产要素的边际产出一样先递增，后递减。也就是说，风险管理的安全投入有一个最佳经济效益点。

在一定的技术状态下，工业系统的风险水平降到一定程度将不再随着安全投入的增加而明显降低。这也说明系统的风险是不可能完全消除的，只能控制在一个合理可行的范围内。

4. 个人风险 "ALARP 原则" 的含义

下面以个人风险为例说明 "ALARP 原则" 的含义。有关专家曾经对个人的死亡风险做过调查，表 4-11 和表 4-12 分别是英国和美国的个人风险统计表，通过这些数据可以将个人风险上限设为 10^{-3}，下限设为 10^{-6}。

表 4-11　英国各行业的个人风险统计表

人员类别	风险模式	适用时期	个人风险/(死亡次数/a)
海上工作人员	海上的死亡风险	1980~1998	0.88×10^{-3}
深海渔业人员	在注册的船上的死亡风险	1990 年	1.34×10^{-3}
煤矿工人	采煤时的死亡风险	1986 年 7 月~1990 年 1 月	0.14×10^{-3}
英国国民	由于各种事故的死亡风险	1989 年	0.24×10^{-3}
英国国民	由于车祸的死亡风险	1989 年	0.10×10^{-3}

表 4-12　美国各种原因引起的个人风险统计表

事故类别	1979 年死亡总人数/人	人身早期死亡风险概率/(死亡人/(年·人))
汽车	55 791	3×10^{-4}
坠落	17 827	9×10^{-5}
火灾与烫伤	7451	4×10^{-5}

事故类别	1979 年死亡总人数/人	人身早期死亡风险概率 /（死亡人/（年·人））
淹溺	6181	2×10^{-5}
中毒	4516	3×10^{-5}
枪击	2309	1×10^{-5}
机械事故（1968 年）	2054	1×10^{-5}
航运	1743	9×10^{-6}
航空	1788	9×10^{-6}
落物击伤	1271	6×10^{-6}
触电	1488	6×10^{-6}
铁道	884	4×10^{-6}
雷击	160	5×10^{-7}
飓风	118	4×10^{-7}
旋风	90	4×10^{-7}
其余	8695	4×10^{-5}
全部事故	115 000	6×10^{-4}
核事故（100 座反应堆）		2×10^{-10}

根据统计得出的个人风险上限和风险下限，可以得到个人风险的 ALARP 原则，如图 4-10 所示。

4.5.5　风险管理规划

1. 内容与任务

风险规划就是制定风险管理策略以及具体实施措施和手段的过程。这一阶段要考虑两个问题：第一，风险管理策略本身是否正确、可行，风险分析的效果如何，风险管理要消耗多大的资源？第二，实施管理策略的措施和手段是否符合项目总目标？

把风险事故的后果尽量限制在可接受的水平上，是风险管理规划和实施阶段的基本任务。整体风险只要未超出整体评价的基础，就可以接受，对于个别风险，可接受的水平因风险而异。

2. 风险规避的策略

规避风险可以从改变风险后果的性质、风险发生的概率或风险后果大小 3 个方面采取多种策略，如减轻、预防、转移、回避、自留和应急（或后备）措施等。

3. 风险管理计划

风险规划最后一步就是把前面完成的工作归纳成一份风险管理规划文件（表 4-13），其中应当包括项目风险形势估计、风险管理计划和风险规避计划。

表 4-13　风险管理规划文件

1. 引言 （1）本文件的范围和目的 （2）概述 　a. 目标 　b. 需要优先考虑规避的风险 （3）组织 　a. 领导人员 　b. 责任 　c. 任务 （4）风险规避策略的内容说明 　a. 进度安排 　b. 主要里程碑和审查行动 　c. 预算	a. 风险发生概率估计 b. 风险后果的估计 c. 估计准则 d. 估计误差的可能来源 （3）风险评价 　a. 风险发评价使用的方法 　b. 评价方法的假设前提和局限性 　c. 风险评价使用的评价基准 　d. 风险评价结果
2. 风险分析 （1）风险识别 　a. 风险情况调查、风险来源，等 　b. 风险分类 （2）风险估计	3. 风险管理 （1）根据风险评价结果提出的建议 （2）可用于规避风险的备选方案 （3）规避风险的建议方案 （4）风险监督的程序
	4. 附录 （1）风险形势估计 （2）削减风险的计划

4.5.6　风险识别与评估模式

风险管理最为重要的前提是对风险进行识别分析与评估。

1. 风险识别模式

识别风险，具体讲就是找出风险，也就是说判断在生产作业中可能会出什么错。由于隐患是成为风险的前提条件，所以要识别风险，先要查找出在生产作业中的各种隐患。在实际生产过程中，我们通过组织有关人员进行项目调查或开展安全大检查查找隐患，在此基础上，根据生产方法、设备和原材料等因素尽可能地找出所有隐患，查找出来的隐患如果暴露在企业的生产活动中，就成为风险。识别出来的所有风险都应进行登记，作为对风险进行管理的主要依据。例如，对于勘探作业（钻井、物探、测井等野外作业），可运用表 4-14 所示的"风险登记表"进行风险识别登记。

表 4-14　风险登记表

要素	说明
风险登记索引号码	NO
作业环境	野外、室内等
风险类型	坠落、触电、中毒、火灾、爆炸、淹溺等
关键字	
风险描述	
可能发生情况	
最终结果	受伤、死亡、环境破坏、财产损失、设备损坏等
登记人	
修改日期	

2. 风险分析模式

风险分析的内容实际上就是回答下列问题：①企业生产、经营活动到底有些什么风险？②这些风险造成损失的概率有多大？③若发生损失，需要付出多大的代价？④如果出现最不利的情况，需要付出多大的代价？⑤如何才能减少或消除这些可能的损失？⑥如果改用其他方案，是否会带来新的风险？

3. 风险评估模式

评估风险，就是判定风险发生的可能性和可能的后果。风险发生的可能性和可能的后果决定了风险的程度，风险程度分为高风险、中风险和低风险。对于低风险我们通过作业（生产）程序进行管理，中风险需要坚决的管理，而高风险是我们在生产作业中无法容忍的，必须在生产作业前采取措施降低它的风险程度。对风险进行评估可采取定量分析和定性分析两种方法。定量分析需要各类专业人员合作参加，一般过程复杂，适用于对重大风险进行准确评估。定性分析主要通过人的主观判断、人的习惯等进行评估，方法相对简单，适用于对各种风险进行定性评估。

4.5.7　风险控制技术

1. 风险控制概述

风险辨识分析、风险评估是风险管理的基础，风险控制才是风险管理的最终目的。风险控制就是要在现有技术和管理水平上，以最少的消耗，达到最优的安全水平。其具体控制目标包括降低事故发生频率、减少事故的严重程度和事故造成的经济损失程度。

风险控制技术有宏观控制技术和微观控制技术两大类。宏观控制技术以整个研究系统为控制对象，运用系统工程原理，对风险进行有效控制。采用的技术手段主要有法制手段(政策、法令、规章)、经济手段(奖、罚、惩、补)和教育手段(长期的、短期的、学校的、社会的)。微观控制技术以具体的危险源为控制对象，以系统工程原理为指导，对风险进行控制。所采用的手段主要是工程技术措施和管理措施，随着研究对象的不同，方法措施也完全不同。宏观控制技术与微观控制技术互相依存，相继为补充，互相制约，缺一不可。

2. 风险控制的基本原则

为了控制系统存在的风险，必须遵循以下基本原则。

1) 闭环控制原则

系统应包括输入、输出、通过信息反馈进行决策并控制输入这样一个完整的闭环控制过程。显然，只有闭环控制，才能达到系统优化的目的。搞好闭环控制，最重要的是必须要有信息反馈和控制措施。

2) 动态控制原则

充分认识系统的运动变化规律，适时正确地进行控制，才能收到预期的效果。

3) 分级控制原则

根据系统的组织结构和危险的分类规律，采取分级控制的原则，使得目标分解，责任分明，最终实现系统总控制。

4) 多层次控制原则

多层次控制可以增加系统的可靠程度。其通常包括 6 个层次：根本的预防性控制、补充性控制、防止事故扩大的预防性控制、维护性能的控制、经常性控制以及紧急性控制。各层次控制采用的具体内容，随事故危险性质的不同而不同。在实际应用中，是否采用 6 个层次以及究竟采用哪几个层次，则视具体危险的程度和严重性而定。表 4-15 是控制爆炸危险的多层次方案表。

表 4-15　控制爆炸危险的多层次方案表

顺序	1	2	3	4	5	6
目的	预防性	补充性	防止事故扩大	维护性能	经常性	紧急性
分类	根本性	耐负荷	缓冲、吸收	强度与性能	防误操作	紧急撤退人身防护
内容提要	不会发生爆炸事故	保持防爆强度、性能，抑制爆炸	使用安全防护装置	对性能做预测监视及测定	维持正常运转	撤离人员

顺序	1	2	3	4	5	6
具体内容	(1)物质性质 a. 燃烧 b. 有毒 (2)反应危险 (3)起火、爆炸条件 (4)固有危险及人为危险 (5)危险状态改变 (6)消除危险源 (7)抑制失控 (8)数据监测 (9)其他	(1)材料性能 (2)缓冲材料 (3)结构构造 (4)整体强度 (5)其他	(1)距离 (2)隔离 (3)安全阀 (4)安全装置的性能检查 (5)材质蜕化否 (6)防腐蚀管理	(1)性能降低否 (2)强度蜕化否 (3)耐压 (4)安全装置 (5)材质蜕化否 (6)防腐蚀管理	(1)运行参数 (2)工人技术教育 (3)其他条件	(1)危险报警 (2)紧急停车 (3)撤离人员 (4)个体防护用具

3. 风险控制的策略性方法

风险控制就是对风险实施风险管理计划中预定的规避措施。风险控制的依据包括风险管理计划、实际发生了的风险事件和随时进行的风险识别结果。风险控制的手段除了风险管理计划中预定的规避措施外，还应有根据实际情况确定的权变措施。

(1) 减轻风险。该措施就是降低风险发生的可能性或减少后果的不利影响。对于已知风险，在很大程度上企业可以动用现有资源加以控制；对于可预测或不可预测风险，企业必须进行深入细致的调查研究，减少其不确定性，并采取迂回策略。

(2) 预防风险。包括：①工程技术法、教育法和程序法；②增加可供选用的行动方案。

(3) 转移风险。借用合同或协议，在风险事故一旦发生时将损失的一部分转移到第三方的身上。转移风险的主要方式有：出售、发包、开脱责任合同、保险与担保。其中，保险是企业和个人转移事故风险损失的重要手段和最常用的一种方法，是补偿事故经济损失的主要方式。无论是商业保险还是社会保险，与企业的安全问题都有着千丝万缕的联系。保险的介入对于控制事故经济损失，保证企业的生存发展，促进企业防灾防损工作和事故统计、分析乃至管理决策过程的科学化、规范化都是相当重要的。近年来，深圳市乃至广东省大力推广和健全工伤保险机制，利用这一手段实施对企业安全的宏观调控并取得成效就是一个很好的范例。

（4）回避。指当风险潜在威胁发生的可能性太大，不利后果也太严重，又无其他规避策略可用，甚至保险公司也认为风险太大而拒绝承保时，主动放弃或终止项目或活动，或改变目标的行动方案，从而规避风险的一种策略。避免风险是一种最彻底的控制风险的方法，但与此同时企业也失去了从风险源中获利的可能性。所以，回避风险只有在企业对风险事件的存在与发生、对损失的严重性完全有把握的基础上才具有积极的意义。

（5）自留。即企业把风险事件的不利后果自愿接受下来。例如，在风险管理规划阶段对一些风险制定风险发生时的应急计划，或在风险事件造成的损失数额不大，不影响大局而将损失列为企业的一种费用。自留风险是最省事的风险规避方法，在许多情况下也最省钱。当采取其他风险规避方法的费用超过风险事件造成的损失数额时，可采取自留风险的方法。

（6）后备措施。有些风险要求事先制定后备措施，一旦项目或活动的实际进展情况与计划不通，就动用后备措施，主要有费用、进度和技术后备措施。

4. 风险控制的技术性方法

风险控制是指采取风险控制方法降低风险程度，使风险的程度降到我们在生产作业中可以接受的程度，并对风险进行有效控制。风险控制方法主要分为以下7 种（图 4-11）。

（1）排除。排除风险就是消除作业中的隐患。例如，一个漏电的插座，在生产过程中我们要经常触摸，为高风险，是我们无法容忍的。如果我们用一个绝缘良好的插座换掉这个漏电的插座，就消除了风险。

（2）替换。当隐患无法消除时，可采取替换的方法降低风险程度。替换，是指用无风险代替低风险，用低风险代替高风险的风险控制方法。例如，以无毒材料代替有毒材料、以低毒材料代

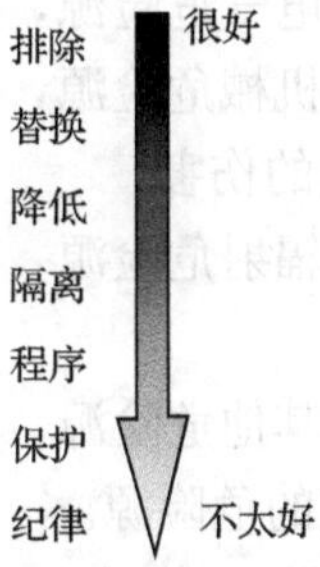

图 4-11　风险控制方法

替高毒材料，降低有毒材料对人体伤害的方法，就是一个简单的替换方法。

（3）降低。降低是指采取工程设计等措施降低风险程度。例如，在木材加工厂工作的职工每天都要在噪声值接近 90dB(A) 的环境中工作，通过在木材加工机械上加装噪声消除设备，使吸声值降低到 60～70dB(A)。

（4）隔离。隔离是指将人的生产作业活动与隐患隔开的风险控制方法。例如，在野外施工时要穿越一条湍急的河流，我们用渡轮到达对岸的方法就是一个隔离的方法。

（5）程序控制。程序控制是指针对风险制定工作程序，使企业的生产活动严

格在工作(作业)程序的控制下。例如，地震作业小队在野外施工时制定了车辆行驶控制程序，要求所有乘车人员必须系安全带，车辆行驶时速不得超过 60km/h，从而降低了车辆行驶的风险程度。

(6) 保护。保护是指对人员进行保护。例如，给职工配备劳保用品降低风险。

(7) 纪律。纪律是指加强劳动纪律，对违反劳动纪律的人员进行必要的处罚。例如，对串岗、睡岗和酒后驾车人员的纪律处罚。

图 4-11 说明了以上 7 种方法的控制效果，从图 4-14 中我们可以看出控制风险最好的方法是排除风险，不太好的方法是加强劳动纪律和进行纪律处罚。在对风险控制的过程中，根据企业的能力和效益，应尽可能采取较高级的风险控制方法，并多级控制，在企业能力范围内将风险降至最低。对风险进行控制后，要对风险控制过程进行必要的报告。

5. 固有危险控制技术

固有危险控制是指生产系统中客观存在的危险源的控制。它包括物质因素及部分环境因素的不安全状况及条件。

1) 固有危险源分类

(1) 化学危险源，包括引起火灾爆炸、工业毒害、大气污染、水质污染等危险因素。

(2) 电气危险源，引起触电、着火、电击、雷击等事故的危险源。

(3) 机械危险源，以速度和加速度冲击、振动、旋转、切割、刺伤、坠落等形式造成的伤害。

(4) 辐射危险源，有效射源、红外射线源、紫外射线源、无线电辐射源等伤害形式。

(5) 其他危险源，主要有噪声、强光、高压气体、高温物体、温度、生物危害等形式的危险源。

2) 对固有危险源的控制方法

对上述固有危险源的控制，总的来说，就是要求尽可能地做到工艺安全化，即要求尽可能地变有害为无害、有毒为无毒、事故为安全。要减少事故的发生频率，减轻事故的严重程度及经济损失率。要从技术、经济、人力等方面全面考虑，做到控制措施优化。从微观上讲，固有危险源的控制有以下 6 种办法。

(1) 消除危险。在新建、扩建、改建项目及产品设计之初，采用各种技术手段，达到厂房、工艺、设备、设备部件等结构布置安全，机械产品安全，电能安全、无毒、无腐、无火灾爆炸物质安全等，从本质上根除潜在危险。

(2) 控制危险。采用如熔断器、安全阀、限速器、缓冲器、爆破膜、轻质顶棚等办法，限量或减小危险源的危害程度。

（3）防护危险。从设备防护和人体防护两方面考虑，对危险设备和物质可采用自动断电，自动停气等自动防护措施，高压设备门与电气开关联锁动作的联锁防护，危险快速制动防护，遥控防护等措施。为保护人员的生命和健康，可采用安全带、安全鞋、护目镜、安全帽、面罩、呼吸护具等具体防护措施。

（4）隔离防护。对于危险性较大，而又无法消除和控制的场合，可采用设置禁止入内标志，固定隔离设施，设定安全距离等具体办法，从空间上与危险源隔离开来。

（5）保留危险。对于预计到可能会发生事故的危险源，而从技术上及经济上都不利于防护时，可保留其存在，但要有应急措施，使得"高危险"处于"低风险"。

（6）转移危险。对于难以消除和控制的危险，在进行各种比较、分析之后，可选取转移危险的方法，将危险的作用方向转移至损失小的部位和地方。

总之，对于任何事故隐患，我们都可以针对实际情况，选取其中一种或多种方法进行控制，以达到预防事故及其安全生产的目的。

第 5 章　安全文化学

5.1　安全文化的起源与发展

5.1.1　安全文化的概念

要对安全文化下定义，首先需要引用文化的概念。目前，对于文化的定义有100余种。显然，从不同的角度，在不同的领域，为了不同的应用目的，对文化的理解和定义是不同的。其次是对"安全"定义。安全的定义与文化的定义一样，也有许多种。为了有助于企业安全文化的建设，我们推荐以下定义。

安全：安全是人类防范生产、生活风险的状态和能力。风险包括来自人为、自然或人为自然组合的事故、灾害、突发事件等因素。实现人类生产、生活的安全状态和提高安全保障的能力，可以预防、避免和降低事故或灾害对人民生命财产的危害，控制和减少事故灾难或突发事件对社会安定和社会经济的影响。

文化：文化是人类活动所创造的精神价值与物质价值的总和。

由此，不难得到以下安全文化的定义。

安全文化：安全文化是人类为防范（预防、控制、降低或减轻）生产、生活风险，实现生命安全与健康保障、社会和谐与企业持续发展，所创造的安全精神价值和物质价值的总和。

除此以外，我国一些学者和专家对安全文化也提出了不同的定义和概念。总的来说，安全文化的定义有"广义说"和"狭义说"两类。

在安全生产领域，一般从广义角度来理解文化的涵义，这里文化不仅仅是通常的"学历"、"文艺"、"文学"、"知识"的代名词，从广义的概念来认识，"文化是人类活动所创造的精神、物质的总和"。由于对文化的不同理解，就会产生对安全文化的不同定义。目前，对安全文化的定义有多种，这在安全文化理论的发展过程中是正常的现象。

"狭义说"的定义强调文化或安全内涵的某一层面，如人的素质、企业文化范畴等。例如，1991年国际安全核安全咨询组在 INSAG—4 报告中给出的安全文化定义是"安全文化是存在于单位和个人中的种种素质和态度的总和，它建立一种超出一切之上的观念，即核电厂的安全问题由于它的重要性要保证，得到了应有的重视"。西南交通大学曹琦教授在分析了企业各层次人员的本质安全素质结构的基础上，提出了安全文化的定义：安全文化是安全价值观和安全行为准则的总和。安全价值观是指安全文化的里层结构，安全行为准则是指安全文化的表层结构。并指出我国安全文化产生的背景具有现代工业社会生活的特点、现代工业生产的特点和企业现代管理的特点。上述两种定义都具有强调人文素质的特点。其次还有定义认为：安全文化是社会文化和企业文化的一部分，特别是以企业安全生产为研究领域，以事故预防为主要目标。或者认为：安全文化就是运用安全宣传、安全教育、安全文艺、安全文学等文化手段开展的安全活动。这两种定义主要强调了安全文化应用领域和安全文化的手段方面。

"广义说"把"安全"和"文化"两个概念都作广义解，安全不仅包括生产安全，还扩展到生活、娱乐等领域，文化的概念不仅包涵了观念文化、行为文化、管理文化等人文方面，还包括物态文化、环境文化等硬件方面。广义的定义如下。

(1) 英国保健安全委员会核设施安全咨询委员会(HSCASNI)组织认为，国际核安全咨询组织的安全文化定义是一个理想化的概念，在定义中没有强调能力和精通等必要成分，但提出了修正的定义："一个单位的安全文化是个人和集体的价值观、态度、能力和行为方式的综合产物，它决定于健康安全管理上的承诺，工作作风和精通程度。具有良好安全文化的单位有以下特征：相互信任基础上的信息交流，共享安全是重要的想法，对预防措施效能的信任。"

(2)《中国安全科学》杂志主编徐德蜀研究员的定义是：在人类生存、繁衍和发展的历程中，在其从事生产、生活乃至实践的一切领域内，为保障人类身心安全(含健康)并使其能安全、舒适、高效地从事一切活动，预防、避免、控制和消除意外事故和灾害(自然的、人为的或天灾人祸的)；为建立起安全、可靠、和谐、协调的环境和匹配运行的安全体系；为使人类变得更加安全、康乐、长寿，使世界变得友爱、和平、繁荣而创造的安全物质财富和安全精神财富的总和。

我们认为：安全文化是人类为防范(预防、控制、降低或减轻)生产、生活风险，实现生命安全与健康保障、社会和谐与企业持续发展，所创造的安全精神价值和物质价值的总和。这种定义建立在"大安全观"和"大文化观"的概念基础上，在安全观方面包括企业安全文化、公共安全文化、家庭安全文化等，在文化观方面既包含精神、观念等意识形态的内容，也包括行为、环境、物态等实践和物质的内容。从时间角度，安全文化包括古代安全文化、现代安全文化、未来安全文化；从安全文化的存在状态，包括现实的安全文化、发展的安全文化；从文化的表象上，具有先进安全文化、落后安全文化之分。

上述定义有如下共同点：①文化是观念、行为、物态的总和，既包含主观内涵，也包括客观存在；②安全文化强调人的安全素质，要提高人的安全素质需要综合的系统工程；③安全文化是以具体的形式、制度和实体表现出来的，并具有层次性；④安全文化具有社会文化的属性和特点，是社会文化的组成部分，属于文化的范畴；⑤安全文化的最重要领域是企业安全文化，发展和建设安全文化，到底要建设好企业安全文化。

上述定义的不同点在于：①内涵不同，广泛的定义既包括了安全物质层又包括了安全精神层，狭义的定义主要强调精神层面；②外延不同，广义的定义既涵盖企业，还涵盖公共社会、家庭、大众等领域。

5.1.2　安全文化的起源

安全文化的起源是高危行业和高技术领域的核安全行业。

1986 年 4 月 25 日，发生的苏联切尔诺贝利核事故在核能界引起了强烈的震撼，人们分析事故的根本原因，重新探讨安全管理思想和原则。与此同时，20世纪 80 年代末兴起的"企业文化"这一管理思想在世界范围内得到广泛的应用。结合"企业文化"的管理思想，1986 年国际核安全咨询组（INSAG）在切尔诺贝利事故后评审会的总结报告中第 1 次出现和采用"安全文化"这个术语。随后，INSAG 在 1991 年出版的安全丛书 75-INSAG-4 中提出了"安全文化"这一全新的安全管理思想和原则，并强调只有全体员工致力于一个共同的目标才能获得最高水平的安全。由此，20 世纪 90 年代核安全管理思想就主要体现在安全文化建设上，它既强调组织建设（安全水平取决于决策、管理、执行多个层次），又注重个人对安全的贡献。

"安全文化"作为安全管理的基本思想和原则，它的产生与核能界安全管理思想的演变和发展息息相关，一脉相承，是安全管理思想发展的必然结果，同时也是现代企业管理思想和方法在核能界的具体应用和实践。从演变和发展过程来看，核电厂安全管理思想的发展经过了三个有代表性的阶段。

第一阶段：20 世纪 70 年代，核安全管理集中于设计、安装、调试和运行各个阶段技术的可靠性，即设备和程序质量，即在设计方面考虑系统设备的冗余性（redundancy）和多样性（diversity），以防止事故的发生并限制和减小事故的后果。

第二阶段：在程序方面，所有工作都制定作业程序，按安全程序办事。作业程序的推行降低人为失误的可能性。这一阶段主要体现出规范、标准化管理。

第三阶段："安全文化"作为安全管理的基本原则，是核能界核安全管理思想发展的必然结果和要求，是对 20 世纪 70 年代和 80 年代行之有效的安全管理原则的继承和发扬。今天组织的安全管理，必须坚持并实践 70 年代和 80 年代行之有效的安全管理原则，再加上坚持不懈地推进安全文化建设，才能保持并且持续地提高核电厂的安全水平，并向着最高的安全目标迈进。

5.1.3　安全文化的发展

核安全文化的起步标志着人类安全文化从自发到自觉的进步。其实，安全文化在人类无意识、非主动生活和生产过程中是客观存在的。因此，其存在和发展可以追溯到更远久的历史。

依其历史学，人类客观的安全文化伴随着人类的生存与发展。人类的安全文化进步可分为四大发展阶段。17 世纪前，人类安全观念是宿命论，行为特征是被动承受型，这是人类古代安全文化的特征；17 世纪末期至 20 世纪初，人类的安全观念提高到经验论水平，行为方式有了"事后弥补"的特征。这种由被动式的行为方式变为主动式的行为方式，由无意识变为有意识的安全观念，不能不说是一种进步；20 世纪 50 年代，随着工业社会的发展和技术的不断进步，人类的安全认识论进入了系统论阶段，从而在方法论上能够推行安全生产与安全生活的综合型对策，同时也进入了近代的安全文化阶段；20 世纪 50 年代以来，人类高技术的不断应用，如宇航技术、核技术的利用，信息化社会的出现，人类的安全认识论进入了本质论阶段，超前预防型成为现代安全文化的主要特征，这种高技术领域的安全思想和方法论推进了传统产业和技术领域的安全手段和对策的进步。

通过对安全文化发展规律的研究，我们已初步认识到：安全文化的发展方向需要面向现代化、面向新技术、面向社会和企业的未来、面向决策者和社会大众；发展安全文化的基本要求是要体现社会性、科学性、大众性和实践性；安全文化的科学涵义包括领导的安全观念与全民的安全意识和素质；建设安全文化的目的是为人类安康生活和安全生产提供精神动力、智力支持、人文氛围和文化环境。

5.2　安全文化的学科基础及内容体系

5.2.1　安全文化基本概念

安全观念文化：是组织（单位、企业或社区，下同）成员全体一致、高度认同的安全方针、安全理念、安全价值观、安全态度等精神文化形态的总和。企业安全观念文化是企业安全文化的最基本的文化形态。

安全行为文化：是组织全体成员普遍、自觉接受的安全职责、安全行为规范、安全行为习惯、安全行为实践等有意识的行动与活动。

安全制度文化：是组织成员对确保安全法律、规程、规范、标准的理解、认知和自觉执行的方式和水平。企业安全制度文化是企业安全管理的根基，能够决定企业安全管理的成败与效能。

安全物态文化：是组织、企业或社区空间内的安全生产或活动的条件、安全信息环境、安全标识、安全警示等安全文化物态载体的总和。企业安全物态文化是安全观念文化、安全行为文化和安全制度文化的载体和形态表现。

安全理念：是组织决策者和成员共同秉持与追求的安全理想与信念。企业安全理念反映企业安全生产的时代特征和发展趋势，是员工安全观念文化的核心。

安全价值观：是指被组织的员工群体所共享的、对安全问题的意义和重要性的总评价和总看法。企业安全价值观是企业员工对安全生产的价值认知，它决定员工的行为取向与行动准则。

安全绩效：基于组织的安全承诺和行为规范，与组织安全文化建设有关的组织管理手段的可测量结果。企业安全文化建设的成效是企业安全绩效的基本和重要方面。

安全承诺：是组织领导者、管理者对实现组织安全目标，所涉及的安全法律法规、安全制度规范和安全生产绩效等要约的同意，以及组织成员对自己的安全责任的履行及安全行为在思想和意志上作出的保证。

安全意识：是组织成员对自身角色安全责任和安全感的认知和定位，是成员脑海里形成的安全概念、想法和思路。企业员工的安全意识是员工个体安全态度定位、安全法规认知、生命安全情感深度、安全生产意志、安全行为感知、现场事故警觉性的综合反映。

安全使命：是指组织简要概括出的、为实现组织的安全愿景而必须完成的核心任务。企业安全使命是企业为实现其安全愿景而必须完成的核心任务。企业安全使命是企业优秀安全行为文化的标志。

安全愿景：是指组织用简洁明了的语言描述组织在安全问题上未来若干年要实现的志愿和前景。企业安全愿景是企业明确未来一段时期安全生产的志愿和前景。企业安全愿景要表达现代的安全理念，要体现先进的观念文化。

安全志向：是指在组织和个人的安全绩效上追求卓越的意愿和决心。企业的安全志向要追求不断的进步和持续的改进，甚至在行业和世界范围内的卓越水平。

安全目标：是企业为实现其安全使命，而由必须采取的行动计划所确定的行动方向和标准。企业的安全目标是特定时期安全生产行动计划所确立的安全工作方向和标准。

安全态度：是指在安全价值观指导下，组织成员个人对各种安全问题所产生的内在反应倾向，是组织管理者和成员对安全目标和任务的心态、想法与信心。企业全员的安全态度决定企业领导者与管理者的安全决策和管理行为、作用和影响作业人员生产过程的作业行动。

安全行为习惯：是组织成员长期传承或自然形成的行为惯式。企业员工安全行为习惯包含良好的和可能不良的行为方式。

安全行为规范：是指组织对其成员制定的安全行为要求和行为标准。企业安全行为规范就是安全生产操作规程和程式，是员工作业必须操守的行为准则。

安全素养：是指社会人或组织成员所具备的基本安全知识、安全能力，以及安全观念和安全行为表现的总和。

安全激励：是组织采用政治荣誉、行政经济、人性心理、社会道德、家庭亲情等软实力的方法和手段，对成员安全行为加以肯定与促进，从而使其能够主动、自觉地规范安全行为，最终实现安全目标的文化引导方法方式。

安全参与：是指组织全体成员和直接或间接相关的人员，共同投身于安全活动或工作，并为组织的安全改进和完善发挥作用与作出贡献。

安全沟通：是指组织内部上下级或组织与外部之间应用特定的方法，如视觉、符号、数字、文字、图像等媒介方式，应用传真、电话、网络等通信工具，进行的安全信息、安全经验、安全知识、安全思想的交流与传递。

安全楷模：是指安全意识强、安全态度端正、安全责任感强，在安全工作中表现突出的先进模范人物或单位。

企业安全文化建设：是指通过综合的组织管理手段，使组织的安全文化不断进步和发展的过程。企业安全文化建设需要长期的不断提升和优化，企业安全文化建设贯穿于企业生命的整个过程。

5.2.2　安全文化的学科体系

在理论上，要建设好安全文化，需要研究安全文化学问题，即安全文化的科学建设。首先要构建安全文化学的学科体系。安全文化学科的体系由安全文化学理论、安全文化的基础科学与安全文化的应用科学 3 个层次构成，如表 5-1 所示。

表 5-1　安全文化学科的体系内容

安全文化学 理论	安全文化的 基础理论学科	安全文化的 应用理论学科	安全文化的 应用技术学科
安全文化学基础	安全观念文化范畴： 安全哲学 安全伦理学	安全行为文化范畴： 安全文学 安全艺术 ……	安全行为文化范畴： 安全教育 安全宣传 ……
安全文化的研究理论	安全科学原理 安全史学 ……	安全管理文化范畴： 安全管理学 安全法学 安全经济学	安全管理文化范畴： 安全管理工程 安全监察监督 ……
安全文化的建设理论 ……	安全行为文化范畴： 安全行为科学 安全系统学 ……	安全物态文化范畴： 安全人机学 安全系统工程 ……	安全物态文化范畴： 安全形象工程 安全标志工程 ……

安全文化学基础研究的内容包括：安全文化定义、概念、内涵、范畴等发展

安全文化的基础性问题。

安全文化研究理论的内容包括：文化学理论、安全文化与其他文化的关系、安全文化与其他学科的关系，以及安全文化一般性理论等。

安全文化建设理论的内容包括：安全文化的建设模式、安全文化的载体、建设企业安全文化的理论等。

安全文化科学与安全科学是相互包容、交叉的关系，即安全文化是一个大的范畴，是人们观念、行为、物质的总和，科学是文化的一个组成部分，因此安全科学是安全文化的重要组成部分。安全文化科学是用科学的理论和方法来认识安全文化的规律和现象，安全文化科学是建设安全文化、发展安全文化的一种方法和手段，通过安全文化科学的研究，可以有效地指导建设安全文化，推动安全文化进步。从这一角度，安全文化科学是安全科学的一个部分。因此，安全文化与安全文化科学，安全文化与安全科学是既有区别、又有联系的关系和概念。

5.3　安全文化建设基本理论

5.3.1　安全文化建设的"人本安全原理"

安全文化建设的"人本安全原理"可用图 5-1 示意，即安全文化建设的目标是塑造"本质安全型"人，本质安全型人的标准是：时时想安全——安全意识、

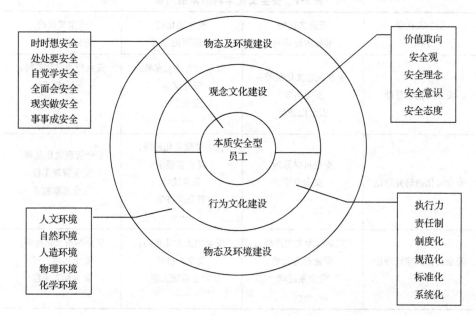

图 5-1　安全文化建设"人本安全原理"示意图

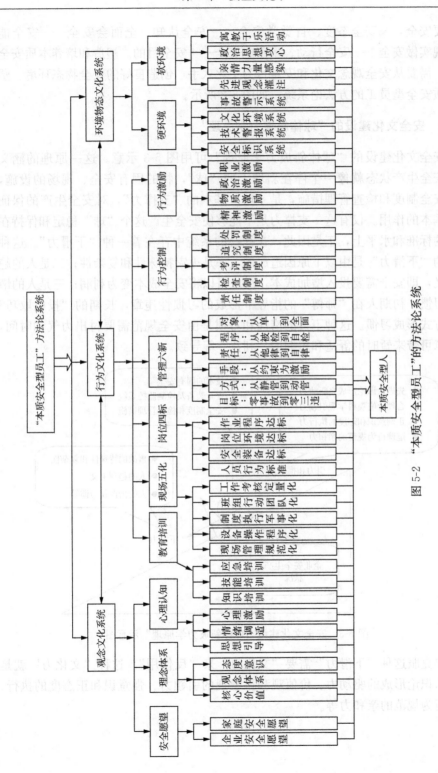

图 5-2　"本质安全型员工"的方法论系统

处处要安全——安全态度、自觉学安全——安全认知、全面会安全——安全能力、现实做安全——安全行动、事事成安全——安全目的。塑造和培养本质安全型人，需要从安全观念文化和安全行为文化入手，创造良好的安全物态环境。塑造本质安全型员工的方法论系统，如图 5-2 所示。

5.3.2　安全文化建设的"球体斜坡力学原理"

安全文化建设的"球体斜坡力学原理"可用图 5-3 示意。这一原理的涵义是：安全生产状态就像一个停在斜坡上的"球"，物的固有安全、现场的设施，以及安全制度和检查管理措施，是"球"基本的"支撑力"，对安全生产的保证发挥基本的作用。仅有这一支撑力是不能够使安全生产这个"球"稳定和保持在应有的标准和水平上，正是因此，在社会的系统中存在着一种"下滑力"。这种不良的"下滑力"是由以下原因造成的，一是火灾特殊性和复杂性；二是人的趋利主义，即安全需要投入增加成本，反之可以将安全成本变为利润；三是人的惰性和习惯，初期人在"师傅"的指导下形成的习惯性违章，长期的"投机取巧"行为方式形成习惯。这种不良的惰性和习惯是由安全规范需要付出力气和时间，而违章可带来暂时的舒适和短期的"利益"等导致。

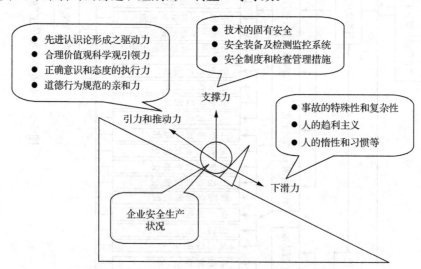

图 5-3　安全文化建设"球体斜坡力学原理"示意图

要克服这种"下滑力"需要"文化力"来"反作用"。这种"文化力"就是正确认识论形成的驱动力、价值观和科学观的引领力、强意识和正态度的执行、道德行为规范的亲和力等。

5.3.3　安全文化建设的理论和价值观"收敛原理"

安全文化建设的理论和价值观"收敛原理"可用图 5-4 示意。这一原理的涵义是：O 为共同安全理念或价值观；O_1、O_2 为不同的理论或价值观；AB 为安全文化建设对人安全多元化的价值观、安全态度或理念取向作用力；AB_1 和 AB_2 为建设先进安全文化推动力和同一价值观或理念的合力；实现安全文化合力——收敛于最高的安全目标。这一原理表明，需要通过对全体人员安全观念文化的建设，来实现安全价值观收敛于社会的共同价值取向上。

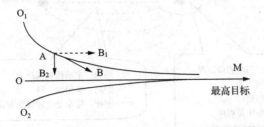

图 5-4　安全文化建设的"理论和价值观收敛原理"示意图

5.3.4　安全文化建设的"偏离角最小化原理"

安全文化建设的"偏离角最小化原理"可用图 5-5 示意。这一原理的涵义是：夹角越小其余弦值越大，当夹角为 0 时，余弦值取最大值 1；O 代表共同安全理念或价值观，M 代表组织或社会的最高安全目标；OL 和 ON 是指在干扰力量的影响下产生的安全目标的偏离。共同的安全理念或安全价值观，产生最大的文化合力，否则会产生安全目标偏离，从而导致企业的经营和安全生产不能实现。因此，需要通过全体人安全观念文化的建设来实现价值观收敛于社会的共同价值取向。

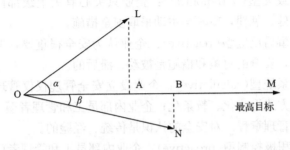

图 5-5　安全文化建设的"偏离角最小化原理"示意图

5.3.5　安全文化建设的"文化力场原理"

安全文化建设的"文化力场原理"可用图 5-6 示意。这一原理的涵义表明，安全文化的建设就是要形成一种文化力场，将社会公众分散的意识和不及的能力和素质，引向安全规范和制度的标准及要求上来。

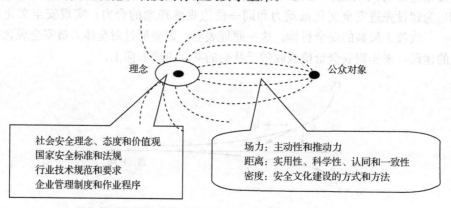

理念　　　　　　　　　公众对象

社会安全理念、态度和价值观
国家安全标准和法规
行业技术规范和要求
企业管理制度和作业程序

场力：主动性和推动力
距离：实用性、科学性、认同和一致性
密度：安全文化建设的方式和方法

图 5-6　安全文化建设的"文化力场原理"示意图

5.4　企业安全文化的建设方法

5.4.1　企业安全文化的诊断及分析

1. 企业安全文化演化的层次分析

在澳大利亚，专业人员将企业安全文化的发展分为五个演化层次，如图 5-7 所示。

第一层次是致灾型（pathological）：企业只关心有关上级部门的检查，只要不被有关部门查处、惩罚，就不会主动采取安全措施。

第二层次是事后反应型（reactive）：企业认为安全很重要，但只在事故发生后寻求解决方案，安全的对策和措施是被动、滞后的。

第三层次是系统型（calculative）：企业设立安全管理仅仅管理系统内部的危险源，安全管理方式形式化、教条化；企业内部员工和管理者遵守管理章程，但是并不认同这种管理章程。对安全的认识是传统、经验的。

第四层次是积极控制型（proactive）：企业内部员工和管理者已经开始认同安全对他们的重要性和实际价值，开始试图预见并提前采取预防的措施应对可能出现的安全问题。

第五层次是持续发展型（generative）：安全行为已经完全融入到组织运行的各个方面。安全的价值观已经转化为无形和强烈的意识，安全业绩和目标成为员工的内在信仰。

研究企业安全文化的演化层次，用以指导企业推进安全文化进步，向高层次、高水平的目标和方向发展。

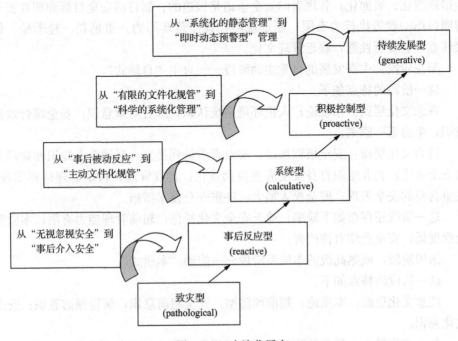

图 5-7 五个演化层次

2. 企业安全文化发展现状诊断

在我国，我们设计了企业安全文化发展的"四阶段论"，以对企业安全文化发展状况进行分析诊断，以指导企业推进和发展本土的安全文化。

第一阶段：早期低级的无序阶段——无意识的"自发式"。

这一阶段的特点如下。

观念文化层面：宿命论盛行；事故无能为力的基本观点；认识事故只能听天由命；单纯追求生产效益，认为安全是无益的成本等。

行为文化层面：对事故的发生顺其自然，无力控制；只有事后处理，无事前预防；对事故规律无知，安全管理无目标、无方向；安全管理是传统的就事论事，管理无序；以罚代管，对员工无安全培训；被动的安全投入；安全责任不明确；安全规章不健全。

第二阶段：初期初级的被动依赖阶段——应付"被迫式"。

这一阶段的特点如下。

观念文化层面：经验论的特点；仅仅局部安全的认识观；具有初级的安全责任意识，事故损失意识；无内在安全动力。

行为文化层面：安全管理建立在监管和外部的压力上；管理制度形式化，安全措施虚化、表面化；管理者的安全承诺是被迫的；制订的安全目标和职业安全健康（HSE）政策执行力有限；制定规则和程序落实不力；重惩罚、轻激励；仅仅注意设备安全性能，缺乏管理文化。

第三阶段：中期发展的自觉主动阶段——自主"自律式"。

这一阶段的特点如下。

观念文化层面：系统论；人机环境系统认识；综合对策意识；安全综合效益意识；生命第一原则。

行为文化层面：安全培训加强，安全素质得到提高；强调个人知识和管理者的安全承诺；企业组织自身安全需要得到强化；自我管理、科学管理得到实现；注重自身的安全表现；安全投入加大，注重安全技术措施。

这一阶段还存在如下缺陷：缺乏安全文化特色；超前管理能力有限；本质安全程度低；安全业绩有待改善。

第四阶段：成熟高级的本质型阶段——能动"本质式"。

这一阶段的特点如下。

观念文化层面：本质论；超前预防型；安全超前意识；预警预防意识；安全文化意识。

行为文化层面：超前预防和本质安全增强；安全管理体系和综合对策实现；员工安全素质全面提高；激励机制、自律机制良化和增强；说到、做到并经得起检验的 HSE 承诺；企业安全文化特色建立；注重安全商誉和企业形象；建立科学超前的安全系统目标——"零三违、零隐患、零事件"。

5.4.2　企业安全文化建设的思路及策略

1. 企业安全文化建设模式

模式是研究和表现事物规律的一种方式，它具有系统化、规范化、功能化的特点，它能简洁、明确地反映事物的过程、逻辑、功能、要素及其关系，是一种科学的方法论。

研究安全文化建设的模式，就是期望将安全文化建设的规律用一种概念模式简明地表现出来，以有效而清晰地指导安全文化建设实践。

安全文化的建设模式首先是针对企业安全文化建设的模式来谈。根据安全文化的理论，依据安全文化的形态体系，企业安全文化建设的层次结构模式，即可从企业安全观念文化、管理文化、行为文化和物态文化 4 个方面设计。图 5-8 给出了安全文化建设的层次结构模式，归纳了安全文化建设的形态与层次结构的内涵和联系。

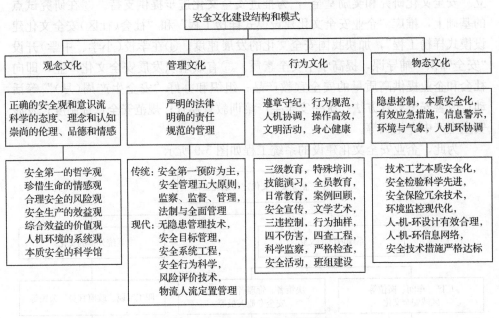

图 5-8　企业安全文化建设模式

纵向结构体系：按安全文化的形态体系划分，即分为观念文化、管理文化、行为文化和物态文化。

横向结构体系：按层次系统划分，第一层次是安全文化的形态，第二层次是安全文化建设的目标体系，第三层次是安全文化建设的模式和方法体系，具体如图 5-8 所示。

针对不同行业，应用系统工程的方法，还可以设计出安全文化建设的系统工程模式，即从"建设领域-建设对象-建设目标-建设方法" 4 个层次的系统出发，一个企业安全文化建设需要涉及的系统包括企业内部系统和企业外部系统的文化，只有进行全面系统建设，企业的安全生产才有文化的基础和保障。例如，交通、民航、石油化工、商业与娱乐行业，其安全文化建设就不能仅仅考虑在企业或行业内部进行，必须考虑外部或社会系统的建设问题。

2. 企业安全文化建设系统工程

上述建设安全文化的模式主要是针对企业或行业内部来说。如果从政府推动安全文化的建设与发展角度，则应该考虑全社会的文化建设，如应推动"安全文化建设工程"，把建设安全文化、提升全民安全素质，作为开拓我国安全生产新纪元"重大战略发展"来认识，为此，政府应有以下安全文化建设的系统工程思考：①组建"中国安全文化促进会"，以有效组织全社会的安全文化建设。②建立"安全文化研究和奖励基金"，为推进安全文化进步提供支持。③在研究试点的基础上，推广"企业安全文化建设模式样榜工程"和"社会（社区）安全文化建设模式样榜工程"，加快我国安全文化的发展速度。④在学校（小学、中学）开设"安全知识"辅导课，提高学生安全素质。⑤有效组织发展安全文化产业，即向社会和企业提供高质量的安全宣教产品；组织和办好"安全生产周（月）"等活动；改善安全教育方法、统一安全生产培训教育模式；规范安全认证制度；发展安全生产中介组织等。

为此，企业安全文化建设的系统工程如图 5-9 所示。

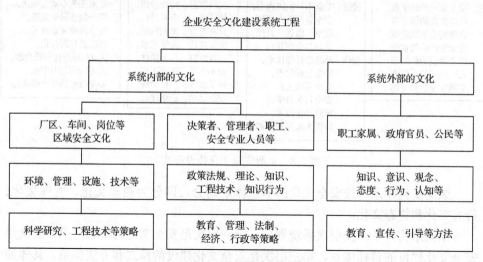

图 5-9　企业安全文化建设系统工程

3. 企业安全文化建设的五个环节

在实施企业安全文化建设工作时，可以按以下五个环节推进。

第一环节：整合理念-观念文化建设。

目的及作用：核心理念的确立，观念文化的构建。其作用是全员精神之动力、智力之支持、意识之强化；其效果是正确的观念和意识，科学的态度，理念和认知，高尚的情感，道德和伦理。

内容及体系：安全第一的哲学观、预防为主的风险观、关爱健康的文化观、珍惜生命的情感观、遵章守纪的法制观、综合完整的效益观、本质安全的科学观、人机环管的系统观、持续改进的发展观、全面协调的整体观、"三个代表"的责任观等。

第二环节：管理优化。

目的及作用：从科学管理向文化飞跃，提升安全管理的质量和水平；变静态管理为动态管理，变约束为主为激励为主，变管理对象为管理动力。

内容及体系：管理战略及方针的确定、管理目标体系的构建、先进风险管理技术推广、安全系统工程的策略、安全行为科学应用、管理资源配置合理、全员素质培育。

第三环节：制度创新。

目的及作用：制度适应社会时代和体制变革的要求；从传统到现代，变分散为体系，从公正、公开、公平发展为科学、合理、有效发展。

内容及体系：安全责任体系人人有责、人人认同；安全审核制内审与外审结合；变他责为自责，变他律为自律，变要他安全为他要安全。

第四环节：行为良化。

目的及作用：强化安全行为，改造不良习惯；纠正习惯违章，变安全作业为行为惯式；推崇文明生产和遵章自律生产方式。

内容及体系：遵章守纪、言行规范；文明作业、团队文化；人机协调、效率效益；领导承诺、身先表率；能力评估、培训技能；资质培训、执证上岗；强调意识、受权许可；应急演练、处事不乱；杜绝三违、四不伤害；严格监督、认真整改；内强素质、外树形象。

第五环节：形象塑造。

目的及作用：通过安全文化的建设，让安全业绩成为企业在市场的竞争力、企业管理的执行力、企业经营的生产力。

内容及体系：企业的整体一流标准(一流管理、一流技术、一流业绩、一流文化)；核心竞争力显著提高；企业内外交流与沟通；安全文化成果共享。

5.4.3　企业安全理念体系构建的基本思路

企业安全理念体系是企业得以持续发展、企业各系统得以正常运转、企业安全生产规章制度得以良好执行、企业不安全氛围得以被正确引导、企业领导者安全意志得以真正贯彻的精神依托，明确了企业安全发展的方向和前景，引导着企业全体员工安全的思想和行为。

它既反映企业基本的、稳定的安全价值取向，是企业安全生产中最基础、最根本、最核心的内容，又反映企业安全生产历程中逐步形成和沉淀并指导企业员工安全行为输出的价值认知和方法引导，是对企业安全生产特色和企业员工安全素质的高度概括，是企业及全体员工长期秉承，反映企业安全本质和建设规律的根本原则和理性集合。

　　建设企业安全理念体系，是在安全生产新形势下，对建设企业安全观念文化提出的重大战略举措。它从理性和价值层面揭示了企业安全生产的本质追求和企业本质安全型员工的根本要求。

　　企业核心安全理念体系作用于企业员工，影响着企业员工的核心安全价值观体系，企业员工核心价值观体系体现和实践着企业核心安全理念的内容。因此，企业核心安全理念体系和企业员工核心安全价值观体系作为企业安全理念体系的两个基础组成部分，相互影响、相互作用、相互制约，有机地结合在一起，构成了一个逻辑严谨、层次分明，由高到低、由宏观到微观、由思想到行为的企业安全理念体系，如图 5-10 所示。

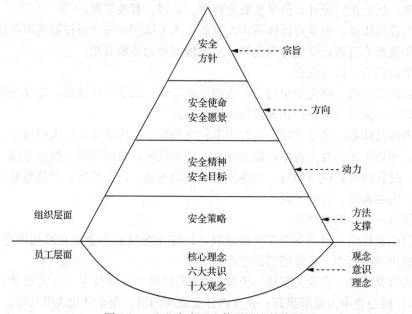

图 5-10　企业安全理念体系层次结构图

　　企业核心安全理念体系由 5 个组成部分，根据其在企业安全生产中的功能作用，以金字塔的形式表明其层级关系。宗旨是企业安全生产的最高准则，是灵魂性的内容，因此处于企业核心安全理念体系的最顶层，统摄着企业安全生产各事项；有了准则，就要明确责任和道路，安全使命明确了企业安全的责任，安全愿景提供了企业安全生产的蓝图，是企业安全生产的方向；要实践责任、实现蓝图，必须要有动力，安全精神和安全目标提供了企业安全生产的原动力；有准则、有方向、有动力，就需要探索实践的方法，即安全策略的内容。

　　构建企业安全理念体系就是要通过科学的方式方法，确定企业安全理念体系的框架结构，并完善其内容的过程。以企业核心安全理念体系"五要素"

（图 5-10）和企业员工核心安全价值观体系"十观念"为企业安全理念体系的构建标准，简称为"五要素十观念"标准企业安全理念体系。"十观念"即：安全生命观，安全效益观，安全科学观，安全责任观，安全自律观，安全执行观，安全预防观，安全应急观，安全荣辱观，安全亲情观。采用科学的方法措施，首先将标准的企业安全理念体系企业化，确定要素和观念条目的个数和名称，形成符合企业实际的企业安全理念体系框架结构。在确定框架结构的基础上，以企业安全理念的来源提供的图 5-10 中五个方面为基础，充实企业安全理念体系框架各条目内容，最终形成具有企业特色的企业安全理念体系。企业安全理念体系构建方法模式如图 5-11 所示。

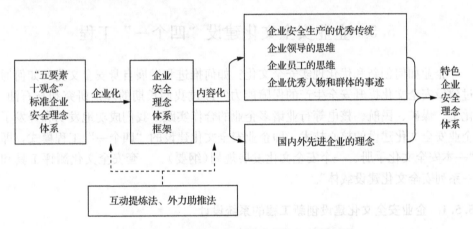

图 5-11　企业安全理念体系建设方法模式图

企业安全理念体系构建步骤，如图 5-12 所示，企业安全理念体系的构建需经过"调研、初建、论证、成文、广宣"五个步骤才能完成。

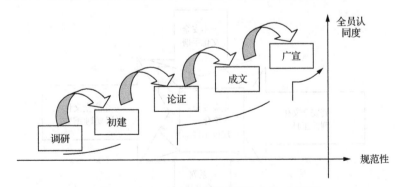

图 5-12　企业安全理念体系构建步骤示意图

步骤一：调研。调研企业安全生产实际及安全理念现状，诊断并分析现有安全理念体系的科学性、合理性、实用性，收集企业安全理念体系相关内容。

步骤二：初建。按照企业安全理念体系及其构建方法模式的相关理论，分析整理调研结果，初步建立企业安全理念体系，即企业安全理念体系的毛坯。

步骤三：论证。内部员工和外部专家相结合，企业领导和基层员工相结合，多种方式对企业安全理念体系毛坯反复论证和酝酿，确定企业安全理念体系框架和基本内容，得出确定了的企业安全理念体系。

步骤四：成文。将步骤三确定了的企业安全理念体系文件化，形成企业安全理念手册或其他形式的文件，为企业安全理念体系的广宣做准备。

步骤五：广宣。通过会议讲解、专项培训、载体宣传等方式，将企业安全理念体系的内容广而告之，使企业安全理念体系入脑、入心、入行。

5.5　企业安全文化建设"四个一"工程

企业如何创新和优化现实安全文化？如何推进和发展自身安全文化？如何通过建设安全文化提升安全生产的保障能力？经过我们长期的理论研究和与石油、化工、煤矿、民航、核电等行业诸多企业的合作实践，我们成功地发明和开发了企业安全文化建设的核心技术，即企业安全文化建设的"四个一"工程模式，即"一本安全文化手册、一个安全文化发展规划（纲要）、一套安全文化测评工具和一系列安全文化建设载体"。

5.5.1　企业安全文化建设创新工程的系统设计

基于安全文化建设理论的指导，针对企业安全文化建设的实际需要，以企业安全文化创新、推进、优化为目标，我们设计并在诸多企业进行实验和推广，总结出了企业安全建设的系统工程模式，可以归纳为"四个一"工程（图5-13）。即

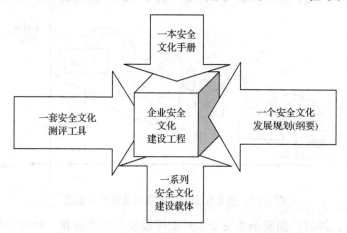

图5-13　企业安全文化建设"四个一"工程模型

（1）一本手册：企业安全文化手册；

（2）一个规划：企业安全文化建设和发展规划；

（3）一套测评工具：企业安全文化测评标准和办法；

（4）一系列建设载体：编一套活动（文化）方案、设计一组班组建设模式、创新一组现场（物态）文化等系统性安全建设载体或方式系统。

5.5.2　企业安全文化手册编制理论和方法

1. 安全文化手册编制思路

（1）目的。企业安全文化手册的编写和发行的基本目的是传播先进理念；倡导科学观念；引领时代潮流；增强精神动力；提供智力支持；推进文化进步。实现企业干部群众对于时代先进、优秀安全观念文化的普遍、高度的认同，达到企业全体员工对于现代科学、安全行为文化的广泛、自觉的践行。

（2）作用。企业安全文化手册对于企业内部起到的作用是引导员工科学安全思维；提升员工安全素质；强化员工安全意识；激励员工的安全潜能。企业安全文化手册对于企业外部发挥的作用是宣传企业理念，树立企业形象，提升企业商誉，提升企业竞争力。

（3）原则。企业安全文化手册的编写，要遵循以下原则：精华、精练、精确；反映企业特色；文化学与安全学的交融；先进性与理论性兼备；针对性与实用性概全；国际国内优秀文化借鉴；追求企业安全文化的"本土化"。

（4）思路。企业安全文化手册的编写思路，一是对企业现有的安全管理观念、制度、经验和方法进行总结、分析、提炼；二是要吸收国内外优秀的安全文化成果；三是对企业的安全文化建设模式和方法进行完善、创新和发展，创建出涵盖安全观念文化、安全管理文化、安全行为文化和安全物态文化 4 个层次的新的企业安全文化建设体系。

2. 安全文化手册内容设计

按安全文化的形态体系结构，安全文化手册的内容，可基本划分为安全观念文化篇、安全方略篇、安全管理文化篇、安全行为文化篇、安全物态文化篇及安全格言篇。安全观念文化篇以体现企业核心安全理念为主，可以包括决策层的安全承诺、领导层的安全价值观、员工履行安全工作的态度等。安全方略篇主要包括安全文化建设的要务、战略等。安全管理文化篇则侧重于为创造安全软环境提供基础保障的管理文化，如提升安全规范的执行度、推行本质安全标准化建设等。安全行为文化篇主要包括全员安全素质、安全行为习惯、用行为科学认识事故原因和责任等。安全格言篇可以通过员工格言征集活动选取有代表性、有企业特色的格言，并可添加家属寄语，如图 5-14 所示。

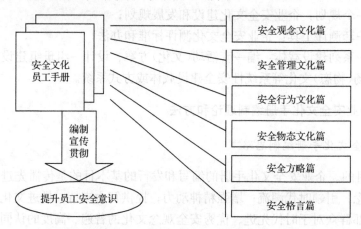

图 5-14　安全文化员工手册构架

5.5.3　企业安全文化发展规划的编制理论和思路

企业安全文化建设应该有一个整体、全面的发展规划和发展纲要。一个好的企业安全文化建设规划或纲要，是推进企业安全文化发展的重要基础。

1. 编制的基本理论策略及思路

（1）目的。企业安全文化发展规划的编制目标是要使规划成为企业建设安全文化的纲领、企业安全文化建设实施的方案、企业安全文化建设行动的步骤、企业安全文化推进的计划。

（2）原则。编制企业安全文化建设规划时，要遵循以下原则：①三个重视的原则，即重视过程、重视实效、重视关键。②全面参与的原则，即坚持党政齐抓共管、各部门联合推动，创造有利的安全文化建设环境。③创新与经验结合的原则，即要总结现实的优秀文化，同时要创新和发展，坚持与时俱进、科学发展。④前沿与现实结合的原则，即吸收与引进国内外先进观念和做法，同时要结合企业自身的实际，考虑其可行性和实操性。⑤逐步推进、持续改进的原则，安全文化的建设不是一蹴而就的，需要坚持持续改进，不断完善。在试点的基础上，发挥先进典型的带动和示范作用，推出典型再以推广，以点带面，提高建设效率和成效。

（3）策略。在编制企业安全文化建设的规划中，要体现出如下策略：党政正职积极倡导，亲自组织；安全理念符合实际，形成体系；建设方式规范有效，科学合理；安全宣教生动活泼，入脑动心；文化载体丰富多彩，作用显著。

2. 安全文化建设与发展规划的内容结构

根据企业的实际情况，要在企业安全生产总体发展目标及要求的基础上，制定《企业安全文化建设的发展规划》。基本建设目标可归纳为"三个阶段-三大任务-两层目标"，即目标体系可分为三个阶段、三个方面、两个层次来构建。三个阶段可按时间划分；三大任务是安全观念文化建设任务，安全管理文化与安全行为文化建设任务，安全物态文化与安全环境文化建设任务；两个层次为宏观策略目标和微观定量目标。在宏观策略目标中对企业安全文化建设的整体状况作综合定位，进而通过微观定量将目标细化。

5.5.4　企业安全文化测评理论与技术

通过建立企业安全文化测评指标体系和开发测评工具，从文化和管理的视角对企业安全文化的发展状况进行定期测评和动态评估，以定期了解和把握企业安全文化发展和变化的状况，为创新、发展、优化企业安全文化明确目标和方向，对企业安全文化的持续进步发挥作用。

1. 企业安全文化测评目的意义及设计原则

1) 目的意义

企业要创新、推进、优化安全文化建设，通过建立安全文化评估指标体系，从文化的视角对企业安全文化的发展状况进行定期测评和动态评估，一方面可以诊断企业安全文化的优势和劣势，揭示企业安全管理不善的内在原因，为创新企业安全文化、发展企业先进安全文化提供科学依据；另一方面其也是促进企业安全文化不断提升和进步的重要动力和手段。

同时，对企业安全文化进行评估，也是安全科学目标管理、定量化管理的重要体现。根据安全行为科学原理，对人的行为激励具有"X-Y"变权理论、"双因素"理论等，这些理论都给我们一种启示，科学的安全管理，需要"约束与激励结合"、"责权利"相宜、"责罚"相当的科学原则。建立科学合理的安全生产业绩综合考核指标体系，是现代管理、科学管理的体现和需要。

2) 设计原则

（1）系统性原则：企业的安全文化是一个综合的系统，是企业内互相联系、互相依赖、互相作用的不同层次、不同部分结合而成的有机整体。

（2）定性与定量相结合的原则：企业安全文化建设的系统性特征使得在建设安全文化评估体系时，首先要遵循系统性原则，即作为评价企业整体安全文化建设的指标体系，应该全面反映企业安全文化建设这一综合系统所包含的各个子系统和各个子系统所包含的各种因素。其次，企业安全文化建设的系统性特征还要求我们在评价时应遵循定量和定性相结合的原则。对于难于选择的评价因子和参数，采用定性描述的方法来评价，对于易于选择的可采用定量的方法来评价，通过对定性指标的打分把定性分析提高到量化评价。

(3) 实用性和可操作性的原则：实用性和可操作性是模式推广应用的必要保证。所谓实用性，是指模式所提到的管理技术对企业有关工作具有针对性，并能产生显著的效果。所谓可操作性，是指企业的管理人员和有关工人通过适当的培训会，用模式所提到的管理技术解决工作中的实际问题。评价从企业或公司的实际出发，以事实为依据，在选取指标时既包括了安全文化建设中好的一面，也涵盖了建设中存在的问题，既考虑到了安全文化建设的长期性，也顾及到现实性。在设计体系的过程中，既考虑和分析某个指标的必要性，也充分认识到在实际评估过程中是否具有可操作性。

(4) 比较性原则：在设计企业安全文化评估体系过程中，在吸收与引进国内外先进的安全文化建设模式和做法的同时，还以其他相关企业的安全文化建设作为参照系，在对企业或公司自身特点分析的基础之上，结合行业和企业的实际，考虑建设方案的可行性和现实性。

(5) 持续改进的原则：安全文化建设不是一蹴而就，不是急功近利，需要持续改进、不断深化，要树立长期坚持的思想，因此规划考虑了中长期的目标。坚持与时俱进，加强理念创新、工作创新和组织方式创新，及时总结建设经验和做法，做好典型推广，以点带面，发挥先进典型的带动和示范作用，扩大安全文化建设成效。

(6) 科学理论指导的原则：一是应用文化学理论，从安全观念文化、安全管理文化、安全行为文化、安全物态文化4个方面设计建设体系；二是通过对工业安全原理和事故预防原理的研究，建设需要从人因、设备、环境、管理4要素全面考虑。坚持注重建设、注重实效、注重特色，充分整合利用资源，积极创新，加强建设，推动企业和下属各分公司的安全文化建设。

2. 企业安全文化测评指标体系设计

广义安全文化测评指标设计要体现安全生产综合状况，指标具有定量的，也具有定性的。在指标选取时，考虑与安全生产综合测评关联度大的指标。

根据安全系统的要素原理和安全生产系统工程的规律，安全文化综合测评的指标体系由"4个因素，3个层面"构成，即人的因素、技术因素、管理因素和事故状况4个方面，一级、二级和三级指标3个层次体系。其二级指标中人的因素包涵了安全意识、安全教育和安全培训；物的因素包括技术安全，设备、设施安全，作业环境安全，个人防护用品；管理因素包括安全管理组织、安全制度、安全工作计划、安全工作的实施与检查、安全工作持续改进、应急管理与事故处理等，事故指标包括绝对指标和相对指标。

3. 企业安全文化测评定性指标的评估工具——评分表

对于安全文化测评涉及的定性指标，一般较难获得准确、唯一的评价，因此需要采用评分表的工具进行大样本的抽样评分，再通过加权平均的方法，获得相应指标的测评结果。安全文化测评的评分如表 5-2 所示。

表 5-2　公司层安全文化测评评分表

测评人：公司领导□；部门管理人员□；专业单位管理人□；安全专管人员□；一线员工□。

测评时间：　年　月　日

指标名称	分解内容及评分条件	分值	得分
安全价值观 A_{111}	(1) 能正确把握安全与生产、安全与效益之间的关系 (2) 组织结构便于安全政策、资金、人员保障等的审批和执行	7	
安全为第一考虑要素的状况 A_{112}	(1) 在分配资源(时间、设备、人员、资金)时，安全是第一考虑要素 (2) 决策层参加重要安全会议 (3) 会议上安全是否为第一议程	7	
安全承诺的履行状况 A_{121}	(1) 企业有明确的生产方针并以书面形式发布 (2) 执行安全方针的态度明确	6	
对上级安全指令的重视和传达状况 A_{122}	(1) 能够准确传达上级安全指令 (2) 能够第一时间按上级安全指令完成任务	6	
安全价值观 B_{111}	(1) 领导层对安全的认识一致 (2) 注重安全生产，而不只是应付上级检查	5	
对上级安全指令的执行状况 B_{112}	(1) 是否能第一时间知晓新的章程规范 (2) 是否能准确传达决策层及总公司的安全指令 (3) 及时向决策层反映安全情报(隐患、危险危害因素、风险状态和事故信息)，能够正确修正决策者的失误	5	
安全承诺的履行状况 B_{121}	(1) 是否定期召开安全委员会，并公布会议记录 (2) 主管安全的领导是否参与决策层相关会议	4	
安全投入的保障状况 B_{122}	(1) 是否能够确保安全资金的投入 (2) 是否提供资源支持符合国家标准的安全活动是否建立奖惩、考核机制	4	
管理者资格认证率 B_{211}	持证率≥85%　　　　　　　　2分 85%>持证率≥60%　　　　　1分 持证率<60%　　　　　　　　0分	2	

续表

指标名称	分解内容及评分条件	分值	得分
安全责任的履行状况 B_{212}	(1) 抓制度健全，抓安全培训，抓隐患查改，抓基层 HSE 建设均要求实求效 (2) 制定严明、详细的部门成员的安全职责，每个成员不仅了解自己的责任，还了解本部门及与本部门有关部门的责任之间的关系	2	
对内沟通状况 B_{121}	(1) 已经建立无惩罚公开报告制度 (2) 员工的安全建议能及时得到答复 (3) 有广播、报纸、安全公告栏等传送安全信息的渠道 (4) 单位各部门之间有良好的沟通	2	
对外沟通状况 B_{122}	(1) 应急救援计划纳入市(区)应急响应程序 (2) 与政府安全管理部门有良好的沟通 (3) 对员工家属进行安全意识教育	2	
安全监督与检查状况 B_{311}	(1) 综合检查和专项检查相结合、监督检查与自我检查相结合、定期检查与动态检查相结合等方式，采取全方位、全过程的安全监管 (2) 形成安全"总监、巡监、片监、点监和项监"的监督局面 (3) 重视关键岗位和高风险作业的现场监督 (4) 按"四查七要"的要求进行安全检查	4	
事故报告与调查的状况 B_{312}	(1) 已制定事故调查计划，并按照程序要求对事故进行报告及调查 (2) 不论发生死亡事故还是对公司业主造成财产损失，都立即把事故快速报给相应领导	3	
未遂的报告 B_{313}	(1) 完成未遂事故的事故调查报告，报主管领导 (2) 对纠正措施进行评估	3	
QHSE 管理体系的执行状况 B_{321}	(1) 按要求实施"两书一表"对各单位开展日常性和专项性监测 (2) 每年组织开展大规模的体系内部审核工作 (3) 能够很好地处理传统规章制度与 QHSE 管理体系的关系及转化 (4) 能够周而复始的进行"规划、实施、检测、评审"，推动体系有效运行，对体系不断修正和完善，保持持续改进的意识 (5) 体系单行本有关人员人手一册，一线员工知晓体系要求	3	
承包商管理状况 B_{322}	(1) 严格执行《承包商安全管理规定》，加强对承包商及施工现场的安全管理 (2) 严把承包商准入关口，对施工单位安全资格证书、施工人员资质进行严格审核	2	
安全绩效与奖惩的挂钩状况 B_{323}	(1) 建立绩效与奖惩系统，并正式文件化，传达到全体员工 (2) 通过激励作用，一线干部员工的积极性得到充分调动和发挥	3	

续表

指标名称	分解内容及评分条件	分值	得分
基层员工对安全的承诺 C_{111}	(1) 与同事全力配合并参与安全活动 (2) 承诺按照相关规则执行作业 (3) 确实执行自我安全检查	2	
对安全职责的认知程度 C_{112}	(1) 明确自己在安全生产中的作业和职责 (2) 明确自己与同事在安全生产中的相互关系 (3) 能做到遵守安全规章制度 (4) 能做到"自身无违章"同时"身边无违章"	3	
安全工作的态度 C_{121}	(1) 能够确保自身的不违章作业 (2) 关注同事的工作安全	2	
作业安全分析的自觉性 C_{122}	(1) 了解作业范围内可能出现的危害 (2) 了解作业范围内可能出现危害的处理方法	3	
签订《HSE 指令书》的状况 C_{211}	全员签订，履行状况良好	4	
安全责任的履行状况 C_{212}	(1) 严格履行安全责任制 (2) 严格实践"四不伤害——不伤害自己、不伤害别人、不被别人伤害、保护别人不被伤害"的行为准则	6	
安全学习情况 C_{221}	(1) 理解和掌握岗位应知应会、安全制度、标准和规范 (2) 能够落实到岗位的实际操作上，岗位操作规范化	5	
技能考核状况 C_{222}	优秀率≥95%，通过率≥80%　　　　　　　5 分 优秀率≥85%，通过率≥60%　　　　　　　3 分	5	

注：1) 该表采用登记打分方式，指标分值；

2) 评分标准：①定性指标，完全符合指标的得分条件，则该项满分，即分值数；不符合的，按不符合情况由指标分值分数酌情减分。②定量指标，按实际情况根据分解内容得分标准打分；

3) 累加各项得分，统计最后得分。

第6章 安全法学

6.1 安全法规的起源与发展

6.1.1 工业安全法规的起源与发展

1. 人类最早的工业安全健康法规

1765年，从瓦特发明蒸汽机开始，就引起了工业革命，人类从家庭手工业走入了社会化工业。从此，工业事故不断升级，生产安全问题日益突出。当时，常常发生的锅炉爆炸事故，成了社会很大的难题。1815年，伦敦发生了惨重的锅炉爆炸事故，为此，英国议会进行了事故原因调查，之后开始制订了有关的法规，并创建了锅炉专业检验公司。但是，这还不是人类最早的安全法规。

由于工业革命最先是从纺织工业的改革运动发起的，当时世界上最发达的资本主义国家——英国，其政府对经济生产实行不干涉主义，因此18世纪对工业的立法几乎没有。直到19世纪初，随着工业的发展，安全问题的日益严重，并出于所谓"温情主义"的传统，于1802年，英国制订了最早的工厂法，称为《学徒健康与道德法》。当时作为工业先进的国家——英国，劳动者工作日竟延长到每昼夜14h、16h甚至18h。18世纪末期至19世纪初期，无产阶级反对资产阶级的斗争由自发性的运动发展到了有组织和自觉的运动，工人群众强烈要求颁布缩短工作时间的法律。1802年，英国政府终于通过了一项规范纺织工厂童工工作时间的法律。这一法律规定，禁止纺织工厂使用9岁以下学徒，并且规定18岁以下的学徒其劳动时间每日不得超过12h和禁止学徒在晚9时至次日凌晨5时之间从事夜间工作。该法被认为是资本主义工业革命后，资本主义国家为了巩固资本主义生产关系而颁布的一系列有关调整劳动关系的法律，是资产阶级"工厂立法"的开端，是资产阶级工厂立法的开端，是一部最早的工作时间的立法，从此揭开了劳动立法史新的一页。

《学徒健康与道德法》同时规定了室温、照明、通风换气等标准。这一法规虽然不是以安全专门命名的，但实质上是一个以工厂安全为主的法规。后来，工厂所用的动力由水力逐渐为蒸汽机所代替，工厂法为了适应实际生产的要求，不断修改完善，1844年，英国制订了对机械上的飞轮和传动轴进行防护的安全法。

今天，安全法制手段已成为世界各国管理职业安全健康、生活安全和社会安全的主要手段措施。因而，安全法规体系建设成为人类安全活动的重要一环。当前在我国面临安全法制建设的新时期，追析古今中外安全法规的发展及历史演变，从中吸取其精华，具有重要的现实意义。

　　2. 世界工业安全法的发展

　　世界大部分工业发达国家的职业安全健康法始建于 19 世纪的工业革命初期。最初的劳动保护法之一是英国于 1802 年通过的《学徒健康与道德法》；1845 年，德国批准了《普鲁士工业经营的活动命令》，该法规定，禁止无许可证下的危险工业活动；比利时于 1888 年通过了《有害与危险企业法令》，在这本法规文件中，将各种生产类型分为 2 个危险等级。

　　到了 20 世纪，安全生产法形成的进程迅速加快，不管是在各国的、还是国际性的法令中，都对生产中的安全生产问题给予了关注。1919 年出现了国际劳工组织，该组织从成立之日起就把安全生产问题视为自己活动的重点。在前半个世纪的 1929 年，国际劳工组织通过了《生产事故预防公约》、1937 年通过了《建筑工程安全技术》、1929 年和 1932 年通过了《码头工人不幸事件中的赔偿》等文件。

　　第二次世界大战之后，随着一些大型工伤事故的出现，迫使政治家和工业发达国家需要重新审查自身对工业安全问题的态度。特别是以欧美为代表的工业发达国家，从 20 世纪 70 年代起，逐步颁布了工业安全或职业安全健康方面的法律。

　　(1) 美国 1970 年颁布了《职业安全健康法》，1952 年制定了《煤矿安全法》，1977 年发布了《矿山安全健康修正法》。

　　(2) 日本 1972 年制定，并在 1988 年修改了《日本劳动安全健康法》，1949 年发布了《矿山保安法》，1977 年发布了《日本尘肺法》。

　　(3) 联邦德国 1885 年发布了《事故保险法》，1968 年制订了《矿山管理条例》，1968 年发布了《职业病法令》。

　　(4) 英国 1833 年就制定了《工厂法》，1974 年颁布了《劳动卫生安全法》，1954 年颁布了《矿山与采石场安全健康法》。

　　(5) 加拿大 1979 年第一次颁布，并在 1990 年修订了《职业安全健康法规》。

　　(6) 欧共体在 1989 年 11 月 30 日发布了《工作场所最低安全健康要求》。

　　(7) 法国 1922 年颁布了《农业事故法》、1947 年颁布了《工业事故与职业病法》、1948 年颁布了《工业事故法》。

　　(8) 意大利 1904 年颁布了《职业事故法》、1926 年颁布了《工业事故法令》。

　　(9) 摩洛哥在 1927 年颁布了《工业事故法令》，1947 年又对其进行了修改。

　　(10) 瑞士 1930 年颁布了《预防事故法规(建筑行业)》。

　　(11) 西班牙在 1932 年颁布了《工业事故预防条例》。

(12) 希腊在 1937 年颁布了《预防事故法令》。

(13) 苏联 1918 年通过《苏俄劳动法典》,1970 年对其进行了修订;1986 年公布了《劳动保护检查条例》,1982 年实施了《工业安全生产与矿山监察条例》。

(14) 印度 1948 年发布了最新的《工厂法》,1952 年发布了《矿山法》,1986 年公布了《职业安全健康法》。

(15) 香港特区 1954 年通过了《工厂及工业经营条例》和《矿山条例》。

(16) 台湾地区 1974 年通过了《劳工安全健康法》,1973 年公布了《矿场安全法》。

3. 国际劳工组织公约的发展

创建于 1919 年的国际劳工组织其创始的主要目的就是制定并采用国际标准来应对包括不公正、艰难、困苦的劳工条件问题。国际劳工公约和建议书是国际劳工标准的基本表现形式。1919~2002 年,国际劳工大会已通过 185 个公约和 194 个建议书,其中绝大多数是涉及职业安全健康方面的内容,包括以下三类公约。

(1) 第一类公约。该类公约是用来指导成员国为了达到安全健康的工作环境,保证工人的福利与尊严制定的方针和措施,包括对危险机械设备安全使用程序的正确监督。这类的标准主要包括:①职业安全健康公约,1981(No. 155);②职业卫生设施公约,1985(No. 161);③重大工业事故预防公约,1993(No. 174)等。

(2) 第二类公约。该类公约针对特殊试剂(白铅、辐射、苯、石棉和化学品)、职业癌症、机械搬运、工作环境中的特殊危险而提供保护,主要包括:①石棉公约,1986(No. 162);②苯公约,1971(No. 136);③职业癌症公约,1974(No. 139);④辐射保护公约,1960(No. 115);⑤化学品公约,1990(No. 170);⑥机械防护公约,1963(No. 119);⑦(航运包装)标识重量公约,1929(No. 27);⑧最大重量公约,1967(No. 127);⑨工作环境(空气污染、噪声、振动)公约,1977(No. 148)等。

(3) 第三类公约。该类公约是针对某些经济活动部门,如建筑工业、商业和办公室及码头等提供保护,主要包括:①卫生(商业和办公室)公约,1964(No. 120);②职业安全健康(码头工作)公约,1979(No. 152);③建筑安全卫生公约,1988(No. 167);④矿山安全卫生公约,1995(No. 176)等。

6.1.2 交通安全法规的起源与发展

1. 人类最早的交通安全法规

交通的出现是与车的使用密切相关的。人类最早的车据考证出现于我国的夏代，而我们现在能够看到的最早的车的形象是商代的：在商周时期的墓葬里，其车子的遗残物，表现为双轮、方形或长方形车厢，独辕。通过复原看到的古代车形，与当时的甲骨文、表青铜器铭文中车字的形象相似。古埃及和亚述(古代东方的奴隶制国家，公元前 605 年灭亡)是外国最早有车的国家。在西方，16 世纪前车辆并不发达，仅有少量的载物用车，直到 17 世纪以后，西方才普遍使用车辆。

人类交通工具的第一次革命，是汽车的发明。谁第一个发明汽车？法国人和德国人一直争执不下。从引擎的研制来看，似乎法国人较先。法国人雷诺于 1860 年发明了汽车引擎，而德国人奥多则于 1886 年才发明汽油混合燃料引擎。但德国第一部汽车于 1886 年正式注册，它是由卡尔、本茨制造并取得专利权的。汽车的出现表明：人类几千年来依靠兽力拉车的时代行将结束。

在早期人类用人力或畜力作为交通动力时，交通安全问题并不突出。但是，到了汽车时代，情况就大为不同了。汽车的出现，使人类的交通与运输进入了高效与文明时代。但是，伴随着汽车交通事故成为人类社会人为事故最为严重的方面，汽车应用一开始，交通安全法规就成为必不可少的"保护神"。

据考证，世界上最早的交通法规是由美国交通学专家威廉·菲尔普斯·伊诺制定的。

1967 年的一天，9 岁的伊诺在马车里目睹了纽约市一个十字路口交通堵塞达 30min 之久，给他留下了很深的印象。以后他常跟家里人到欧美旅行，每到一处，他就观察当地的交通秩序，考察交通事故问题，并写下了大量的笔记。1880 年，他在报刊上发表了两篇颇有见地的论文。从而引起人们的重视，之后纽约市的警察局决定请他出面制定交通法规。

他在整理了自己的考察笔记的基础上，起草了世界上第一部交通法规——《驾车的规则》，其条文于 1903 年在美国正式颁布，由此把美国的汽车交通带入高效安全的世界。从此，世界各国积极效仿。交通法规随着交通事业的发展而发展，其法规体系日益完善和趋于合理。

2. 我国交通安全法规的演变

我国是世界上城市形成最早、发展最快的国家。公元 800 年(唐贞元十六年)，当时的长安有 80 万人口，居世界首位；公元 1500 年(明弘治十三年)，当时的北京有 672 000 人，也居世界第一。由于城市的发展，城市交通也随之发展起来。为了适应交通发展的需要，道路交通管理法规也随之而产生。

早在公元前 221 年秦始皇统一中国后，就对车辆的轴距作了统一规定，即"辆轨"。此后行人、车辆在道路上行走实行了"男子由右，妇女由左，车从中央"的规定。这个"法"看起来是一种礼法，实际上是在法律上规定了车辆、行人分道行驶这个交通管理的基本原则。

至明朝初期,由于马车增多,在交通管理上也采取了一些相应的措施。例如,明朝的京都北京,宫廷公布了各城门进出车辆的规定:前门行驶皇宫御车,崇文门行驶酒车,朝阳门行驶粮车,德胜门行驶军车,东直门行驶木材车,安定门行驶粪便车,西直门行驶水车,阜成门行驶煤气车,宣武门行驶刑车。这大概是我国实行禁线交通法的雏形。

近代,随着机动车的出现,交通管理法规也有了新的发展。1903 年,清政府在天津设立了管理交通的警察,上海开始发给自动车执照。到 20 世纪 20 年代末,上海、北平、广州、青岛、南京先后制定了汽车的管理规定。30 年代末期在各大城市主要地点设置了交通标志。1932 年,由全国经济委员会筹备处首先在汽车较多的华东地区倡导组成交通委员会,负责联络贯通江苏、安徽、浙江三省和南京、上海二市的交通运输管理工作,并制订了《五省汽车互通章程》。同年,在全国经济委员会建制内成立公路处,公路处会同原五省市及福建、江西、湖南、湖北、河南等省逐渐发展成全国公路交通委员,负责规划全国交通管理工作。并先后制订了《汽车驾驶人执照统一办法》、《汽车驾驶人考验规则》、《人力、兽力车辆道行公路管理、公路交通标志号设置保护规则》、《公路安全须知》以及汽车肇事报告先有关规章,并颁发给各省实施,从而为统一全国交通管理法奠定了基础。

1943 年,由内务部统一制订了《陆上交通规则》,可称是我国第一部正式交通法。1940 年,由交通部公路总局管理处汽车牌照所先后制定了《汽车管理规则》、《汽车驾驶人管理规则》及《汽车技工管理规则》等,以后又制订了《全国公路行车规则》并由政府公布执行。1945 年,抗日战争胜利后,由交通部公路总局监理处,根据战后交通管理工作的需要,制定了《收复区各种车辆临时登记及领照办法》、《收复区驾驶人及技工临时登记办法》。此二法,规定了全国汽车总检、驾驶员牌证。1946 年是制订交通法规最多的一年,一共制订了 11 个法规:《公路汽车监理实施细则》、《公路交通安全措施》、《公路交通安全须知》等。这些规章内容,尽管受当时政治的影响有一定的局限性,但它的体制较系统完整,对以后制订交通法规影响很大,就是我们现在立法也值得借鉴。

1955 年,我国颁布了《城市道路交通规则》,1955 年 8 月 1 日开始实施《道路交通管理条例》。1988 年 3 月 9 日国务院发布了《中华人民共和国道路交通管理条例》。目前,我国实行的是 2003 年 10 月 28 日第十届全国人民代表大会常务委员会通过的《中华人民共和国道路交通安全法》和 2004 年 4 月 30 日发布的《中华人民共和国道路交通安全法实施条例》。

6.2　安全生产法规的性质与作用

6.2.1　安全法规的概念

安全法规是指在生产和生活过程中产生的同劳动者或公民的安全与健康，以及生产资料和社会财富安全保障有关的各种社会关系的法律规范的总和。安全法规是国家法律体系中的重要组成部分。我们通常说的安全法规是对有关安全的法律、规程、条例、规范的总称。例如，全国人民代表大会和国务院及有关部委、地方政府颁发的有关安全生产、公共安全、职业安全、劳动保护等方面的法律、规程、决定、条例、规定、规则及标准等，都属于安全法规范畴。

安全法规有广义和狭义两种解释，广义的安全法规是指我国保护公民、劳动者、生产者和保障生产资料及社会财产的全部法律规范。因为，这些法律规范都是为了保护国家、社会利益和公民、生产者的利益而制定的。例如，关于安全技术、安全工程、健康工程、生产合同、工伤保险、职业技术培训、工会组织和民主管理等方面的法规。狭义的安全法规是指国家为了改善社区安全环境、劳动条件，保护公民正常生活、劳动者在生产过程中的安全和健康，以及保障生活、生存、生产所采取的各种安全措施的法律规范。

安全法规是党和国家的安全观、安全方针政策的集中表现，是上升为国家和政府意志的一种行为准则。它以法律的形式规定人们在生产过程中的行为规则，规定什么是合法的，可以去做，什么是非法的，禁止去做；在什么情况下必须怎样做，不应该怎样做等，用国家强制力来维护企业和社会安全正常秩序。因此，有了各种安全法规，就可以使安全工作做到有法可依、有章可循。谁违反了这些法规，无论是单位或个人，都要负法律上的责任。

6.2.2　安全法规的特征

安全法规是国家法规体系的一部分，因此它具有法的一般特征。

我国安全法律制度的建立与完善，与党的安全政策有密切的关系。这种关系就是政策是法规的依据，法规政策的定型化、条文化。在很长一段时期，我国的法制不完备，没有安全法规的场合，只能依照党的安全政策做好安全工作。这时，党的安全政策实际上已经起了法规的作用，已赋予了它一种新的属性，这种属性是国家所赋予的而不是政策本身就具有的。

我国安全法规的特点有：保护的对象是社会公民和劳动者、生产经营人员、生产资料和国家及社会财产；安全法规普遍具有强制性的特征；安全生产法规涉及自然科学和社会科学领域，因此既有政策性特点又有科学技术性特点。

6.2.3　安全法规的本质

我国的社会主义法制是实现人民民主专政，保障和促进社会主义物质文明和精神文明建设的重要工具。社会主义法制包括制定法律和制度以及对法律和制度的执行与遵守两个方面，二者密切联系，互为条件。社会主义法制健全与否的标志，不仅取决于是否有完备的法律和制度，从根本上说，还决定于这些法律和制度在现实生活中是否真正得到遵守和执行。我国社会主义法制的基本要求是"有法可依，有法必依，执法必严，违法必究"。

安全工作的最基本的任务之一是进行法制建设。以法律、法规文件来规范企业经营者与政府之间、劳动者与经营者之间、劳动者与劳动者之间、生产过程与自然界之间的关系。把国家保护劳动者的生命安全与健康，生产经营人员的生产利益与效益，以及保障社会资源和财产的需要、方针、政策具体化、条文化。通过制定法律、法规，建立起一套完整的、符合我国国情的、具有普遍约束力的安全生产法律规范，做到企业的生产经营行为和过程有法可依、有章可循。目前，我国的安全法规已初步形成以宪法为依据的，由有关法律、行政法规、地方性法规和有关行政规章、技术标准所组成的综合体系。由于制定和发布这些法规的国家机关不同，其形式和效力也不同。这是一个多层次、依次补充和相互协调的立法体系。

在现行的安全法规体系中，除法律法规外，为数最多的是国务院有关部门和省、自治区、直辖市人民政府在其职权范围内制定和发布的行政规章，这些行政规章，是依据法律、法规的规定，就安全生产管理和生产专业技术问题作出的实施性或补充性的规定，具有行政管理法规的性质。此外，县级以上人民政府及政府部门，还制定和发布了大量从属性、规范性的文件，如实施办法、细则、通知等。这些行政规章和从属性、规范性的文件，是对安全法律、法规的重要补充，是贯彻实施法律、法规，建立安全工作秩序的必要依据。

6.2.4　安全法规的作用

安全法规的作用主要表现在以下几个方面。

（1）为保护公民和劳动者的安全健康提供法律保障。我国的安全法规是以社会和社区公共安全，以及安全生产、职业安全，保障员工在生产中的安全、健康为目的的。它不仅从管理上规定了人们的安全行为规范，也从生产技术上、设备上规定实现安全生产和保障职工安全健康所需的物质条件。多年安全生产和公共安全工作的实践表明，切实维护全民和劳动者安全健康的合法权益，单靠思想政治教育和行政管理是不行的，不仅要制订出各种保证安全生产的措施，而且要强制人人都必须遵守规章，要用国家强制力来迫使人们按照科学办事，尊重自然规律、经济规律和生产规律。

（2）加强安全的法制化管理。安全法规是加强安全法制化管理的章程，很多重要的安全法规都明确规定了各个方面加强公共安全、安全生产、安全管理的职责，推动了政府各级领导，特别是社区和企业领导对安全工作的重视，把这项工作摆上了领导和管理的议事日程。

（3）指导和推动安全工作的发展，促进社区安全和安全生产。安全法规反映了保护生产正常进行、保护劳动者安全健康所必须遵循的客观规律，对社区和企业搞好安全管理工作提出了明确要求。同时，由于它是一种法律规范，具有法律约束力，要求人人都要遵守，这样，它对整个安全生产工作的开展具有用国家强制力推行的作用。

（4）推进生产力的提高，保证企业效益的实现和国家经济建设事业的顺利发展。安全是全社会和生产企业十分关切，关系到全民、全员切身利益的大事，通过安全立法，使劳动者的安全健康有了保障，职工能够在符合安全健康要求的条件下从事劳动生产，这样必然会激发他们的劳动积极性和创造性，从而促使劳动生产率的大大提高。同时，安全生产技术法规和标准的遵守和执行，必然提高生产过程的安全性，使生产的效率等到保障和提高，从而提高企业的生产效率和效益。安全法律、法规对生产的安全卫生条件提出与现代化建设相适应的强制性要求，这就迫使企业领导在生产经营决策上，以及在技术、装备上采取相应的措施，以改善劳动条件、加强安全生产为出发点，加速技术改造的步伐，推动社会生产力的提高。

在我国现代化建设过程中，安全法规以法律形式，协调人与人之间、人与自然之间的关系，维护生产的正常秩序，为社会公民和劳动者提供安全、健康的安全条件和生活及工作环境，为生产经营者提供可行、安全可靠的生产技术和条件，从而产生间接生产力的作用，促进国家现代化建设的顺利进行。

6.2.5　我国的安全生产法治对策及任务

实现企业的安全生产目标，需要通过工程技术的对策、教育的对策和管理的对策。管理的对策中包含行政、法制、经济、文化等手段。显然，法制对策是保障安全生产的重要手段。我国安全生产法治的主要对策如下。

（1）落实安全生产责任制度。安全生产责任制度是安全生产的最基本制度，通过安全责任制的落实，建立"党政同责"、"一岗双责"、"人人有责"的责任体系，使安全生产保障措施得到有效的执行。

（2）实行强制的国家安全生产监督。国家安全生产监督就是指国家授权行政部门设立的监督机构，以国家名义并运用国家权力，对企业、事业和有关机关履行安全生产职责、执行劳动保护政策和安全生产法规的情况，依法进行的监督、纠正和惩戒工作，是一种专门监督，以国家名义依法进行的具有高度权威性、公正性的监督执法活动。

（3）推行行业的综合专业化安全管理。这是指行业的安全生产管理要围绕着行业安全生产的特点和需要，在技术标准、行业管理条例、工作程序、生产规范，以及生产责任制度方面进行全面的建设，实现专业化安全管理的目标。

（4）依靠工会发挥群众监督作用。群众监督是指在工会的统一领导下，监督企业、行政和国家有关劳动保护、安全技术、工业卫生等法律、法规、条例的贯彻执行情况；参与有关部门制定安全生产和安全生产法规、政策的制定；监督企业安全技术和劳动保护经费的落实和正确使用情况；对安全提出建议等方面。

我国安全生产法规建设的主要任务如下。

（1）制定以《安全生产法》为核心的配套的安全生产法规体系。我国安全生产法规体系中，《安全生产法》是一部综合性、基础性的法规。为了保证《安全生产法》的全面实施，需要一系列的配套法规来支持。

（2）完善安全健康技术标准体系。安全卫生标准是安全生产的技术基础，是安全生产水平提高的重要保证。一方面应提高标准的技术指标，使标准更具先进性，另一方面还要填补安全卫生标准的空白，构建起一个全面完善的安全卫生标准体系。

（3）对法规、标准进行适时修订。法律要随时间和条件的变化不断更新修订，没有一成不变的法规。随着安全生产管理体制的变革，以及经济的发展和技术的进步，法规、规范、标准应不断的修订、改进和完善。

（4）注重与国际接轨。全球经济一体化和加入WTO要求我国的安全生产法制体系与国际接轨，同时我国也是国际劳工组织的会员国，必须遵守国际劳工公约和建议书所规定的条款，借鉴和学习国外先进、成功且适合我国的法规和体系。

6.3　我国安全的法律法规体系

6.3.1　我国安全法律基本体系结构

保障安全是一项复杂的系统工程，需要建立在法规、科技、经济、文化等方面支撑的基础之上，而安全法规体系是实现法制与法治的重要前提。按照"安全第一，预防为主"的基本安全方针，国家制定了一系列的安全生产、公共安全、职业安全、劳动保护等方面的法规。据统计，新中国成立60年来，颁布并在用的有关安全的主要法律法规达数百项，内容包括综合类、专项类、行业类等。其中，以法的形式出现，对公共安全、安全生产、职业安全等领域最具权威的是

《道路交通安全法》、《消防法》、《特种设备安全法》、《突发事件应对法》、《安全生产法》、《矿山安全法》、《职业病防治法》等，与此同时，国家还制定和颁布了数百余项安全方面的国家行政条例、规范、标准等。根据我国立法层次体系的特点，以及安全法规调整的范围不同，安全法律法规体系如图 6-1 所示。

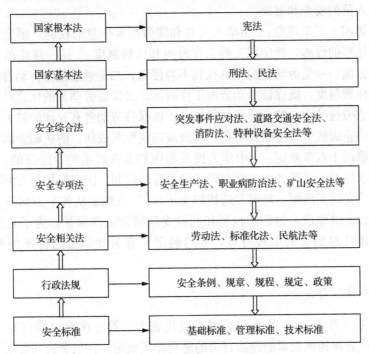

图 6-1　我国安全法规体系及层次结构

6.3.2　安全基础性综合性法规

1.《宪法》与安全

宪法是国家的根本法，具有最高的法律效力。一切法律、行政法规和地方性法规都不得同宪法相抵触。可以说宪法是各种法律的总法律或总准则。

《宪法》总纲中的第一条明确指出："中华人民共和国是工人阶级领导的、以工农联盟为基础的人民民主专政的社会主义国家。"这一规定就决定了我国的社会主义制度是保护以工人、农民为主体的劳动者的。在《宪法》中又规定了相应的权利和义务。

宪法第四十二条规定："中华人民共和国公民有劳动的权利和义务。国家通过各种途径，创造劳动就业条件，加强劳动保护，改善劳动条件，并在发展生产的基础上，提高劳动报酬和福利待遇。国家对就业前的公民进行必要的劳动就业训练。"宪法的这一规定，是生产经营单位安全生产与健康各项法规和各项工作的总的原则、总的指导思想和总的要求。我国各级政府管理部门，各类企事业单位机构，都要按照这一规定，确立"安全第一，预防为主"的思想，积极采取组织管理措施和安全技术保障措施，不断改善劳动条件，加强安全生产工作，切实保护从业人员的安全和健康。

宪法第四十三条规定："中华人民共和国劳动者休息的权利。国家发展劳动者休息和休养的设施，规定职工的工作时间和休假制度。"这一规定的作用和意义有两个方面，一是劳动者的休息权利不容侵犯，二是通过建立劳动者的工作时间和休息休假制度，既保证劳动者的工作时间，又保证劳动者的休息时间和休假时间，注意劳逸结合，禁止随意加班加点，以保持劳动者有充沛的精力进行劳动和工作，防止因疲劳过度而发生伤亡事故或造成积劳成病，防止职业病。

宪法第四十八条规定："中华人民共和国妇女在政治的、经济的、文化的、社会的和家庭的生活等各方面享有同男子平等的权利。国家保护妇女的权利和利益，实行男女同工同酬，培养和选拔妇女干部。"该规定从各个方面充分肯定了我国广大妇女的地位，她们的权利和利益受到国家法律保护。为了贯彻这个原则，国家还针对妇女的生理特点，专门制定了有关女职工的特殊的劳动保护法规。

2.《刑法》与安全

1997年3月14日，第八届全国人民代表大会第五次会议修订的《刑法》，对安全生产方面构成犯罪的违法行为的惩罚作了规定。在危害公共安全罪中，刑法第131～第139条，规定了重大飞行事故罪、铁路运营安全事故罪、交通肇事罪、重大责任事故罪、重大劳动安全事故罪、危险物品肇事罪、工程重大安全事故罪、教育设施重大安全事故罪和消防责任事故罪9种罪名。刑法第146条规定销售伪劣商品罪，包括生产、销售伪劣商品罪，生产、销售不符合安全标准的产品罪。第397条规定渎职罪，包括滥用职权罪、玩忽职守罪。此外，还有重大环境污染事故罪、环境监管失职罪。刑事责任是对犯罪行为人的严厉惩罚，安全事故的责任人或责任单位构成犯罪的将按刑法所规定的罪名追究刑事责任。

2006年6月29日，第十届全国人民代表大会常务委员会第二十二次会刑法修正案（六）对有关安全生产方面的刑事责任追究又作了如下修订：①将刑法第一百三十四条修改为"在生产、作业中违反有关安全管理的规定，因而发生重大伤亡事故或者造成其他严重后果的，处三年以下有期徒刑或者拘役；情节特别恶劣的，处三年以上七年以下有期徒刑。强令他人违章冒险作业，因而发生重大伤亡事故或者造成其他严重后果的，处五年以下有期徒刑或者拘役；情节特别恶劣的，处五年以上有期徒刑"。②将刑法第一百三十五条修改为"安全生产设施或者安全生产条件不符合国家规定，因而发生重大伤亡事故或者造成其他严重后果的，对直接负责的主管人员和其他直接责任人员，处三年以下有期徒刑或者拘役；情节特别恶劣的，处三年以上七年以下有期徒刑"。③在刑法第一百三十五条后增加一条，作为第一百三十五条之一："举办大型群众性活动违反安全管理规定，因而发生重大伤亡事故或者造成其他严重后果的，对直接负责的主管人员和其他直接责任人员，处三年以下有期徒刑或者拘役；情节特别恶劣的，处三年以上七年以下有期徒刑。"④在刑法第一百三十九条后增加一条，作为第一百三十九条之一："在安全事故发生后，负有报告职责的人员不报告或者谎报事故情况，贻误事故抢救，情节严重的，处三年以下有期徒刑或者拘役；情节特别严重的，处三年以上七年以下有期徒刑。"

3. 《安全生产法》

2002 年颁布实施的《安全生产法》具有七章九十七条，2014 年新修改的《安全生产法》增加到一百一十四条。新版《安全生产法》的特点表现在以下方面。

1）理念更新

（1）从底线思维到红线意识。新版《安全生产法》在总则第一条明确了安全生产的一个目标：防止减少安全生产事故；二大目的：保障人民群众的生命安全和财产安全；两大宗旨：促进经济和社会持续健康发展。从中我们可感悟到，安全生产法的目标宗旨既有财产安全和经济社会发展的底线思维，更有生命安全、持续健康全面发展的目标要求，彰显了国家、社会和企业的发展绝不能以牺牲人的生命为代价的红线意识。

（2）从经济为本到以人为本。新版《安全生产法》在总则第三条明确了"以人为本"的原则，强调了"生命至上、安全为天"的理念。"以人为本"首先要求"一切为了人"，安全生产的目的首先是人的生命安全，在处理安全与经济、安全与生产、安全与速度、安全与成本、安全与效益的关系时，以及面对重大险情和灾害事故应急时，必须以安全优先、生命为大、安全第一；"以人为本"的第二个内涵是"一切依靠人"，因为人的因素是安全的决定性因素，事故的最大致因是人的不安全行为。

2）策略转变

（1）从优先发展到安全发展。新版《安全生产法》在第三条提出了"安全发展"的战略总则，强调了"科学发展、健康发展、持续发展"的策略要求。"安全发展"需要做到：发展不能以人的生命为代价，发展必须以安全为前提。相反，如果国家、行业和企业"优先发展"、"无限发展"，违背了安全发展的规律和要求，在没有安全保障的前提下的高速发展，只会增加血的成本和生命的代价，甚至最终遏制发展、葬送发展。

（2）从就事论事到系统方略。新版《安全生产法》第三条确立了"安全第一、预防为主、综合治理"的安全生产"十二字方针"，明确了安全生产工作的基本原则、主体策略和系统途径："安全第一"是基本原则，"预防为主"是主体策略，"综合治理"是系统方略。特别是"综合治理"的系统方略，具有全面、深刻、丰富的内涵。第一，需要国家和各级政府应用行政、科技、法制、管理、文化的综合手段保障安全生产；第二，要求社会、行业、企业应从人因、物因、环境、管理等系统因素提升安全生产保障能力；第三，从政府到企业、从组织到个人都要具备事前预防、事中应急、事后补救的综合全面的能力，强化安全生产基础和建立保障体系；第四，充分发挥党、政、工、团，以及动员社会、员工、舆论等各个方面的参与和作用，提供安全生产支撑力量。由于安全生产面对的是综合、复杂的巨系统，是一项长期、艰巨、复杂的任务和工作，因此唯采取系统的方略、综合的对策，才能在安全生产保障与事故预防的战役中制胜和奏效。

　　3）模式创新

　　（1）从二元主体到五方机制。新版《安全生产法》第三条确立了"生产经营单位负责、职工参与、政府监管、行业自律、社会监督"的安全工作机制。首先明确了生产经营单位的主体责任，同时重要的是系统地阐明了企业、员工、政府、行业、社会多方参与和协调共担的安全生产保障模式和机制。这比一段时期仅仅强调企业负责、政府监管的二元主体模式要全面、充分、合理、科学和有效。

　　（2）从部门管制到协同监管。新版《安全生产法》通过总则诸多条款明确了"管业务必须管安全、管行业必须管安全、管生产经营必须管安全"的"三必须"原则。以法律的形式要求构建"各级政府领导协调、安全部门综合监管、行业部门专业监管"的政府全面参与的立体式（纵向从国务院到乡镇 5 个层级、横向政府、安监、部门 3 种力量）的监管模式。这一模式同时体现了"党政同责、一岗双责、谁主管谁负责"的具体要求，是一种系统、全面的协同监管模式，这比单一的安全主管部门的监管模式更为全面、系统、深刻、专业和有力。

　　4）方法突破

　　（1）从形式安全到本质安全。新版《安全生产法》充分强调了安全生产"超前预防、本质安全"的方式和方法。例如，首次明确强化事故隐患排查治理制度、推行安全生产标准化制度等措施。第三十八条明确的"事故隐患排查治理制度"，具有"事前预防、超前治本、源头控制"的特点，通过隐患的排治，实现生产企业的系统安全、生产设备的功能安全、生产过程的本质安全。第四条明确了"推进安全生产标准化建设"的制度要求。安全生产标准化建设依据国际普遍推行的 PDCA 管理模式，借鉴全球 20 世纪 90 年代以来成功运行的 OHSMS 职业安全健康管理体系，通过我国多年高危行业的实践和验证，结合我国国情，创新性地建立了一套适用各行业的标准化运行机制和流程，对强化安全生产基础，提高企业的本质安全、超前预防的能力和水平将发挥积极重要的作用。

（2）从基于经验到应用规律。新版《安全生产法》第二章对生产经营单位的安全生产保障提出了 32 条款的法律要求，其内容系统、全面，包括落实责任制度、推行"三同时"、加强安全防护措施、推行安全评价制度、安全设备全过程监管、强化危化品和重大危险源监控、交叉作业和高危作业管理等内容。其中，安全投入保障、配备注册安全工程师专管人员、明确安全专管机构及人员职责、强化全员安全培训等是新增加的内容。这些内容充分体现了人防、技防、管防（三 E）的科学防范体系，体现了时代对基于规律、应用科学的安全方法论，即实现如下方法方式的转变：变经验管理为科学管理、变事故管理为风险管理、变静态管理为动态管理、变管理对象为管理动力、变事中查治为源头治理、变事后追责到违法惩戒、变事故指标为安全绩效、变被动责任到安全承诺等。

（3）从技术制胜到文化强基。新版《安全生产法》将原第十七条对于生产经营单位负责人的法律责任从 6 项增加到 7 项，增加的内容是"组织制定并实施本单位安全生产教育和培训计划"。第二十五条新增了全员安全培训的规定。上述法律规范体现了新版《安全生产法》对安全文化和人的素质的重视和强调。这一法律要求符合"事故主因论"——事故的主要原因是人的因素（通过对大量事故资料的统计分析，80％以上的事故原因直接与人为因素有关）和"人为因素决定论"。人的安全素质是安全生产基础的基础，安全教育培训是文化强基的重要手段。

（4）从责任失衡到责任体系。安全生产责任体系有诸多角度和方面，主体责任体系，如政府、企业、机构、职工等多个方面；层级责任体系，如政府层级、企业层级等；追责分类体系，包括事前违法责任和事后损害责任、单位负责和个体责任等，对于事后损害的法律责任追究方面，又有刑事法律责任追究、行政法律责任追究和民事法律责任追究等；责任性质分类体系，如违法与违纪责任、直接与间接责任、主要与次要责任、工伤与非工伤、刑事与民事责任等。新版《安全生产法》在安全生产的责任主体、责任层级等，特别是相应的责任追究方面构建了完整的体系。

4.《消防法》

《消防法》于 2008 年 10 月 28 日由中华人民共和国第十一届全国人民代表大会常务委员会第五次会议修订通过，自 2009 年 5 月 1 日起施行。其主要内容有：第一章总则；第二章火灾预防；第三章消防组织；第四章灭火救援；第五章监督检查；第六章法律责任；第七章附则。

5.《特种设备安全法》

《特种设备安全法》于 2013 年 6 月 29 日由第十二届全国人民代表大会常务委员会第三次会议表决通过，于 2015 年 1 月 1 日正式实施。特种设备是一个国家经济水平的代表，是国民经济的重要基础装备。我国现有特种设备生产企业 5 万多家，已经形成从设计、制造、检测到安装、改造、修理等完整的产业链，年产值达 1.3 万亿元。特种设备具有在高温、高压、高空、高速条件下运行的特点，是人民群众生产和生活中广泛使用的具有潜在危险的设备，有的在高温高压下工作，有的盛装易燃、易爆、有毒介质，有的在高空、高速下运行，一旦发生事故，会造成严重人身伤亡及重大财产损失。《特种设备安全法》共 7 章 101 条，适用于锅炉、压力容器(含气瓶)、电梯、起重机械、客运索道、大型游乐设施、场(厂)内机动车辆等 8 类特种设备。

6.3.3　安全标准的分类与体系

1. 安全标准的法律效力分类

(1) 强制性标准。为了改善劳动条件，加强劳动保护，防止各类事故发生，减轻职业危害，保护职工的安全健康，建立统一协调、功能齐全、衔接配套的劳动保护律体系和标准体系，强化职业安全卫生监督，必须强制执行。在国际上环境保护、食品卫生和职业安全卫生问题，越来越引起各国有关方面的重视，并制定了大量的安全卫生标准，或在国家标准、国际标准中列入了安全卫生要求，这已成了标准化的主要目的之一。而且这些标准在世界各国都有明确规定，用法律强制执行。在这些标准中，经济上考虑往往是第二位的。

(2) 推荐性标准。从国家和企业的生产水平、经济条件、技术能力和人员素质等方面考虑，在全国、全行业强制性统一，执行有困难时，此类标准作为推荐性标准执行。例如，OHSMS 标准是一种推荐性标准。

2. 安全标准按对象特性分类

(1) 基础标准。基础标准就是对职业安全卫生具有最基本、最广泛指导意义的标准。概括起来说，就是具有最一般的共性，因而是通用性很广的那些标准，如名词、术语等。

(2) 产品标准。产品标准就是对职业安全卫生产品的形式、尺寸、主要性能参数、质量指标、使用、维修等所制定的标准。

(3) 方法标准。方法标准就是把一切属于方法、程序规程性质的标准都归入这一类，如试验方法、检验方法、分析方法、测定方法、设计规程、工艺规程、操作方法等。

3. 安全生产标准的体系

我国安全生产标准属于强制性标准，是安全生产法规的延伸与具体化，其体系由基础标准、管理标准、安全生产技术标准、其他综合类标准组成(表6-1)。

表 6-1　职业安全卫生标准体系

标准类别		标准例子
基础标准	基础标准	标准编写的基本规定、职业安全卫生标准编写的基本规定、标准综合体系规划编制方法、标准体系表编制原则和要求、企业标准体系表编制指南、职业安全卫生名词术语、生产过程危险和有害因素分类代码
	安全标志与报警信号	安全色、安全色卡、安全色使用导则、安全标志、安全标志使用导则、工业管路的基本识别色和识别符号、报警信号通则、紧急撤离信号、工业有害气体检测报警通则
管理标准		特种作业人员考核标准、重大事故隐患评价方法及分级标准、事故统计分析标准、职业病统计分析标准、安全系统工程标准、人机工程标准
安全生产技术标准	安全技术及工程标准	机械安全标准、电气安全标准、防爆安全标准、储运安全标准、爆破安全标准、燃气安全标准、建筑安全标准、焊接与切割安全标准、涂装作业安全标准、个人防护用品安全标准、压力容器与管道安全标准
	职业卫生标准	作业场所有害因素分类分级标准、作业环境评价及分类标准、防尘标准、防毒标准、噪声与振动控制标准、其他物理因素分级及控制标准、电磁辐射防护标准

安全标准虽然处于安全生产法规体系的底层，但其调整的对象和规范的措施最具体。安全标准的制定和修订由国务院有关部门按照保障安全生产的要求，依法及时进行。安全标准由于它的重要性，生产经营单位必须执行，这在安全生产法中以法律条文加以强制规范。《安全生产法》第十条规定："国务院有关部门应当按照保障安全生产的要求，依法及时制定有关的国家标准或者行业标准，并根据科技进步和经济发展适时修订。生产经营单位必须执行依法制定的保障安全生产的国家标准或者行业标准"。

6.3.4　国际安全公约

创建于1919年的国际劳工组织，发布的有关职业安全卫生方面的国际公约包括以下三类。

1. 第一类公约

用来指导成员国为了达到安全健康的工作环境，保证工人的福利与尊严而制定的方针和措施，包括对危险机械设备安全使用程序的正确监督。这类的标准主要包括以下内容。

（1）职业安全卫生公约，1981(No.155)。

该公约要求批准成员国制定、实施并定期评审国家职业安全卫生和工作环境方针，实现在合理可行的范围内，把工作环境中存在的危险因素减少到最低限度，预防源于工作、与工作相关或在工作过程中可能发生的事故和对健康的危害。该方针必须考虑工作环境中各种要素的协调管理，要素之间的关系，培训、交流与合作，以及工人及其代表遵照方针，按照规定的措施要求，采取恰当的行动获取保护。No.164 建议书是该公约的补充。

（2）职业卫生设施公约，1985(No.161)。

该公约的主要内容是关于使用具有必要的预防功能的设施和负责向雇主、工人和员工代表就履行工作中的安全与健康和使工作适合于人员的能力方面提供咨询服务。该公约要求批准成员国制定、实施并定期评审国家职业卫生设施的方针，该方针要着眼于为所有经济活动部门的工人不断地改进和完善这样的设施。No.171 建议书是该公约的补充。

（3）重大工业事故预防公约，1993(No.174)。

该公约的主要目的是预防包括危险物质在内的重大工业事故和限制该类事故的后果。批准该公约的成员国有责任制定、实施并定期评审国家控制重大事故风险，保护工人、公众和环境的方针。实施该方针的国家标准的细则必须符合该公约条款的要求。No.181 建议书是该公约的补充。

2．第二类公约

该类公约针对特殊试剂（白铅、辐射、苯、石棉和化学品）、职业癌症、机械搬运、工作环境中的特殊危险而提供保护，主要包括以下内容。

（1）石棉公约，1986(No.162)。该公约应用于在工作过程中接触石棉的所有的活动。批准该公约的成员国有责任为预防、控制和保护工人免受由接触石棉所导致的健康危害而规定必须采取的措施。No.172 建议书是该公约的补充。

（2）苯公约，1971(No.136)。该公约要求批准成员国采取措施，取代、禁止或控制苯在工作场所中的使用。No.144 建议书是对该公约的补充。

（3）职业癌症公约，1974(No.139)。该公约责成批准成员国定期确定致癌物并对其暴露浓度加以限制。对这些致癌物，批准成员国必须规定为保护暴露于这些物质中的工人应采取的措施，保存适宜的记录，为工人提供医疗检查并进行必要的评估，掌握工人的暴露程度和健康状态。No.147 建议书是对该公约的补充。

（4）辐射保护公约，1960(No.115)。该公约要求批准成员国采取一切适宜的措施有效地防止离子辐射对工人构成安全和健康的威胁。此类措施必须包括将工人的暴露限定在最低水平,收集必要的数据,确定最大容许辐射暴露剂量,告知工人所面临的辐射危险,提供适宜的医疗监测。No.114 建议书是对该公约的补充。

(5) 化学品公约,1990(No.170)。该公约要求批准成员国,按照本国的条件和惯例并在协商最具代表性的雇主组织和工人组织的基础上制定、实施和定期评审一个工作中安全使用化学品的方针。该方针应明确如标签和标识,供应商和雇主的责任,化学品的转移、暴露、操作控制、废弃,信息和培训,工人的职责,工人及其代表的权利以及出口国的责任。No.177 建议书是对该公约的补充。

(6) 机械防护公约,1963(No.119)。该公约建立了保护工人免受工作场所机械运行所带来的伤害风险的标准。该标准涉及了机械销售、租用、运输等环节及在这些环节中的风险。No.118 建议书是对该公约的补充。

(7) (航运包装)标识重量公约,1929(No.27)。该公约要求准备航运的任何大于等于 1t 的包装或物体必须标明其毛重。

(8) 最大重量公约,1967(No.127)。该公约责成批准成员国对单人一次人工搬运的重量作出上限规定。任何工人都不能被强求或容许从事人工搬运这样的重物,即由于其重量的原因,可能危及该搬运工人的安全与健康。No.128 建议书是对该公约的补充。

(9) 工作环境(空气污染、噪声、振动)公约,1977(No.148)。该公约要求批准成员国规定应采取的措施,预防、控制和保护工作环境中空气污染、噪声和振动所带来的职业危害。措施的开发必须考虑该公约的要求。No.156 建议书是对该公约的补充。

3. 第三类公约

该类公约是针对某些经济活动部门,如建筑工业、商业和办公室及码头等提供保护,主要包括以下内容。

(1) 卫生(商业和办公室)公约,1964(No.120)。该公约要求批准成员国采用并保持法律法规的强制性,按照该公约的要求,确保在商业和办公室工作的人员的安全与健康。No.120 建议书是对该公约的补充。

(2) 职业安全卫生(码头工作)公约,1979(No.152)。该公约覆盖了所有的船舶装卸工作及相关工作。No.160 建议书是对该公约的补充。

(3) 建筑安全卫生公约,1988(No.167)。该公约要求批准成员国采用并保持法律法规的强制手段,按照该公约的要求,确保在建筑行业工作的工人的安全与健康。No.175 建议书是对该公约的补充。

(4) 矿山安全卫生公约,1995(No.176)。该公约要求批准成员国按照该公约的要求，制定、履行并定期评审一个矿山的安全卫生、公约。No.183 建议书是对该公约的补充。

　　此外，国际劳工理事会还通过了 20 余个实施规程（code of practice），覆盖了不同的活动领域的职业安全卫生问题，对相关领域的职业安全卫生工作给予了更详细的指导。这些领域包括林业、公共工作和造船业以及特殊的风险，如离子辐射、空气污染物和石棉。

第 7 章 安全行为学

7.1 安全行为学概述

安全行为学是研究人的安全行为规律与控制的学科。大量数据表明人因在事故致因理论结构中的重要地位，本节以人因的重要性为基础，从科学学的角度，概述了安全行为学研究的目的、对象、研究原则和方法等知识。

7.1.1 人因的重要性

工业发达国家和我国安全生产实践的研究均已证明：人的不安全行为是最主要的事故原因。现代安全原理也揭示出：人、机、环境、管理是事故系统的四大要素；人、物、能量、信息是安全系统的四大因素。无论是理论分析还是实践研究结果，都强调"人"这一要素在安全生产和事故预防中的重要性。

从目前我国安全事故发生的原因来看，绝大多数都与人为因素有关。管理不善、人员素质低下是事故发生的根本原因，从业人员安全素质与履行工作职责之间的矛盾是引发我国各类安全事故的主要原因之一。我国安全事故多，与不重视人、不尊重人、不了解人的心理行为特点有着非常大的关系。而不重视人的因素的安全管理，就不会达到预期的效果。

从人的角度看，要绝对安全也是不可能的。人在生产活动中最活跃、最富有创造性，即主观能动性。发挥人的主观能动性很多事故可以消除在萌芽状态。企业生产活动的主体是人，人的不安全行为是许多事故发生的根本因素。

人的不安全行为是指能引发事故的人的行为差错。在人机系统中，人的操作或行为超越或违反系统所允许的范围时就会发生人的行为差错。这种行为可能是有意识的行为，也可能是无意识的行为，其表现的形式多种多样。虽然有意的不安全行为是一种由人的思想占主导地位、明知故犯的行为，但依然存在主观和客观两方面的原因。从主观上讲，操作者的心理因素占据了重要位置。侥幸心理、急功近利心理、急于完成任务而冒险的心理，都容易忽略安全的重要性，目的仅仅是为了达到某种不适当的需求，如图省力、赶时间、走捷径等。抱着这些心理的人为了获得小的利益而甘愿冒着受到伤害的风险，是由于对危险发生的可能性估计不当，心存侥幸，在避免风险和获得利益之间作出了错误的选择。非理性从众心理，明知违章但因为看到其他人违章没有造成事故或没有受罚而放纵自己的行为。过于自负、逞强，认为自己可以依靠较高的个人能力避免风险。从客观上说，管理的松懈和规章制度的操作性差给人的不安全行为的发生创造了条件。

在安全管理中，没有一支高素质的职工队伍，安全管理只是纸上谈兵，无法落到实处。那么提高员工的素质就是企业长远的、具有战略意义的工作，提高员工的素质不外乎教育与培训。教育是提高员工的思想素质，即工作的责任心。认真负责、踏实肯干的态度，一丝不苟、勤奋学习、勇于攻克生产过程中难题的精神，达到这个目的不是一朝一夕的问题，它需要长期不断地在企业安全文化精神的指导下，逐渐使员工向这个方向迈进。

为了解决这个"人因"问题，发挥人在劳动过程中安全生产和预防事故的作用，通常采取安全管理和安全教育的手段，要使安全管理和安全教育的效能得以充分发挥，作用得以提高，需要研究安全行为学，需要学会应用行为学的理论和方法。这就是安全行为学得到重视和发展的基本理由。

7.1.2　研究安全行为学的目的

通过对事故规律的研究，人们已认识到：生产事故发生的重要原因之一是人的不安全行为。因此，研究人的行为规律，以激励安全行为，避免和克服不安全行为，对于预防事故有重要的作用和积极的意义。

由于人的行为千差万别，不尽相同，影响人行为安全的因素也多种多样：同一个人在不同的条件下有不同的安全行为表现，不同的人在同一条件下也会有各种不同的安全行为表现。安全行为学的研究就是要从复杂纷纭的现象中揭示人的安全行为规律，以便有效地预测和控制人的不安全行为，使作业者能按照规定的生产和操作要求活动、行事，以符合社会生活的需要，更好地保护自身，促进和保障生产的发展和顺利进行，维护社会生活和生产的正常秩序。

7.1.3　安全行为学的研究对象

安全行为学是把社会学、心理学、生理学、人类学、文化学、经济学、语言学、法学等多学科基础理论应用到安全管理和事故预防的活动之中，为保障人类安全、健康和安全生产服务的一门应用性科学。安全行为学的研究对象是社会、企业或组织中的人和人之间的相互关系以及与此相联系的安全行为现象，主要研究的对象是个体安全行为、群体安全行为和领导安全行为等方面的理论和控制方法。

1. 个体安全行为

首先要知道什么是个体心理。个体心理指的是人的心理。人既是自然的实体，又是社会的实体。从自然实体来说，只要是在形体组织和解剖特点上具有人的形态，并且能思维、会说话、会劳动的动物都叫做人。从社会实体来说，人是社会关系的总和，这是它的本质的特征，凡是这些自然的、社会的本质特点全部集于某一个人的身上时，这个人就称为实体。

个体是人的心理活动的承担者。个体心理包括个体心理活动过程和个性心理特征。个体心理活动过程是指认识过程、情感过程和意志过程；个性心理特征表现为个体的兴趣、爱好、需要、动机、信念、理想、气质、能力、性格等方面的倾向性和差异性。

任何企业或组织都是由众多的个体的人组合而成的。所有这些人都是有思想、有感情、有血有肉的有机体。但是，由于各人先天遗传素质的差别和后天所处社会环境及经历、文化教养的差别，导致了人与人之间的个体差异。这种个体差异也决定了个体安全行为的差异。

在一个企业或组织中由于人们分工不同，有的领导者、管理人员、技术人员、服务人员，以及各种不同工程的工人等不同层次和不同职责的划分，他们从事的劳动对象、劳动环境、劳动条件等方面也不一样，加之个体心理的差异，所以他们在安全管理过程中安全的心理活动必然是复杂多种的。因此，在分析人的个体差异和分析各种职务差异的基础上了解和掌握人的个体安全心理活动，分析和研究个体安全心理规律，对于了解安全行为、控制和调整管理安全行为是很重要的，这是子安全管理最基础的工作之一。

2. **群体安全行为**

群体是一个介于组织与个人之间的人群结合体。这是指在组织机构中，由若干个人组成的为实现组织目标利益而相互信赖、相互影响、相互作用，并规定其成员行为规范所构成的人群结合体。对于一个企业来说，群体构成了企业的基本单位。现代企业都是由大小不同，多少不一的群体所组成。

群体的主要特征：一是各成员相互依赖，在心理上彼此意识到对方；二是各成员间在行为上相互作用、彼此影响；三是各成员有"我们同属于一群"的感受。实际上也就是彼此有共同的目标或需要的联合体。从群体形成的内容上分析可以得知，任何一个群体的存在都包含了 3 个相关联的内在要素。这就是相互作用、活动与情绪。所谓相互作用是指人们在活动中相互之间发生的语言和语言的沟通与接触。活动是指人们所从事的工作的总和。它包括行走、谈话、坐、吃、睡、劳动等，这些活动被人们直接感受到。情绪指的是人们内心世界的感情与思想过程。在群体内，情绪主要指人们的态度、情感、意见和信念等。

群体的作用是将个体的力量组合成新的力量，以满足群体成员的心理需求，其中最重要的是使成员获得安全感。在一个群体中，人们具有共同的目标与利益。在劳动过程中，群体的需求很可能具有某一方面的共同性，或劳动对外相同，或工作内容相似，或劳动方式一样，或劳动在一个环境之中及具有同样的劳动条件等。他们的安全心理虽然具有不同的个性倾向，但也会有一定的共同性。分析、研究和掌握群体安全心理活动状况，是搞好安全管理的重要条件。

3. 领导安全行为

在企业或组织各种影响人的积极性的因素中，领导行为是一个关键性的因素。因为不同的领导心理与行为，会造成企业不同的社会心理气氛，从而影响企业职工的积极性。有效的领导是企业或组织取得成功的一个重要条件。

管理心理学家认为领导是一种行为与影响力，不是指个人的职位，而是指引导和影响他人或集体在一定条件下向组织目标迈进的行动过程。领导与领导者是两个不同的概念，它们之间既有联系又有区别，领导是领导者的行为。促使集体和个人共同努力，实现企业目标的全过程，而致力于实现这个过程的人则为领导者。虽然领导者在形式上有集体个人之分，但作为领导集体的成员在他履行自己的职责时，还是以个人的行为表现来进行的。从安全管理的要求来说，企业或组织的领导者对安全管理的认识、态度和行为，是搞好安全管理的关键因素。分析、研究领导安全行为是安全管理的重要内容。

7.1.4　安全行为学的研究原则与方法

任何科学的形成和向前发展以及要不断取得成果，对于研究来说，必须遵循一定的基本原则，同时还要掌握科学的研究方法。安全行为学是一门新兴学科，至今还很少有系统的研究。如果要在安全行为研究方面得到发展和不断取得成效，就要遵循一定的原则，讲究研究的方法。

1. 安全行为研究遵循的基本原则

(1) 客观性原则，就是实事求是地观察、记录人的行为表现及产生的客观条件，分析时应避免主观偏见和个人好恶。

(2) 发展性原则，把人的行为看作一个过程，历史地、变化地看待行为本质，有预测地分析行为发展方向。

(3) 联系性原则，就是要看到行为与主客观条件的复杂关系，注意各种因素对行为的影响。

2. 研究安全行为的方法

研究安全行为的方法有以下几种。

(1) 观察法，通过人的感官在自然的、不加控制的环境中观察他人的行为，并把结果按时间顺序作系统记录的研究方法。

　　（2）谈话法，通过面对面的谈话，直接了解他人行为及心理状态的方法。应用前事先要有周全计划，确定谈话的主题，谈话过程中要注意引导，把握谈话的内容和方向。这种方法简单易行，能迅速取得第一手资料，因此被行为学家广泛应用。

　　（3）问卷法，是根据事先设计好的表格、问卷、量表等，由被试者自行选择答案的一种方法。一般有 3 种问卷形式：是与否式、选择式和等级排列式。这种方法要求问题明确，能使被试者理解、把握。调查表收回后要运用统计学的方法对其数据作处理。

　　（4）测验法。采用标准化的量表和精密的测量仪器来测量被试者有关心理品质和行为的研究方法，如常有的智力测试、人格测验、特种能力测验等。这是一种较复杂的方法，须由受过专门训练的人员主持测验。

　　其他还有实验法、个案法等研究方法。

7.2　行为的身心机制

　　研究人行为的作用机制，是揭示行为规律的重要手段。由于人具有自然属性和社会属性，人的行为机制通常也从这两个角度出发来进行研究。一是从人的自然属性角度，即从生理学意义上来研究人的行为机制；二是从人的社会属性角度，即从心理学和社会学意义上来研究人的行为作用机制。

7.2.1　生理学意义的行为模式

1. 人的生理学行为模式分析

　　作为社会主要因素的人类，在其社会活动中的表现形式不尽相同。针对安全行为来说，情况也是复杂多样的：有老成持重者、有酒后开车者、有安全行事者、有违章违纪者等。

　　人的生理学行为模式，即人的自然属性行为模式，是从自然人的角度来说的，人的安全行为是对刺激的安全性反应。这种反应是经过一定的动作实现目标的过程。例如，行车过程中，突然出现有人横穿马路，司机必须紧急刹车，并保证安全停车，才不至于发生撞人事故。在此，有人横穿马路是刺激源，刹车是刺激性反映，安全停车是行为的安全目标。这中间又需要判断、分析和处理等一连串的安全行为。

　　20 世纪 50 年代，美国斯坦福大学的莱维特（Leavitt）在《管理心理学》一书中，对人的行为提出了 3 个相关的假设：①行为是有起因的；②行为是受激励的；③行为是有目标的。

由此他提出人的生理学基础上的行为模式：外部刺激（不安全状态）→肌体感受（五感）→大脑判断（分析处理）→安全行为反应（动作）→安全目标的完成。各环节相互影响，相互作用，构成了个人千差万别的安全行为表现。正是由于安全行为规律的这种复杂性，才产生了多种多样的安全行为表现，同时也给人们提出了研究领导和工人各个方面的安全行为学的课题。从这一行为模式的规律出发，外部刺激（不安全状态）→肌体感受（五感）和安全行为反应（动作）→安全目标的完成两个环节要求我们研究安全人机学；大脑判断（分析）这一环节是安全教育解决的问题。

2. 人的生理学安全行为规律

安全行为是人对刺激的安全性反应，又是经过一定的动作实现目标的过程。例如，石头砸到脚上，马上就要离开砸脚的位置，并用手按摸，有可能还发出痛叫声。脚是被刺激的信道，离开砸脚位置和用手按摸是安全行为的刺激性反应，而这中间又需要一连串实现自己的安全行为的过程。

刺激（不安全状况）→人的肌体→安全行为反映→安全目标的完成，这几个环节相互影响、相互联系、相互作用，构成了人千差万别的安全行为的表现和过程。这种过程是由人的生理属性决定的。

人的生理刺激就是通过语言声音、光线色彩、气味等外部物理因素，对人体五感的刺激和干扰，使之影响或控制人的行为。

人的机体指人的五感因素。五感就是形、声、色、味、触（即人的五种感觉器官：视觉、听觉、嗅觉、味觉、触觉）。

形：指形态和形状，包括长、方、扁、圆……等一切形态和形状。

声：指声音，包括高、低、长、短……等一切声音。

色：指颜色，包括红、黄、蓝、白、黑……等种种颜色。

味：指味道，包括苦、辣、酸、甜、香……等各种味道。

触：指触感，包括触摸中感觉到的冷热、滑涩、软硬、痛痒等各种触感。

人的行为反映表现出两状态：安全行为与不安全行为。安全行为就是符合安全法规要求的行为。不安全行为则相反。人的不安全行为一般表现为以下形式：操作错误，忽视安全，忽视警告；造成安全装置失效；使用不安全设备；手代替工具操作；物体存放不当；冒险进入危险场所；攀坐不安全位置；在起吊物下作业；机器运转时加油、修理、检查、焊接、清扫等工作；有分散注意力行为；在必须使用个人防护用品、用具的作业或场合中，忽视其使用；不安全装束；对易燃易爆等危险物品处理错误。

人的安全行为从因果关系上看有两个共同点。

第一，相同的刺激会引起不同的安全行为。同样是听到危险信号，有的会积极寻找原因，排除险情，临危不惧；有的会胆小如鼠，逃离现场。

第二，相同的安全行为来自不同的刺激。领导重视安全工作，有的是有安全意识，接受过安全科学的指导；有的可能是迫于监察部门监督；有的可能是受教训于重大事故。

正是由于安全行为规律的这种复杂性，才产生了多种多样的安全行为表现，同时也给人们提出了研究领导和职工各个方面的安全行为学的课题。

7.2.2　影响人行为的生理因素

1. 年龄

不同年龄段的人有着不同的年龄特征。年龄增长引起身体变化也是一个重要的生理因素。例如，儿童时期的脑电波不稳定，过了 20 岁以后，脑电波开始稳定下来，说明大脑神经随着年龄增大而聚合成长。过了 20 岁，聚合基本完成，身体也发育成熟了，但是往往思想方面仍不够成熟。人的老化也是如此。老龄人不可避免地带来身体的各种功能降低，特别是视力、高频听力、呼吸量、体力等更为明显，而在精神功能方面还能保持到相当年龄，并更趋成熟。但是需要高度抽象的智力成果，如数学、计算机软件等杰出的成就绝大多数都是在中年以前取得的。

2. 人的感官系统

人体的感官系统又称感觉系统，是人体接受外界刺激，经传入神经和神经中枢产生感觉的机构。人的感觉按人的器官分类共有 7 种，通过眼、耳、鼻、舌、肤 5 个器官产生的感觉称为"五感"，此外还有运动感、平衡感等。

人-机-环境系统中安全信息的传递、加工与控制，是系统能够存在与安全运行的基础之一。人在感知过程中，大约有 80% 的信息是通过视觉获得的，可以说视觉是最重要的感觉通道。人开始行动之时，靠视觉接受外界条件的大部分信息，依此判断后才采取行动。就通过视觉而来的刺激而言，若视力不佳则极易产生错误判断，从而产生行动上的失误，这就有发生事故的可能性。

听觉系统是人获得外部信息的又一重要的感官系统。在人-机-环境系统中，听觉显示仅次于视觉显示。由于听觉是除触觉以外最敏感的感觉通道，在传递信息量很大时，不像视觉那样容易疲劳，因此一般用作警告显示时，通常和视觉信号联用，以提高显示装置的功能。

3. 人体自身变化规律——人体生物节律

目前，科学实验已证明人的生理、心理、表现及特征除受一定客观因素的影响外，也有其不以人的意志而改变的自身的变化规律，此规律称为人体生物节律。人体生物节律告诉我们：人的体力、情绪、智力从他刚出生那天起就按正弦曲线周期变化着，人的一切行为都受到它的影响。科学研究证明体力循环周期为23 天，情绪循环周期为 28 天，智力循环周期为 33 天。我们把周期的正半周称为高潮期，负半周称为低潮期，一般临界点是正弦曲线与时间轴的交点前后差1～2 天。具体来讲，以正弦曲线与时间轴为中心，人的体力高潮期为 10 天，临界期为 3 天，低潮期为 10 天；人的情绪高潮期为 12 天，临界期为 3 天，低潮期为 13 天；人的智力高潮期为 14 天，临界期为 4 天，低潮期为 15 天。这样就形成了人体生物节律的循环。

生物节律处于不同的时期，人的生理表现也不同。总的来看，在高潮期，人的表现为精力旺盛，体力充沛，反应灵敏，工作效率高；低潮期的表现为情绪急躁，体力衰退，容易疲劳，反应迟钝，工作效率低；在临界期，人体变化剧烈，机体各器官协调功能下降，处于不稳定状态，工作中容易出现差错，出事故的可能性很大；如果体力、情绪、智力，3 种节律同时处于临界期，就极容易发生事故，此时期称为"危险期"。对于节律处于此时期的生产工人，我们一定要对他多加提醒、关照。关键岗位上或单人从事危险作业时，可以临时暂停其工作或暂调工作。

4. 人体常见的生理反应——疲劳

人体疲劳时，生理机能下降，反应迟钝，工作笨拙，工作效率降低，出现差错较多，极易发生事故。

人体疲劳有客观因素，但也有自身规律。人的精力也是有限的。从时间上看，一般人在凌晨 2～6 时，中午 12～14 时是最容易出现疲劳的时间段，尤其是司乘人员，得不到充分的休息，因疲劳驾驶造成的严重行车事故更是屡见不鲜，在媒体上也时有报道；还有轮班制企业职工，在上班前不能充分休息，生产过程中产生身体疲劳，既给本人身体造成伤害又给企业带来经济损失。因此，如何让生产中的生产者保持充沛的精力是很值得研究并解决的问题。

生理疲劳以肌肉疲劳为主要形式。当工作活动主要由身体的肌肉承担时所产生的疲劳，被称为肌肉疲劳。产生肌肉疲劳时表现出乏力，工作能力减弱，工作效率降低，注意力涣散，操作速度变慢，动作的协调性和灵活性降低，差错及事故发生率增加，工作满意感降低等。

7.2.3　社会学意义的行为模式

1. 人的高级行为模式分析

人是生物有机体，具有自然性，同时人又是社会的成员，具有社会性。作为自然性的人，其行为趋向生物性；作为社会性的人，其行为趋向精神性。人的行为根据其精神含量，可分为低级行为、中级行为与高级行为。生物性行为是人的低、中级行为，精神性行为是人的高级行为。人的行为大多属于高级行为，如工作(即事业性行为)等。作者认为，上述"人的行为的一般模式"的研究，主要是把人置于"自然人"的角度来研究，没有考虑行为环境与行为的复杂程度对行为直接而重要的影响。所以，"需要"模式实际上是"自然人"的行为模式。也就是说，以往的研究未重视从"社会人"的角度，对人的高级行为的行为模式作出研究。

新行为主义的杰出代表托尔曼(Tolman)和"群体动力场理论"的提出者勒温(Lewin)，在这方面曾作出过一定的探索。托尔曼将人的行为分为分子行为与整体行为，并认为整体性行为具有以下特征：①指向一定的目的；②利用环境的帮助并作为达到目的的手段；③最小努力原则；④可教育性。勒温致力于需求系统和心理动力方面的研究，提出了"人"与"环境"对行为影响的公式：

$$B(行为) = f[P(人), E(环境)] \tag{7-1}$$

即行为是人和环境的函数，人的行为随着人与环境的变化而变化。

我们认为，社会人同样有着自然属性，因而人的高级行为首先符合人的行为的一般模式，即"需要"模式。同时，人的高级行为，如事业性行为等，往往是群体性行为，且具有一定的复杂性、艰巨性、持续性和创造性，它直接受到人的认知、情感、意志及环境等因素的影响。当自然人转变为社会人，当生物性行为上升到精神性行为，"需要→动机→行为→目标"这一行为模式，在受到行为所在的环境与行为的难易程度等变量的影响时，将演绎出怎样的变式？

可以肯定，行为的精神含量越高，行为的心理过程就越丰富，行为受各种心理因素的支配就越明显。由此可见，人的高级行为是由复杂的心理活动所支配的。我们先来分析一下，一名"工作者"在进行工作时，需要具备哪些基本"条件"？通过分析我们不难发现，一名"工作者"在进行工作时，需要同时具备以下4个基本"条件"：愿意工作；知道怎么样工作；具备工作的客观条件；能克服工作时遇到的困难。

这些所谓的"条件"，我认为实际上就是构成行为的基本要素。这些要素，对应到人的心理方面，可以概括为"知"、"情"、"意"3个方面。由此可以推断，"知"、"情"、"意"是构成人的高级行为的3个基本要素。

"知"：认知，是对行为办法和目的的认识，即知道怎么做与做的目的。

"情"：情感，是对行为及行为环境(包括行为的条件)的态度体验，即行为的心理环境与外部条件。

"意"：意志，是对行为的意向(决定)与对行为遇到困难时的态度(决心)，即愿意做与有决心做。

知道怎么做与做的目的，同时又具备做的心理环境与外部条件，并愿意做，且能克服做的各种困难，这样人的高级行为就能开始并能正确的持续进行。由此，我们可得出人的高级行为的一般模式为(简称"知情意行"模式)：

$$（知＋情＋意）\rightarrow 行$$

根据上述分析，我们可得出人的行为类型、行为特征及对应的行为模式。

人的行为类型、行为特征及行为模式：自然人(生物性行为)社会人(精神性行为)。

行为级别：低级、中级、高级。

行为类型：分子性行为、整体性行为、事业性行为。

行为特征动作单一、局部，没有明显的目的性。行为综合、成系统，有目的性。行为具有复杂性、艰巨性、持续性和创造性，有明确的目的和意义。

行为模式：刺激→反应需要→引起动机→支配行为→目标(知＋情＋意)→行。

"知情意行"模式与"需要"模式的关系如下。

"情"是人对客观事物是否符合"需要"而产生的态度体验；

"意"是由"动机"所推动的，是指引个体做什么，以及指引个体调节和支配行为，克服困难实现目的；

"知"是掌握方法，使"行为"指向"目标"。

可见，"知情意行"模式中实际上隐含了"需要"模式中的"需要"、"动机"，以及"行为"、"目标"等诸要素及其逻辑关系。所以，人的高级行为事实上也遵循人的行为的一般模式，即"知情意行"模式符合"需要"模式。同时，"知情意行"模式重视了行为环境与行为复杂性等变量的影响，贴近行为实际，"知"、"情"、"意"等要素也更加贴近人的感知与体验，在现实应用中有着更大的可体验性与可操作性。所以，"知情意行"模式又是"需要"模式的发展。

可见，"知情意行"模式有一定的科学性和现实意义。已经普遍认可的"知"、"情"、"意"、"行"是构成品德四要素的观点，正好支持了"知情意行"模式的观点。同时，"知情意行"模式告诉我们，人的行为水平，与"知"有关系，与"情"、"意"也有关系，甚至比"知"更重要。这与人们认可的"情商比智商更重要"的观点刚好吻合。反过来可以说，"知情意行"模式或许为在理论上解释以上两个重要观点找到了一定的依据。

2. 人的高级行为控制

"知情意行"行为模式其现实意义还在于，我们可以利用这一行为模式，对人的行为(或不行为)作出诊断，然后进行行为辅导，为提高人的行为水平提供可能。借助行为模式进行行为辅导，可以大大提高行为辅导的可操作性和实效性。

依据"知情意行"行为模式，对研究对象某一具体行为(或不行为)的"知"、"情"、"意"各构成要素的结构作出分析，找出结构的完整程度，然后进行针对性辅导，进而提高人的行为水平，这就是"知情意行"行为辅导模式。"知情意行"行为辅导模式行为诊断如表 7-1 所示。

表 7-1　"知情意行"行为辅导模式行为诊断表

行为要素	知	情	意	知+情	知+意	情+意	知+情+意
行为表现	≠行	≠行	≠行	(1)容易时＝行 (2)有困难时≠行	(1)条件具备时＝行 (2)条件不具备时≠行	≠行	＝行
行为诊断				知道怎么做，又具备环境与条件，但不愿意做或没有决心做	知道怎么做，又愿意做并有决心做，但缺乏做的环境或条件	具备环境与条件，又愿意做并有决心做，但不知道怎么做	
行为辅导	+情+意	+知+情	+意+情	+意。要予以激励，给予刺激强化，使其愿意做	+情。要帮助其优化心理环境，并为工作创造条件	+知。要给予指导，并要重视"知"的针对性	

人们可以解释知行脱节的原因及找到解决知行脱节的方法。"知"与"行"之间的关系是不对等的，解决知行脱节，关键就在于要在"知"与"行"之间构建"情"与"意"，使"知"与"行"之间建立一种紧密的、完整的联系，这样才能"知行"合一。

"知"、"情"、"意"三者密切联系、彼此渗透，共同推动着行为的产生与持续。具体到一个人身上，并不是某一方面缺乏，而往往是某一方面相对薄弱。同一对象的不同行为，不同对象的同一行为，同一对象不同环境的同一行为，其行为各构成要素的完整程度都有可能不同，因此具体的行为辅导要根据具体的情况作出权变。但是，同一对象的不同行为的构成要素，同一集体中的不同对象的行为构成要素往往有可能存在着相似的特征，这就为行为诊断提供了一定的规律性，也为针对某一集体的行为辅导提供了可能。因此，行为辅导可以是针对某一个体的，也可以是针对某一集体的。

行为的要求越高，复杂性、艰巨性越大，行为对"知"、"情"、"意"的要求就越高。在三者结构基本平衡的前提下，提高其中某一项或某两项的水平，对行为水平的提高就有一定的帮助，且"知"、"情"、"意"三者存在着一定的相互促进的关系。例如，"情"能促"意"，即积极的情感能激发人的行为动机，使人表现出巨大的意志力量，从而以极大的热情去战胜困难，完成任务；"情"能益"知"，即认识只有与情感结合，才会产生动机，进而推动行为。

3. 人的"安全需要"行为模式分析

从人的社会属性角度，人的行为遵循如图 7-1 所示的行为模式规律。

图 7-1　人的"安全需要"行为模式

因此，需要是一切行为的来源。很好理解，一个珍惜生命与健康的人，一个需要安全来保护企业经济效益实现的领导，他一定会做好安全工作。因为人有安全的需要就会有安全的动机，从而就会在生产或行为的各个环节进行有效的安全行动。因此，需要是推动人们进行安全活动的内部原动力。动机是指为满足某种需要而进行活动的念头和想法，它是推动人们进行活动的内部原动力。在分析和判断事故责任时，需要研究人的动机与行为的关系，透过现象看本质，实事求是地处理问题。动机与行为存在着复杂的联系，主要表现在：①同一动机可引起种种不同的行为。例如，同样为了搞好生产，有的人会从加强安全、提高生产效率等方面入手；而有的人会拼设备、拼原料，做短期行为。②同一行为可出自不同的动机。例如，积极抓安全工作，有可能出自不同动机：迫于国家和政府的督促；本企业发生重大事故的教训；真正建立了"预防为主"的思想，意识到了安全的重要性；等等。只有后者才是真正可取的做法。③合理的动机也可能引起不合理甚至错误的行为。经过以上对需要和动机的分析，我们可以认识到，人的安全行为是从需要开始的，需要是行为的基本动力，但必须通过动机来付诸实践，形成安全行动，最终完成安全目标。

安全行为学认为，研究人的需要与动机对人的安全行为规律有着重要的意义。人的安全活动，包括制定方针、政策、法规及标准，发展安全科学技术，进行安全教育，实施安全管理，进行安全工程设计、施工，等等，都是为了满足发展社会经济和保护劳动者安全的需要。因此，研究人的安全行为的产生、发展及变化规律，需要研究人的需要和动机。其基本的目的就是寻求激励人、调动人的安全活动的积极性和创造性，以使人类的安全工程按一定的规律和组织目标去进行，使得安全行为管理更有成效和贡献。

7.2.4　影响人行为的社会(心理)因素

1. 社会舆论对个人行为的影响

社会舆论又称公众意见，它是社会上大多数人共同关心的事情，用富于情感色彩的语言所表达的态度、意见的集合。舆论所反映的往往是人们的共同需要和愿望。

社会舆论按其形成方式有自上而下和自下而上两种。自上而下的舆论，是由国家领导机关发出的并在人民群众中传播的大众意见。例如，国家一定机关通过报纸、电台、电视，对某种指令、政策有计划、有目的、有组织地加以宣传，使之被多数人所知晓，并且引导群众议论、讨论，以形成一致性的意见。自下而上的舆论是由部分个人或群众团体首先发出，接着由其他群众发表议论，逐渐扩散、传播而形成的舆论，如群众中对某些社会新闻的议论、传播就是自下而上的舆论。任何舆论的形成，都有一个复杂的议论、评价、相互感染、相互传递的过程。

按性质可将社会舆论分为赞助性的、谴责性的和流言性的 3 种。赞助性的舆论，是人们对正义的、美好的、善良的人和事的支持与鼓励性的大众意见。谴责性的舆论，是指对非正义的、不道德的、丑恶的人和事的批评、控诉、揭露、抵制的大众意见。流言性的舆论是经少数人有意或无意地传播谣言或小道消息，其他群众不辨真伪也跟着传播而形成的舆论。

社会舆论会在很大程度上影响个人的行为，它既会鼓舞人的行为，也会抑制人的行为。舆论对个人行为的影响主要表现在以下几点：

(1) 指出行为方向。社会舆论一旦形成以后，往往会形成多数人占优势的意见，对人们的行为起定向作用。舆论实际上对多数人的行为起着参照物的作用，多数人会按照舆论的要求去行事，而使少数不同意见者无法发表自己的看法，只能保持沉默。有的人则会产生从众心理，改变自己原来的意见和态度而服从舆论。保持沉默或从众都是迫使个人改变原来的行为方向，而与舆论保持一致。

(2) 强化正当的个人行为。特别是赞助性舆论，能使赞助者以及参加舆论的个人受到激励、鼓舞、暗示、感染、产生心理上的共鸣，从而能强化那些有利于大众和社会的行为，使人们学习模仿赞助的行为，使好的行为发扬光大。

(3) 能改变个人对自己行为的认知。舆论会给个人心理产生强烈刺激，促使人重新省察、认识自己的行为。使具有不正当行为的人处于自责、自愧的心理状态，从而改变原来的行为方向，如社会舆论一致谴责某人不道德的行为，就可能使这个人感到无地自容，内心有愧，从而改变不道德的行为。

总之，舆论是促使个人改变行为的强大的社会力量。好的社会舆论会激发人、鼓舞人、催人向上，使正气发扬光大；而不好的社会舆论则会使谬误流传，逼人就范，给社会和个人造成损失。因此，要重视各种社会舆论对人们心理和行为的影响。

2. 风俗与时尚对个人行为的影响

风俗是指一定地区内社会多数成员比较一致的行为趋向。风俗是在人们世世代代的生活中形成并保持下来的。在各个地区内长期居住的居民，从婚丧嫁娶到生活礼仪，一般都有自己的风俗。

风俗起着社会规范的作用，对人们的行为有一定的约束作用。一般人都有顺从风俗的趋向，因此按风俗行事往往成了人们习惯化、固定化的行为方式。正因如此，风俗对人的行为影响是非常深广的。我国古代曾有"入乡问俗"的说法，告诉人们到一个地方去，首先要了解当地风俗并按当地风俗行事，否则就会给自己的行动带来麻烦。可见，风俗对外地人的行为也有强制性。

所谓时尚，是指人们一时崇尚的行为方式。时尚又叫"时髦"，如穿着时髦的服装、听流行歌曲，都是时尚。时尚对人是一种新异刺激物，人们通过对这种新异刺激的追求，会获得某种心理上的满足。

时尚流行，往往对人们的行为具有强大的诱惑力量，促使人们的行为与时尚求同。它对人们的行为的影响如下。

(1) 促使人们自然的遵从。人们都有一种心理趋向，即凡是大家公认的东西，个人也乐于接受。盛行的时尚，往往使大家自然而然地遵从它，模仿它。

(2) 直接影响人们的审美价值观念。人们往往认为，合乎时尚就具有审美价值，不合乎时尚就缺乏审美价值。这种审美意识会促使人们去追求时尚。

(3) 时尚对人们行为的影响存在差异。一般地说，时尚对儿童和老年人影响较少，而对青年人影响较大；对男性影响相对小一些，而对女性影响较大；对具有进取精神的人影响较大，而对于墨守成规的人影响较小。

3. 社会知觉对人的行为的影响

知觉是指眼前客观刺激物的整体属性在人脑中的反映。客观刺激物既包括物也包括人。人对物的知觉与人对人的知觉有很大区别。人在对别人感知时，不只停留在被感知的面部表情、身体姿态和外部行为上，而且要根据这些外部特征来了解他的内部动机、目的、意图、观点、意见等。同时，个人对他人的知觉，也受到本身的动机、感情、个性、价值观等方面的制约。因此，社会心理学使用专门术语——社会知觉来表达人对人的知觉。社会知觉是指个人在一定社会环境中对他人和团体的知觉。

行为学认为人的行为往往是为了调整和适应环境。但是实际影响人的行为的，往往不是客观环境本身，而是在人对环境的知觉过程中所形成的笼统的印象和评价。人的社会知觉与客观事物的本来面貌常常是不一致的，这就会使人产生错误的知觉或者偏见，使客观事物的本来面目在自己的知觉中发生歪曲。因此，要使人的行为更好地适应环境，增强自觉性。减少盲目性，就必须了解人的社会知觉发生偏差的原因，以便使人的社会知觉尽可能反映客观实际。

人对他人产生偏见的原因有以下几点。

1）第一印象作用

第一印象作用是指两人初次见面时彼此留下的印象。对他人知觉的过程中，第一个印象不仅立即影响对他人的好恶态度，而且会影响以后对他人一系列行为的解释。例如，男女青年谈恋爱时，若第一次见面各自给对方留下好的印象，那么往往使双方在以后的交往中从好的方面来解释对方行为，加深二者的关系；否则就会在以后交往中使双方从坏的方面来解释、猜疑对方的行为。

2）晕轮效应

晕轮是指佛像身后的光晕，原意是指人们对于高尚的东西给予更高尚的评价。晕轮效应是指个人在对他人知觉的过程中，由于对方的某些品质和特征非常突出，从而掩盖了对于对方其他特征和品质的知觉，对方突出的特征和品质起了类似晕轮的作用。例如，对于声望较高的人，人们会把他想象得更加十全十美；对于相貌美丽的人，人们会把她想象成聪明伶俐的人；而对于长相古怪的人，人们可能把他想象为冷酷无情的人等。

3）优先效应与近因效应

优先效应是指一个人最先给人留下的印象会抑制以后他给人的印象，这与第一印象的作用有类似的地方。近因效应则是指一个人最后给人留下的印象会抑制以前所形成的印象。两种效应表明，在知觉的时间顺序上，被知觉对象开始和结束时的表现对人的印象最深刻。例如，学生或听众对教师讲课或领导者报告中开始或结尾的话容易留下清晰的印象。

4）定型作用

定型作用是指个人头脑中存在的某一类人的固定形象对他知觉别人过程的影响。人们在长期的社会生活中，常常会不自觉地对人按年龄、性别、职业、居住地以及外表特征进行分类，以一定形象的人作为一类人的标志，并以此人作为自己知觉他人过程中判断的依据。例如，儿童往往把相貌丑陋、歪戴帽子、口叼香烟的形象归为坏人一类，一见到这样的形象就称为坏人。儿童的这种定型是在看电影、电视、连环画中形成的。实际上，成人的头脑中也有很多定型。例如，年轻人认为老年人墨守成规，老年人认为年轻人轻浮幼稚。又如，人们认为女同志耐心细致、男同志粗枝大叶，山东人彪悍好斗、四川人吃苦耐劳、上海人精明强干，等等，这都是人们头脑中的定型。这些定型往往会不自觉地影响对他人的知觉判断。

定型作用有助于人们对他人作概括的了解，但简单地类化往往忽视每个人的特点，不容易对他人作出明确、中肯的判断，可能使知觉判断发生错误。例如，老年人并不都是墨守成规，也不乏开拓进取者。如果见到老年人就判断为墨守成规，显然会造成偏差。同样，年轻人也并非都是轻浮幼稚的，其中也不乏稳重成熟者，如果见到年轻人就认为轻浮幼稚，显然也会造成偏差。

4. 价值观对人的行为的影响

价值观代表一个人对周围的人和物的是非、善恶、美丑及满足自己需要的重要程度的评价，它是一个人世界观、道德观、审美观的综合。在现实生活中，人们都在依据一定的价值标准对周围的事物进行评价。例如，有的人认为远大革命理想最有价值，因为它能推动一个人献身四化，造福人民；有的人认为处好人与人之间的关系最有价值，因为它有利于工作和个人身心健康；有人认为金钱最有价值，因为它能满足自己物质享受的需要。可见，所持的价值标准不同，对事物的价值判断也不同。在每个人的心目中，都存在一系列的价值评价标准，如理想、事业、平等、幸福、地位、金钱、妻子儿女、尊重、勤奋等，在不同人的心目中都有一个轻重主次的排列顺序。按轻重主次排列的一系列价值标准就称为价值体系。价值标准和价值体系就构成了人的价值观。价值观是人的行为的重要心理基础，它决定着个人对人和事的接近或回避、喜爱或厌恶、积极或消极。因此，行为学很重视价值观对人的行为的影响。

人的价值观是在个人的生活过程中，经过家庭或社会的教育而形成的，并且强烈地受到人的世界观的制约。人的价值观一旦形成以后，就会保持相对的稳定性，并且强烈地影响个人对周围事物的态度和行为。因此，应该充分重视人的价值观的研究。

5. 角色对人的行为的影响

在社会生活的大无舞台上，每个人都在扮演着不同的角色。有人是领导者，有人是被领导者，有人当工，有人当农民，有人是丈夫，有人是妻子，等等。每一种角色都有一套行为规范，人们只有按照自己所扮演的角色的行为规范行事，社会生活才能有条不紊地进行，否则就会发生混乱。

所谓角色，是指围绕人的地位所产生的一套权利义务系统和行为方式。

角色实现的过程就是个人适应环境的过程。在角色实现过程中，常常会发生角色行为的偏差，使个人行为与外部环境发生矛盾。发生角色偏差的原因有以下几种。

(1) 角色期待不明，即社会对一种角色的行为规范要求暧昧不清，使个人不知道怎样去实现角色。例如，对新进校的学生、新入厂的工人、新入伍的战士，不及时进行行为规范的教育，那么就会发生角色期待不明的现象，使个人手足无措，不知如何行动，或贸然行动而违反纪律。在工作中任务不清，职责不明，也会发生角色行为偏差。

（2）角色认知发生错误，指角色期待明确，但个人对角色的认知不正确，从而发生的角色行为偏差。例如，儿子不懂得孝敬父母，售货员不懂得怎样对待顾客，领导者不懂得怎样爱护下级，就会发生行为偏差。

（3）角色发生冲突，当社会要求一个人扮演两种以上不同性质的角色时，或对一个角色有若干种不同性质的期待时，就可能引起角色冲突。例如，婚后的青年又要当父亲的儿子，又要当儿子的父亲，又要做妻子的丈夫，往往会形成角色冲突，使个人行为顾此失彼。又如，在存在多个领导的单位，一位领导者要求下级服从自己的指挥，另一位领导者又要求下级服从他的指挥，这也会使下级发生角色冲突，不知如何去行动或发生行为失当。

6. 正确看待各种社会因素对个人行为的影响

人不是消极被动地接受社会因素的影响，个人的主观因素，如认知、情感、需要、动机、意图、态度、价值观、世界观等，也对个人的行为有很大的制约作用。客观因素与主观因素对个人的行为的影响既有区别又有联系。客观因素对个人行为的影响是间接的，它往往通过主观因素对个人的行为发生作用。而主观因素对个人行为的影响是直接的。但它来源于并强烈地受着客观因素的制约。一定社会人所具有的世界观、人生观、价值观，只有转化为个人的动机、目的、态度，才能对个人行为发生作用。反过来，人的动机、态度的形成和变化，又是由客观的因素所决定的。我们必须辩证地看待主观与客观两类因素对人的行为的影响，全面认识和理解影响人的行为的各种因素。

7.3　个体行为和安全

行为是人心理活动的外在表现。在安全管理过程中，我们面对的对象是具体的人，在人的心理特性中，不仅包括统一的心理过程（认识、情感、意志），而且包括与他人存在差异的个性心理。由个性心理所体现出来的行为更是千差万别。作为组成群体的要素，对个体行为的研究在安全行为学中占有重要地位，同时也是研究群体行为的基础，因此要使生产活动在以组织为单位的系统中高效安全地进行，就要对个体行为进行分析和控制。

7.3.1　个性心理与行为安全

个性是影响动机和行为的重要因素。个性是指个人稳定的心理特征和品质的总和，即在个体身上经常的、稳定的表现出来的心理特点的总和。

影响人安全行为的个性心理因素主要包括个体的个性心理特征和个性倾向性两个方面。个性心理特征指一个人身上经常的、稳定的表现出来的心理特点，主要包括能力、性格、气质和情绪。它是个体心理活动的特点和某种机能系统或结构的形式在个体身上固定下来而形成的，因此各种心理特征带有经常、稳定的性质，但在人与环境相互作用的过程中，个性心理特征又缓慢地发生变化。个性心理特征是在心理过程中形成的，它反过来影响心理过程的进行。个性倾向性是人进行活动的基本动力，是个性中最活跃的因素，它制约着所有的心理活动，表现出个性的积极性。个性倾向性表现在对认识和活动对象的趋向和选择上，它主要包括需要、动机、兴趣、理想和信念。个性倾向性与各个方面之间相互联系、相互影响和相互制约。

1. 个性心理特征对人的行为的影响

1) 能力

所谓能力的概念，是个性心理特征之一。能力是人完成某种活动所必备的一种个性心理特征。通常指完成某种活动的本领。一个人要能顺利地、成功地完成任何一种活动，做好任何一种工作，都必须具备一定的心理条件，这种心理条件指的就是能力。例如，工厂企业的任何生产活动和社会活动都对职工的能力有一定的要求。对机械工人说来要顺利地、成功地完成机器零件的制造活动和机器的装配工作，除了应具备有关机器制造的专业技术知识外，还要有熟练的操作能力与区别机器结构的细节和查看机器性能的敏锐的观察能力；一个企业的领导者或管理者，要成功地、有效地进行管理工作，一般来说，应具备企业的技术业务能力、组织管理能力、处理人际关系能力这 3 种基本能力，对于安全管理干部来说，还要掌握劳动保护法规和安全生产方针方面的知识，具备相当的安全技术能力，人们的能力大小是有区别的。由于人的能力总是和人的某种实践活动相联系，并在人的实践活动中发现出来，所以只有去观察一个人的某种实践活动，才能了解和掌握这个人所具备的顺利地、成功地完成某种活动的能力。世界上的事物种类繁多，人们从事活动的能力也多种多样。

2) 性格

所谓性格，是一个人比较稳定的对客观现实的态度和习惯化的行为方式。人们在日常生活、学习、工作和生产实践中，有的人无论在任何情况下，总是表现出对他人热情忠厚，处处与人为善；对自己谦逊谨慎，严于律己；对事情坚毅果断，勇于革新。而有的人总是表现出对别人尖酸刻薄，常常是冷嘲热讽；对自己则自高自大，宽于恕己；对事情则草率行事，鼠目寸光。这种对待别人、对待自己、对待事情的比较稳定的态度和习惯化的行为方式方面所表现出来的个体基本的心理特征，就是人们所说的性格。

性格是形成一个人的个性心理的核心特征。因为一个人的兴趣、爱好习惯、需要、动机和气质、能力都是形成这个人的个性心理的重要特征，但这些心理特征是以他的性格为转移的。例如，在企业的安全管理中，一个大公无私的人，他必然处处事事关心他人的安全胜过关心自己，对于劳动保护工作产生强烈的兴趣和爱好。他的行为、习惯、需要和动机、气质和能力等方面的活动表现，必然反映着他一心为安全工作、一心为人们安全的心理品质。

性格的特征是多种多样的，由此构成复杂的性格结构。按照安全行为方式的特征，可对不同性格的人作如下分析。

（1）安全行为自觉性方面的性格特征，表现在从事安全行为的目的性或盲目性；自动性或依赖性；纪律性或散漫性。

（2）安全行为的自制方面，表现在自制能力的强弱；约束或放任；主动或被动等。

（3）安全行为果断性方面的特征，表现在长期的工作过程中，安全行为是坚持不懈还是半途而废；严谨还是松散；意志顽强还是懦弱。

人的性格是在长期的社会生活实践中，在社会环境的影响下逐步形成的，性格可以通过教育和社会影响来改变。但是人的性格一旦形成，就有较大的稳定性。所以，安全教育应当从儿童期和青少年阶段就进行，从小就树立安全意识和安全责任感。

3）性格与事故的关系

性格是一个人较稳定的对现实的态度和与之相应的习惯化的行为方式，如大公无私、勤劳、勇敢、自私懒惰、沉默、懦弱、诚实、虚伪等都是性格的表现。人的性格是在一个人生理素质的基础上，在社会实践活动中逐步形成的，由于每个人所处的具体环境和教育条件的不同，他所形成的性格具有不同的特征。心理学家认为：外倾性格的人，反应迅速，精力充沛，适应性强，但好逞强，爱发脾气，受到外界影响时，情绪波动大，做事不够仔细。内倾性格的人善于思考，动作稳当，但反应迟缓，感情不易外露，做事仔细小心，对外界影响情绪波动小。根据调查研究分析结果表明：外倾性格者，大部分容易省略动作，愿意走捷径，企图以最少的能量取得最大的效果，往往愿意冒险，由于外倾性格的人在对待事物的态度和与之相应的惯常的行为方式不同，导致了性格与发生事故有一定的关系。同时还表明，事故的发生与男女差别不存在明显的差异，性格相同的人，不管男女，出事故的概率都是相接近的。通过分析人们认为可以说明下列问题。

第一，责任事故的发生与责任者的性格（内外）倾向有一定的联系，即外倾性格的人比较容易发生事故，我们在管理和用人调配中，可裁长补短，因人议事，使人扬长避短，满足其个性要求，这对人们日益认识的只有保证劳动者的生产安全和身心健康才能保证企业的效益的指导思想无疑有积极的意义。

第三，性别与事故从分析上看无显著的差异，因此传统上认为女人胆小，做事细，工作中不易出事故，而男性脾气急躁，心急，易受环境变化的影响，工作中易出事故的这些讲法，缺乏一定的科学依据。用调整工种内男女比例来减少事故必要性不大。

第三，性格和气质不同，气质是表现人在情绪和活动发生的速度、强度方面的个性心理特征，它没有好坏之分。而性格是人对现实的稳定态度和习惯的行为方式，它是在社会实践中形成的，是可以培养和影响的。因此，可有针对性地加强对外倾性格的工人进行安全教育，提高他们的安全素质，对降低责任事故有一定程度的积极意义。同时，因为人的性格的可塑性，它不仅限于青少年时期的形成，而且成年人在实践中，尤其是在生产实践中，其性格还可能发生变化，根据这一特点，加强对青年工人的稳健性格的培养，对安全生产也有一定的作用。

4）气质

所谓气质，是个性心理特征之一。气质是人典型的、稳定的心理特点。平时人们所说的"性情"、"脾气"，就是心理学上的"气质"的通俗说法。

不同的人具有不同的气质。在日常生活中，人们会经常看到，有人活泼好动，兴趣广泛，反应灵活；有人安静稳重，兴趣单一，反应迟缓；有的人性情十分急躁，情绪表露于外；有的人慢慢吞吞，总是不动声色。这些人与人之间的个性因素方面的差异，在心理学研究中就称为"气质"的不同。

人的气质按照它的定义来说，是人的典型的、稳定的心理特点。它是在人的心理活动的强度、速度和灵活性方面表现出来的。例如，人在日常生活中情绪发生的强烈或微弱，意志努力的程度如何，这是人的心理活动在强度方面的特征。人对客观事物认识的快慢速度进行分析综合，比较思维的灵活程度，注意条件的时间长短等。这些都是人的心理活动在速度和灵活性方面的特征。

早在公元前5世纪，古希腊著名医学家希波克拉特就观察到不同的人具有不同的气质，从而创立了体液理论。他认为人体内有4种体液：血液、黏液、黄胆汁和黑胆汁。人的气质决定于这4种体液的混合比例。后来的古医学家在希波克拉特等前辈学者研究的基础上，根据哪一种体液在人体内占优势，把气质分为4种基本类型，胆汁质、多血质、黏液质、抑郁质。

巴甫洛夫的神经活动类型学说认为，人的高级神经活动兴奋和抑制的强度、兴奋和抑制的平衡性、兴奋和抑制的灵活性3种特性的独特结合，构成个人的高级神经活动的4种类型。

　　(1) 强而不平衡类型，又叫不可遏止型，是胆汁质的生理基础；

　　(2) 强而平衡灵活类型，又叫活泼型，是多血质的生理基础；

　　(3) 强而平衡不灵活类型，又叫安静型，是黏液质的生理基础；

　　(4) 弱型，又叫抑郁型，是抑郁质的生理基础。

　　这一理论的研究，虽然比较粗糙，还只是为气质的生理基础问题勾画出了一个轮廓，但它却是到目前为止对气质心理研究比较科学的论证。

　　一个人的气质是先天的，后天的环境及教育对其改变是微小和缓慢的。因此，分析职工的气质类型，合理安排和支配，对保证工作时的行为安全有积极作用。综合气质理论的研究和实践观察，多数学者认为，人群中具有 4 种典型的气质类型，即前面所提到的胆质汁、多血质、黏液质和抑郁质。

　　(1) 胆汁质的特征是精力充沛，直率热情，办事果断，胆大勇敢，不怕困难，反应速度快，思维敏捷，脾气急躁，易于冲动，轻率鲁莽，感情用事，情绪外露，持续时间不长等。这种气质类型的人，对任何事物都会发生兴趣，具有很高的兴奋性，但其抑制能力差，行为上表现出不均衡性，所以工作表现忽冷忽热，带有明显的周期性。

　　(2) 多血质的特征是活泼好动，反应迅速，热情亲切，善于交际，适应环境变化，容易接受新鲜事物，智慧敏捷，思维灵活，愉快乐观，情绪外露，兴趣、注意力容易转移，情感容易产生也容易发生变化，急躁与轻浮，体验不深等。这种气质类型的人思维、言语、动作都具有很高的灵活性，容易适应当今世界变化多端的社会环境。

　　(3) 黏液质的特征是态度持重，交际适度，内刚外柔，沉着坚定，情感深厚难于变化，意志顽强，埋头苦干，注意稳定，难于转移，善于忍耐，善于克制，情感平衡而不外露，行为迟缓，沉默寡言，萎靡不振，漠不关心等。属于这种气质类型的人，在日常生活中突出的表现是安静、沉着、情绪稳定、思维、言语、动作比较迟缓。

　　(4) 抑郁质的特征是观察力敏锐，感受性很高，感情细腻，做事谨慎，善于觉察别人不易发觉的细微事物，行为孤僻，反应迟缓，严重内倾，情绪体验强烈，胆小怕事，多愁善感，挫折容忍力差，常因一些小事而抱头痛哭，行动忸怩、腼腆、怯懦、言语缓慢无力，行动具有刻板性等。属于这种气质的人，在日常生活中遇到困难的局面常常表现出优柔寡断，束手无策，一旦面临危险的情境，便感到十分恐惧。

　　5) 情绪

　　情绪是每个人所固有，受客观事物影响的一种具有以下特征的外部表现，这种表现是体验又是反应，是冲动又是行为。每个人都有自己的认识和体验，人们无时无刻不与情绪发生关系。情绪是在社会发展中，为了适应生存环境所保持下来的一种本能活动，并在大脑中进化和分化。随着年龄的增长，生活内容的丰富和经验的积累，情绪也将随之变化。

由于每个人的生活条件、生活环境都存在差异，因而它们的情绪及其侧重也不尽相同。但在纷繁的情绪中，有一些是基本的、普通的。传统医学把人的基本情绪分为喜、怒、忧、畏、悲、恐、惊7类，用于防病、治病，至今还有临床的意义。还有许许多多的情绪类别，造成这些差别，如人的期望、厌恶、欢喜、忧伤、气愤、惧怕、自满、羞愧、轻蔑、疑虑10种情绪。人们对这些情绪已有深刻的体验和认识，也能够理解它们对行为安全的影响。

情绪影响人的行为是在无意识的情况下进行的。由于人与人之间的各种差异性，如生活条件、心理状态、感受力、经验、性格等，在同一刺激作用下，都可能导致不同的情绪反应。简单地依据某一格式确定某一情绪，并由此推测导致的行为，往往会发生错误。在通常情况下，情绪之间还是有规律可循的：期望，表现为焦急掩盖于平静之中，对期望事物专注敏感，行为则会较单一、目标性强；厌恶，表现为脸色伤沉、语言激烈或有意迟缓、心理杂乱；欢喜，表现为脸色愉快、轻松、善谈、动作轻快、反应敏捷；忧伤，表现为沉闷、少语、思路乱而联想多，机械反应且迟钝；气愤，表现为气急语重、思路不连贯、寻求发泄、动作短促、用力单一；惧怕，表现为神情紧张、呼吸轻深、慌乱而警惕、动作迟疑、刻板、突发性强；自满，表现为轻松自若、视线分散、希望引起他人注意、行为固执而随意；羞愧，表现为警惕少语、寻求依据成悔、愿独自行动、不愿交谈；轻蔑，表现为轻松自信、思路简单、行动随便、注意力分散；疑虑，表现为少语、精力分散、好回忆、好联想、注意对自己不利的事物、行动滞缓、常打盹、注意力不集中。

从安全行为的角度，应了解：处于兴奋状态时，人的思维与动作较快；处于抑制状态时，思维与动作显得迟缓；处于强化阶段时，往往有反常的举动，同时从情绪看有可能发现思维与行动不协调、动作之间不连贯的现象，这是安全行为的忌讳。对某种情绪一时难以评定的人，可临时改换工作岗位或停止其工作，不能让情绪可能导致的不安全行为带到生产过程中去。

2. 个性倾向性对人的行为的影响

1) 需要

所谓需要，就是心理的和社会的要求在人脑中的反映。需要是人类生存和发展的必要条件，人类为了生存和发展，必须从自然环境和社会环境取得某些东西，当人缺乏某种重要刺激时，就会引起人的心理紧张，产生生理反应，形成一种内在的驱力。例如，人缺乏水和食物就会引起口渴和饥饿。人要与环境保持平衡，水和食物就是必需的事物，因此就产生对水和食物的需要，所以也可以说，人所缺乏的某种必要的事物在人脑中的反映就是需要。

形成需要有两个条件，一个是个体感到缺乏什么东西，有不足之感，另一个是个体期望得到什么东西，有求足之感。需要就是这两种状态形成一种心理现象，人的一生就是不断产生需要，不断满足需要，再产生新的需要，这样周而复始，直到人的生命终止的一个生命过程。

需要总是特指某种具体事物，需要必须是对一定对象的需要，离开了具体事物和具体对象，就无从研究和观察需要的规律。而任何事物和对象的造成，都离不开一定的外部条件。例如，人对食物的需要、对水的需要，在劳动过程中对劳动保护的需要等各种需要都是指向于一定的实物，都存在于一定时间和空间条件下。

需要的基本特征是它的动力性。从哲学的观点，个性的需要是个性积极的源泉，正是个性的各种需要，才推动着人们在各个方面进行积极活动，任何需要的满足，都必须具备一定条件。而这些条件的造成又必须是通过人们的劳动来实现的。因而，满足需要也就成了人类从事劳动的目的和内在动力，这也就决定了人们劳动的积极性和创造性的产生。所谓劳动的目的性，实质上就是人的劳动与人的需要作为手段与目的的统一，唯有这种人的劳动与人的需要的统一状态，才适合人的要求，也才符合劳动过程的客观性。在这种统一状态中，人的需要就直接转化成人们从事劳动的需要，人就会从自身需要中迸发出巨大的劳动热情和首创精神。

2）动机

动机是为了满足个体的需要和欲望，达到一定目标而调节个体行为的一种力量。它主要表现在激励个体去活动的心理方面。动机以愿望、兴趣、理想等形式表现出来，直接引起个体的相关行为。可以这样说，动机在人的一切心理活动中有着最为重要的功能，是引起人的行为的直接机制。

个体的动机和行为之间的关系主要表现在以下 3 个方面。

（1）行为总是来自于动机的支配。某一个体从举手投足、游戏娱乐，到生产活动，无一不是在动机的推动之下进行的，可以说不存在没有动机的行为。

（2）某种行为可能同时受到多种动机的影响。例如，一个职员的辛勤工作，一方面的动机可能是想获得领导的赏识和提拔，另一方面也可能出自对自身技能提高的一种愿望。不过，在不同的情况下，总是有一些动机起着主导作用，另一些动机起着辅助作用。

（3）一种动机也可能影响多种行为。一个渴望成功的个体，其行为可以是多方面的，可能包括努力学习、积极参加各种活动、用心培养人际关系网络等。

根据动机原动力的不同，可以把其区分为内在动机和外在动机两种。内在动机指的是个体的行动来自于个体本身的自我激发，而不是通过外力的诱发。这种自我激发的源泉在于行动所能引起的兴趣和所能带来的满足感。正是在这种兴趣与满足感的驱使下，行为主体才会主动地做出某些不需外力推动的行为，并且一直贯彻下去。外在动机是指推动行动的动机是由外力引起的。许多心理学家特别强调外在动机对个体行为的影响和作用。实际上，任何的奖励和惩罚措施背后都隐藏着外在动机的原理。

3）兴趣

兴趣是指个体力求认识和趋向某种事物并与肯定情绪相联系的个性倾向。

一般说来，兴趣具有以下 3 个特点。

（1）兴趣具有指向性。任何一种兴趣总是针对一定事物，为实现某一目的而产生的。个体对他所感兴趣的事物总是心向神往，积极地把注意力集中于该事物并展开相应的活动。

（2）兴趣具有情绪性。兴趣和情绪相联系的情况，在生活中处处可见，我们常常可以看到个体在从事他们所感兴趣的活动时，总会处于愉快、满意、酣畅淋漓的状态；而个体如果从事的是他不感兴趣的工作，便会觉得索然无味。

（3）兴趣具有动力性。无数事例表明，个体在从事极感兴趣的工作时，能充分调动自身的积极性、想象力和创造力，工作效率也很高。国外的一些心理学家把兴趣描绘为“能量的调节者”，发动着个体储存在内心的力量。

兴趣总是与个人的认识和情感密切联系的。任何人，只要他对某一事物有了情感，就会产生兴趣，就会乐而不疲、锲而不舍，自觉、积极以至具有创造性地去探究和为实现目标而努力。认识越深刻，情感越丰富，兴趣也就越深厚。人们往往对自己感兴趣的工作投入大量精力，并且极其认真，而对于不感兴趣的工作则容易采取消极态度。因此，在工作中应尽可能满足其个人特长和要求，以使其产生浓厚的兴趣而激发严肃认真的态度。发挥“兴趣效能”，把实现安全的努力过程与享受安全成果的喜悦结合起来，才能充分发挥一个人的积极性和创造性，持之以恒，使人们的注意力长期吸引在安全方面。

4）理想和信念

理想是个体对符合事物发展客观规律的奋斗目标的向往和追求，是对未来的设想。理想与个体的愿望相联系，同时又产生于现实的生活之中；以客观事物为依据，同时顺应潮流，合乎规律；既有鲜明具体的想象内容，又怀有深厚、肯定而持久的情感体验。而信念是指激励支持人们的行为的那些自己深信不疑的正确观点和准则，是被意识到的个性倾向，它是由认识、情感和意志构成的融合体。具有信念的人，对构成信念的知识有广泛的概括性，其成为洞察事物的出发点，判明是非的准则，并表现出捍卫信念的强烈感情。

理想和信念一旦形成，便成为个体前进的巨大动力。拥有明确信念和理想的个体，个性稳定而明确，常常爆发出积极性和坚强的毅力，能够忍受难以置信的折磨和痛苦，坚定不移地朝着自己的目标前进。因而，理想和信念对个体的行为在广度和深度上都会产生深远的影响。

7.3.2　感觉、知觉与安全

人们所从事的劳动过程，也就是对客观事物的认识过程，其认识的对象是十分广泛的，不仅包括劳动对象、劳动工具与设备、劳动环境等方面，还包括生产过程的各种人和事。这实际上是对整个客观世界的认识。其中，当然也包含着对安全生产的认识。人们劳动的认识过程就是从感觉和知觉这种简单的初级认识开始的。

感觉是一种最简单的心理现象，它不反映客观事物的全貌，只是对它们的个别属性的反映。例如，一台开动的机器有外表的颜色、金属碰撞的声音、机油的气味等特性，感觉反映的只是机器的某一个别属性。视觉只反映颜色、听觉只反映声音、嗅觉只反映气味，所以说感觉是人脑反映客观事物的最简单的心理过程。

知觉是人脑对直接作用于感觉器官事物整体的反映。知觉的产生，是以各种形式的感觉的存在为前提的，但绝不是把知觉单纯地归结为感觉的总和。人在进行知觉时，头脑中产生的并不是事物的个别属性或部分孤立的映像，而是由各种感觉有机结合而成的对事物的各种属性、各个部分及其相互关系的综合的、整体的反映。知觉的产生还依赖于过去的知识和经验，人借助于这些知识和经验，才能够把当前的事物知觉为某类事物，从而把握所反映事物的意义。

感觉和知觉的生理机制是一样的，都是分析器活动的结果。分析器由 3 个部分感受器组成：接受刺激；传递神经，把神经兴奋传递到大脑皮层的相应中枢；皮层上相应的中枢部分，主要对神经兴奋进行分析综合。分析器的 3 个部分是作为一个有机整体而起作用的，产生感觉知觉，三者缺一不可。一个人正常的感觉和知觉的产生都需要正常的和完整的分析器活动来进行。所不同的是，感觉是某个分析器单独活动的结果，而知觉比感觉要复杂，它是多种分析器对复杂刺激物或多种刺激物之间的关系进行分析综合的结果。

感觉和知觉具有共同之处，它们都是对当前客观事物的反映，也就是说都是人脑对客观事物的直接反映。它们是不能截然分开的，是同一心理过程中的不同阶段。可以说，没有反映事物个别属性的感觉，就不可能有反映事物整体的知觉。感觉是知觉的基础，知觉是感觉的深入和发展。并且知觉也是在人已有的知识和经验的基础上形成的。在现实生活的生产劳动中，人一般都是以知觉的形式直接反映事物的，感觉只是作为知觉的组成部分而且存在于知觉之中的，很少有孤立的感觉存在。我们在研究劳动过程中的感觉和知觉时，为了避免叙述的重复繁琐，尽量将感觉和知觉结合起来加以探讨。

感觉和知觉的种类很多，感觉有视觉、听觉、味觉、嗅觉、触觉、动觉等。知觉以不同的角度分成三类：一是根据在知觉过程中起主要作用的感觉器官，把知觉分为视知觉、听知觉、触知觉等；二是根据知觉所反映事物的特性，把知觉分为空间知觉、时间知觉和运动知觉；三是根据知觉能否正确地反映客观事物，把不能正确反映客观事物的知觉称为错觉。下面运用其中主要有关的感觉知觉原理分析劳动过程的安全因素。

（1）视觉。所谓视觉，是由于物体所发出的或反射的光波作用于视分析器而引起的感觉。视觉能使人辨别外界事物的各种颜色、明暗，对工作、学习、生活起着重要作用。有学者认为，一个正常人从外界接受的信息，85％以上是通过视觉获得的。尤其在生产劳动过程中，人的视觉的作用显得更为重要。通过视觉，可以知觉到人们的劳动环境、劳动对象、劳动工具以及知觉到劳动过程中不利于身心健康和影响安全的因素。视觉的特性有以下几方面。

明暗视觉。明暗视觉可以知觉劳动环境采光和照明的要求。符合要求的有利于健康和生产，不符合要求的有损失于健康和生产。不同劳动内容的环境、采光和照明提出了应有的要求，一般有这么几个要求：第一是工作场所的采光和照明符合一定的标准，即工业企业采光设计标准和工业企业照明设计标准。第二是工作场所内受光均匀，切忌室内太亮，而周围或其他地方太暗，否则容易使劳动者眼睛疲劳。第三是工作场所内不能有耀眼的强光。第四是工作场所应尽量避免设在只有人工照明而无自然照明的建筑物内，因为长时间在人工照明条件下，工作劳动者的眼睛得不到休息。

颜色知觉。颜色知觉可以知觉人们在工作环境中的颜色要求和颜色标志。颜色根据人的主观心理反应，可以分为暖色和冷色。一般认为，体力支出较大的劳动比较适宜在冷色工作环境中进行。所谓冷色主要包括绿色、蓝色、紫色，以非彩色中的白色、灰色和黑色等，体力支出较小的劳动比较适宜在暖色的工作环境中进行。暖色主要包括红色、黄色、橙色、绛色等。人们还可以通过颜色知觉感受到工作对象和工作背景的颜色对比要求。

视觉错觉。视觉错觉是指由于视觉而对客观事物不正确的知觉。造成错觉的主要原因有生理和心理两大类。人们在生产劳动过程中所发生的错觉有可能导致事故的发生，是产生某些事故的根源和因素。但有些错觉，特别是颜色方面的错觉可以用来改善人们的劳动心理情绪。日常生活和劳动中，常出现的错觉有：第一，几何图形的错觉，如一只正方形的零件往往被看成高比宽长的长方形；同样大小的零件如果被小零件包围时就会显得大一些；而被大零件包围时就会显得小一些；同样大小的设备远看小近看大，俯视低仰望高，这类错觉容易造成吊装上的失误。第二，大小重量的错觉，这类错觉主要是指人们对两个重量相同、大小不一的物体进行知觉时，会产生一种小物体比大物体重的不正确的知觉。例如，两只同样重的零件，一只是木模，一只是铸钢件，由于木材与铸钢的比重不同，铸钢件要比木模小。这类错觉容易致使吊装和搬运方面的疏忽。第三，空间定位的错觉，主要是由于视觉和平衡的位号不协调而产生了一种不正确的空间知觉。例如，劳动者在高空作业时由于习惯于用地面的姿势来辨别空间位置，这样容易产生空间定位的错觉。这类错觉容易造成某种事故，如起重机械驾驶员在吊物运行和落点准确方面容易发生偏差而发生事故。

颜色方面的错觉。颜色错觉是指一种由于颜色而引起的不正确的知觉。这种颜色错觉在劳动过程中较为常见的有以下几种：颜色的重量错觉，同样重的两件物体涂上黑色与涂上浅绿色或天蓝色相比，会使人感到涂上黑色的物体要重。颜色的空间错觉，同样大的空间如果四周涂上如白色、乳色等浅颜色要比涂上如黑色、褐色等深色显得比较宽大。颜色的温度错觉，同样温度的工作场所，四周涂上草绿色、浅蓝色等冷色，会使其中劳动的人们感到凉爽，如果四周涂上粉红、橘黄色等暖色，会使其中劳动的人感觉暖和。颜色的声音错觉，在多噪音的环境中，如果四周涂上绿色和蓝色，可以使人感到比实际环境安静一些。从以上所述的颜色错觉的特点来看，人们在劳动过程中，可以利用对颜色的错觉来改善劳动环境，调节人的劳动情绪，保护人的身心健康，提高劳动效率。

（2）听觉。听觉是指声波作用于听分析器而引起的感觉。听觉的适宜刺激是声波，适宜刺激声波的振动频率为 16～20 000Hz。声波是物体振动时所引起的周围空气的周期性地发生压缩和稀疏，并在空气媒介中传播。进入耳，最后便在大脑中产生听觉。听觉是对声波物理特性的反映，因此，声波的物理特性决定了听觉性质。一是音高，是指声音的高低，它是由声波的频率决定的。二是响度，是指声音的强弱。它是由声波的振幅所决定的。三是音色，它是由声波的振动波形所决定的，是一种声音区别于其他声音的根本标志。

听觉一般可分为 3 种形式，即言语听觉、音乐听觉、噪声听觉。在这些听的感觉中，音分析器能分辨声音的不同性质，如音高、响度和音色。加之声音的连续性，从而使人感觉到声音的千变万化，并能知觉各种声音所反映的客观事物。

噪声听觉是安全工作更关心的听觉。从物理学的观点来讲，就是我们上面所说过的呈非周期性振动的声波，即不同频率的声音的杂乱组合。从生理学的观点来讲，凡是使人烦躁的、讨厌的、不需要的声音就是噪声。噪声对人体的危害是多方面的，它对中枢神经系统是一种强烈的刺激，能引发机能障碍，并通过神经系统作用于其他器官的损害，轻者听力下降，重者耳聋，如人耳突然暴露在极其强烈的高达 140～150dB 的噪声下，一次刺激就可能耳聋，如人噪声达到 175dB 时会置人于死地。根据科学实验和实践经验可以得知，人们在 15～35dB 的声音环境中工作一般感到比较舒适，随着声压缩的分贝的增加就会使人感到头痛、头晕、疲倦、易怒、多疑。在 45dB 的噪声的刺激下，对人的睡眠有一定的影响。长期在 80dB 以上的噪声环境中工作会使人的听力受到损害，在 90dB 的噪声环境中劳动 40 年以上，耳聋几率可达 21%，在 100dB 噪声的影响下，就会发生血管收缩，心律改变，眼球扩张，或引起身体各个系统的长期病变，如慢性疲劳、噪声性耳聋、高血压、心脏病、胃溃疡等。噪声对人的影响非常大，它不仅引起身体生理的改变和损害，还会导致心理上的不良影响，妨碍工作和工作效率，甚至会导致工作上的差错和事故的发生。噪声会提高人的情绪反应水平，使人的心情烦躁不安，在噪声条件下，人变得容易激动、心神不安、情绪剧烈。噪声对人的情绪影响有以下特点：一是高频噪声比低频噪声更加讨厌；二是夜间噪声比白天噪声更加糟糕；三是间歇起伏的噪声比稳定的噪声更加可恶；四是人为的噪声比自然的噪声危害更大。

噪声影响人的工作主要表现在以下几方面：一是噪声会分散人的注意力。心理学原理告诉我们，在劳动过程中，任何与生产任务不相干的刺激物都会引起人们的注意。也可以说，噪声是一种分散注意力的刺激物。熟悉的噪声刚产生时使人注意力不集中；突然而来的噪声，往往会导致"惊跳"反应，产生破坏性影响，不仅使人们的工作注意力分散，而且会使人的生理紧张程度明显提高，从而造成人的疲劳，容易发生事故。二是噪声会破坏人们在劳动中正常信号的传递。特别是强度超过 70dB 的噪声，会掩盖劳动信号的发生及破坏劳动信号的传递，使人在劳动中反应时间变长（即反应能力下降），影响了人劳动的适应性，从而影响人的识记、观察、判断、比较能力等，使工作时间加长，质量下降，差错率上升，同时由于噪声破坏了正常信号的传递，使人在劳动过程中的人际间有效交往次数和时间减少。据调查，在噪声极其严重的环境中劳动的人往往比在安静环境中工作的人更具有侵犯性、自私性、更多疑、更易怒，这种对人劳动心理品质和心理状态的影响，既不利于人际感情的发展，又直接危及生产任务的顺利完成。三是噪声会降低人的工作能力。噪声的作用导致降低感觉运动过程的速度和准确性，特别有害于复杂的协调动作的进行，并对人机体心理产生整体性影响，从而降低人的工作能力，从而降低劳动生产率。有人测算，由于噪声的影响，可使劳动生产率降低 10%～50%。同时，工作上的差错发生得多，当噪声达到 120dB时，人的劳动工作错误率将增加 30%。有人对电话交换台作调查，噪声从 50dB降低到 30dB 以下，差错率可减少 42%。

（3）其他感觉。除上面所述的视觉和听觉外，在劳动感觉过程中，还有触觉、动觉、嗅觉等感觉。这些感觉对安全生产有着密切的关系。触觉是皮肤受到机械作用后产生的一种感觉。触觉的感受器散布于全身体表，它是一种感觉神经元的神经末梢。触觉常常和温度觉、痛觉混在一起，很难将它们严格区分开。动觉，又叫运动感觉，是指对身体运动和位置状态的一种感觉。动觉的感受器在肌肉、肌腱及内耳的前庭器官中。一个人即使闭上眼睛也知道自己是站着、坐着或躺着，也知道自己的手、脚、头是否在运动，这就是动觉。嗅觉的感受器是嗅觉细胞，位于鼻道上部黏膜的嗅上皮肉。嗅觉主要有 6 种：花香气、水果气、香料气、焦臭气、树脂气、腐烂气。当几种适宜刺激同时作用于嗅觉感受器时，嗅觉会发生变化，主要变化有以下 3 种情况：①气味的融合，指两种不同气味混合后得到一种单一的嗅觉；②气味的竞争，指如果同时刺激嗅觉感受器，两种气味中有一种特别强烈时，就会产生只闻到一中优势气味的现象；③气味的抵消，当两种气味选择适当而且混合的比例也适当时，可以产生气味抵消，不产生嗅觉的现象。

7.3.3　记忆、思维与安全

　　人对劳动过程的认识，如果一直停留在感觉知觉阶段，是不能正确地、完整地认识客观事物的。可以说，人在生产劳动中感知过的事物，如果没有记忆，等于一无所有，不能形成概念或经验。人的认识过程，只有在感觉和知觉的基础上，须有记忆参与，并在记忆的基础上进行复杂的思维活动，才能完整完成。

　　1. 记忆和思维的概念

　　记忆，是过去经验在人脑中的反映。人们在劳动过程中所感知过的事物、思考过的问题、练习过的动作、体验过的情感，在事情经过之后，如果不能把具体感觉的东西保留下来，就不可能获得知识、取得经验、形成概念。而实际上其印象并不会消失，其中有相当部分作为经验在人脑中保留下来，以后在一定条件的影响下又重新得到恢复，这种在人脑中过去经验的识记、保持和恢复的心理过程，就叫做记忆。

　　心理学中的"记"为识记和保持，"忆"为再认或回忆。识记、保持、再认或回忆是记忆过程的 3 个基本环节。识记是识别和记往事物，从而积累知识经验的过程。保持是巩固已获得的知识和经验的过程。再认或回忆是在不同的情况下恢复过去的知识经验的过程。过去经历过的事物再次出现在面前时能够把它们辨认出来的过程称为再认；过去经历过的事物已不在面前，而把它们在头脑中重新呈现出来的过程称为回忆。再认和回忆之间的主要区别在于，再认一般是在感知过程中进行的，而回忆则是在感知之外，通过一定的思维进行的。人们记忆过程中的识记、保持、再认或回忆这 3 个基本环节是相互联系、相互制约的。没有识记知识和经验，就谈不上保持，没有保持，再认或回忆也不可能；反之，再认或回忆不仅是识记结果的表现，而且它也反过来加强了识记。因此，识记和保持是回忆或再认的前提，再认或回忆是识记和保持的结果。人们在生活和劳动实践中就是通过识记、保持、再认或回忆这种统一的记忆过程来对过去经历过的事物进行反映的。

所谓思维，就是人脑对客观事物概括的间接的反映过程。它是人脑对客观事物的本质属性和规律的反映，是人的理性认识，是认识的最高阶段。

人们对客观现实的认识活动，从感觉、知觉到表象，都是人脑对客观现实的直观的反映，这种反映是凭借人们的感觉器官直接与外在事物联系的。它不能认识事物的本质特性与规律。生活和劳动的经验告诉我们，许多事物及其属性都不能被我们直接的感知，也不能仅靠我们的感觉器官去反映它们、认识它们。为此，人们必须通过一定的间接途径，在已有的知识经验的基础上，以概括的间接的途径去寻找答案，去认识这些事物，这就是思维。

人的思维具有概括性和间接性两个特点：思维的概括性指对同类事物的本质属性和事物之间规律性联系的反映。它反映了事物之间的本质联系的规律。思维的间接性是指通过其他事物的媒介来反映客观事物。事物本质属性和规律并不是表露在外，而是蕴涵在事物内部，只能间接地去获取。思维的间接性是以人对于事物概括性的认识为前提的。

2. 劳动过程的记忆和思维与安全

记忆是一种比较复杂的认识过程，思维属于认识的高级阶段。一个工人在劳动过程中如果不能正常的记忆和思维，不仅不能搞好生产工作，而且不能保障生产安全。不难想象，一个工人如果不能完整地记住机器的操作规程和操作方法，遇到事故征兆，不能作必要的分析、综合、比较，并且不去考虑解决问题，是难免发生事故的。因此，人们在劳动过程的启发思维是与安全有着密切关系的。

1) 人的记忆过程与安全的关系

在识记方面。人们对于安全技术、安全规程、安全制度等方面的安全生产保健和劳动保护等方面的经验，在识记时应该以有意识记为主，同时还要提倡实行无意识记，因为机械识记主要是依机械重复而进行的识记。例如，超重机械"十不吊"的内容，作为起重机械驾驶人员必须应该牢记住，是安全操作的必备条件。实践证明如果单靠无意识记的话是记不住、记不全的，只有用有意识记才会有较好的效果。在记住"十不吊"的内容时，不仅要知其然，而且要知其所以然。要理解"十不吊"的内容与机械原理、设备和人身事故等方面的联系及因果关系。当然在识记过程中，也不能忽视无意识记。人们往往通过典型事故的教训以及在安全宣传教育等各方面的影响，潜移默化地增强了劳动中的安全意识。

所谓遗忘就是对识记过的事物不能再认或回忆，或者错误的再认或回忆。遗忘也就是说没有把识记过的内容保持下来。德国心理学家艾宾浩斯曾对遗忘现象作了系统的研究，发现人类的遗忘过程是有规律的。他提出的"艾宾浩斯遗忘曲线"表明，在识记之后短期内遗忘马上开始，其进程是不均衡的，最初时间里忘得快，后来逐渐缓慢，到了一定时期，就几乎不再遗忘，遗忘的发展是"先快后慢"。我们要根据遗忘曲线的规律，组织开展安全教育及组织复习和定期复训工作。例如，特殊工程和要害岗位的操作工人不仅要抓好培训考核工作，而且还规定了每隔两年复训、考核一次。这实际上，就是防止遗忘，保持和发展对工程安全知识和经验的识记。

2）人们思维过程与安全管理的关系

人们的思维过程主要表现为分析、综合、比较、抽象、概括和具体化等。其中，分析和综合是两种最基本的思维过程，其实思维过程都是通过分析和综合来实现的。在安全管理方面，分析和综合同样是必不可少的基本思维。

分析是人脑把整体的事物分解成各个部分、个别特性或个别方面的一种思维过程。运用分析方法，在安全管理工作上，在研究和揭示安全管理的规律方面，发挥了极为重要的作用。例如，通过职工伤亡事故的分析，可以找出事故发生的规律。通常的分析方法主要有：对事故发生地点、类别和工种的分析；对事故发生时间的分析；对伤亡人员情况的分析等。

安全管理问题的解决过程，就是分析和综合的思维过程。人们在生产劳动和安全管理活动中经常碰到各种各样需要解决的问题，问题的解决就要依靠思维，问题解决的能力是人们思维能力的主要表现，也是衡量人们智能水平的一个重要方面。虽然安全管理问题的内容有各种各样的，表现形式和出现的情况不同的人们也各有特点，但是问题的解决都是建立在分析和综合等思维的基础上的。问题解决的过程也有一些普遍的规律，基本可以分四个阶段：第一是提出问题。这是解决问题的起点。提出一个问题比解决问题更重要，因为后者仅仅是方法和实验的过程，而提出问题则要找到问题的关键、要害。提出问题包括明确要解决什么问题，这个问题有什么特点，解决这个问题需要什么条件等。第二是形成策略。这是指形成解决问题的方案计划、原则、途径和方法，又叫做提出假设阶段，这是问题解决的一个主要阶段。在此阶段，对问题内部联系的了解和把握、创造性思维、对过去的经验及有关的科学知识等了解都具有重要作用。第三是寻找手段。这是指寻找解决问题的方法和相应手段。如果问题较为简单，人们在形成策略的同时，往往也就寻找到了手段。如果问题比较复杂，则需要根据解决问题的策略来进行手段的选择，没有正确的手段往往会使正确的策略归于失败。第四是实际解决。这是问题解决的最后阶段。提出的问题通过适当的手段最终解决了，这说明策略和手段是正确的。如果没有解决则说明策略和手段，甚至提出的问题可能有错误，需要进行相应的修正。

7.3.4　人的安全态度与行为

1. 人的态度与安全行为

人在社会生产中，无论是处理人与人的关系，还是认识和改造客观事物，都会有各种各样的态度。有的人热爱本职工作，积极肯干；有的人则认为长期从事比较繁琐的工作没有出息，无精打采，敷衍塞责。这些都是不同态度的具体表现。

态度是人对待客观事物(人或物)稳定的心理与行为倾向。构成态度的最基本的成分有 3 种：认知成分、情感成分、行为意向成分。

认知成分是个人对某事物真假、好坏、善恶的价值的认识，是事物的映像在人大脑中的一种简单的评价和概括。

情感成分是指个人对事物好恶程度的体验感受。

行为意向成分是指个人对某人某事接近或避开的行为倾向。

以上 3 个因素相互联系，相互影响，构成了人的态度整体。每个人的态度尽管千差万别，但总的来说，其基本特征有以下几点。

(1) 态度具有社会性，人的态度并不是先天就有的，而是在后天的社会实践中，通过接触事物，通过与他人之间的相互作用逐渐形成的。

(2) 态度具有对象性，人的态度都指向特写的对象。特写的对象可能是具体的一件事，也可能是某种状态或观念。

(3) 态度具有可稳定性，人的态度一旦形成后，就具有稳定、持久的特点，不易发生改变。因此，要使人对某种事物树立正确的态度，就必须及早加以教育，不要等已形成错误态度后再来纠正。

(4) 态度具有可调节性，人的态度虽然具有稳定性，但仍受人的世界观、人生观、价值观的调节。人的态度的形成受它们制约，且能受它们的促进而转变。

2. 态度与人的安全行为

态度是人的意识的一种存在形式，是在社会活动实践中产生的，是客观事物作用于大脑的结果。态度与人的安全行为密切相关，对人的安全行为起调节作用。人的态度决定于人对外界影响的选择和人的安全行为方向。如果一个人当时的态度正确，行为的安全意识水平就高，失误动作就少。不同的人之所以会有不同的安全行为，一个重要的原因，就是由于人具有各种各样的态度。

态度对人的安全行为有以下几个方面的影响。

(1) 态度通过影响人的知觉(性)的选择性和判断性，来影响人的安全行为。造成不安全的因素很多，人的不安全行为是重要因素之一。虽然人的安全行为是由一定的外部或内部刺激引起的，但是人并不是消极地接受外部刺激，而要经过在心理活动中加以筛选，消除有害的刺激，接受有益的刺激。因此，人的态度就在人的心理活动中起着加工的作用。一旦人的态度形成，就会对特有的事物持有一套特写的看法，这种"特定"的看法往往会影响一个人对事物的感知与判断。它不但可以接受或不接受刺激，而且还决定某一种刺激的性质判断。

（2）态度预示着人的安全行为。态度本身包含着情感成分和行为意向成分，所以已形成的态度就潜在决定了人会按某一方式来行动。如果一个工人对生产安全有正确的态度，就会时时注意行为安全。否则对安全问题满不在乎，就会忽视行为安全。一个热爱他所从事的工作的人，就有热情的工作态度，行为的安全程度就高，反之，工作失误就多，不安全行为就增多。

（3）人的态度的差异性决定安全行为的差异。人的态度是复杂的，每个人所表现出的态度不尽相同，即使同一个人不同时期所表现的态度也会不一样。人存在态度的差异，态度又影响人的安全行为，因而每个人的安全行为强度也不一样。因此，通过各种宣传教育的形式，促使职工改变对安全工作的不良认识和态度，就能增强职工的行为安全效果。

7.4　群体行为和安全

虽然人的行为是由个体完成的，但同样也受到群体因素的制约。在群体中，他人的言论、行为对自身的行为会产生很大的影响。群体凝聚力、群体中成员之间的沟通、群体动力等都是决定群体行为的重要因素。

7.4.1　群体行为的概念及特征

群体是由个体构成的，因此群体行为离不开个体行为，但群体行为并不是个体行为的简单相加。其原因是当某群体把成员个体凝聚在一起时，就具有该群体的意识和目的，并且具有其特定的社会性，该群体的活动效果反映着整个行为主体的状况，而不再以个体的意识、目的为转移。例如，厂长在考查各车间安全生产状况时，会分析哪个车间安全管理做得好，哪个车间做得不好。安全管理工作的好与坏，可以有许多不同的标准，但这些标准的出发点均不是衡量哪个职工个人，而是衡量整个车间。实际存在的任何一个群体，都是作为整体来进行活动并且产生相应影响的。群体内部的一切活动，其发挥作用的性质、大小、方式等，均属于群体行为。

群体行为一般具有规律性、可测量性、可划分性和对个体的影响性 4 个方面的特征。

（1）群体行为的规律性。任何群体中，均存在着活动、相互作用和感情 3 个要素，群体是通过这 3 个要素而存在的。在这 3 个要素相辅相成的过程中，群体行为变化具有一定的规律性。群体行为作为有意识、有目的的活动，既受到社会特别是所从属的组织的群体的规范制约，又受到群体内的成员的个体意识、需要、态度和动机等的影响。因此，安全管理对于群体行为的研究目的正是为了掌握群体行为变化规律及其对安全生产的影响。

（2）群体行为的可测量性。群体行为的某些方面可以进行定性测量和分析。例如，一个车间或班组对安全规章制度执行是严格还是涣散，车间职工安全意识水平高还是低等。就群体行为的某些具体指标来看，可以进行定量测量，如一个车间或班组的危险隐患整改的个数，违章行为发生的次数，全年安全教育的人数等，可以通过这些定量指标确定该车间或班组的安全生产的基本状况。

（3）群体行为的可划分性。对群体行为予以定性和定量测量之后，可以根据测量结果把群体行为划分为若干类型。首先，从群体行为的作用来划分，可以划分为积极行为类型和消极行为类型。其次，从群体所承担的主要任务来划分，可以划分为主要行为类型与次要行为类型。再次，从一定时期内在群体中起主导作用的行为来划分，可以划分为主流行为类型和支流行为类型。最后，从行为持续时间及行为目的来划分，可以划分为长期行为类型和短期行为类型。

（4）群体行为对个体的影响性。群体中的个体要受到群体规范和纪律的约束，同时成员个体在群体中具有归属感，因此群体的行为必然会对其中个体的行为产生重大影响。例如，一个生产班组在生产作业过程中以遵章守纪为主流行为，则其成员一般都会遵章守纪。某职工违反规章制度的行为会与班组的行为格格不入，这就制约了职工个人的违章行为的发生。

7.4.2　群体凝聚力和安全

群体通过一定的规范和角色分配来提高个体的安全可靠性，并通过管理来提高群体的安全可靠性，而这一切都是通过群体凝聚力体现出来的。群体的凝聚力是指群体对其成员的吸引力和群体成员之间的相互吸引力。凝聚力大的群体，成员的向心力也大，有较强的归属感，集体意识强，能密切合作，人际关系协调，愿意承担推动群体工作的责任，维护群体利益和荣誉，能发挥群体的功能。

影响群体凝聚力的因素很多，主要有 5 个方面。

（1）成员的共同性，其中最主要的是共同的目标和利益。此外，还有年龄、文化水平、兴趣、价值观等。

（2）群体的领导者与成员的关系，主要指领导者非权力性的影响力。此外，民主式领导可使群体成员之间的关系和谐，从而增强群体的凝聚力。

（3）群体与外部的联系，当群体受到外来压力时，其凝聚力会增强。

（4）成员对群体的依赖性，群体能满足成员的个人需要时，其凝聚力也会增强。在群体实现其目标时，凝聚力也会增强。

（5）群体规模大小与凝聚力呈反比。群体内信息沟通时凝聚力高，反之则较低。

群体的凝聚力和安全生产的关系，取决于群体的目标和利益与企业是否协调一致以及群体的规范水平。一般来说，群体的目标和利益与企业整体的目标和利益总是相一致的，因此凝聚力大的群体安全生产的绩效也较好，当安全生产绩效卓越受到奖励时，又会进一步提高群体的凝聚力。心理学家沙赫特（Schachter）曾在严格的控制条件下，研究了群体凝聚力与生产效率的关系。实验中的自变量是凝聚力和诱导，因变量是生产效率。4 个实验组分别给予 4 种不同的条件，即以高、低凝聚力和积极、消极诱导进行 4 种不同的组合，另设一对照组，观察对生产效率的影响。结论认为：①无论凝聚力高低，积极诱导都可提高生产效率，尤以高凝聚力的群体为佳。消极诱导则明显地降低生产效率，而且以高凝聚力的群体降低更为明显。②群体的规范水平极其重要。高凝聚力的群体，若其群体规范的水平很低时，则会降低生产效率。沙赫特的实验给出两点启示：①如果车间、班组的安全生产目标与企业的整体目标一致时，其安全生产目标规范水平较高，当群体凝聚力越高时，安全生产活动的成效就越好，效率也越高。反之，当车间、班组的安全生产目标与企业整体目标不一致时，其安全生产目标规范水平偏低，在群体凝聚力越高时，其安全生产活动的效果亦不会良好。②企业安全生产的领导和管理人员不仅要重视企业各种群体的凝聚力，而且要重视提高企业各群体及其成员对安全生产的认识水平，积极诱导他们不断提高安全生产的规范水平，克服消极因素，使群体的凝聚力在保证实现企业安全生产目标中起到积极的作用。

7.4.3　群体沟通和安全

沟通是指某种信息从一个人、群体、组织传递到另一个人、群体、组织的过程。

群体沟通指的是组织中两个或两个以上相互作用、相互依赖的个体，为了达到基于其各自目的的群体的特定目标而组成的集合体，并在此集合体中进行交流的过程。

安全管理需要铁手腕抓落实，无可厚非，但从管理长远的角度来看，忽略员工思想教育，以罚代管，往往容易使员工产生逆反心理，不能调动大家协抓共管安全的积极性，最终事倍功半。所以抓好沟通协调，以柔克刚，推进安全管理，也显得十分重要。

善于沟通能提高职工对安全的认知程度。思想是行动的先导。优秀的管理者在工作中善于加强与职工交流，用亲情、感情让他们从思想上认识到安全工作的重要性，自觉加强生产技术培训，按章规范操作，从而在行动上防微杜渐，杜绝违章行为，由要我安全到我要安全的质变。优秀的管理者在行使自己职能排查安全隐患、监督制止违章违纪行为的同时，同样有良好的政治头脑，做好职工的思想工作，对违章违纪人员要动之以情，晓之以理，让他们感受到强硬的安全管理是对他们的关心爱护，接受安全管理，从而增强安全意识，杜绝违章行为，达到提高人的安全意识。

善于沟通能发现细微的安全隐患。善于沟通能够增加管理与被管理者的亲和力，能够减小二者之间的心理隔阂。从细微之处消除安全隐患，因为安全隐患往往体现在工作的细节之中。细节包含着细心、细则、细致3层涵义。细心是对事物的用心观察，细则是制订切实可行的办法，细致则是精心周密的完成。职工是工作在现场，最容易发现问题，反馈信息；管理者也最容易通过细节之中的问题，不断完善管理措施，实现从实践到理论的转化。每一项规章的制订和执行，背后都是血的教训。我们在施工以前要相互商讨，多方位考虑工作当中存在的多种不安全因素。防患于未然。哪怕存在极小的疑问，都要及时提出，不因小事而放任，这就是工作中的细则。

善于沟通能提高团队精神。安全工作是整体工作，需要整个团队每一个人的凝心聚力、默契合作。善于沟通能够使人与人之间相互关照，相互配合。在现场工作中遇到危险相互提醒多注意，遇到困难相互团结不后退。积跬步至千里，积细流成江河。每个人团结一致，抓好了工作中每一件小事，也就夯实了安全，成就了伟大。

7.4.4　群体动力论与安全

1. 安全管理中的群体动力

所谓群体动力，就是群体中的各种力量对个体的作用力和影响力。群体动力理论最早由德国心理学家勒温（Lewin）于20世纪40年代开创。他援引物理学中的力场概念，来说明群体成员之间各种力量相互依存、相互作用的关系，以及群体中的个人行为。他认为，人的行为决定于内在需要与周围环境的相互作用，并提出了以下著名的公式：

$$B = f(P \times E) \tag{7-2}$$

式中，B 为一个人当前行为的方向和强度；P 为一个人的内部动力和内部特征；E 为一个人当时所处的可感知到的环境力量。

群体中个人行为的方向和强度取决于个人现存需要的紧张程度（即内部动力）和群体环境力量的相互作用关系。Lewin认为，群体的行为不等于群体中各个成员个人行为的简单的算术和，它包含有集体的智慧，因而产生了一种新的行为形态，即两个人以上的协同活动所产生的力量会超过各个人单独活动时所产生的力量的总和，而且在某些条件下还能起质的变化。马克思在《资本论》中也曾经指出：一个骑兵连的进攻力量或一个步兵团的抵抗力量，同单个骑兵的进攻力量的总和或单个步兵分散展开抵抗力量的总和有本质的差别。也有一些学者提出了不同看法，认为在群体活动中其成员往往会向低水平看齐，他们强求一致，压制了个体独特个性和创造性的发挥。泰勒的管理思想，就是以"工人个别化"为准则。他认为工人在集体活动时所想的，只是不要比别人多卖力气，因而会降低生产率。

总之，群体动力来自于群体的一致性，这种一致性表现为群体成员有着共同的目标观点、兴趣、情感等，群体成员在群体动力的相互作用和影响下，其行为会发生或好或坏的变化。

2. 群体动力对安全行为的影响

个人在群体中的安全行为和他单独一个人时往往不同。在一些情况下，个人在群体中工作或有别人在场时，其工作效率和安全行为会表现较好，这种现象称为社会促进或社会助长；在另一些情况下，个人由于处于群体中或有他人在场，其工作成绩反而比独自工作时低，或者操作失误性增加，这种现象称为社会促退或社会致弱。群体对个人安全作业究竟起促进还是促退作用主要决定于以下几个因素的影响。

第一，工作性质。研究发现，当从事简单、熟练、机械性的工作时，一个人单独操作，不如与其他人一起工作效率高，甚至易发生违章作业的行为；当从事复杂性工作时，如在事故隐患原因较复杂而需要及时判断解决时，有其他人在场将会起干扰作用，使工作者注意力不易集中，效率降低，失误增加。但也有研究指出，如果群体中成员关系融洽，有共同的目标和沟通的机会，则成员在一起可以相互启发和促进。

第二，竞争心理。人们通常都有一种成就动机，个人的成就动机在有他人在场时会表现得较为强烈，希望自己的工作比其他人做得更好。这时强烈的成就动机会转变为竞争动机，因此个人的成绩比在单独时好；而个人在单独工作时，缺乏较量的对手，劲头不足，这种现象称为"结伴效应"。

第三，被他人评价的意识。个人在群体中作业时，不可避免地会产生被他人评价的意识，总认为他人有评价自己的可能性。这种意识一旦产生，就会对个人的行为起推动作用。竞争心理和被他人评价的意识是结伴效应的心理基础。而结伴效应对安全行为是促进还是促退，不可一概而论，要以群体的环境来定。

3. 群体压力和从众行为

在群体内部，当个人的意见与多数成员的意见不一致时，会感到心理紧张，产生一种无形的心理压力，这种压力就是群体压力。它有两个特点：一是这种压力来自并存在于群体内部，是群体所特有的，不同的群体会形成不同性质和强弱不同的群体压力。二是这种压力与群体规范有关。群体压力不同于权威命令，它不是由上而下明文规定的，也不具有强制性，而是一种群体舆论和气氛，是多数人的一致意向。它对个体心理上的影响和压力有时比权威命令还大：个体在心理上往往难以违抗，感到必须采取相符的行为才有安全感。

在群体压力下，个人放弃自己的意见而采取与大多数人相一致的意见或行为，这种现象称为从众行为，也叫相符行为。影响从众行为的因素很多。对一般人来说，当自己的行为与群体的行为完全一致时，心理上就感到安稳；当与多数人意见不一致时就感到孤立。但是，也有一些人坚持自己的独立性，不愿随便从众。一般说来，个体在群体压力下是否表现出从众行为，主要受个体所处的情境、问题的性质和个体的身心特性等因素的影响。

4. 群体压力和从众行为对安全管理的作用

群体压力和从众行为的作用对安全管理具有双重性质：利用得当，可能产生积极作用；放任不管，可能产生消极作用。其积极作用在于：

(1) 它有助于群体成员产生一致的安全行为，有助于实现群体的安全目标；

(2) 它能促进群体内部安全价值观、安全态度和安全行为准则的形成，增强事故预防的能力，维持群体良好的安全绩效；

(3) 它有利于改变个体的安全与己无关的观点和不安全行为；

(4) 它还有益于群体成员的互相学习和帮助，增强成员的安全成就感。

其消极作用在于：

(1) 它容易引发违章风气，不易形成职工勇于提出安全整改意见的习惯；

(2) 容易压制正确意见，在行为一致的情况下，产生忽视安全、单纯追求表面生产效益的小团体意识，作出错误的安全决策。在安全管理工作中，应充分利用和发挥群体压力和从众行为的积极作用，克服其消极作用，使个体行为朝着符合安全要求的方向发展。

7.4.5　群体中领导的行为与安全

领导定义包含四层意思：一是"影响个人或组织"——是说领导就是一个人或数人对他人或组织施加影响力，改变他人或组织的思想、心理和行为；二是"在一定条件下"——是说组织的外部条件和内部条件，如安全生产方法和安全生产的物质条件等方面，没有这些条件，无法领导；三是"安全实现某一目标"——是说组织活动的目标，即领导组织活动的领导人的目标，没有目标的组织活动和领导行为是盲目的、无意义的，在实现目标过程中必须做到生产安全；四是"行为过程"——是说领导既是一种行为，又是一个过程，它是动态的，处在不断发展变化之中。从安全角度来说，要有安全管理的一系列的组织领导工作，以上的四层意思是联系的，构成领导定义的完整性。此外，领导者在群体中的重要性主要可以通过以下两种行为表现。

1. 决策行为

领导者经过研究和思考，从几种方案、几种计划、几种意见或几种安排中，选择出一种最好的方案、计划、意见、安排的过程就是决策。一般决策过程包括如下 3 个步骤：确定问题，提出决策目标—寻求可能的行动方案—从各种可能的方案中选择最恰当的方案。

影响决策的因素有 3 个方面。

第一，情境因素，主要指决策的相对重要性和决策的时间压力。

第二，环境因素，包括 4 类：确定的环境、风险的环境、冲突的环境和不确定的环境。领导者处于不同的决策环境，应采取不同的决策态度和方法。

第三，人的因素，决策过程中人的因素包括两个方面，一是决策者个人的因素，二是群体因素。个人因素主要指决策者对决策所采取的态度，一般分为理智型决策者、半理智半情感型决策者和直觉-情感型决策者。

提高决策者的有效性，主要取决于决策质量和认可水平。前者指决策本身是否有科学依据，是否符合科学程序和客观实际，后者指决策是否能被下级接受、理解、容纳和执行。决策质量高，并能为下级充分的接受，决策的有效性就大。

2. 激励行为

行为科学认为，激励就是激发人的动机，引发人的行为。人受激励是一种内部的心理状态，看不见，听不到，摸不着，只能从人的行为去加以判断。人的行为的动因是人的需要，因此对人的行为的激励，就是通过创造外部条件来满足人的需要的过程。

安全行为的激励是进行安全管理的基本方法之一，在我国长期的劳动保护管理工作中，这种方法得到安全管理人员自觉或不自觉的应用，特别是随着安全心理学和安全行为科学的发展，这一方法及作用得到了进一步的发展。根据安全行为激励的原理，可把激励的方法分为以下两种。

1) 外部激励

所谓外部激励就是通过外部力量来激发人的安全行为的积极性和主动性，常用的激励手段，如设安全奖、改善劳动卫生条件、物质奖励、提高福利、提高待遇、安全与职务晋升或奖金挂钩、表扬、记功、开展"安全竞赛"等，都是通过外部作用激励人的安全行为。严格、科学的安全监察、监督、检查也是一种外部激励的手段。

2）内部激励

内部激励的方式很多，如更新安全知识、培训安全技能、强化安全观念和情感、智力潜能开发、解决思想问题、理想培养、建立安全远大目标等。内部激励是通过增强安全意识、素质、能力、信心和抱负等来发挥作用的。内部激励是以实现提高职工的安全生产和劳动保护自觉性为目标的激励方式。

外部的刺激和奖励与内部的鼓励和激励，都能激发人的安全行为。但内部激励更具有推动力和持久力。前者虽然可以激发人的安全行为，但在许多情况下不是建立在内心自愿的基础上，一旦物质刺激取消后，又会恢复到原来的安全行为水平上。而内部激励发挥作用后，可使人的安全行为建立在自觉、自愿的基础上，能对自己的安全行为进行自我指导、自我控制、自我实现，完全依靠自身的力量来控制行为。从安全管理的方法上讲，两种方法都是必要的。作为一个安全管理人员，应积极创造条件，形成人的内部激励的环境，特定的人员，也应有外部的鼓励和奖励，充分调动每个领导和职工安全行动的自觉性和主动性。

7.5　不安全行为的识别和控制

大量经验教训表明，事故是由人的不安全行为和物的不安全状态共同作用的结果。由于物的不安全状态也往往与人的不安全因素有关，因此对人的不安全行为的识别和控制是预防各类事故的关键，也是安全行为学主要研究的内容。

7.5.1　不安全行为产生的原因

不安全行为受多种因素的影响，产生不安全行为的原因较多，情况也非常复杂，一般认为不安全行为的产生主要有以下几个方面的原因。

1）态度不端正，忽视安全，甚至采取冒险行动

这种情况是行为者具备应有的安全知识、安全技能，也明知其行为的危险性。但是，往往由于过分追求行为后果，或过高估计自己的行为能力，从而忽视安全，抱着侥幸心理，甚至采取冒险行动，正所谓"艺高人胆大"。行为者为获得丰厚报酬，会图省事、贪方便，也会违反规章制度冒险蛮干，产生一些不安全行为。

2) 教育、培训不够

由于对行为者没有进行必要的安全教育、培训,使行为者缺乏必备的安全知识和安全技能,不懂操作规程、不具备安全行为的能力,在作业中完全处于盲目状态下,凭借自己想象的方法蛮干,就必然会出现各种违章行为。

3) 行为者的生理和心理有缺陷

每一项作业对行为者的生理和心理状况都有一定的要求,特别是有些情况复杂、危险性较大的作业对行为者的生理和心理状况还有一些特殊的要求,如果不能满足这些要求就会造成行为判断失误和动作失误,如果行为者体形、体能不符合要求;视力、听力有缺陷,反应迟钝;有高血压、心脏病、神经性疾病等生理缺陷或者有过度疲劳、情绪波动、恐慌、焦虑、忧伤等不稳定心理状态都会产生不安全行为。

4) 作业环境不良

行为者的每项行为都是在一定的环境中进行的,生产作业环境因素的好坏,直接影响人的作业行为。过强的噪声会使人的听觉灵敏度降低,使人烦恼,甚至无法安心工作;过暗或过强的照明会使人视觉疲劳,容易接受错误的信息,过分狭窄的场所会难以按安全规程正常的作业;过高或过低的温度会使人产生疲劳,引起动作失误;有毒、有害气体会使人由于中毒而产生动作失调。作业环境恶劣既增加了劳动强度使人产生疲劳,又会使人感到心烦意乱,注意力不集中,自我控制力降低,因此说作业环境不良是产生不安全行为的一个重要因素。

5) 人机界面缺陷,系统技术落后

绝大部分的作业行为是通过各种机械设备、工器具来完成的。如果行为者所接触的机械设备或使用的工器具有缺陷或者整个系统设计不合理等,就会使行为者的行为达不到预期的目的,为了达到目的就必须采取一些不规范的动作,也就导致了不安全行为的产生。

7.5.2 不安全行为的分类

对不安全行为可从以下 3 个角度分类。

(1) 按不安全行为的表现形式,在我国国家标准《企业职工伤亡事故分类标准》(GB6441—86) 中将不安全行为分为 13 种,分别是:①操作错误、忽视安全忽视警告;②造成安全装置失效;③使用不安全设备;④手代替工具操作;⑤物品存放不当;⑥冒险进入危险场所;⑦攀、坐不安全位置;⑧在起吊物下作业、停留;⑨机器运转时加油、修理、检查、调整、焊接、清扫等工作;⑩有分散注意力行为;⑪在必须使用个人防护用品、用具的作业或场所中,忽视其使用；⑫不安全装束；⑬对易燃、易爆等危险物品处理错误。

（2）按其行为后果又可分为 3 种：一是引发事故的不安全行为；二是扩大事故损失的不安全行为；三是没有造成事故的不安全行为；

（3）按其产生的根源可分为有意识不安全行为和无意识不安全行为，简称有意不安全行为和无意不安全行为。

有意不安全行为是在有意识的冒险动机支配下产生的行为。

无意不安全行为是指行为者不知道行为的危险性，或者不具备作业安全知识和技能，或者由于外界干扰，或者由于生理及心理状况欠佳而出现危险性操作等。

7.5.3　不安全行为的控制

1. 事故的宏观战略预防对策

采取综合、系统的对策是搞好职业安全卫生和有效预防事故的基本原则。随着工业安全科学技术的发展，安全系统工程、安全科学管理、事故致因理论、安全法制建设等学科和方法技术的发展，在职业安全卫生和减灾方面总结和提出了一系列的对策。职业安全卫生的法制对策、安全管理对策、安全教育对策、安全工程技术对策、安全经济手段等都是目前在职业安全卫生和事故预防及控制中发展起来的方法和对策。

1）职业安全卫生的法制对策

职业安全卫生的法制对策是通过以下几方面的工作来实现的。

（1）职业安全卫生责任制度。职业安全卫生责任制度就是明确企业一把手是职业安全卫生的第一责任人；管生产必须管安全；全面综合管理，不同职能机构有特定的职业安全卫生职责。例如，一个企业，要落实职业安全卫生责任制度，需要对各级领导和职能部门制定出具体的职业安全卫生责任，并通过实际工作得到落实。

（2）实行强制的国家职业安全卫生监督。国家职业安全卫生监督就是指国家授权劳动行政部门设立的监督机构，以国家名义并运用国家权力，对企业、事业和有关机关履行安全生产职责、执行安全生产政策和劳动卫生法规的情况，依法进行的监督、纠正和惩戒工作，是一种专门监督，是以国家名义依法进行的具有高度权威性、公正性的监督执法活动。

（3）建立健全安全法规制度。这是指行业的职业安全卫生管理要围绕着行业职业安全卫生的特点和需要，在技术标准、行业管理条例、工作程序、生产规范，以及生产责任制度方面进行全面的建设，实现专业管理的目标。

（4）有效的群众监督。群众监督是指在工会的统一领导下，监督企业、行政和国家有关安全生产、安全技术、工业卫生等法律、法规、条例的贯彻执行情况；参与有关部门制定职业安全卫生和安全生产法规、政策的制定；监督企业安全技术和安全生产经费的落实和正确使用情况；对职业安全卫生提出建议等方面。

2）安全工程技术对策

安全工程技术对策是指通过工程项目和技术措施，实现生产的本质安全化，或改善劳动条件提高生产的安全性。例如，对于火灾的防范，可以采用防火工程、消防技术等技术对策；对于尘毒危害，可以采用通风工程、防毒技术、个体防护等技术对策；对于电气事故，可以采取能量限制、绝缘、释放等技术方法；对于爆炸事故，可以采取改良爆炸器材、改进炸药等技术对策；等等。在具体的工程技术对策中，可采用以下技术原则。

（1）消除潜在危险的原则，即在本质上消除事故隐患，是理想的、积极的、进步的事故预防措施。其基本的做法是以新的系统、新的技术和工艺代替旧的不安全系统和工艺，从根本上消除发生事故基础。例如，用不可烯材料代替可烯材料；以导爆管技术代替导致火绳起爆方法；改进机器设备，消除人体操作对象和作业环境的危险因素，排队噪声、尘毒对人体的影响；等等，从本质上实现职业安全卫生。

（2）降低潜在危险因素数值的原则，即在系统危险不能根除的情况下，尽量降低系统的危险程度，使系统一旦发生事故，所造成的后果严重程度最小。例如，手电钻工具采用双层绝缘措施；利用变压器降低回路电压；在高压容器中安装安全阀、泄压阀抑制危险发生等。

（3）冗余性原则，就是通过多重保险、后援系统等措施，提高系统的安全系数，增加安全余量。例如，在工业生产中降低额定功率；增加钢丝绳强度；飞机系统的双引擎；系统中增加备用装置或设备等措施。

（4）闭锁原则，在系统中通过一些元器件的机器联锁或电气互锁，作为保证安全的条件。例如，冲压机械的安全互锁器；金属剪切机室安装出入门互锁装置；电路中的自动保安器等。

（5）能量屏障原则，在人、物与危险之间设置屏障，防止意外能量作用到人体和物体上，以保证人和设备的安全。例如，建筑高空作业的安全网、反应堆的安全壳等，都起到了屏障作用。

（6）距离防护原则，当危险和有害因素的伤害作用随距离的增加而减弱时，应尽量使人与危险源距离远一些。噪声源、辐射源等危险因素可采用这一原则减小其危害。化工厂建在远离居民区、爆破作业时的危险距离控制，均是这方面的例子。

（7）时间防护原则，是使人暴露于危险、伤害因素的时间缩短到安全程度之内。例如，开采放射性矿物或进行有放射性物质的工作时，缩短工作时间；粉尘、毒气、噪声的安全指标，随工作接触时间的增加而减少。

（8）薄弱环节原则，即在系统中设置薄弱环节，以最小的、局部的损失换取系统的总体安全。例如，电路中的保险丝、锅炉的熔栓、煤气发生炉的防爆膜、压力容器的泄压阀等。它们在危险情况出现之前就发生破坏，从而释放或阻断能量，以保证整个系统的安全性。

（9）坚固性原则，这是与薄弱环节原则相反的一种对策，即通过增加系统强度来保证其安全性。例如，加大安全系数、提高结构强度等措施。

（10）个体防护原则，根据不同作业性质和条件配备相应的保护用品及用具。采取被动的措施，以减轻事故和灾害造成的伤害或损失。

（11）代替作业人员的原则，在不可能消除和控制危险、伤害因素的条件下，以机器、机械手、自动控制器或机器人代替人或人体的某些操作，摆脱危险和有害因素对人体的危害。

（12）警告和禁止信息原则，采用光、声、色或其他标志等作为传递组织和技术信息的目标，以保证安全。例如，宣传画、安全标志、板报警告等。

显然，工程技术对策是治本的重要对策。但是，工程技术对策需要安全技术及经济作为基本前提，因此在实际工作中，特别是在目前我国安全科学技术和社会经济基础较为薄弱的条件下，这种对策的采用受到一定的限制。

3）安全管理对策

管理就是创造一种环境和条件，使置身于其中的人们能进行协调的工作，从而完成预定的使命和目标。安全管理是通过制定和监督实施有关安全法令、规程、规范、标准和规章制度等，规范人们在生产活动中的行为准则，使安全生产工作有法可依，有章可循，用法制手段保护职工在劳动中的安全和健康。安全管理对策是工业生产过程中实现职业安全卫生的基本的、重要的、日常的对策。工业安全管理对策具体由管理的模式、组织管理的原则、安全信息流技术等方面来实现。安全的手段包括：法制手段，安全生产法等；行政手段，责任制等；科学手段，推进科学管理；文化手段，进行安全文化建设；经济手段，伤亡赔偿、工伤保险、事故罚款等。

4）安全教育对策

安全教育是对企业各级领导、管理人员以及操作工人进行安全思想政治教育和安全技术知识教育。安全思想政治教育的内容包括国家有关安全生产，安全生产的方针政策、法规法纪。通过教育提高各级领导和广大职工的安全意识、政策水平和法制观念，牢固树立安全第一的思想，自觉贯彻执行各项安全生产法规政策，增强保护人、保护生产力的责任感。安全技术知识教育包括一般生产技术知识、一般安全技术知识和专业安全生产技术知识的教育，安全技术知识寓于生产技术知识之中，在对职工进行安全教育时必须把二者结合起来。一般生产技术知识含企业的基本概况、生产工艺流程、作业方法、设备性能及产品的质量和规格。一般安全技术知识教育含各种原料、产品的危险危害特性，生产过程中可能出现的危险因素，形成事故的规律，安全防护的基本措施和有毒有害的防治方法，异常情况下的紧急处理方案，事故时的紧急救护和自救措施等。专业安全技术知识教育是针对特别工种所进行的专门教育，如锅炉、压力容器、电气、焊接、化学危险品的管理、防尘防毒等专门安全技术知识的培训教育。安全技术知识的教育应做到应知应会，不仅要懂得方法原理，还要学会熟练操作和正确使用各类防护用品、消防器材及其他防护设施。

安全教育的对策是应用启发式教学法、发现法、讲授法、谈话法、读书指导法、演示法、参观法、访问法、实验实习法、宣传娱乐法等，对政府官员、社会大众、企业职工、社会公民、专职安全人员等进行意识、观念、行为、知识、技能等方面的教育。安全教育对外通常有政府有关官员、企业法人代表、安全管理人员、企业职工、社会公众等。教育的形式有法人代表的任职上岗教育，企业职工的三级教育、特殊工种教育、企业日常性安全教育，安全专职人员的学历教育等。教育的内容涉及专业安全科学技术知识、安全文化知识、安全观念知识、安全决策能力、安全管理知识、安全设施的操作技能、安全特殊技能、事故分析与判断的能力等。

2. 人为事故的预防

人为事故在工业生产发生的事故中占有较大比例。有效控制人为事故，对保障安全生产发挥重要作用。

人为事故的预防和控制，是在研究人与事故的联系及运动规律的基础上，认识到人的不安全行为是导致与构成事故的要素，因此要有效预防、控制人为事故的发生，依据人的安全与管理的需求，运用人为事故规律和预防、控制事故原理联系实际，而产生的一种对生产事故进行超前预防、控制的方法。

1) 人为事故的规律

在生产实践活动中，人既是促进生产发展的决定因素，又是生产中安全与事故的决定因素。我们已清楚地揭示了人一方面是事故要素，另一方面是安全因素。人的安全行为能保证安全生产，人的异常行为会导致与构成生产事故。因此，要想有效预防、控制事故的发生，必须做好人的预防性安全管理，强化和提高人的安全行为，改变和抑制人的异常行为，使之达安全生产的客观要求，以此超前预防、控制事故的发生。表 7-2 揭示了人为事故的基本规律。

表 7-2　人为事故规律

异常行为系列原因		内在联系	外延现象
产生异常行为内因	1. 表态始发致因	(1) 生理缺陷	耳聋、眼花、各种疾病、反应迟钝、性格孤僻等
		(2) 安全技术素质差	缺乏安全思想和安全知识、技术水平低、无应变能力等
		(3) 品德不良	意志衰退、目无法纪、自私自利、道德败坏等
	2. 动态续发致因	(1) 违背生产规律	有章不循、执章不严、不服管理、冒险蛮干等
		(2) 身体疲劳	精神不振、神志恍惚、力不从心、打盹睡觉等
		(3) 需求改变	急于求成、图懒省事、心不在焉、侥幸心理等
产生异常行为外因	3. 外侵导发致因	(1) 家庭社会影响	情绪反常、思想散乱、烦恼忧虑、苦闷冲动等
		(2) 环境影响	高温、严寒、噪声、异光、异物、风雨雪等
		(3) 异常突然侵入	心慌意乱、惊慌失措、恐惧失措、恐惧胆怯、措手不及等
	4. 管理延发致因	(1) 信息不准	指令错误、警报错误
		(2) 设备缺陷	技术性能差、超载运行、无安全技术设备、非标准等
		(3) 异常失控	管理混乱、无章可循、违章不究

在掌握了人们异常行为的内在联系及运行规律后,为了加强人的预防性安全管理工作,有效预防、控制人为事故,我们可从以下四个方面入手。

第一,从产生异常行为表态始发致因的内在联系及外延现象中得知:要想有效预防人为事故,必须做好劳动者的表态安全管理。例如,开展安全宣传教育、安全培训,提高人们的安全技术素质,使之达到安全生产的客观要求,从而为有效预防人为事故的发生提供基础保证。

第二,从产生异常行为动态续发致因的内在联系及外延现象中得知:要想有效预防、控制人为事故,必须做好劳动者的动态安全管理。例如,建立、健全安全法规,开展各种不同形式的安全检查等,促使人们的生产实践规律运动,及时发现并及时改变人们在生产中的异常行为,使之达到安全生产要求,从而预防、控制由于人的异常行为而导致的事故的发生。

第三,从产生异常行为外侵导发致因的内在联系及外延现象中得知:要想有效预防、控制人为事故,还要做好劳动环境的安全管理。例如,发现劳动者因受社会或家庭环境影响,思想散乱,有产生异常行为的可能时,要及时进行思想工作,帮助解决存在的问题,消除后顾之忧等,从而预防、控制由于环境影响而导致的人为事故的发生。

第四,从产生异常行为管理延发致因的内在联系及外延现象中得知:要想有效预防、控制人为事故,还要解决好安全管理中存在的问题。例如,提高管理人员的安全技术素质，消除违章指挥，加强工具、设备管理消除隐患等，使之达到安全生产的要求，从而有效预防、控制由于管理失控而导致的人为事故。

2）强化人的安全行为，预防事故发生

强化人的安全行为，预防事故发生，是指通过开展安全教育，提高人们的安全意识，使其产生安全行为，做到预防事故的发生。其主要应抓住两个环节：一要开展好安全教育，提高人们预防、控制事故的能力；二要抓好人为事故的自我预防。如何开展安全教育提高人的预防、控制事故的能力，在 7.5.3 节已做了叙述，下面仅就人为事故的自我预防加以概述。

第一，劳动者要自觉接受教育，不断提高安全意识，牢固树立安全思想，为实现安全生产提供支配行为的思想保证。

第二，要努力学习生产技术和安全技术知识，不断提高安全素质和应变事故能力，为实现安全生产提供支配行为的技术保证。

第三，必须严格执行安全规律，不能违章作业，冒险蛮干，即只有用安全法规统一自己的生产行为，才能有效预防事故的发生，实现安全生产。

第四，要做好个人使用的工具、设备和安全生产用品的日常维护保养，使之保持完好状态，并要做到正确使用，当发现有异常时要及时进行处理，控制事故发生，保证安全生产。

第五，要服从安全管理，并敢于抵制他人违章指挥，保质保量地完成自己分担的生产任务，遇到问题要及时提出，求得解决，确保安全生产。

3）改变人的异常行为，控制事故发生

改变人的异常行为，是继强化人的表态安全管理之后的动态安全管理。通过强化人的安全行为预防事故的发生，改变人的异常行为控制事故发生，从而达到超前有效预防、控制人为事故的目的。

如何改变人的异常行为，控制事故发生，主要有以下 5 种方法。

（1）自我控制。

自我控制，是指在认识到人的异常意识具有产生异常行为，导致人为事故的规律之后，为了保证自身在生产实践中的改变异常行为，控制事故的发生。自我控制是行为控制的基础，是预防、控制人为事故的关键。例如，劳动者在从事生产实践活动之前或生产之中，当发现自己有产生异常行为的因素存在时，像身体疲劳、需求改变，或因外界影响思想混乱等，能及时认识和加以改变，或终止异常的生产活动，均能控制由于异常行为而导致的事故。又如，当发现生产环境异常，工具、设备异常时，或领导违章指挥有产生异常行为的外因时，能及时采取措施，改变物的异常状态，抵制违章指挥，也能有效控制由于异常行为而导致的事故的发生。

（2）跟踪控制。

跟踪控制，是指运用事故预测法，对已知具有产生异常行为因素的人员，做好转化和行为控制工作。例如，对已知的违安人员指定专人负责，做好转化工作和进行行为控制，防止异常行为的产生而导致事故的发生。

（3）安全监护。

安全监护，是指对从事危险性较大生产活动的人员，指定专人对其生产行为进行安全提醒和安全监督。例如，电工在停送电作业时，一般要有两人同时进行，一人操作、一人监护，防止误操作的事故发生。

（4）安全检查。

安全检查，是指运用人自身的技能，对从事生产实践活动人员的行为，进行各种不同形式的安全检查，从而发现并改变人的异常行为，控制人为事故的发生。

（5）技术控制。

技术控制，是指运用安全技术手段控制人的异常行为。例如，绞车安装的过卷装置，能控制由于人的异常行为而导致的绞车过卷事故；变电所安装的联锁装置，能控制人为误操作而导致的事故；高层建筑设置的安全网，能控制人从高处坠落后导致人身伤害的事故发生等。

第 8 章 安全经济学

8.1 安全经济学基础

8.1.1 安全经济学重要术语及概念

1. 安全经济学概念及定义

安全经济学是研究安全的经济形式（投入、产出、效益）和条件，通过对安全活动的合理规划、组织、协调和控制实施，实现安全性与经济性的高度统一协调、合理，达到人、企业、技术、环境、社会最佳安全综合效益的科学。安全科学技术的发展必然要求安全经济学的发展，安全经济学的发展一定会丰富和完善安全科学技术。

安全经济学研究的最基本的命题或要解决的最重要的课题是安全成本、安全投资、安全收益和安全效益等。

安全经济学的研究内容如表 8-1 所示。

表 8-1 安全经济学内容 4 层次结构

学科层次	学科理论与方法特征	主要学科内容
工程技术	安全经济技术的方法与手段	安全经济政策与决策；安全经济标准；安全经济统计；安全经济分配；损失计算技术；安全投资优化技术；安全成本核算；安全经济管理
技术科学	安全经济学的应用基础理论	安全经济原理；安全经济预测理论；安全经济分析理论；安全经济评价理论；安全价值工程；非价值量的价值化技术
基础科学	安全经济学的基础科学	宏观经济学；微观经济学；数量经济学；系统科学；数学科学
哲学	安全经济观、认识论和方法论	安全经济观；安全经济认识论；安全经济方法论

安全经济学的任务是应用辩证唯物主义基本原理，以及系统科学和一般经济学的科学方法、理论，对人类公共安全，即职业、生活、生存活动中的安全经济规律进行考察研究；结合当代世界经济发展和我国现代化、工业化建设的具体实

践，阐明社会主义市场条件下经济规律在安全活动领域的表现形式；探讨实现经济的安全生产(劳动)、安全生活、安全生存的途径、方法和措施；为国家、政府和企业提供科学制定安全方针和政策的理论依据，从而极大限度地保障人的身心安全、健康和社会经济发展，促进社会与经济的繁荣与昌盛。

2. 安全经济学的特点

从研究方法上讲，安全经济学具有系统性、预见性、优选性；从学科本质上讲，具有部门性、边缘性及应用性。

(1) 系统性。安全经济问题往往是多目标、多变量的复杂问题。在解决安全经济问题时，既要考虑安全因素，又要考虑经济因素；既要分析研究对象自身的因素，又要研究与之相关的各种因素。这样，就构成了研究过程和范围的系统性。

(2) 预见性。安全经济的产出，往往具有延时性和滞后性，而安全活动的本质具有超前性和预防性，因而安全经济活动应具备适应安全活动要求的预见性。

(3) 优选性。任何安全活动(措施、对策)都有多方案可选择，不同的活动往往有不同的约束条件，不同的方案都有其不同的特点和适应对象。因此，安全经济的决策活动应建立在优选的基础上。

(4) 部门性。安全经济学相对于一般经济学，具有部门的属性，是一门部门经济学，这里是指广义的部门。一方面，它没有自己独立的理论基础，是在与一般经济学结合的基础上形成自己的理论体系；另一方面，安全经济学具有自己特定的应用领域——安全领域，以安全经济问题作为研究对象，利用一般经济学的原理和基础理论，研究、分析和解决安全领域中的一切经济现象、经济关系和经济问题。

(5) 边缘性。安全经济问题同其他经济问题一样，既受自然规律(安全客观规律)的制约，又受经济规律的支配。

(6) 应用性。安全经济学所研究的安全经济问题，都带有很强的技术性和应用性。这是由于安全本身就是人类劳动、生活和生存的实践的需要，安全经济学为实践提供技术和手段。

安全经济学是安全科学技术学科体系中的三级学科，属于安全社会学范畴。在社会主义市场条件下，在人类社会安全资源有限的条件下，用安全经济学的观点、理论和方法指导安全政策和决策，以及安全工程、安全技术、安全管理等安全活动，有着现实的意义及作用。安全经济的理论和方法将有助于实现两个基本目标：一是用有限的安全投入实现最大的安全；二是在达到特定安全水平的前提下，尽量节约安全成本。

3. 安全成本

安全成本也称安全投入或安全投资（safety invistment），是指实现安全所消耗的人力、物力和财力的总和。它是衡量安全活动消耗的重要尺度。安全成本包括实现某一安全功能所支付的直接和间接的费用。投资是商品经济的产物，是以交换、增值取得一定经济效益为目的的。安全活动对经济增长和经济发展有一定的作用，因而应把安全活动看成是一种具有生产或创造价值意义的活动。引入安全投资的概念，对安全效益的评价和安全经济决策有着重要的实用意义。

4. 安全价值

安全价值（safety values）是在进行安全活动过程中，必然要涉及安全经济命题，安全经济命题需要进行安全价值的分析。根据一般价值的理论，安全价值就是安全功能与安全投入的比较。其表达式为安全价值＝安全功能/安全投入。这一式子表明：安全价值与安全功能呈正比，与安全投入呈反比。这种函数关系的建立，使得安全价值成了可以测定的东西。

分析安全价值的关键在于了解安全功能。从宏观上讲，一般意义上的安全，其价值表现在以下方面：保护人类的安全和健康；避免和减轻财产的损失；保障技术功能的利用和发挥；维护企业信誉、提高产品质量和产量，提高劳动生产效率；维护社会经济持续、健康的发展，促进社会进步；避免因事故造成有关人员的心灵创伤、家庭痛苦；维护社会的稳定；保护环境和资源，使其免遭破坏和危害。

从微观上讲，安全的功能是指一项安全措施在某系统中所起的作用和所具有的功能。例如，传动带护栏的安全功能是阻隔人与传动带的接触，湿式作业的安全功能是除尘，安全教育的功能是增加职工的安全知识和增强安全意识等。

安全价值是安全经济学的重要研究对象，与安全经济学本身一样还处在探索阶段。特别是对于安全价值的定量化研究，由于安全价值的特殊性和复杂性，其理论和方法还于初步的发展阶段，其丰富和完善还需要长期的努力。

目前，对于安全价值的研究和定量分析，可引用经济学的价值工程理论和方法，从而形成安全领域的安全价值工程。安全价值工程是一种运用价值工程的理论模型和分析技术，即：安全价值 V 决定于安全功能 F 与安全成本 C 的比值，这方面的理论和方法应用可参见"安全价值工程"相关内容。安全价值工程就是依靠集体智慧和有组织的活动，通过对某项目安全措施进行安全功能分析，力图用最低的安全成本或最小的周期投资，实现必要的安全功能，从而提高安全价值的安全经济方法。

　　5. 安全效益

　　安全效益（safety profit）是指通过有效的安全投入，实现特定的安全保障条件和达到特定的安全水平，对社会、国家、集体、企业或个人所产生的效果及利益。其实质是用尽量少的安全投入，提供尽量多的符合全社会需要和人民要求的安全保障。

　　从安全效益的表现形式看，安全的直接效益是人的生命安全和身体健康的保障和财产损失的减少，这是安全效益的减损功能；安全另一个重要的效益是维护和保障系统功能（生产功能、环境功能等）得以充分发挥，这是安全效益的增值功能。

　　安全效益包括安全经济效益和安全社会效益两部分。

　　安全经济效益是指通过安全投资实现的安全条件，在生产和生活过程中保障技术、环境及人员的能力和功能，并提高其潜能，为经济发展所带来的利益。安全经济效益包括两方面的内容：第一，直接减轻或免除事故或危害事件给人、社会和自然造成的损伤，实现保护人类财富，减少无益损耗和损失，简称减损收益；第二，保障劳动条件和维护经济增值的过程，简称增值收益。

　　安全社会效益也叫安全的非经济效益，它是指安全条件的实现，对国家和社会发展、企业或集体生产的稳定、家庭或个人的幸福所起的积极作用。

　　安全效益具有两重性，一个是可预见性，另一个是不可预见性。所谓可预见性是指有安全投入必有安全产出，没有安全投入必有隐患和事故发生；安全效益的不可预见性是指在不发生事故的情况下，安全效益的大小是不可预知的，很难说清安全到底有多大的效益。

　　安全效益具有间接性、后效性（滞后性）、长效性、多效性、潜在性、复杂性等特征。

　　安全效益的间接性表现在：安全的效益是从物质资料生产或非物质资料生产的过程中间接的产生，不同于生产经营过程中的原料投入到产品产出、实现效益的简单形式，而是通过这些手段来防范事故发生，在保障生产经营的顺利进行中间，接地创造出经济效益。

　　安全效益的后效性（滞后性）表现在：安全投资的回收期较长，要经过较长一段时间才能显现，特别是在意外事故发生后更能体现其价值和作用。安全效益往往在安全技术或措施的作用消失之后还存在。

　　安全效益的长效性表现在：安全措施的作用和效果往往是长效的，不仅在措施的功能寿命期内有效，就是在措施失去功能之后其效果还会持续或间接发挥作用。

　　安全效益的多效性表现在：安全的多效性是通过多种形式表现出来的。安全保障了技术功能的正常发挥；安全保护了生产者；安全的措施使人员伤亡和财产的损失得以避免或减少；安全使人的心理及生理需要获得满足。

安全效益的潜在性表现在：安全服务于生产，它所创造的效益大多不是从其本身的功能中体现出来，更多的是隐含在因事故减少而提高了效率的生产经营行为和因事故减少获得了生命和健康的员工群体中。

安全效益的复杂性表现在：安全的效益具有多样性和复杂性的特点，既有直接的，又有间接的；既有经济的，又有非经济的；既有能用价值直接计量的内容，又有不能用货币直接计量的方面。

安全经济效益的计算，可采用宏观经济效益计量法和微观经济效益计量法。

安全经济效益的实现过程是制定安全目标→拟订安全措施方案→合理进行安全投入→开展安全经济评价→制定安全措施→加强安全教育→管理和监督→加大奖惩力度。

实现安全经济效益的基本策略是要以超前性预防作为主要的和根本的对策，采用治标为辅，治本为主的策略。

提高安全效益的基本途径有两个：一是提高安全水平，二是合理配置安全投入。

8.1.2　安全性与经济性相结合的原则

安全性与经济相结合的原则是安全经济学最基本的原则，称为 ALARP（as low as reasonably practicable）准则，即"最合理可行原则"，其含义是任何工业系统中都是存在风险的，不可能通过预防措施来彻底消除风险，而且当系统的风险水平越低时，要进一步降低就越困难，其成本往往呈指数曲线上升。也可以这样说，安全改进措施投资的边际效益递减，最终趋于零，甚至为负值，如图 8-1所示。

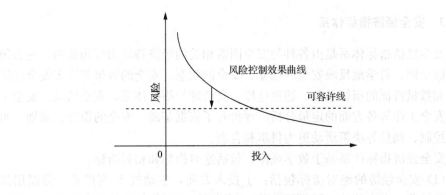

图 8-1　风险与投入关系示意图

　　因此，必须在风险水平和成本之间作出一个折中。为此，工作人员实际常把"ALARP 原则"称为"二拉平原则"。ALARP 原则可用图 4-10 来表示，其内涵包括如下内容。

　　（1）对安全风险进行定量风险评价，如果所评价出的风险指标在不可容许线之上，则落入不可容许区。此时，除特殊情况外，该风险是无论如何不能被接受的，应立即采取风险削减、控制措施，使其逐步降低至可容许的程度，最终落入"可容许区"。

　　（2）如果所评出的风险指标在可忽略线和不可容许线之间，则落入"可容许区"，此时的风险水平符合"ALARP 原则"。需要进行安全措施"投资成本-风险分析(cost-risk analysis)"，如果分析成果能够证明进一步增加安全措施投入对危险源的风险水平降低贡献不大，则风险是"可容许的"，即可以允许该风险的存在，以节省一定的成本，而且员工在心理上愿意承受该风险，并具有控制该风险的信心。但是"可容许"并不等同于"可忽略"，在经济合理的条件下，尽可能地采取必要的预防和控制措施，力求做到"合理实际并尽可能低"。合理实际并尽可能低是指风险削减程度与风险削减过程的时间、难度和代价之间达到平衡。

　　（3）如果所评出的风险指标在可忽略线之下，则落入"可忽略区"。此时，该风险是可以被接受的，无需再采取安全改进措施。

　　对于风险评价与风险控制，人们往往认为风险越小越好，实际上这是一个错误的概念。减少风险要付出代价，无论是采取措施降低其发生的可能性，还是减少其后果可能带来的损失，都要投入资金、技术和人力。通常的做法是将风险限定在一个合理、可接受的水平上，根据影响风险的因素，经过优化，寻求最佳的投资方案。"风险与效益间要取得平衡"、"不接受不可允许的风险"、"接受合理的风险"等这些都是对风险可接受的原则的解释。

8.1.3　安全经济指标体系

　　安全经济指标体系是由各种与安全因素相关的经济特征指标构成的，它必须是能够全面、科学地反映安全的任务、安全的状态、安全的效果等许多安全经济质量和数量特征的指标总和。通过这样一套合理的指标体系，安全活动、安全工程、安全工作等各方面的定量分析、评价有了依据基础，安全的设计、规划、组织、控制、调整等决策活动更为科学和合理。

　　安全经济指标体系基于数学规律，包括绝对指标和相对指标：

　　（1）安全经济的绝对指标包括：①投入方面，主动投入-安措费、劳保用品费、保健费、安全奖等；被动投入-职业病诊治费、赔偿费、事故处理费、维修费等。②后果及效果方面，负效果-经济损失量、工日损失量、环境污染量、伤亡数等；正效果-生产增值、利税增值、损失(含经济和工日等)减少量、污染减少量、伤亡减少量等。

(2)安全经济的相对指标，是相对于某种背景来考察安全经济绝对指标的特征量，往往更具实用可比性和客观性。安全经济的相对指标主要以如下背景来相对地考察问题：员工规模、产量、产值、利税等。安全效益常常用相对指标来反映。从时间相关特性来考察，安全经济指标还可分为静态指标和动态指标。

基于经济学规律安全经济指标由 3 个部分来构成：安全投入指标、安全效益指标和安全效益指标。

1. 安全投入指标

安全投入产出指标是一系列反映安全投入与产出之间关系的指标，通过这一系列指标可以清楚地看到安全投入与安全产出相互联系、相互影响的关系。

安全投入指一国或一企业用于与安全有关的费用的总和，安全投入包括安全措施经费投入、个人防护用品投入、职业病预防费用等。具体的有以下一些指标能反映安全投入。

安全技术人员配备率：指安全专职人员占员工总人数的比例，反映活劳动的消耗，可用于考察一个地区、一个行业或一个企业的安全技术人员的配备情况。

安全投资合格率：指安全投资符合国家有关要求的单位(企业)数所占的比例，反映活劳动消耗的合理水平，用于考察地区或行业等宏观安全投入的状况。

国民生产总值安措投资指数：指安措费投资占国民生产总值的比例，反映安措投资的水平，是国家或企业负担安全的指标之一。

国民生产总值安措投资指数=安措投资/国民生产总值(单位:%)

安全投资增长率：指后一时期安全投资的增量与前一时期安全投资量的比值，反映安全投资的增减变化状况。

安措投资增长率：指后一时期安措投资的增量与前一时期安措投资量的比值，反映安措投资的增减变化状况。

人均安全措施费：指每一员工单位时间(通常是一年)的安措投资量，反映了不同国家、地区或行业的人均安措负担或消耗量。

人均劳动防护用品费：指每一员工单位时间(通常是一年)的人均劳动防护用品费，反映了不同国家、地区或行业的人年均劳动防保用品费负担或消耗量。

人均职业病诊治费：指每一员工单位时间(通常是一年)的人均职业病诊治费，反映了不同国家、地区或行业的人年均职业病诊治的负担或消耗量。

万元产值安全成本含量：表明每创造一万元产值需要花费的安全成本。

安全资金投入：指的是一国(或一企业)投入在安全上的资本要素，计算时可采用固定资产原值(或固定资产净值)＋流动资金年平均余额计算。

安全劳动量投入：指的是一国(或一企业)在安全上投入的活劳动总和，计算时可采用安全投入的总工时或总员工人数计算。

2. 安全效率指标

安全效率是反映安全投入效果特征的指标，具体包括以下内容。

隐患整改率：指通过安全投入已得到整改和已消除的危险源数目所占的比例。

伤亡达标率：指通过安全投入使伤亡的水平符合有关规定的单位数的比例。

环境污染达标率：指通过安全投入使环境污染水平符合有关规定的单位数的比例。

损失直间比：指直接损失与间接损失的倍比系数。

3. 安全产出指标

安全产出指标包括以下内容。

安全生产投入产出比：指的是一定时期内一定的安全投入和由于此项投入而带来的产出之比，即安全生产投入产出比 ＝ 安全投入/安全产出，根据考察的范围不同，安全生产投入产出比最常见的有全国安全生产投入产出比、行业安全生产投入产出比等。

安全投入效果系数：表示为了获得 Q_j 的产出需要在第 j 类别安全生产上的投入。

4. 安全效益指标

安全效益指标是一系列反映安全生产效益的指标，通过这些指标可以定性、定量地考核国家或企业的安全生产效益。以下是一些重要的安全效益术语及指标.

安全的经济效益：指通过安全投资实现的安全条件，在生产和生活过程中保障技术、环境及人员的能力和功能，并提高其潜能，为社会经济发展所带来的利益。

安全的非经济效益：指安全的社会效益，它是指安全条件的实现，对国家和社会发展、对企业或集体生产的稳定、对家庭或个人的幸福所起的积极作用。

安全增值效益：指安全对于生产力要素的保障、维护与促进作用，并通过这种作用使系统的功能得以充分发挥，从而实现效益、效率的增值。

安全边际效益：指当安全投入量增加一个单位时总安全效益的增加量。

安全经济贡献率：指安全生产对社会、国家经济成果的贡献率。

事故伤亡减少率：指后一时期事故伤亡减少量与前一时期事故伤亡量的比值，反映事故伤亡的增减变化状况。

在安全管理工作中经常用到的重要安全经济指标有：国民(生产)产值安全投资指数；安措投资增长率，一般应高于经济增长率；人均安措费；人均安全成本；专职人员人均安全投资；经济损失达标率；危险源(隐患)现存率；事故损失直间比，客观有 $1:2$ 至 $1:>100$；经济损失严重度；工日损失严重度；经济损失重要度；工日(时)损失率；人均经济损失；万元安措费保护员工人数；安全专职人员人均保护员工数；安全专职人员人均安全生产率；百万产值损失率；百万产值伤亡率；单位产量损失率；单位产量伤亡率；等等。

8.2 安全经济学理论

8.2.1 安全经济基本原理

安全经济学是研究安全的经济形式(投入、产出、效益)和条件，通过对人类安全活动的合理组织、控制和实施，实现安全性与经济性的高度统一协调，达到人、技术、环境、社会最佳安全效益的科学。这一定义明确了安全经济学需要研究的 3 个最基本的命题：安全价值、安全成本和安全效益。

安全产出函数，等同于安全价值或安全功能、安全利益函数，其涉及减损产出，用损失函数 $L(S)$ 反映规律，以及增值产出，用增值函数 $I(S)$ 表达规律；

安全成本函数，也称安全投入、安全投资函数，可用 $C(S)$ 函数表达；

安全效益函数，也称安全效果、安全成果函数，可用 $E(S)$ 函数表达。

研究安全产出、安全成本和安全效益 3 个安全经济基本命题，涉及 4 个基本函数：事故损失函数、安全增值函数、安全成本函数和安全效益函数。上述 3 个基本命题和 4 个基本函数，构成了安全经济基本原理，其规律可通过图 8-2 表示。

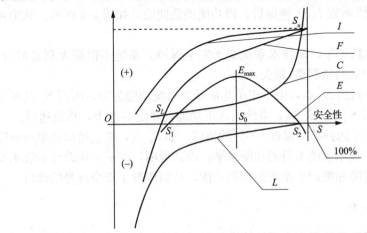

图 8-2 安全经济学的基本函数规律

I-安全增值；F-安全产出；C-安全投资（成本）；E-安全效益；L-事故损失

1. 基本分析

从理论上讲，安全具有两大经济功能：第一，安全能直接减轻或免除事故或危害事件给人、社会和自然造成的损害，实现保护人类财富，减少无益消耗和损失的功能。第二，安全能保障劳动条件和维护经济增值过程，实现其间接为社会增值的功能。

第一种功能称为"拾遗补缺"，可用损失函数 $L(S)$ 来表达：$L(S) = L\exp(l/S) + L_0, l > 0, L > 0, L_0 < 0$，其曲线见图1；第二种功能称为"本质增益"，用增值函数 $I(S)$ 来表达：$I(S) = I\exp(-i/S), I > 0, i > 0$；上述两式中：$L、l、I、i、L_0$ 均为统计常数。从图 8-3 中的曲线可看出：

(1) 增值函数 $I(S)$ 随安全性 S 的增大而增大，但是有限的，最大值取决于技术系统本身功能。

(2) 损失函数 $L(S)$ 随安全性 S 的增大而减小，当系统无任何安全性时（$S=0$），从理论上讲损失趋于无穷大，具体值取决于机会因素；当 S 趋于 100% 时，损失趋于零。

无论是"本质增益"，即安全创造正益效，还是"拾遗补缺"，即安全减少"负效益"，都表明安全创造了价值。后一种可称为"负负得正"，或"减负为正"。

2. 综合分析与推论

以上两种基本功能，构成了安全的综合（全部）经济功能。我们用安全功能函数 $F(S)$ 来表达（在此功能的概念等同于安全产出或安全收益）：$F(S) = I(S) + [-L(S)] = I(S) - L(S)$。如将损失函数 $L(S)$ 乘以"—"号后，即可将其移至第一象限表示，并与增值函数 $I(S)$ 叠加后，得功能函数曲线，如图 8-3 所示。从中可推论：

(1) 当安全性趋于零，即技术系统毫无安全保障，系统不但毫无利益可言，还将出现趋于无穷大的负利益（损失）。

(2) 当安全性到达 S_L 点，由于正负功能抵消系统功能为零，因而 S_L 是安全性的基本下限。当 S 大于 S_L 后，系统出现正功能，并随 S 增大，功能递增。

(3) 当安全性 S 达到某一接近 100% 的值后，如 S_u 点，功能增加速率逐渐降低，并最终局限于技术系统本身的功能水平。由此说明，安全不能改变系统本身的创值水平，但保障和维护了系统的创值功能，从而体现了安全自身的价值。

3. 安全效益分析

安全的功能函数反映了安全系统输出状况。显然，提高或改变安全性，需要投入（输入），即付出代价或成本，并且安全性要求越大，需要成本越高。从理论上讲，要达到 100％的安全(绝对安全)，所需投入趋于无穷大。由此可推出安全的成本函数 $C(S)$：$C(S) = C\exp[c/(1-S)] + C_0$。其中：$C > 0, c > 0, C_0 < 0$。

安全经济学原则有：安全生产投入与社会经济状况相统一的原则；发展安全与发展经济比例协调性原则；安全发展的超前性原则；宏观协调与微协调辩证统一的原则；协调与不协调辩证统一的原则。

8.2.2　安全经济基本函数

安全经济函数主要研究 3 个函数：安全产出函数、安全成本函数和安全效益函数，主要涉及 4 个基本函数，安全减损函数、安全增值函数、安全成本函数和安全效益函数。

1. 安全产出函数

基于经济学概念，从理论上讲，安全具有两大基本经济功能，安全减损失功能和安全增值功能，两者的代数和组成安全产出函数，用 $F(S)$ 来描述其规律。

首先是安全的减损功能：安全的实现直接减轻或免除事故或灾害事件给人、社会和自然造成的伤害和损害，实现保护人类生命安全与社会财产安全，具有减少生命、健康的代价，以及财产损失的功能。这里的"减损"概念是广义的，不仅仅是经济损失的减少，还包括生命与健康的损害等。

其次是安全的增值功能：通过安全对策或措施，保障了生产过程或社会活动的正常，为生产和经济建设提供了条件和保障，实现了直接或间接的经济增值功能。

安全减损函数，安全减损功能具有"拾遗补缺"的特点，要测算减损功能需要知道损失函数规律。损失函数 $L(S)$ 的数学模型是

$$L(S) = L\exp(l/S) + L_0, \qquad (l > 0, L > 0, L_0 < 0) \qquad (8\text{-}1)$$

事故损失函数 $L(S)$ 是一条向右下方倾斜的曲线，它随着安全性的增加而不断减少，当系统无任何安全性时，系统的损失为最大值(趋于无穷大)，即当系统无任何安全性时($S=0$)，从理论上讲，损失趋于无穷大，具体值取决于机会因素；当安全性达到 100％时，曲线几乎与零坐标相交，其损失达到最小值，可视为零。当 S 趋于 100％时，损失趋于零。

安全增值函数，安全增值功能具有"本质增益"的特点，可用增值函数 $I(S)$ 表示：

$$I(S) = I\exp(-i/S), \qquad (I > 0, i > 0) \qquad (8\text{-}2)$$

安全增值函数 $I(S)$ 是一条向右上方倾斜的曲线，随安全性 S 的增大而增大，但增值是有限的，最大值取决于技术系统本身的功能。

式(8-1)和式(8-2)中，L、l、I、i、L_0 均为统计常数。其曲线如图 8-3 所示。

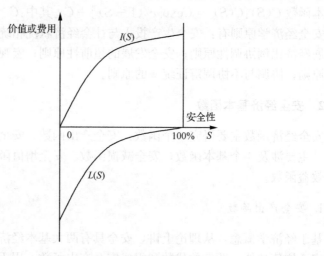

图 8-3　安全减损与增值函数

损失函数和增值函数两曲线在安全性为 S_0 时相交，此时安全增值与事故损失值相等，安全增值产出与因为事故带来的损失相抵消。当安全性小于 S_0 时，事故损失大于安全增值产出，当安全性大于 S_0 时，安全增值产出大于事故损失，此时系统获得正的效益，安全性越高，系统的安全效益越好。

无论是"本质增益"，即安全创造正益效，还是"拾遗补缺"，即安全减少"负效益"，都表明安全创造了价值。后一种可称为"负负得正"或"减负为正"。

安全减损和安全增值两种基本功能，构成了安全的综合经济功能。用安全产出函数 $F(S)$ 来表达，安全产出函数也称为安全功能函数。

将损失函数 $L(S)$ 乘以"—"号后，可将其移至第一象限表示，并与增值函数 $I(S)$ 叠加后，可得到安全产出函数曲线 $F(S)$，如图 8-4 所示。安全产出函数 $F(S)$ 的数学表达是

$$F(S) = I(S) + [-L(S)] = I(S)\text{-}L(S) \tag{8-3}$$

对 $F(S)$ 函数的分析，可得如下结论。

(1) 当安全性趋于零，即技术系统毫无安全保障，系统不但毫无利益可言，还将出现趋于无穷大的负利益(损失)；

(2) 当安全性到达 S_L 点，由于正负功能抵消，系统功能为零，因而 S_L 是安全性的基本下限，当 $S > S_L$ 时，系统出现正功能，并随着 S 的增大，功能递增；

(3) 当 S 值趋近 100% 时，功能增加的速率逐渐降低，并最终局限于技术系统本身的功能水平，所以安全不能改变系统本身的创值水平，但保障和维护了系统的创值功能，从而体现了安全自身的价值。

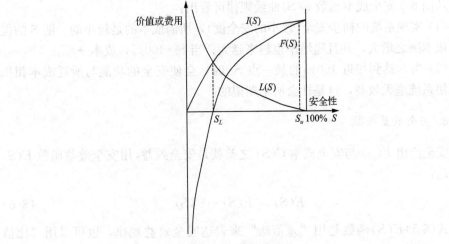

图 8-4 安全功能函数

2. 安全成本函数

安全产出函数反映了安全系统的输出状况。显然，提高或改变安全性，需要投入(输入)，即付出代价或成本。安全性要求越高，需要成本越大。从理论上讲，要达到 100% 的安全，所需投入趋于无穷大。由此可推出安全的成本函数 $C(S)$：

$$C(S) = C\exp[c/(1-S)] + C_0, \qquad (C > 0, c > 0, C_0 < 0) \qquad (8\text{-}4)$$

安全成本 $C(S)$ 曲线如图 8-5 所示。

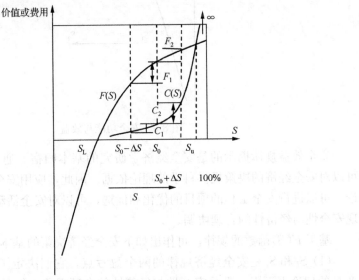

图 8-5 安全功能与成本函数

从图 8-5 安全成本函数 $C(S)$ 曲线规律可看出：

(1) 实现系统的初步安全（较小的安全度），所需成本是较小的。随 S 的提高，成本随之增大，并且递增率也越来越大；当 $S→100\%$，成本→∞。

(2) 当 S 达到接近 100% 的某一点 S_u 时，会使安全的功能与所耗成本相抵消，使系统毫无效益，这是社会所不期望的。

3. 安全效益函数

安全产出 $F(S)$ 与安全成本 $C(S)$ 之差就是安全效益，用安全效益函数 $E(S)$ 来表达：

$$E(S) = F(S) - C(S) \tag{8-5}$$

式(8-5) $E(S)$ 函数是用"差值法"来表达安全效益规律，也可以用"比值法"来反映安全效益规律。$E(S)$ 曲线的规律如图 8-6 所示。

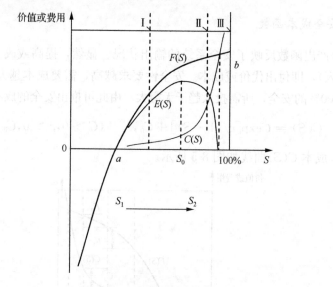

图 8-6　安全功能与效益

安全效益规律揭示的是安全经济学研究的基本归宿。通过安全效益的分析，可以对安全经济的决策提供科学的理论依据。因此，应用安全效益规律的分析结论，可以进行安全工程的项目的优化和优选，可以对安全活动进行科学指导，实现安全性与经济性的合理协调。

基于 $E(S)$ 函数的规律，可作出如下安全经济决策的基本分析。

(1) S_L 和 S_u 是安全经济规律的两个盈亏点，它们决定了系统安全程度或水平 S 的理论上下限，都是安全性与经济性的合理现象。但是，S_L 和 S_u 两个盈亏点的性质是不同的。

（2）在 S_L 点处表明：安全投入少，事故损失大，安全增值小，是安全不作为点，反映重视安全不够，系统安全水平较低，风险水平较高，改善或发展的趋势是需要加强安全投入，提升系统安全性。

（3）在 S_u 点处表明：安全投入大，事故损失少，安全增值大，是安全的不合理点，反映重视安全过度，与经济性和合理性不协调，虽然系统具有较高的安全水平，风险水平较低，符合安全性原则，但缺乏经济合理性，改善和发展的趋势是提高经济合理性。

（4）在 S_0 点附近，$E(S)$ 取得最大值，也就是最佳安全效益。由于 S 从 $S_0 - \Delta S$ 增至 S_0 时，成本增值 C_1 大大小于功能增值 F_1，因而当 $S < S_0$ 时，提高 S 是值得的；当 S 从 S_0 增至 $S_0 + S$ 时，成本 C_2 却数倍于产出的增值 F_2，因而 $S > S_0$ 后，增加 S 就显得不合理了。

8.2.3　安全效益规律

"效益"是现代社会中运用十分广泛的一个概念，它是价值概念的进一步发展。从词义上讲，价值是指事物的用途或积极作用，而效益则是泛指事物对社会的效果与利益。从经济学的角度看，效益是价值的实现，或价值的外在表现。

安全效益，即安全价值，是指安全条件的实现，对社会（国家）、对集体（企业）、对个人所产生的效果和利益。其实质就是用尽量少的安全投资，提供尽可能多的符合全社会需要和人民要求的安全保障。

从表现形式层次上来考察安全的效益，安全的效益可分为宏观效益和微观效益，对国家、社会的安全作用和效果是安全的宏观效益，对企业和个人的安全作用和效果是微观的效益。就其性质来说，安全的效益又可分为经济效益和非经济效益。无益消耗和经济损失的减轻，以及对经济生产的增值作用是安全的经济效益；生命与健康、自然环境和社会环境的安全与安定，是其非经济效益的体现。

安全的非经济效益，也就是安全的社会效益，它是指安全条件的实现，对国家和社会发展、企业或集体生产的稳定、家庭或个人的幸福所起的积极作用，是通过减少人员的伤亡、环境的污染和危害来体现的。

安全经济效益，是安全效益的重要组成部分，是指通过安全投资实现的安全条件，在生产和生活过程中保障技术、环境及人员的能力和功能，并提高其潜能，为社会经济发展所带来的利益。它包括两方面的内容。

第一，直接减轻或免除事故或危害事件给人、社会和自然造成的损伤，实现保护人类财富，减少无益损耗和损失，简称减损收益。

第二，保障劳动条件和维护经济增值过程，简称增值收益。

安全经济效益有两种具体表现方式。

一是，用"利益"的概念来表达安全的经济效益，即有"比值法"公式：

$$安全经济效益 E = 安全产出量 B / 安全投入量 C \qquad (8\text{-}6)$$

二是，用"利润"的概念来表达安全的经济效益，从而得到"差值法"公式：

$$安全经济效益 E = 安全产出量 B - 安全投入量 C \qquad (8\text{-}7)$$

因此，安全产出 $B =$ 减损产出 $B_1 +$ 增值产出 B_2

如图 8-7 所示，安全增值函数 I_s 是一条向右上方倾斜的曲线，它随着安全性的增加而不断增加，当安全性达到 100％时，曲线趋于平缓，其最大值取决于技术系统本身的功能。

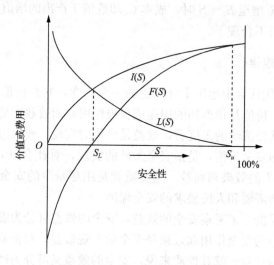

图 8-7　安全减损和增值函数

事故损失函数 L_s 是一条向右下方倾斜的曲线，它随着安全性的增加而不断减少，当系统无任何安全性时，系统的损失为最大值（趋于无穷大），即当系统无任何安全性时（$S=0$），从理论上讲损失趋于无穷大，具体值取决于机会因素；当安全性达到 100％时，曲线几乎与零坐标相交，其损失达到最小值，可视为零。当 S 趋于 100％时，损失趋于零。

损失函数和增值函数两曲线在安全性为 S_0 时相交，此时安全增值与事故损失值相等，安全增值产出与因为事故带来的损失相抵消。当安全性小于 S_0 时，事故损失大于安全增值产出，当安全性大于 S_0 时，安全增值产出大于事故损失，此时系统获得正的效益，安全性越高，系统的安全效益越好。

1. 安全的"减损产出"

安全的减损产出 $B_1 = \sum$ 损失减少增量 $= \sum$ [前期(安全措施前)损失-后期(安全措施后)损失]。

损失项目包括：伤亡损失；职业病损失；事故的财产损失；危害事件的经济消耗损失。所以有

$$安全减损产出 = K_1 J_1 + K_2 J_2 + K_3 J_3 + K_4 J_4 \qquad (8\text{-}8)$$
$$= \sum K_j J_j$$

式中，J_1 为计算期内伤亡直接损失减少量，$J_1 =$ 死亡减少量＋受伤减少量(价值量)；J_2 为计算期内职业病直接损失减少量(价值量)；J_3 为计算期内事故财产直接损失减少量(价值量)；J_4 为计算期内危害事件直接损失减少量(价值量)；K_j 为 j 种损失的间接损失与直接损失的比例倍数，$j=1$，2，3，4。

(1) 计算期内伤亡损失减少量的计算：就是计算期内，假如没有投资情况下测算的事故损失与进行投资后的测算事故伤亡损失之差：

$$J_1 = (R_{10} - R_1) N V_1 + (R_{20} - R_2) N V_2 \qquad (8\text{-}9)$$

式中，R_{10} 为投资前的死亡率；R_1 为投资后的死亡率；R_{20} 为投资前的受伤率；R_2 为投资后的受伤率；N 为考察期内的总体，量纲取决于 R(职工数或工时数)；V_1 为人的生命价值；V_2 为人的健康价值。

假如未统计投资后的事故率(死亡率和受伤率)，计算时可以把前一时期的事故发生率作为基础，结合计算期内的生命危险性质和规模，用外推预测法等方法加以确定。间接损失与直接损失的比例倍数 K_j 的确定，通常在 3～10 取定。

(2) 计算期内职业病直接损失减少量的计算：

$$J_2 = 职业病下降率 \times 接尘总人数 \times 单位人职业病消费期望值 \qquad (8\text{-}10)$$

(3) 计算期内事故财产损失减少量计算：

$$J_3 = \sum 各类财产损失减少量 \qquad (8\text{-}11)$$

(4) 计算期危害事件损失减少量计算：

计算期危害事件损失主要指环境危害事件造成的损失，可参考有关环境损失测算的方法计算。

2. 安全的"增值产出"

安全对于一个国家(行业、部门、企业)经济发展的增值产出体现在安全对于生产的技术功能的保障与维护作用，无论一个企业发生事故与否，这种对于国民

生产的保障与维护作用都存在，并且伴随着经济运行的全过程。安全增值产出是安全对生产产值的贡献，目前对安全的这一经济作用在定量方面的探讨还较少，尚未有统一的计算理论和方法。在此仅介绍一种估算方法，即安全生产贡献率法，该法认为：

$$安全增值产出 B_2 = 安全的生产贡献率 \times 生产总值 \qquad (8\text{-}12)$$

"安全的生产贡献率"的确定方法如下。

1)"投资比重法"

根据投资比重来确定贡献率，称作"投资比重法"。例如，以安全投资占生产投资的比重，或安措经费占更新改造费的比例，作为安全增值的贡献率系数取值的依据。

2)"系数放大法"

系数放大采用对安措经费比例系数放大的方法，来计算安全的生产贡献率。其思路是从更新改造活动的经济增长作用中根据安措费所占比例划分出安全贡献的份额，作为安全的增值量。由于安全投资不只是安措投资，因此还需要考虑其他方面的投资，其计算则是在更新费占用比例的基础上，根据其他安全投资的规模或数量，用一放大系数对更新改造费确定的系数进行适当的放大修正，作为安全的总的贡献率。

3)"统计学方法"

采用统计学的方法进行实际统计测算，即对事故的经济影响和安全促进经济发展的规律进行统计学的研究，在掌握其"正作用"和"负作用"本质特性的基础上，对安全增值"贡献率"作出较为精确的确定。

8.3 安全经济学方法

8.3.1 安全价值工程

安全价值工程(safety value engineering，SVE)方法是安全经济分析与决策中重要和实用的方法，对于提高安全经济活动效果和质量，有重要的意义和作用。

1. 安全价值工程的概念

安全功能，是指一项安全措施在某系统中所起的作用和所担负的职能。例如，传动带护栏的安全功能是阻隔人与传动带的接触，湿式作业的安全功能是除尘。安全功能的内涵是非常广泛的。

安全价值，即是安全功能与安全投入的比较。其表达式为

$$安全价值(V) = 安全功能(F)/安全投入(C) \tag{8-13}$$

安全价值与安全功能呈正比，与安全投入呈反比。这种函数关系的建立，使得安全价值成了可以测定的量。

安全价值工程：是一种运用价值工程的理论和方法，依靠集体智慧和有组织的活动，通过对某措施进行安全功能分析，力图用最低安全寿命周期投资，实现必要的安全功能，从而提高安全价值的安全技术经济方法。

2. 安全价值工程的内容

1）着眼于降低安全寿命周期投资

任何一项安全措施，总要经过构思、设计、实施、使用，直到基本上丧失了必要的安全功能而需进行新的投资为止，这就是一个安全寿命周期，而在这一周期的每一个阶段所需的费用就构成了安全寿命周期投资。安全寿命周期投资与安全功能的关系，如图 8-8 所示。

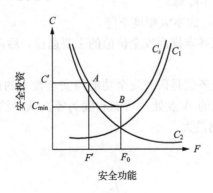

图 8-8　安全寿命周期投资与安全功能的关系

图 8-8 中，C_s 为安全寿命周期投资，$C_s = C_1 + C_2$；C_1 为设计制造投资；C_2 为使用投资；C' 为目前投资。

在图 8-8 中，安全寿命周期投资曲线的最低点所对应的点 F_0 为最适宜的安全功能。在 A、B 两点之间存在着一个安全投资可能降低的幅度和一个安全功能可能提高或改善的幅度 $F_0 \sim F'$ 安全价值分析活动的目的，就是使安全寿命周期投资降到最低点，使功能达到最适宜水平 F_0。

2）以安全功能分析为核心

以安全功能分析为核心，是安全价值工程独特的研究方法。

3）充分、可靠地实现必要安全功能

所谓必要安全功能就是为保证劳动者的安全和健康以及避免财产损失和环境

危害，决策人对某项安全投资所要求达到的安全功能，与此无关的功能称为不必要功能。安全功能分析目的也就是确保实现必要安全功能，消除不必要功能，从而达到降低安全投入，提高安全价值。

4）依靠专家、群众、集体的智慧和组织的活动

安全价值工程中一个最基本的观点是"目的是一定的，而实现目的的手段是可以广泛选择的"。这就要求依靠集体智慧开展有组织的活动，广泛选择方案，有计划、有步骤地实施。

3. 安全价值工程的任务及应用范围

根据价值＝功能/费用，即 $V = F/C$ 可知，要提高安全价值 V，可选择以下几种对策。

（1）功能提高，成本下降；

（2）成本不变，功能提高；

（3）成本略有提高，功能有更大提高；

（4）功能不变，成本降低；

（5）功能略有下降，成本大幅度下降。

前 3 种情形是我们寻求提高安全价值的主要途径，后两种情形则只能在某些情况下使用。

安全价值工程的任务就是研究安全功能与安全投入的最佳匹配关系。图 8-9 中曲线①和曲线②相交的 A 点处，功能利润为零。从经济学的角度综合分析可知 B 点的安全功能利润最大。

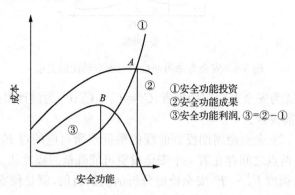

图 8-9　安全功能与投资匹配关系

安全价值工程可用于以下 11 个方面：①重大危险源和作业场所污染源的治理措施评价；②安全防护仪器及设备的选用；③改善作业环境技术工艺的设计和论证；④与基建、改建工程相配套的安全卫生设施评价和优选；⑤检测、监察仪

器设备配备的优选论证；⑥事故的紧急处置方案的选择；⑦安全教育培训组织方案的选择；⑧指导安全科研项目方向的确定及经费的论证；⑨个体防护用品选购的指导；⑩日常安全管理费用预算的论证；⑪安全标准制定的技术经济论证依据。

8.3.2　安全经济贡献率分析

安全经济贡献率(rate of safety economy contribution)的分析对于一个国家(行业、部门、企业)的经济发展具有极为重要的作用，因此合理、准确地计算其经济贡献率是很有必要的。分析计算安全生产的经济贡献率，可以对企业或项目进行微观的分析计算，也可以对社会或国家进行宏观分析计算。分析安全经济贡献率对提高社会对安全的认识、社会的安全宏观决策和企业微观决策具有现实的意义。

1. 安全经济贡献率的概念

1) 安全对于减少事故损失的贡献率——"减负为正"

安全投资对于减少事故损失的作用毋庸置疑。安全投资越多，这种作用越大，发生事故的可能性越小，发生事故的频度越小。

2) 安全对经济发展的增值作用

这种作用主要包括以下几个方面的内容：

(1) 提高劳动者的安全素质，从而提升劳动力的工效作用；

(2) 管理作为生产力要素之一，在企业管理过程中，必须投入安全的管理；

(3) 安全条例或环境对生产技术或生产资料的保护作用；

(4) 安全绩效作为企业的商誉体现，对市场、信贷和用户的资信都发挥良好的作用。

这 4 个方面都会表现出对经济的增值作用。

安全对经济的贡献由两部分组成：减损部分和增值产出部分。只要分别计算这两部分的贡献率，将其相加，即可得到整个安全经济贡献率。安全经济贡献率的宏观计算模型如下：

$$安全经济贡献率 = 安全产出 / 国内生产总值 \times 100\%$$
$$= (减损 + 增值产出) / 国内生产总值 \times 100\% \tag{8-14}$$

2. 微观安全经济贡献率的计算模型

$$企业安全经济贡献率 = 减损的贡献率 + 安全增值的贡献率 \tag{8-15}$$

其中，减损的贡献率可通过企业跟以往年份相比事故的减少值来计算。

安全增值的贡献率 ＝ 安全管理水平、劳动力素质等要素的贡献率＋

安全环境的贡献率＋安全信誉的贡献率　　　　　(8-16)

在计算中，对于安全管理水平、劳动力素质等要素的贡献率和安全环境的贡献率，主要采用这两方面的因素使企业的工效增加相对应的价值来计算；对于安全信誉的贡献率采用企业商誉的价值乘以安全信誉的权重来计算。

如果存在企业对环境污染的问题，再计算企业所造成的环境污染的变化情况所对应的价值。

3. 宏观安全经济贡献率的分析方法

对于整个国家或社会的安全经济贡献率，由于统计上的原因，无法统计出安全生产的总产出价值，因而不能直接求解。

1) 用增长速度方程计算安全经济贡献率(叠加法)

引用国内外研究产品经济的理论，安全投入分为 3 部分：安全科技水平、安全投入资金量、劳动投入量，分别计算这 3 部分的经济贡献率，然后将其相加，即可得到整个的安全经济贡献率(图 8-10)。

图 8-10　安全经济贡献率

安全科技水平是我国安全生产所处的实际水平，指广义的安全技术水平，包括安全管理水平、安全技术、全员的安全素质(意识)、设备工艺中的安全技术水平等。

安全投入资金量指投入在安全生产上的资本投入要素，可用固定资产原值(或固定资产净值)＋流动资金年平均余额计算。

劳动投入量指安全劳动投入，可用安全投入的总工时或总职工人数计算。

鉴于安全产出实际计算中存在的复杂性(安全的很多产出是无形产品)，拟先利用道格拉斯(Dauglas)生产函数求出技术进步(广义上的技术进步)对我国经济增长的贡献率，然后利用层次分析法求出安全科技水平在整个技术进步中的权重，这样便可间接求出安全科技水平的经济贡献率。

2) 用生产函数计算安全经济贡献率

安全投入分为安全科技水平(包含安全管理的内容)、安全投入资金量、劳动投入量，现在我们假设安全科学技术进步是中性的，安全科学技术进步独立于要素投入量的变化，要素的替代弹性为 1，则安全产出与安全投入的关系符合 C-D 生产函数：

$$Y = AK^{\alpha}L^{\beta} \tag{8-17}$$

式中，Y 为全国安全产出；A 为安全科技水平；K 为安全投入资金量；L 为安全投入劳动力人数；α 为安全投入资金的产出弹性；β 为安全投入劳动量的产出弹性。

只要求出上述公式右边各函数值，代入则可求出全国的安全产出。

4. 宏观安全经济贡献率的实证分析

两种方法计算的结果表明，20 世纪 80 年代，我国高危行业的安全经济贡献率约为 7%，一般危险性行业安全经济贡献率约为 2.5%，低危行业安全经济贡献率约为 1.5%。

8.3.3　安全投入与成本分析

安全投入也是安全成本，是商品经济的产物，是以交换、增殖取得一定经济效益为目的的。安全，很大程度上是为生产服务的，首先安全保护了人，而人是生产中最重要的生产力因素；其次，安全维护和保障了生产资料和生产的环境，使技术的生产功能得以充分发挥。因此，安全对经济的增长和经济的发展具有一定的作用，安全活动应被看成一种有创造价值意义的活动，一种能带来经济效益的活动。所以，把安全的经济投入也称作投资。

安全投入是指为了保障安全所投入的人力、物力及财力以及各种资源的总称，是企业在其自身生产经营和发展的全过程中，为控制危险因素，消除事故隐患或危险源，提高员工安全素质，加强安全管理，改善生产环境，维持和保障企业安全生产，所投入的各种资源的总和。

在安全活动实践中，安全专职人员的配备，安全与健康技术措施的投入，安全设施维护，保养及改造的投入，安全教育及培训的花费，个体劳动防护及保健费用，事故援救及预防，事故伤亡人员的救治花费等，都是安全投入。而事故导致的财产损失、劳动力的工作日损失、事故赔偿等，非目的性（提高安全活动效益的目的）的被动和无益的消费，也可称为被动的安全投入。

根据不同的目的和用途，安全投入有不同的分类方法。

(1) 按投入的作用划分：有预防性投资，包括安全措施费、防护用品费、保健费、安全奖金等超前预防性投入；控制性投资，事故营救、职业病诊治、设备（或设施）修复等。

(2) 按投入的时序划分：有事前投资，指在事故发生前所进行的安全投入；事中投资，指事故发生中的安全消费，如事故或灾害抢险、伤亡营救等事故发生中的投入费用；事后投资，指事故发生后的处理、赔偿、治疗、修复等费用。

（3）按投入所形成的技术"产品"划分：有硬件投资、软件投资。按安全工作的专业类型划分，有安全技术投资、工业卫生技术投资、辅助设施投资、宣传教育投资（含奖励金费）、防护用品投资、职业病诊治费、保健投资、事故处理费用、修复投资等。

（4）按时间序列划分：在客观的实践中，最常用的划分方法是按照时间序列，划分为事前投资、事中投资和事后投资。顾名思义，事前投资是指在事故发生前所进行的安全投资；事中投资是指在事故发生过程中的安全投资，如事故或灾害抢险、伤亡营救等事故发生中的投资费用；事后投资是指在事故发生后的处理、治疗、修复等费用。显然事中、事后的投资属于被动性投资，事前投资属于主动性投资。一般而言，事前投资和事中、事后投资，即主动性投资与被动性投资存在此消彼长的关系，主动性安全投资充足且结构合理，发生安全事故的可能性就减少，事中、事后的安全生产投资就会较少；反之，主动性安全投资不足或结构不合理，事中、事后的安全生产投资就会增加。

8.3.4　安全投入决策技术

科学合理的安全投入是提高安全经济效益的重要手段。为此，需要研究安全投入的决策技术方法

1. 安全投入决策的博弈分析

假设市场上仅有两家竞争企业，两个企业的雇主和雇员均乐于建立安全的工作环境。两个企业同样面临两种选择：安全或不安全。这样就有 4 种组合形式，如表 8-2 所示。

表 8-2　安全投入决策的博弈分析

公司 1	公司 2	
	安全	非安全
安全	均安全，竞争力相当	公司 1 安全，但处于竞争劣势；公司 2 非安全，但处于竞争优势
非安全	公司 1 非安全，但处于竞争优势；公司 2 安全，但处于竞争劣势	均非安全，竞争力相当

如果劳资双方均选择安全，但是如果竞争更为紧逼时，由于担心经营失败或由于利润的诱惑，则会出现不同的情况。如果两公司独立决策，安全投资将减少。假设公司 2 选择符合或提高安全水准，公司 1 由于非安全（投入不足），则公司 1 表面上体现出获利。如果公司 2 选择非安全，公司 1 必然紧跟着选择非安

全, 否则将处于竞争劣势。换句话说, 不管公司2作何选择, 从公司1的个人利益来讲, 应选择非安全。同理, 公司2也会选择非安全。结果由于竞争的压力, 将出现表8-2中右下角的情况, 即两公司均选择非安全。很显然, 相对于表8-2中左上角的情况, 这是次优化选择。换句话说, 全行业的良好工作环境, 由于市场竞争的压力不得不让位, 尽管安全的工作环境对双方都有好处。

2. 安全投资合理度的分析方法

美国格雷厄姆、金尼在安全评价方法"作业环境危险性LEC评价法"的基础上, 设计了一种用于分析安全投资合理性的方法。这种方法基于加权评分的理论, 根据影响评价和决策的因素重要性, 以及反映其综合评价指标的模型, 设计出对各参数的定分规则, 然后依照给定的评价模型和程序, 对实际评价问题进行评分, 最后给出决策结论。

具体的评价模型是"投资合理度"计算公式:

$$投资合理度 = \frac{事故后果严重性R \times 危险性作业程度E_x \times 事故发生可能性P}{经费指标C \times 事故纠正程度D}$$

$$(8\text{-}18)$$

可以看出, 式(8-18)分子是作业危险性评价(LEC法)的3个评价因素, 反映了系统的综合危险性; 而分母是投资强度和效果的综合反映。式(8-18)实际是"效果-投资"比的内涵。

3. 边际投资-效益分析理论

边际投资(或边际成本)指生产中安全度增加一个单位时, 安全投资的增量。进行边际投资分析, 离不开边际效益的概念, 边际效益则指生产中安全度增加一个单位时, 安全效果的增量, 如果对安全效果无法作出全面的评价时, 安全的效果的增量可用事故损失的减少量来反映。

由于目前对于安全度不便用一个量表示, 但考虑到安全投资与安全度S呈正相关关系, 即安全投资$C \propto k \cdot S$; 事故损失与安全度呈负相关, 即: $L \propto k/S$, 则得到$C \propto k/L$, 即安全投资与事故损失呈负相关关系。所以, 可以用当安全度增加一个相同的量时, 将安全投资的增加额与事故损失的减少额近似地看做边际效益与边际损失, 这样处理不影响进行最佳效益投资点的求解。

从投资与损失的增量函数关系可以作出边际投资MC与边际损失ML的关系, 图8-11所示。从而得到: 安全度的边际投资随安全度的提高而上升; 而安全度提高, 带来的边际损失呈递减趋势; 在低水平的安全度条件下, 边际损失很高。当安全度较高时, 如达到99%, 此时边际损失很低, 但边际投资正好相反。

当处于最佳安全度 S_0 这个水平上时，边际投资量等于边际损失量，意味着这时
安全投资的增加量等于事故损失的减少量，此时安全效益反映在间接的效益和潜
在的效益上（一般都大于直接的效益数倍）；如果安全度很低，提高安全度所获得
的边际损失大于边际投资，说明减损的增量大于安全成本的增量，因此改善劳动
条件，提高安全度是必须而且值得的；如果安全超过 S_0，那么提高安全度所花
费的边际投资大于边际损失，如果所超过的数量在考虑了安全的间接效益和潜在
效益后，还不能补偿时，这意味着安全的投资没有效益。通常是当安全度超过
S_0，安全的投资增量要大大超过损失的减少量，即安全的效益随超过的程度而
下降，此时也可以理解为对事故的控制过于严格了。

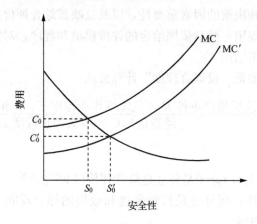

图 8-11　边际损失曲线上移

4. 安全投资决策程序

　　安全投资决策程序是指安全投资决策过程中要经过的几个阶段或步骤。一般
来说，一个安全投资项目，它的决策程序可以划分为 5 个阶段，即提出项目建议
书（投资立项）、可行性研究阶段、项目评估决策阶段、项目监测反馈阶段和项目
后评价阶段。

　　（1）安全投资项目立项阶段。这一阶段的实质就是确定安全投资目标。这是
整个决策过程的出发点和归宿。决策者（集体）通过对企业安全环境的分析与预
测，发现和确定问题。针对问题的表现（其时间、空间和程度）、问题的性质（其
迫切性、扩展性和严重性）、问题的原因，构想通过投资达到解决问题的目标。

　　（2）可行性研究阶段。这一阶段实际上可以再分为信息处理和拟订方案两个
方面。信息处理就是要弄清楚各方面的实际情况，广泛搜集整理有关文献资料，
并进行科学的预测分析。在信息处理的基础上，针对已确定的目标，提出若干个
实现预定目标的备选方案。

(3) 项目评估决策阶段。第三阶段主要是对第二阶段的投资方案进行综合性的评定和估算。进行项目评估必须先确定评价准则，然后对各个方案实现目标的可能性与各个方案的费用和效益作出客观的评价，提出方案的取舍意见。由决策者(集体)权衡、确定最终投资方案，并付诸实施。

(4) 项目监测和反馈阶段。安全投资项目进入建设实施阶段，在这一过程中需要对项目进行监测，若发现方案有问题，要及时进行信息反馈，对原有方案提出修正，使项目沿着预定的方向发展。

(5) 安全投资项目后评价阶段。安全投资项目建成投产运营一段时间后，在项目各方面较为明朗的下，对项目进行全面的分析评价。不断总结经验，提高决策水平。

5. 安全投资决策方法

安全投资决策需要解决两个要素，一是安全投资方向决策，二是安全投资数量决策。

(1) 安全投资方向决策。安全投资主要涉及 5 个方向，即安全技术措施投资、工业卫生或职业危害措施投资、安全教育投资、劳动保护用品投资和日常安全管理投资。确定安全投资方向的方法主要有：①专家打分法；②灰色系统关联分析法等。

(2) 安全投资数量决策。从提高安全生产保障水平的角度上讲，安全投资数量和强度越大越好。但是企业作为一个以效益为目的的组织，为了自身的生存、发展，在考虑经济利润的同时，也需要处理好安全成本控制的问题。

安全投资决策是安全经济学研究的一个重要且有待于拓展的新领域，有许多问题有待于进一步探讨。从现实来看，这种研究是非常必要的，它可以为提高我国安全投资决策水平，为提高安全管理水平，为减少财产损失和人员伤亡，为进一步提高安全生产保障能力和水平作出贡献，所以需要大力加强这方面的研究。

8.3.5　安全经济效益分析方法

安全经济的效益分析划分为微观经济效益分析和宏观经济效益分析。通过安全经济效益的分析为安全措施项目的优选，以及科学的安全经济决策提供依据和指导。

1. 安全微观经济效益的分析

安全微观经济效益是指具体的一种安全活动、一个个体、一个项目、一个企业等小范围、小规模的安全活动效益。

1) 各类安全活动的经济效益分析

社会的安全活动或工作可分为 5 种类型：安全技术类、工业卫生类、辅助设施类、宣传教育类、防护用品类。从安全"减损效益"和"增值效益"，可将安全活动的效益方式分为 4 种。

(1) 降低事故发生率和损失严重度，从而减少事故本身的直接损失和赔偿损失；

(2) 降低伤亡人数或频率，从而减少工日停产损失；

(3) 通过创造良好的工作条件，提高劳动生产率，从而增加产值与利税；

(4) 通过安全、舒适的劳动和生存环境，满足人们对安全的特殊需求，实现良好的社会环境和气氛，从而创造社会效益。

对应上述不同安全活动类型及不同的效益方式，表 8-3 列出各类安全活动可能产生的效益。

表 8-3　各类安全活动的效益形式

投资类型	安全技术	工业卫生	辅助设施	宣传教育	防护用品
效果内容	(1)(2)(3)(4)	(1)(2)(3)(4)	(3)	(1)(2)(4)	(1)(2)(3)(4)

计算各类安全投资的经济效益，其总体思路可参照安全宏观效益的计算方法进行，只是具体把各种效益分别进行考核，再计入各类安全投资活动中。可以看出，(1)和(2)的安全效益是"减损产出"，(3)和(4)的安全效益是"增值产出"。

2) 项目的安全效益评价

一项工程措施的安全效益可由式(8-19)计算：

$$E = \frac{\int^h \{[L_1(t) - L_0(t)] + I(t)\} \mathrm{e}^{it} \, \mathrm{d}t}{\int^h [C_0 - C(t)] \mathrm{e}^{it} \, \mathrm{d}t} \tag{8-19}$$

式中，E 为一项安全工程项目的安全效益；h 为安全系统的寿命期，年；$L_1(t)$ 为安全措施实施后的事故损失函数；$L_0(t)$ 为安全措施实施前的事故损失函数；$I(t)$ 为安全措施实施后的生产增值函数；e^{it} 为连续贴现函数；t 为系数服务时间；i 为贴现率(期内利息率)；$C(t)$ 为安全工程项目的运行成本；C_0 为安全工程设施的建造投资(成本)。

根据工业事故概率的泊松分布特性，并认为在一般安全工程措施项目的寿命期内(10 年左右的短时期内)，事故损失 $L(t)$、安全运行成本 $C(t)$ 及安全的增值效果 $I(t)$ 与事件均呈线性关系，即有

$$L(t) = \lambda t V_L; \quad I(t) = kt V_I; \quad C(t) = rt C_0 \tag{8-20}$$

式中，λ 为系统服务期内的事故发生率，次/a；V_L 为系统服务期内的一次事故的平均损失价值，万元；K 为系统服务期内的安全生产增值贡献率，%；V_I 为系统服务期内单位时间平均生产产值，万元/a；r 为系统服务期内的安全设施运行费相对于设施建造成本的年投资，%。

这样，可把安全工程措施的效益公式变为

$$E = \frac{\int^h \left[(\lambda_0 t V_L - \lambda_1 t V_i) + kt V_I \right] \mathrm{e}^{-it} \mathrm{d}t}{\int^h (C_0 - rt C_0) \mathrm{e}^{-it} \mathrm{d}t} \tag{8-21}$$

对以上积分可得

$$E = \frac{\left[(\lambda_0 t V_L - \lambda_1 t V_i) + kt V_I \right] \{ [1 - (1 + hi)\mathrm{e}^{-hi} / i^2] \}}{C_0 [(1 - \mathrm{e}^{-hi})/i] + rh C_0 \{ [1 - (1 + hi)\mathrm{e}^{-hi}]/i^2 \}} \tag{8-22}$$

式中，λ_h 为安全系统服务期内的事故发生总量；hV_I 为系统服务期内的生产产值总量；rh 为系统服务期内安全设施运行费用相对于建造成本的总比例。

2. 安全宏观经济效益的分析

根据式（8-6）、式（8-7）定义表明的安全效益的具体两种表现表明：

（1）"安全产出"和"安全投入"两大经济要素具有相互联系、相互制约的关系。安全经济效益是这两大经济因素的相互联系和相互制约的产物，没有它们就谈不上什么安全经济效益，因此评价安全经济效益，这两大经济要素缺一不可。

（2）用"利益"的概念所表达的安全经济效益，表明了每一单位劳动消耗所获得的符合社会需要的安全成果；安全经济效益与安全的劳动消耗之积，便是安全的成果，而当这项成果的价值大于它的劳动消耗时，这个乘积便是某项安全活动的全部经济效益。这种结果和经济效益的概念是完全一致的。

（3）安全经济效益的数值越大，表明安全活动的成果量越大。所以，安全经济效益是评价安全活动总体的重要指标。

由此可看出，对安全经济效益的计量，其关键的问题是计算出安全的产出量。

$$\text{安全产出 } B = \text{减损产出 } B_1 + \text{增值产出 } B_2 \tag{8-23}$$

这样，可以把安全的产出分为安全减损产出和安全增值产出。

8.3.6　安全投入与产出分析

安全产出也称为安全收益，是指安全的实现不但能减少或避免伤亡和损失，而且能维护和保护生产力，促进经济生产的增值。安全收益具有潜在性、间接性、迟效性等特点。

企业的安全产出包括经济效益和非经济效益两方面，其中经济效益包括减损收益和增值收益。第一，直接减轻或免除事故或危害事件给人、社会和自然造成的损伤，实现保护人类财富，减少无益损耗和损失，简称减损收益；第二，保障劳动条件和维护经济增值过程，简称增值收益。

企业安全产出除了经济效益外，还包括以下非经济效益部分：良好的企业声誉、社会安定、事故纠纷的减少、职工劳动积极性的提高和生态环境的保护。

1. 安全投入产出比分析

安全投入产出比是指安全收益与安全投入之比。它反映安全产出与安全投入的关系，是安全经济决策所依据的重要指标之一。安全投入产出比有正式数学模型：

$$安全投入产出比 = 安全投入／安全产出 = \frac{\sum 安全投入}{\sum 安全产出} \qquad (8\text{-}24)$$

根据分析考察的范围不同，常用的安全投入产出比有国家层面的安全生产投入产出比、行业的安全生产投入产出比、企业的安全投入产出比等。

2. 我国安全生产投入产出比的实证

根据有关安全对经济的正面作用的研究表明，在安全投入必要、有效的前提下，安全生产的投入具有明显、合理的产出。例如，20 世纪 90 年代，我国的安全生产投入产出比是 1：5.83，这一水平与同期工业领域总的投入产出比 1：3.6相比，显然具有更大的经济效益。因此，各级领导和生产经营单位负责人，应转变长期以来将安全当做"包袱"或"无益成本"的不明智的观点。

国家安全生产监督管理局 2003 年的《安全生产与经济发展关系研究》课题，针对我国 20 世纪 80 年代和 90 年代安全生产领域的基本经济背景数据，应用宏观安全经济贡献率的计算模型，即"增长速度叠加法"和"生产函数法"，经过理论的研究分析和数据的实证研究，得出安全生产对社会经济（国内生产总值，GDP）的综合（平均）贡献率是 2.4%，安全生产的投入产出比高达 1：6。

3. 安全经济投入优化原则

安全经济投入必须坚持安全投入原则，遵守安全经济学规律。安全经济学的实用意义之一在于指导安全经济决策，确定最佳的安全投入，把稀缺资源配置到各种不同的需要上，并使它们得到最大的满足。

　　安全经济投入的优化原则有两点：一是要使安全经济消耗最低，二是要使安全经济效益最大。前者要求"最低消耗"，后者是讲"最大效益"。

　　安全涉及两种经济消耗：事故损失和安全成本（这里仅包含安全主动性的支出）。两者之和表明了安全经济负担总量，可用安全负担函数 $B(S)$ 表示：

$$B(S) = L(S) + C(S) \tag{8-25}$$

式中，$B(S)$ 为安全负担；$L(S)$ 为事故损失；$C(S)$ 为安全成本。

　　安全负担函数反映了安全经济总消耗，其规律如图 8-12 所示。

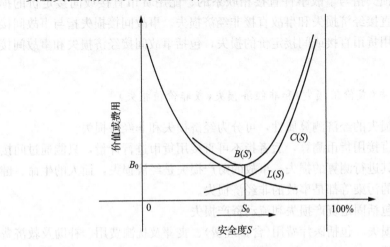

图 8-12　安全负担函数

　　安全经济最优化的一个目标是使 $B(S)$ 取得最小值。由图 8-12 可看出，在 S_0 处 $B(S)$ 最小，而 S_0 可由下式求得：

$$dB(S)/dS = 0 \tag{8-26}$$

8.4　事故损失分析与测算

8.4.1　事故损失分类

　　事故损失是指意外事件造成的生命或健康的丧失，物质或财产的毁坏，时间的损失，环境的破坏。

　　事故损失的分类可根据损失的不同属性来划分。

1. 直接损失与间接损失

　　根据事故损失与事故本身的关系，要划分为事故直接损失和事故单位损失。

美国安全专家海因里希(Heinrich)和我国的有关标准"企业职工伤亡事故损失统计标准(GB6721—1986)"都采用了这种分类方法,但其分类的口径有所差异。在国外,伤害的赔偿主要由保险公司承担。于是,海因里希损失计算方法把由保险公司支付的费用定义为直接经济损失,而把其他由企业承担的经济损失定义为间接经济损失。在我国,因事故造成人身伤亡及善后处理所支出的费用,以及被毁坏财产的价值规定为直接经济损失;因事故导致的产值减少、资源的破坏和受事故影响而造成的其他损失规定为间接经济损失。

事故直接损失指与事故事件直接相联系的、能用货币直接或间接定价的损失,包括事故直接经济损失和事故直接非经济损失。事故间接损失指与事故间接相联系的、能用货币直接或间接定价的损失,包括事故间接经济损失和事故间接非经济损失。

2. 经济损失(或价值损失)和非经济损失(或非价值损失)

根据事件损失的经济测算属性,可分为经济损失和非经济损失。

前者指可直接用货币测算,后者指不可直接用货币进行计量,只能通过间接的转换技术对其进行测算的损失。事故的财产损失是经济损失,而人的生命、健康损害,环境的污染等都是事故的非经济损失。

财产损失包括固定资产损失和流动资产损失。

人身伤亡损失,包括医疗费用(含护理费)、丧葬及抚恤费用、补助及救济费用和停工工资等。

善后处理损失,包括处理事故的事务性费用、现场抢救费用、清理现场费用、事故罚款和赔偿费用。

事故间接经济损失,指与事故间接相联系的、能用货币直接估价的损失。间接经济损失包括停产、减产损失价值、资源损失价值、处理环境污染的费用、补充新职工的培训费用以及其他损失费用。

事故直接非经济损失,指与事故事件当时的、直接相联系的、不能用货币直接定价的损失,如事故导致的生命与健康、环境的毁坏等难以直接价值化的损失。

事故间接非经济损失,指与事故事件间接相联系的、不能用货币直接定价的损失,如事故导致的工效影响、声誉损失、政治与安定影响等。

3. 个人损失、企业(集体)损失和国家损失

按损失的承担者划分,分为个人损失、企业(集体)损失和国家损失等。

个人损失,指因事故而带给个人身体、经济和精神三重痛苦,进而会造成心理障碍。员工会更加关心造成伤残或死亡的个人损失发生的可能性,甚至会长期

处于精神紧张的状态，进而诱发其他问题的发生。伤亡员工虽然参加了企业的保险计划或个人事故险，但某种伤害可能导致不在保险范围内的经济损失。

企业的经济损失，主要有管理损失、生产损失、工资损失等。

管理损失，指管理人员和有关部门花在事故调查处理上的时间的工资费用；用于生产重组、生产恢复工作而花费的时间的工资费用。

生产损失，指为弥补减产而多负担的支出(加班等)；因未完成合同而支付的延期费等费用；受伤害工人返岗后能力下降或转轻度工作造成的工资损失；新替换的工人能力不足造成的工资损失；减产造成的工资损失(群体)；停产、减产造成的利润损失。

工资损失，指即使有工伤保险，很多企业还是给予受伤害者工资补偿，或者支付其他的补助费用。

4. 当时损失、事后损失和未来损失

按损失的时间特性划分，分为当时损失、事后损失、未来损失等。

当时损失，指事件当时造成的损失；

事后损失，指事件发生后随即伴随的损失，如事故处理、赔偿、停工和停产等损失；

未来损失，指事故发生后相隔一段时间才会显现出来的损失，如污染造成的危害、恢复生产和原有的技术功能所需的设备、设施改造及人员培训费用等。

8.4.2　事故损失直间倍比系数

事故损失分为直接损失和间接损失两类。美国安全专家海因里希和我国的有关标准"企业员工伤亡事故分类标准(GB6441—86)"都采用了这种分类方法。事故的直接损失指事故当时发生的、直接相联系的、能用货币直接或间接估价的损失(即在企业的账簿上可以查询的损失)。其余与事故无直接联系，能以货币价值衡量的部分或损失为间接损失。将经济损失分为直接和间接两部分的原因在于：只有直接经济损失是企业可以从账面上看到的，它表明了事故损失很大程度上没有被反映出来。

1. 事故损失直间倍比系数值

事故直接损失与间接损失具有一定的比例规律，这一比值就是损失的"直间倍比系数"。不同国家针对不同行业的事故损失进行统计分析，得到了事故"直间倍比系数"的比值水平，如表 8-4 所示。

表 8-4 国外事故损失直间倍比系数

国家，研究者	基准年	事故损失直间倍比系数	说明
美国，Heinrich	1941 年	4	保险公司 5000 个案例
法国，Bouyeur	1949 年	4	1948 年法国数据
法国，Jacques	20 世纪 60 年代	4	法国化学工业
法国，Legras	1962 年	2.5	从产品售价、成本研究得出
Bird and Loftus	1976 年	50	
法国，Letoublon	1979 年	1.6	针对伤害事故
Sheiff	20 世纪 80 年代	10	
挪威，Elka	1980 年	5.7	起重机械事故
Leopold and leonard	1987 年	间接损失微不足道	将很多间接损失重新定义为直接损失
法国，Bernard	1988 年	3 2	保险费用按赔偿额 保险费用按分摊额
Hinze and Appelgate	1991 年	2.06	建筑行业过百家公司，考虑法律诉讼引起的损失
中国，罗云	1998 年	1.2~23	国家课题全行业抽样调查分析
中国，方东平等	2000 年	轻伤：0.4~0.5 死亡：3 左右	建筑行业 12 家企业发生的 29 起伤亡事故
英国，HSE(OU)	1993 年	8~36	因行业而异

2. 事故伤害损失直间倍比系数

针对事故伤害人员的伤害程度，一般有表 8-5 的事故伤害直间损失倍比系数，反映的是事故个体不同伤害程度的直接和间接的经济负担水平。

表 8-5 各类伤害直接损失与间接损失倍比系数表

类型	死亡	重伤已残	重伤未残	轻伤住院	轻伤未住院
系数	1：10	1：8	1：6	1：4	1：2

3. 事故损失直间倍比系数的应用

研究事故损失直间倍比系数的一种应用就是分析计算事故总损失，即先计算出事故直接损失，再按直间倍比值水平，分析计算事故总损失。这样的计算过程是较为简便的，但如果直间倍比值取得不合理，就会使估算结果误差较大。

由于目前我国的事故报告和统计制度中还没有严格要求对事故的损失进行全面的统计，也没有专业的人员来进行管理，因此建立一种方便、快速的事故损失的估算方法，对于政府事故调查评估和企业进行事故损失评价和安全投资决策是有帮助的。

根据事故直接损失和间接损失的倍比系数的概念和理论，可以得到下面损失估算公式：

$$C_{总} = (1+K) \cdot C_{直} \tag{8-27}$$

式中，$C_{总}$ 为事故总损失；$C_{直}$ 为直接损失；K 为事故损失倍比系数，一般取 4，实际上不同行业发生的事故不同，K 值也会有所不同，在电力、通信、铁路交通等行业的发生的事故，K 值往往会很大，甚至高达 100。

在估计伤亡事故的损失时，可以先统计易于计算的直接损失部分，再选定一损失比（损失比可通过前面所建议的公式由损失工作日一般被定计算得到）。根据式(8-32)，就可以估算出事故总的经济损失。

8.4.3　事故损失计算分析

1. 国标计算法

根据事故损失管理的需要，我国制定了《企业职工伤亡事故分类标准》(GB 6441—1986)。该标准将伤亡事故的经济损失分为直接经济损失和间接经济损失两部分。因事故造成人身伤亡的善后处理支出费用和毁坏财产的价值，是直接经济损失；因受事故影响而造成的产值减少、资源破坏等其他经济损失的价值，是间接经济损失。

(1) 直接经济损失的统计范围。包括：①人身伤亡后所支出的费用，医疗费用(含护理费用)、丧葬及抚恤费用、补助及救济费用、歇工工资。②善后处理费用，处理事故的事务性费用、现场抢救费用、清理现场费用、事故罚款和赔偿费用。③财产损失价值，固定资产损失价值、流动资产损失价值。

(2) 间接经济损失的统计范围。包括：停产、减产损失价值，工作损失价值，资源损失价值，处理环境污染的费用，补充新职工的培训费用，其他损失费用。

其中，"工作损失价值"的计算公式为

$$V_\omega = D_{\mathrm{l}} \cdot \frac{M}{S \cdot D} \tag{8-28}$$

式中，V_ω 为工作损失价值，万元；D_{l} 为一起事故的总损失工作日数，天，死亡一名职工按 6000 个工作日计算，受伤职工视伤害情况按《企业职工伤亡事故分类标准》(GB 6441—1986) 的附表确定；M 为企业上年税利(税金加利润)，万元；S 为企业上年平均职工人数；D 为企业上年法定工作日数，天。

此外，关于"停产、减产损失价值"，《企业职工伤亡事故分类标准》（GB 6441—1986)中规定："按事故发生之日起到恢复正常生产水平时止，计算其损失的价值"。

2. 理论计算方法

《企业职工伤亡事故经济损失统计标准》（GB 6721—1986)未考虑"无价损失"，据此，事故的总损失计算公式：

事故总损失 $L=$ 事故经济损失＋事故非经济损失＝事故直接经济损失 A＋事故间接经济损失 B＋事故直接非经济损失 C＋事故间接非经济损失 D

1) 事故直接经济损失 A 的计算

(1) 设备、设施、工具等固定资产的损失 $L_设$：

固定资产全部报废时，$L_设=$ 资产净值－残存价值；

固定资产可修复时，$L_设=$ 修复费用×修复后设备功能影响系数。

(2) 材料、产品等流动资产的物质损失 $L_物$：

$$L_物 = W_1 + W_2 \tag{8-29}$$

式中，W_1 为原材料损失，按账面值减残值计算；W_2 为成品、半成品、在制品损失，按本期成本减去残值计算。

(3) 资源（矿产、水源、土地、森林等）遭受破坏的价值损失 $L_资$：

$$L_资 = 损失（破坏）量×资源的市场价格 \tag{8-30}$$

2) 事故间接经济损失月的计算

(1) 事故现场抢救与处理费用，根据实际开支统计。

(2) 事故事务性开支，根据实际开支统计。

(3) 人员伤亡的丧葬、抚恤、医疗及护理、补助及救济费用根据实际开支统计。

其中，事故已处理结案，但未能结算的医疗费可按式(8-31)计算：

$$M = M_b + M_b D_c / P \tag{8-31}$$

式中，M 为被伤害职工的医疗费，万元；M_b 为事故结案日前的医疗费，万元；P 为事故发生之日至结案之日的天数，天；D_c 为延续医疗天数，天，即事故结案后还继续医治的时间，由企业劳资、安技、工会等部门按医生诊断意见确定。

3) 事故直接非经济损失 C 的计算

(1) 人的生命与健康的价值损失。健康的价值损失可用工作能力的影响性来估算，即

$$健康价值损失 = (1-K) \cdot d \cdot \upsilon \qquad (8\text{-}32)$$

式中，d 为复工后至退休的劳动工日数，天，可用复工后的可工作年数×300 计；K 为健康的身体功能恢复系数，以小数计；υ 为考虑了劳动工日价值增值的工作日价值。

（2）环境破坏的损失。按环境污染处理的花费及其未恢复的环境价值计算。

4）事故间接非经济损失 D 的计算

事故间接非经济损失 D 包括以下几项内容：

（1）工效影响。由于事故对职工心理造成了影响，导致工作效率降低。

$$工效影响损失 = 影响时间(天) \times 工作效率(产值/d) \times 影响系数 \qquad (8\text{-}33)$$

式中，影响系数根据涉及的职工人数和影响程度确定。

（2）声誉损失。可用企业产品经营效益的下降量来估算。它包含产品质量下降和事故对产品销售的影响的损失。

$$声誉损失 = 原有的销售价值 \times 事故影响系数 \qquad (8\text{-}34)$$

（3）政治与社会安定的损失。这是一种潜在的损失，可用占事故总的经济损失比例(或占 D 的损失比例)来估算。

5）各类事故总损失的计算

伤亡事故对国家、企业、个人造成的总的经济损失可以用图 8-13 形象地表示出来。

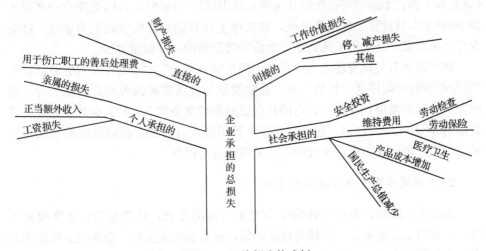

图 8-13　经济损失构成树

　　企业承担的伤亡事故经济损失可以概括成以下 5 个部分：①用于伤亡者的费用；②财产损失；③生产成果的减少；④因劳动能力的丧失而引起的工作价值的损失；⑤因事故引起的其他损失。

8.4.4　非价值因素的价值化技术

　　对于事故造成的损失和影响的评价，最具挑战性的研究就是非价值因素的价值化理论和方法，如生命价值、工效价值、商誉价值、环境价值等研究命题。

　　1. 生命价值的分析理论和方法

　　人是有尊严的，人的生命是无价的，然而在解决和分析安全经济命题时，需要认识人的生命价值，如为了确定保险标的，为了制定事故伤害赔偿标准，为了论证安全工程的综合效益，对公共安全政策和环境保护政策等进行成本与效益分析，对政策收益进行量化评估，对社会资源进行合理分配等，都需要依据和考量人的生命价值。

　　目前，国内外对于生命价值评价的理论常常依据人力资源学、劳动保护学、安全经济学、人寿保险经济学、社会保障等，在方法上有人力资本法、安全成本法、余生年数法、法庭赔偿法、支付意愿法、生长生命年法等。显然，不同的方法对于不同的用途具有现实的意义。

　　我国曾用工作价值测算法和工作损失日测算法来测评人的生命价值。工作价值测算法是依据工作创造的价值来测定生命价值；工作损失日测算法是依据我国《企业职工伤亡事故经济损失统计标准》（GB6721—1986），将因工死亡一名职工按 6000 工作日计算工作损失价值，这实际上计算的是被伤害职工为企业、社会少作出的贡献，是对因工死亡职工生命经济价值的一种衡量方法。

　　我国最新有关研究还提出"总赔偿额模糊分析法"、"总赔偿额对应验证法"、"总赔偿额的时间序列分析法"和"总赔偿额与经济发展的关系分析法"等。这些方法的分析测得：在我国现有的社会发展和经济条件下，较为合理的死亡赔偿金额为 54 万元左右，这一数值远远高于我国现今有的地方政府制定的工伤死亡赔偿标准，表明我国死亡事故的赔偿金额还有待提高。

　　2. 工作效率价值分析理论和方法

　　事故发生前后企业的工作效率会发生一定的变化，这里假设：无事故发生时，企业的工作效率是一个较为稳定的值，而有事故发生时，企业的工作效率会有一个急剧下降而后又慢慢恢复的过程。假如事故发生前后的企业的工作效率分别为 $f_1(x)$、$f_2(x)$，如图 8-14 所示。

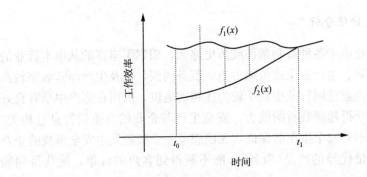

图 8-14　某企业在事故发生前后工作效率的损失情况

在不考虑货币时间价值时，图 8-14 中三角部分的面积，即事故的工作效率损失价值。

$$\Delta L = \int_0^{t_1} [f_1(t) - f_2(t)] \mathrm{d}t \qquad (8-35)$$

式中，ΔL 为企业在事故发生前后的工效损失值。对式 (8-40) 进行简化处理，假设 $f_1(x)$ 为一水平直线，$f_2(x)$ 为线性直线，如图 8-15 所示。

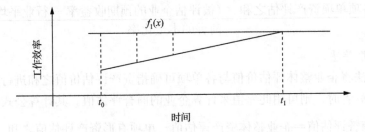

图 8-15　简化后的工效损失情况

在不考虑货币时间价值时，图中三角部分的面积。即该企业的工作效率损失价值。

式中，ΔL 为企业在事故发生前后的工效损失值。

$$\Delta L = [f_1(t_0) - f(t_1)] \cdot (t_1 - t_0)/2 \qquad (8-36)$$

若考虑货币的时间价值，式 (8-41) 可写为

$$\Delta L = \int_{t_0}^{t_1} [f_1(t) - f_2(t)] \frac{1}{(1+i)^{t_1 - t_0}} \mathrm{d}t \qquad (8-37)$$

式中，ΔL 为企业在事故发生前后的工效损失值；i 为社会折现率。

3. 商誉的损失价值分析

商誉是指某企业由于各种有利条件或历史悠久，积累了丰富的从事本行业的经验或产品质量优异、生产安全或组织得当、服务周到，以及生产经营效率较高等综合性因素，使企业在同行业中处于较为优越的地位，因而在客户中享有良好的信誉，从而具有获得超额收益的能力。安全生产与企业的商业信誉息息相关，企业的商业信誉离不开安全生产的保证，无法想象一个频频发生安全事故的企业能稳定地生产出质量优异的产品（服务），能不断得到客户的订单，能获得超额利润。

根据实际情况的不同，商誉的估价方法可分为超额收益法和割差法。

（1）超额收益法。

超额收益法将企业收益与按行业平均收益率计算的收益之间的差额（超额收益）的折现值确定企业商誉的评估值，即直接用企业超过行业平均收益的部分来对商誉进行估算。

$$商誉的价值 = \frac{企业年预期收益额 - 行业平均收益率 \times 企业各项单项资产之和}{商誉的本金化率}$$

$$= \frac{企业各项单项资产评估之和 \times (被评估企业的预期收益率 - 行业平均收益率)}{商誉的本金化率}$$

（2）割差法。

割差法将企业整体评估价值与各单项可确指资产评估价值之和进行比较。当前者大于后者时，则可用此差值来计算企业的商誉评估值。其计算公式为

$$商誉评估值 = 企业整体资产评估值 - 单项有形资产评估值之和$$
$$- 可确指无形资产评估值之和 \tag{8-38}$$

8.4.5　生命价值的分析计算

1. 生命价值的定义

从哲学意义上说，生命无价。人的生命是价值的本源，没有生命，所有利害等价值问题便无从谈起。人的生命价值高于一切。

但是，在现实生活中，如果一味强调"生命无价"，就会导致一些不合理的经济现象。例如，当涉及生命赔偿问题时，既然"生命无价"，那么无论赔偿多少都不合理，理智的赔偿方会选择最小赔偿，甚至不赔偿。再如，投资医疗设施会减少人口死亡概率，兴建高速公路会间接增加人口死亡概率，我们不能因为"生命无价"而无限制地投资医疗设施，或不兴建高速公路。

因此，为了排定施政、投资的优先顺序，合理分配资源，必须抛开伦理道德概念，仅从经济学的角度展开生命价值研究，把生命如同其他资源一样看待，以便进行每个政策的成本与效益分析。

在经济学中，尊重生命意味着阻止死亡，而不是用金钱去创造一条等价的、从未存在过的生命。当前学界对生命价值的探讨，仅限于对阻止死亡的价值进行分析，而未涉及对新生命的诞生或者收养一个婴儿的价值进行分析。

阻止人的死亡或者减少人的死亡风险是有价值的，但不能说用多少货币可以购买一条人命。因此，在讨论生命价值时，从统计学意义上入手更具有应用价值。

综上所述，安全经济学中讨论的"生命价值"是统计学意义的生命价值（value of statistic life，VSL），即为减少某一部分人口的某些死亡风险而需要付出的成本或代价，以及在生命损失后应得到的合理补偿。

2. 生命价值的计算方法

对生命价值的定量分析尚无统一、权威的方法。各国的学者从不同的角度、采用不同的方法对人的生命价值进行了定量分析。其中，比较有影响的评估方法是人力资本法（human-capital approach）和支付意愿法（willingness-to-pay）。

(1) 人力资本法。人力资本法也叫工资损失法。它是通过市场价格和工资多少来确定个人对社会的潜在贡献，并以此来估算人的生命价值，即某人的生命价值是他预期未来一生收入的现值。人力资本法大致分为传统方法和改进方法。

传统的人力资本法的基本理念是一个健康的人在正常情况下，参与社会生产，创造物质或精神财富，在对社会作出贡献的同时，其本人也获得一定的报酬。环境恶化和工伤事故会导致人体健康受损，过早的死亡或者丧失劳动能力，个人对社会的劳动贡献将部分或全部丧失，由此就增加了社会费用。这种损失，可以用个人的劳动价值来等价估算。个人的劳动价值是每个人未来的工资收入（考虑年龄、性别、教育等因素）经贴现折算为现在的价值。传统人力资本法的出现，对生命价值量化的探索和突破，有着不可磨灭的历史功绩。但是，学界对于传统人力资本法也有着激烈的争议，主要表现在伦理道德问题和效益归属问题上。一是伦理道德问题：人力资本法认为，人的生命价值等于他所创造的价值，从而把人作为生产财富的一种资本，以收入来作为生命价值，隐含着"没有赚钱能力的人就没有生存价值"这一论点，是非常物质主义的；二是效益归属问题：因为人力资本法评价的效益是风险的减少，而不是生命价值。

(2) 支付意愿法。支付意愿法是通过分析被调查对象为降低风险愿意付出多大代价而计算其自我认定的生命价值。

支付意愿法分为 3 种类型：工资-风险法或劳动力市场法、消费市场（行为）法和条件价值法。

（1）工资-风险法。工资-风险法利用劳动力市场中死亡风险大的职业工资高（其他条件相同时）的现象，通过回归分析控制其他变量，找出工资差别的风险原因，进而估算出人的生命经济价值。假定有两种工作，其他方面都相当，唯一不同的是，一种工作存在死亡风险，另一种工作则没有（如对摩天大楼的玻璃幕墙进行清洁的工作和普通的室内清洁工作），那么提供风险性工作的公司吸引工人的唯一办法就是付给他们更高的工资。因此，这种属于风险补偿性质的工资差别就可以看做是个人降低死亡风险的支付意愿。

工资-风险法的优点在于研究结论基于对劳动力市场实际行为的观察。但是，由于所有的研究结论均建立在"人是理性的"这一假设之上，如果人们没有完全理解风险，或是没有理性地作出反应，则均衡就不是建立在客观风险基础之上了。

（2）消费市场法。消费市场法关注的是人们在其进行消费决策时，在风险与利益之间的权衡。该法假设人们在购买防护用品或者进行消费决策时是理性消费者，通过分析其购买防护用品的价格与降低致命风险的比率之间的平衡，计算出其生命价值。消费市场法与工资-风险法很相似，所分析的都是个人的可观察行为。由于许多这一类消费决策都很具体（如买不买烟雾探测器）但不全面，因此这样的研究很难从总体上揭示消费者有关人身安全的总支付意愿。Viscusi 指出，"消费者在做这一类具体的决策时，不会深入到考虑更安全的边际成本与边际价值相等这样的程度"。

（3）条件价值法。条件价值法是一种在假定市场环境的条件下进行统计调查的方法，即在调查问卷中假定一个市场环境，然后询问被调查者针对多种可供选择的安全水平，为降低特定数量的死亡风险而愿意支付的钱数，由此求出人的生命价值。

条件价值法的优点也恰恰是其受到批评的来源。首先，由于条件价值法是通过观察人们在模拟市场中的行为，而不是观察在现实市场中的行为来进行评估的，其通常不发生实际的货币支付，因此被调查对象提供的答案可能会出现与实际偏差很大的情况；其次，从心理学和经济学的角度看，调查对象往往会过高地估计那些概率很小的事件的风险规模；最后，由于没有一个客观的价值标准，不同经济发展区域、不同人群得出的数值会有较大差异，而且调查对象的回答也许还受同一个问题的不同提法或措辞所影响。因此，调查问卷的设计、调查程序和方法是条件价值法应用的关键，直接影响条件价值法应用的有效性、可靠性。

8.4.6 环境损失价值分析计算

1. 环境的价值特征

环境是一种有价值的，并且具有使用价值的资源。资源的稀缺性是环境价值产生的主要原因。

人类对自然资源的不合理开发和生产生活废弃物的排放是人类对自然环境造成破坏的两种主要形式，即我们平常所说的"生态破坏"和"污染破坏"。环境价值是源于环境系统性的，经过人们长期和反复的社会实践与科学研究所形成的反映人们对环境质量的期望程度、效用要求、重视或重要程度的观念。环境价值是环境功能效用对环境质量损失的费用关系。环境功能效用主要表现在人类活动对环境影响与环境质量损失费用的线性关系。

环境是一个立体的价值概念，其自然资本是多方面的，对于社会发展和经济增长都具有至关重要的作用。现代的自然资源经济学建立了概念构架，如图 8-16 所示。

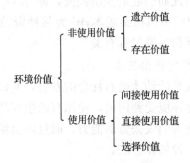

图 8-16 环境价值概念构架

环境价值主要体现在其使用上。以服务或产品的形式直接提供给人类的价值称为直接使用价值。以环境或环境服务的形式出现的环境公益效能称为间接使用价值。个人或社会对生物资源潜在用途的将来利用称为选择价值。

不能间接使用且目前又不能直接使用的价值称为非使用价值。以天然方式存在时表现出来的价值称为存在价值。自愿支付费用为将来某种资源保留给子孙或为他们的后代的价值称为遗产价值。由于涉及将来未知的事情，非使用价值的评估无法计量。

环境的价值具有隐性和显现双重性。环境在一定范围内具有自我修复功能，但如果超出其自我修复能力，就必须进行人为干预才能避免进一步恶化。在人口负载较小、科技不甚发达的时期，人类对环境的索取和破坏有限，环境能及时进行自我修复，因此很难认识到环境的损失，也很难认识到环境作为稀缺性资源而存在的价值；随着地球人口剧增、科技进步，人类对环境的索取力度和破坏力大大增强，环境的损失及其带来的负面效应逐步彰显，环境损失的价值逐步为人类所认识。因此，环境的价值具有隐性和显现双重性，即在环境不被破坏或能自我修复时，其资源稀缺性不明显，呈现隐性价值特征；在环境遭到不可自我修复的破坏时，其资源稀缺性凸显，呈现显性价值特征。

2. 环境损失价值测算方法

环境损失价值是在事故与灾害损失评价中需要解决的问题。环境损失价值是一个很复杂的问题，它需要大量的统计与监测资料、科研工作为基础，就其估算方法而言，可归结为以下几类。

1) 直接基于市场价格的估值技术

机会成本法，机会成本就是在自然资源使用选择的各备选方案中，能获得经济效益最大方案的效益。在环境污染或连带的经济损失估算中，考虑到环境资源是有限的，被污染后、被破坏后就会失去其使用价值，在资源短缺的情况下，可利用它的机会成本作为由此而引起的经济损失，即 $S_2 = V_2 \times W$。式中，S_2 为损失的机会成本值；V_2 某资源的单位机会成本；W 为某种资源的污染或破坏量，同样其估算方法也与环境要素和污染过程有关。

2) 利用替代市场价格的估值技术

人力资本法，只有人类活动才会有社会的发展，所以人是社会发展中最重要的资源，如果人类的生存环境受到污染，使原有的生存功能下降，就会给人们的健康带来损失，这不仅使人们失去劳动能力，而且还会给社会带来负担。人力资本法就是对这种损失的一种估算方法。

工程费用法，事实上，环境的污染和破坏，都可以利用工程设施进行防护、恢复或取代原有的环境功能，所以可以以防护、恢复或取代其原有功能防护设施的费用，作为环境被污染或破坏带来的损失。这样，损失的计算可由式(8-39)完成：

$$S_4 = V_3 Q \tag{8-39}$$

式中，S_4 为污染或破坏的防治工程费用；V_3 为防护、恢复取代其现有环境功能的单位费用；Q 为污染、破坏或将要污染、破坏的某种环境介质与物种的总量，估算方法也与环境要素和污染破坏过程有关。

3) 基于环保费用的估值技术

防护费用法，这种方法的出发点是个人对环境质量的最低估价有时能够从他愿意负担消除或减少有害环境影响的费用中获得，这种方法又称防护性开支法或"消除设施"法。

　　恢复费用法，其思想是环境界受到破坏使生产性发展财富遭到损失，通过恢复或更新这种财富所需费用，可以估算其受到的损失，由此可以对环境功能作出间接的评价。

　　影子工程法，这种方法是恢复费用技术的一种特殊形式。当环境服务难于评价和由于发展计划而可能失去时，经常借助于确定提供替代环境服务的补偿工程的费用来排列替换方案的次序。

　　资产价值法，即通过计算环境因素给房地产带来的差价，评估出环境损失价值。

　　工资差额法，即通过对除了环境条件以外其他条件相同的同种工作的工资差额进行比较，得出环境损失价值。

　　调查评价法，即通过专家调查或受害者反映进行估算环境损失价值。

8.4.7　交通事故损失测算

1. 交通事故经济损失的计算思路与方法

　　交通事故的经济损失计算有两种思路。

　　(1) 按事故管理的要求计算损失，即按《道路交通事故处理办法》的要求计算损失。主要的目的为了支付受害人经济赔偿。

　　(2) 从安全经济学的角度，全面分析交通事故的经济损失，即如同已探讨的生产事故损失的计算方法一样，对事故的直接的与间接的、有形的与潜在的损失都作全面的计算和考察，以用于安全经济的综合全面评价和决策。

2. 人员伤亡经济损失分析与赔偿

1) 影响经济赔偿的因素

　　(1) 当事人的经济负担。对交通事故伤亡人员的经济赔偿额，应根据客观事实及事物的基本原理来核定，即与当事人的经济负担呈正比。在政策上应有一个限度和范围，即最低的赔偿额。《道路交通事故处理办法》中规定：对于小部分高收入者，其中包括外国人或者港、澳、台人员在我国发生交通事故的赔偿，最高不超过交通事故发生地平均生活费的 3 倍。反之，对低收入者也进行了保护性规定，如有固定收入的人，其因误工减少的固定收入低于交通事故发生地平均生活费的按照交通事故发生地平均生活费计算。

　　(2) 当事人的年龄。当事人的年龄虽然与经济负担有一定的关系，但是因交通事故致残、致死对赔偿费用的影响尤为明显。《道路交通事故处理办法》中规定：残废者生活补助费和无劳动能力的被抚养人生活费赔偿 20 年，是考虑到青壮年残者全残后的存活年限一般为 20 年左右。死者补偿费补偿 10 年，这是考虑到人的生命是无法用金钱衡量，死亡补偿费只是对死者家属的安慰以及对死者家庭的特殊补偿。

（3）当事人的劳动技能。因交通事故造成伤残、死亡时，当事人本身的劳动技能与赔偿金额有密切的关系，但目前这方面的研究还很少，相应的规定也很少，《道路交通事故处理办法》只是在伤者治疗休养期间的工资补偿上与劳动技能发生了一定关系。对于伤残、死亡者基本未予考虑。如果进行考虑，其原则也应是补偿与劳动技能成呈比关系，即劳动技能高者，赔偿额应该也高。所以，当赔偿额在一定范围内浮动时，劳动技能高者，就应往上限取，反之则取下限额。

2）伤、残、死者的经济赔偿原则

因交通事故造成的人员致伤、致残或者死亡者的经济赔偿，包括医疗费、工资、住院伙食补助费、护理费、残疾者生活补助费、残疾用具费、死亡补偿费、被抚养人的生活费、交通费、住宿费和财产直接损失等。《道路交通事故处理办法》中规定：赔偿项目为一次性结算费用，即结案时一次性地将实际应付（得）的全部赔偿费用结算清楚。

3. 经济损失赔偿计算方法

交通事故受害者无论有无责任，均应积极抢救，所需的抢救费（医疗费）、护理费等。各项费用的计算方法如下。

（1）抢救费也是医疗费，是在抢救期间支出的医疗费，应按有关标准计算。它不仅包括住院医疗费（含经县以上医院检查批准，事故处理机关同意使用家庭病床的医疗费），还包括门诊的医疗费；不仅包括结案前的医疗费用，还包括经医生建议确定的结案后继续治疗的费用。

（2）护理费，伤员在住院期间，需要护理人员时，需经医院和处理机关同意，一般以一人为限，伤情严重，经医院提出意见，可为二人，抢救期间护理人员经医院同意还可增加一人。护理费一般以结案前的住院期间为限。

（3）残疾生活补助费，可按伤残等级的十级，依次分别为100%，90%，…，10%共10个档次，如受伤人符合二级以上伤残等级的，应在其最高伤残等级赔偿标准上适当提出增加赔偿数额。

（4）残疾用具费，《道路交通事故处理办法》规定，残疾用具按照普及型器具的费用计算。所谓"普及型器具"，是指同一品种、被广泛使用的器具。在配备这些器具时，可根据残废人的年龄、残疾程度和工作性质灵活掌握。计算费用时，也要把这些器具的使用年限，更新、修理费用考虑在内。

（5）丧葬费，在暂不具备火化条件的地方，则按照交通事故发生地规定的土葬所必需的费用计算。

（6）被抚养人生活费，按公安部关于道路交通事故伤残评定的标准确定，以五级残废以上为限。所谓"实际抚养的，没有其他生活来源的人"是指死者或残者丧失劳动能力前已经抚养的、无收入的被抚养人，包括配偶、子女（含非婚生子女、继子女、养子女）、父母、兄弟、姐妹、祖父母、外祖父母、孙子女、外孙子女等；死者生前或者残者丧失劳动能力前实际抚养的、没有其他生活来源的人，应由具有抚养义务和抚养能力的人共同承担，死者或丧失劳动能力的残者只承担本人应抚养的一份费用。所谓"其他被抚养人"，是指上述不满 16 周岁和无劳动能力以外的人，死者生前或残者丧失劳动能力所实际抚养的、没有其他生活来源的人。

（7）交通费，是指伤残者就医、配备残疾用具，护理伤残者，处理丧葬事宜，参加事故处理车、船、飞机票费。所谓"实际的必须费用"是指既与交通事故处理有关，并且又是合理的费用，一般是按照交通事故发生地国家工作人员出差的最低交通费标准计算。支付时，一般按照车、船票计算。病情较重或行动艰难等特殊情况，需买出租汽车、飞机、火车软卧和轮船三等舱的，应事先与对方商量并经事故处理机关同意。

（8）当事人亲属的费用，对于参加事故处理的当事人亲属（配偶、子女、父母、祖父母、孙子女等）所需费用，应符合《道路交通事故处理办法》三十八条的规定：参加处理交通事故的当事人所需交通费、误工费、住宿费参照第三十七条的规定计算，按照当事人的交通事故责任分担，但计算费用的人数不得超过三人。必须指出：计算上述 3 项费用也只是"所需的"，如亲属就住在本地，不需住宿的，则不算这 1 项。所谓"参照"其含义是基本上依照，个别不能"依照"，要问题具体解决，但都应经过交通事故处理机关同意。如果当事人、当事人的亲属无法参加的，可以委托代理人或由事故处理机关指定代理人参加。委托和指定代理人所需误工费、交通费不按本条规定解决，必要时可从当事人所得赔偿费中扣除。

8.4.8　火灾事故损失测算

火灾是生产和生活中常见的一类事故，它的经济损失通常在事故损失中占有很大的比例，据统计，我国每年的火灾经济损失高达 30 多亿元。因此，有必要对其损失的计算进行专门的探讨。

1. 火灾损失的内容

通常火灾造成的经济损失包括以下几方面。

（1）火灾中人受到伤亡所支出的费用（直接和间接的费用）；

（2）被火烧毁、烧损、烟熏和在灭火中破折、水渍等所造成的物质和财产的直接损失；

（3）停产和减产的损失；

（4）资源遭受破坏的损失；

（5）人员受伤亡后所需补充新员工的培训费用；

（6）其他损失费用，如处理环境污染费用等。

2. 火灾物质损失额的计算方法

（1）固定资产类的火灾损失计算方法：①房屋建筑物的火灾损失额按重置完全价值折旧方法计算。计算公式为

$$火灾损失额 = 重置完全价值 \times (1 - 年平均折旧率 \times 已使用时间) \times 烧损率$$

$$(8-40)$$

式中，重置完全价值是指重新建造或重新购置所需的金额或按现行固定资产的调拨价计算，重置完全价值的数据，可从各地房产管理部门及有关部门规定的重置完全价值表中查出；年平均折旧率＝1/规定的使用所限；固定资产的使用年限按国务院发布的《国营企业固定资产折旧条例》规定执行，其中房屋建筑物使用年限的确定，可按城乡环境保护部印发的《经理房屋资产估价原则》的规定执行；烧损率是指实际被烧损的程度，按百分比计算。②机器、设备、仪器、仪表、车辆、飞机、船舶等火灾损失额，也按重置完全价值折旧方法计算，计算公式同上述的房屋建筑物火灾损失计算方法。③对于交通运输企业和其他企业专业车队的客货运汽车、大型设备、大型建筑施工机械，根据国务院有关文件规定，按工作量进行折旧。④固定资产的使用已接近、等于或超过规定的使用年限，但仍有使用价值的，其火灾损失额按重置完全价值的 20％计算。⑤当重置完全价值在特殊情况下无法确定时，用原值代替重置完全价值计算。⑥古建筑火灾损失，按修复费计算或根据古建筑的保护级别，分别按每平方米建筑面积 1000～5000 元计算。

（2）流动资产类的火灾损失额，按购入价扣除残值计算。

（3）商品火灾损失额计算，按进货价扣除残值计算；成品、半成品火灾损失额，一律按成本价扣除残值计算；衣物和日常生产用品火灾损失额，以新旧程度相同的同类物品价值计算；书画古董、美术工艺品、珠宝等物品火灾损失额均按国家规定的国内牌价计算。

（4）牲畜、家禽、粮、棉、油等农副产品的火灾损失额均按国家收购的牌价计算。

（5）园林、集体林、个体林、草原的火灾损失额按当地有关部门的规定计算。

8.5　安全经济评价与管理

8.5.1　安全经济评价

采取安全措施需要花费人力和物力，即需要一定的安全投入。安全经济评价的主要内容是在按照某种安全措施方案进行安全投入的情况下，评定该方案的经济可靠性，评价是否经济合理，从而有针对性地提出意见和建议，目的是提高安全项目的综合安全经济效益。

1. 安全投入的效益最大化分析评价

这一原则的出发点，即安全投资的基本经济目的，是使其净效益最大。

如图 8-17 中的 "S" 型曲线 OF，代表典型的投资-收益函数，对应于某一安全投资值，有一相应的经济收益值。图 8-17 中，直线 OL 与横坐标轴成 45°角，表示投资与收益相等，净效益为零。下面以直线 OL 为基准，考察投资—收益曲线 OF。

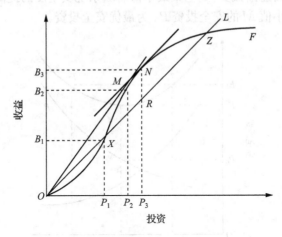

图 8-17　典型投资-收益曲线图

直线 OL 与曲线 OF 相交于 X 和 Z 两点，投资-收益曲线被分割为 3 段。

（1）曲线的 OX 段位于直线 OL 的下方，表明此时的效益小于投资，即经济效益为负值。这种情况发生在基础安全投资数额较小，安全状况没有多少改善，尚没有产生经济效益的场合。

（2）曲线的 ZF 段位于直线 OL 的下方，表明安全投资达到一定程度后，再继续增加投资已经不能使系统的安全性得到明显的提高，呈现出负的净效益。

（3）曲线的 XZ 段位于直线 OL 的上侧，表明相应的安全投资可以取得正的净效益。

过原点 O 作 XZ 段曲线的切线,得切点为 M。与点 M 对应的收益 B_2 与投资 P_2 的比值最大,即单位安全投资所获的收益最大。但是,P_2 并不是最优安全投资。

平行于直线 OL 作 XZ 段曲线的切线,得切点为 N。与点 N 相对应的安全投资 P_3 的边际效益(即增加一个单位的安全投资获得的效益增量)最大,此时有最大净效益。因此,P_3 为最优安全投资。从与点 X 对应的投资 P_1 到最优安全投资 P_3 的区间,叫做最优安全投资区间。在最优安全投资区间内,投资边际效益为正值,投资越多,取得的净效益越显著。

2. 安全成本与事故损失总和最小化分析评价

这一原则是从企业的整体经济效益最大出发,要求安全投入成本与事故经济损失的总和最小,即安全方面的总经费最小化。

图 8-18 为安全经费与系统安全度之间关系的示意图。为了提高系统安全度 S,需要增加安全投资 P;随着系统安全度的增加,事故经济损失 C 减少。将安全投资 P 曲线与经济损失 C 曲线叠加,即得到总安全经费 T 曲线。总安全经费首先随系统安全度的提高而逐渐减少,到达某最小值后随系统安全度的提高而逐渐增加。对应于安全经费最小值 M 的安全投资 P_0 为最优安全投资。

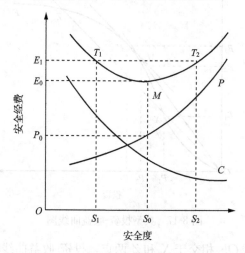

图 8-18 安全经费与安全度的关系图

3. 安全技术经济可行性分析评价

常用的技术经济分析与评价方法有费用-收益比法、净现值法、内部收益率法及投资回收期法等。

(1) 费用-收益比法。费用-收益比法,是以单位安全投资获得收益多少来评价安全措施方案的方法，多用于两种以上安全措施方案的比较选优。

（2）净现值法。这是一种根据净效益评价方案优劣的方法。它把安全措施方案所需的费用及其产生的收益，都按照一定的收益率折算为现值来比较、评价。

（3）内部收益率法。内部收益率法是通过计算安全措施方案的内部收益率，并与基准收益率相比较的经济评价方法。所谓内部收益率，是指各计算期内收益现值与费用现值之差累计等于零时的收益率。

（4）投资回收期法。投资回收期法是按安全措施方案投资回收期长短来评价方案优劣的方法。所谓投资回收期，是指方案实施后收益抵偿全部投资所需的时间。

8.5.2　安全经济激励

随着政府安全职能的转变和现代经济管理理论的普及，安全的经济激励手段日益丰富，对促进社会、企业的安全发展发挥重要的作用。

1. 国外的安全经济激励方法

根据国际上一些国家长期的做法，安全经济激励的方法已经历了 3 个发展的阶段，即分别称为第一代、第二代和第三代经济激励。

1）第一代经济激励：风险工资和诉讼责任赔偿

经济激励的方式和效果在很大程度上取决于主管生产和人力资源的机构。大约两个世纪以前，英国最早采取风险工资的经济激励方式来改善工作环境。雇主为工人提供高工资，以回报预计的事故风险。风险工资能产生两个效果。首先，因为提高安全水平可以减少支付给劳动力的工资，雇主有经济动力不断改善工作环境。其次，风险工资可以补偿工人最大的风险，整个工作的报酬能更为公平的分配。

尽管风险工资条例的产生可能是由业主的仁慈或责任心造成的，但是最为主要的原因来自于劳动力市场的竞争压力。在很难获得足够劳动力供应的情况下，由于普遍缺乏劳动力或所需的特殊技能，风险工资的需求是很大的。在这种情况下，没有工人会接受危险的工作，除非获得额外的薪资作为补偿。亚当·斯密的《国富论》认为，风险工资是市场经济的正常产生。在 19 世纪，英国和美国规定风险工资标准，雇员无需经过其他手续即可获得。

然而，尽管风险工资在实际生活中存在，但是不常发生，它支付的补偿往往少于事故风险。在发达国家的统计研究中显示两者存在这样的关系：高风险，低工资。

至于为什么风险工资在大多数行业相对不重要，有两方面的原因。首先，长期失业现象的存在；其次，社会上认为有些风险可以不补偿。尽管如此，在某些危险工作中，风险工资仍然起着重要的作用，如井下采矿和地上采矿就存在较大的工资差别。

随着 19 世纪风险工资问题的提出，相关案件逐渐增加，法庭倾向于保护伤害者——工人。结果，经济激励使得安全水平得到提高。在一定意义上，诉讼作为一种经济激励形式，效果与风险工资相似，其区别在于风险工资有事前性，诉讼是事故发生之后进行的。

然而，诉讼费用昂贵、耗时、耗力、更耗钱，而且结果未知。业主在潜在诉讼风险时，可以投保，从而减少了安全生产的经济激励。保险费并不用于改善工作环境，因为其代价昂贵，且实现困难。投保使得本来稀缺的资源更难用于安全投入，从而保费更为昂贵（保险经济学家称为逆向选择）。

2）第二代经济激励：伤害补偿不满于第一代经济激励形式，从而公共保险方案应运而生

最早的伤害补偿方案起源于 1884 年的德国。当时的 Bismark 观察到大部分冲突可以源于对工作环境的不满，而伤害补偿能缓和劳资关系。到第一次世界大战为止，世界各国普遍认为伤害补偿是社会福利政策不可或缺的一部分。

职工伤害补偿内在的原理在于将诉讼责任赔偿替换为对受伤害者及其家庭的伤害补偿。雇员失去了向雇主寻求责任赔偿的权利，但是可以从公共管制的保险体系中得到补偿。雇主根据总付薪资的多少，支付保险费用。保险的覆盖范围、赔偿幅度及有争议的案件由公共机构决定。所有的职工伤害补偿体系是单纯的保险体系和政府管制功能体系的结合体。

目前，职工伤害补偿形式多样。大多工业化国家采用全国统一的补偿方式，但在加拿大、澳大利亚、美国将其进一步分为省/州一级。在推行这种方式补偿的国家，保险费用由企业支付，金额与事故风险挂钩，但是行业风险与企业特定风险的相对任务有所不同。有些伤害补偿体系自动将行业保险费调整 50% 来反映不同公司事故水平的情况。在有些判例中，企业事故的记录往往被忽视。例如，西班牙企业伤害补偿的调整范围不超过 10%。而在芬兰则允许企业选择行业一般水平的保险费，或自报保险费，但不将两者结合起来考虑。

在伤害补偿体系中有两种刺激的方向：职工刺激，避免事故；企业刺激，降低风险。

（1）职工刺激。在工业化国家中，补偿金额不断增加。这可以从 3 方面解释，职工更乐于提起诉讼，可补偿的事故种类增多，或补偿额度加大（这些因素可并存）。

补偿额度加大有两方面的原因。一是补偿的方向有所改变。例如，在工业化国家，现在索取的补偿往往是反复性的、慢性的过程，相对于以往的伤口包扎等，其代价更高。二是医疗费用本身不断增加，在这个意义上，职工补偿的上升

与整个经济的一部分——医疗费是息息相关的。

（2）企业刺激。职工伤害补偿的效果比较复杂，调查表明保险费水平与安全水平关系不明确。有些研究发现有一点效果，有些则完全无效果。总之，无研究表明职工伤害补偿可以引导企业建立和改善安全环境。

3）第三代经济激励：事故税和责任共同体

随着工业化国家不断推进改革，安全经济激励在加强经济激励和直接采取措施保护职工两者中选择。

一个最新的提法是征收事故税。英国 Chadwick 在一个半世纪前就有这个提法。经济学家认为这是最直接和有效的刺激方法，因为它无需保险体系，如职工伤害补偿的参与。其税收可用于补偿受害职工，或支持职业安全领域的研究。然而，这种事故税的提法并非理想。因为，大多数中小型企业无力支付数额巨大的事故税，强行征收无异于将其排挤出局。所以，另一个提法是将中小型企业分为若干类型或小组（如荷兰的做法），成立"责任共同体"，共同体或小组内成员相互监督，使公共损失最小化。另外，事故税有其局限性，由于职业病难以识别和归属，所以事故税难于实行。除这些缺点外，因其固有的事后性，事故税亦不能取得经济激励的效果。

这种方式难点之一是需要考虑税率问题。对于有不良记录事故的企业应用重税，如果企业采取补救措施，并经专家通过，可以不用或减轻税罚。如果企业可以对事故产生的原因加以说明且真实可信亦可减轻税罚。否则，企业在税罚第一年，收取附加的 100％额外费用，在随后的每年收取 25％，直到环境得到改善或达到 200％的税罚限额。

2. 中国的安全经济激励方法

（1）推行安全专项投入机制。加大安全专项投入，强化安全保障水平。国家在以下方面推行专项投入保障：①尾矿库治理、煤矿安全技改建设、瓦斯防治和小煤矿整顿关闭等各类中央资金的安排使用，落实地方和企业配套资金；②加强对高危行业企业安全生产费用提取和使用管理的监督检查，进一步完善高危行业企业安全生产费用财务管理制度，研究提高安全生产费用提取下限标准，适当扩大适用范围；③依法加强道路交通事故社会救助基金制度建设，加快建立、完善水上搜救奖励与补偿机制；④高危行业企业探索实行全员安全风险抵押金制度；⑤完善落实工伤保险制度，推行安全生产责任保险制度。

（2）提高工伤事故死亡职工一次性赔偿标准。我国自 2011 年 1 月 1 日起，依照《工伤保险条例》的规定，对因生产安全事故造成的职工死亡，其一次性工亡补助金标准调整为按全国上一年度城镇居民人均可支配收入的 20 倍计算，发放给工亡职工近亲属。依法确保工亡职工一次性丧葬补助金、供养亲属抚恤金的发放。

（3）加大对事故企业的经济处罚力度。对于发生重大、特别重大生产安全责任事故或一年内发生 2 次以上较大生产安全责任事故并负主要责任的企业，以及存在重大隐患整改不力的企业，由省级及以上安全监管监察部门会同有关行业主管部门向社会公告，并向投资、国土资源、建设、银行、证券等主管部门通报，一年内严格限制新增的项目核准、用地审批、证券融资等，将其作为银行贷款等的重要参考依据。

8.5.3　安全经济管理

经济性和安全性是安全经济面临的基本问题，两者之间具有相辅相成的关系，两者间既有冲突和矛盾，也有协调和一致。安全经济学需要解决好经济性与安全性的矛盾与协调。

安全经济管理就是解决安全与经济矛盾的重要手段之一。科学的安全经济管理是运用经济的手段来管理、实现和保障安全生产，主要利用市场经济、价值规律等手段，采用经济杠杆来管理安全。

安全经济管理是安全管理的重要内容，它有助于改善安全经济运行环境，提高安全活动效率。把安全经济管理与其他科学管理方法一道同经验性的传统管理结合起来，去研究、分析、评价、控制和消除生产过程中的各种危险，防止事故发生，具有强大的生命力，是提高企业安全生产水平，创造巨大社会经济效益的重要策略。以较小的安全投入，谋求较好的安全综合效益，处理好安全性与经济的关系，这正是现代安全科学管理所要达到的目标。

1. 安全经济管理的特点

（1）综合性。安全经济管理涉及经济、管理、技术乃至社会生活、社会道德、伦理等诸多因素；安全经济分析、论证的对象往往是多目标、多因素的集合体。这里面既有经济分析的问题，又有技术论证的要求；既要注意安全管理对象的特点，又要考虑社会经济、科学技术水平、人员素质现状等背景对这些方法是否提供了可行性的条件。

（2）整体性。安全经济管理具有一般管理的 5 个步骤：即计划（预测）、组织、指挥、协调、控制，并且又总是围绕着安全与经济而进行的；它反映的是经济规律、价值规律在安全管理中的作用和过程；制定的是有关安全管理的经济性规范、条例和法规；分析、研究的是安全经济活动的原理、原则、优化计算。

（3）群众性。在我国，权力是属于人民的，安全工作是在群众的督促下进行的，群众有权监督各级领导机构职能部门贯彻、执行安全方针、政策和法规，协助安全经费的筹集，监督以及管理安全经费的使用。工人是事故的直接受害者，也是事故的直接控制者，因而他们既是预防事故、减少损失的执行者，也是安全的直接受益者。显然他们会自觉地为促进安全活动，降低和杜绝事故而努力。

　　2. 安全经济管理的分类

　　(1) 法律管理。劳动安全法律是各级劳动部门实行安全监察的依据，其任务是督促各级部门和企业，用法律规范约束人们在生产中的行为，有效地预防事故。安全经济也需要法律规范来进行指导。事故发生后，与事故有关的人员最关心的问题是责任谁来承担(包括刑事责任和经济责任)。在实际工作中事故的责任处理往往由于经济方面的原因，难以迅速完成。安全的有关法律明确地规定出事故经济责任的处理办法和意见，使事故经济责任对象以及责任大小的处理有明确的依据，最终使事故经济责任的处理公平合理。加强安全经济和法律管理，明确事故发生后，经济责任人和责任大小的处理准绳，这是改善安全管理的重要方面。除了安全经济责任处理的法律之外，事故保险、工伤等人身伤害保险的法规也是安全经济管理的内容和范畴。

　　(2) 财务管理。安全经济的财务管理是指对安措费、劳动保险费、防尘防毒、防暑、防寒、个体防护费、劳保医疗和保健费、承包抵押金、安全奖罚金等经费的筹集、管理和使用。对安全活动所涉及的经费，按有关财务政策和制度进行管理，是安全经济管理必不可少的方面。特别是把安全的经济消耗如何纳入生产的成本之中，是安全经济财务管理应探讨的问题。

　　(3) 专业管理。专业管理指根据安全的专业特征，采用必要的行政手段进行安全的经济管理。安全经济管理除了立法保证、财务管理的方面外，还必须通过从国家到地方、从行业到企业各阶层的安全经济的行政业务进行协调、合作，从而得以补充和完善。在满足安全专业业务要求的前提下，通过行政手段的补充，使安全经济的法律管理、财务管理的作用得以充分发挥，最终促成安全经济管理目的的圆满实现。行政管理机构是各级安全管理的职能部门。完成安全经济的专业投向和强度的规划是安全经济专业管理的目的。

　　(4) 全员管理。由于安全经济管理有群众性这一特点，而且安全活动是全员参与的活动，只有企业全体员工共同努力和参与，安全生产的保障才能得以实现。因此，安全经济作为一种物质条件，需要充分地提供给安全活动参与的每一个人，使安全经济的物质条件作用得以充分发挥，因而安全经济的管理需要全员的参与。安全经济全员管理的目的是使员工群众能利用经济的手段，充分发挥主观能动性、积极性和创造性；使员工建立安全经济的观念，有效地进行安全生产活动；使全员都能参与安全经济的管理和监督，保障安全经济资源的合理利用。

8.5.4　安全工程经济可行性分析

安全工程的经济可行性分析是安全工程项目决策和优选的基础，也是安全经济学方法应用的重要方面。

一项安全工程措施的安全效益可由式(8-46)计算：

$$E = \frac{\int h\{[L_1(t) - L_0(t)] + I(t)\}e^{it}\,dt}{\int h[C_0 + C(t)]e^{it}\,dt} \tag{8-41}$$

式中，E 为一项安全工程项目的安全效益；h 为安全系统的寿命期(年)；$L_1(t)$ 为安全措施实施后的事故损失函数；$L_0(t)$ 为安全措施实施前的事故损失函数；$I(t)$ 为安全措施实施后的生产增值函数；e^{it} 为连续贴现函数；t 为系统服务时间；i 为贴现率(期内利息率)；$C(t)$ 为安全工程项目的运行成本函数；C_0 为安全工程设施的建造投资(成本)。

根据工业事故概率的波松分布特性，并认为在一般安全工程措施项目的寿命期内(10 年左右的短时期内)，事故损失 $L(t)$、安全运行成本 $C(t)$ 及安全的增值效果 $I(t)$ 与时间均呈线性关系，即有

$$L(t) = \lambda t V_L \tag{8-42}$$

$$I(t) = kt V_I \tag{8-43}$$

$$C(t) = rt C_0 \tag{8-44}$$

式中：λ 为系统服务期内的事故发生率(次/a)；V_L 为系统服务期内的一次事故的平均损失价值(万元)；k 为系统务期内的安全生产增值贡献率(%)；V_I 为系统服务期内单位时间平均生产产值(万元/a)；r 为系统服务期内的安全设施运行费相对于设施建造成本的年投资率(%)。

这样，可把式(8-41)变为

$$E_{项目} = \frac{\int^h [(\lambda_0 t V_L - \lambda_1 t V_L) + kt V_I]e^{-it}\,dt}{\int^h [C_0 + rt C_0]e^{-it}\,dt} \tag{8-45}$$

对上积分可得

$$E_{项目} = \frac{[(\lambda_0 h V_L - \lambda_1 h V_L) + kh V_I]\{[1 - (1+h_i)e^{-hi}]/i^2\}}{C_0[(1 - e^{-hi})/i] + rhC_0\{[1 - (1+h_i)e^{-hi}]/i^2\}} \tag{8-46}$$

由上述公式分析可知：λh 为安全系统服务期内的事故发生总量；$h V_I$ 为系统服务期内的生产生值总量；rh 为系统服务期内安全设施运行费用相对于建造成本

的总比例。

依据上述公式，可以对安全投入活动，进行项目优选和决策，即对安全工程技术项目、工业卫生工程项目、辅助设施建设项目，甚至安全宣传教育活动方案和个体防护用品投入项目等进行可行性论证和优选。

8.6　行业安全经济学

8.6.1　消防经济学

消防经济学是安全经济学的分支学科，是经济学与火灾科学以及消防工程技术相交叉的一门新兴的应用科学和边缘科学。

从学科性质和研究内容的角度来看，消防经济学可定义为消防安全经济学是研究消防资源如何进行合理分配的科学。它研究在人类的消防活动中，如何对人力、技术、资源等进行合理配置、控制和调整，以达到消防技术安全性和经济性相统一的目标。

消防经济学研究的研究内容主要可以分为宏观和微观两个部分。

消防经济学宏观部分是从一个国家或地区的角度来研究消防经济性的问题，主要研究内容包括以下几个方面。

（1）火灾损失与社会经济发展的关系；

（2）消防投资与社会经济发展的关系；

（3）消防投资的经济效益；

（4）消防部队灭火的成本与效益；

（5）消防与保险的最优组合。

消防经济学微观部分是从一个具体的工程或项目的角度来研究消防经济性的问题，主要研究内容包括以下几个方面。

（1）消防工程经济性评价的指标体系；

（2）消防工程的最优安全度；

（3）被动消防技术措施成本与效益的评价；

（4）主动消防技术措施成本与效益的评价；

（5）火灾风险的转移与投资的最优组合；

（6）消防设备在更新换代中经济性的问题。

无论是消防经济学的宏观部分、还是微观部分，主要研究 3 个最基本的命题：消防成本、消防效益和消防投资经济评价的基本原则与方法。

1. 消防成本

消防成本包括防火成本和灭火成本。防火成本主要包括购买消防设备的费用和购买火灾保险的费用；灭火成本是指消防部队在灭火战斗中所投入的装备、器材、人员和灭火剂等方面的费用。

1) 防火成本(C_K)

(1) 消防设备成本(C_P)。消防设备成本主要包括消防设备的购买、安装等项目初期的投入以及消防系统的维护成本。

(2) 火灾保险的费用成本(C_I)。通过购买火灾保险，可将火灾损失的一部分或全部转移到保险公司，但需每年向保险公司缴纳一定数额的保险费，这部分保险费用也看做是防火的成本之一。

因此，防火总成本就等于以上两种成本之和，即

$$C_K = C_P + C_I \qquad (8\text{-}47)$$

2) 灭火成本($P_{灭}$)

灭火成本，是指为控制火灾、扑灭火灾而进行的投入。对于一次灭火战斗，涉及的成本因素主要有装备、器材、人员和灭火剂等。灭火成本的构成大致包括显性成本和隐性成本两部分，所谓的显性成本主要是指可以统计的要素，如消防车辆装备的损耗、灭火剂的消耗等；隐性成本是指消防部门为处置事故和扑救火灾可能要付出的代价，如人员的伤亡，也包括可能引起的次生灾害或造成事态扩大等机会成本，计算方法为

$$P_{灭} = P_{物} + P_{人} \qquad (8\text{-}48)$$

式中，$P_{灭}$为灭火成本；$P_{物}$为灭火过程中消耗器材、装备的成本；$P_{人}$为人力成本，包括人力消耗和伤亡情况。

灭火过程中消耗器材、装备的成本包括以下内容，即

$$P_{物} = h_{车} + h_{装} + h_{剂} + h_{燃} \qquad (8\text{-}49)$$

式中，$P_{物}$为灭火过程中器材、装备所需成本；$h_{车}$为消防车辆、船、泵的损耗；$h_{装}$为消防装备的损耗成本，即每台消防车出一个车次，平均的消耗费用；$h_{剂}$为灭火剂的消耗成本；$h_{燃}$为燃料的消耗成本。

其中

$$h_{车} = [重置完全价值(元)/规定总工作时间(h)] \times 灭火(含途中行驶)工作时间(h) \qquad (8\text{-}50)$$

$$h_{燃} = 燃料价格(元/L) \times 发动机单位时间耗油量(L/h) \times 发动机工作时间 \qquad (8\text{-}51)$$

2. 消防效益

消防效益主要包括防火效益和灭火效益两个方面。

1) 防火效益

防火效益又可以分为确定效益和不确定效益。是否考虑火灾保险因素，对于防火效益的评价方法是不同的。

（1）不考虑火灾保险因素。

不考虑火灾保险因素时，防火的效益应为

$$B = D - C_{K} \tag{8-52}$$

式中，B 为防火的效益；D 为未采取防火措施时的损失减去采取防火措施后的损失；C_{K} 为防火成本。

（2）考虑火灾保险因素。

在考虑火灾保险因素，而且包含火灾自留风险的情况下，防火的效益分为确定效益和不确定效益：

$$确定效益 = 政府税收补贴(T_{g}) + 保险费优惠(I_{d}) \tag{8-53}$$

$$不确定效益 = 消防系统安装前火灾损失(L_{e}) - 火灾自留风险期望损失(F\overline{X}_{D}) \tag{8-54}$$

式中，F 为每年发生火灾的概率；$\overline{X}_{D}$ 为包含火灾自留风险的情况下火灾损失的大小。

所以，购买保险后的总效益为

$$B = (L_{e} - F\overline{X}_{D}) + (T_{g} + I_{d}) \tag{8-55}$$

对一个消防工程项目而言，只有当 $B \geqslant C_{K}$ 时，防火投入才满足经济学评价的基本原理。

2) 灭火效益

灭火的效益是灭火战斗所避免的损失与灭火成本之间的差值，计算方法为

$$\Delta B = B - P_{灭} \tag{8-56}$$

式中，ΔB 为一次灭火战斗的效益；B 为一次灭火战斗减少的损失；$P_{灭}$ 为一次灭火战斗的成本。

只有当 $\Delta B \geqslant 0$，即 $B \geqslant P_{灭}$ 时，火灾战斗的实施才满足经济学评价的基本原理。

3. 消防投资经济评价的基本原则与方法

（1）消防投资最低消耗原则。

火灾的总损失 $v(x)$ 包括消防投资 $f(x)$ 与火灾实际损失 $g(x)$ 的总和，表示为

$$v(x) = f(x) + g(x) \tag{8-57}$$

消防系统的安全度 S 与总损失的关系，如图 8-19 所示。

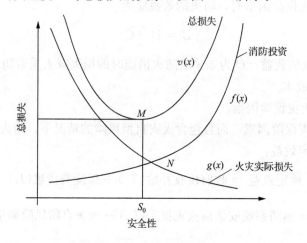

图 8-19　最优安全度

从图 8-19 可看出：随着安全度的提高，火灾实际损失不断下降，但消防投资却急剧上升。而我们追求的是使总损失最小，即 X_0 所在的点是最优投资点。此外，在 $f(x)$ 与 $g(x)$ 的交点 N 点左侧，火灾损失大于投资，这时消防投入才具有意义，而在 N 点右侧，投资大于损失，这时的投入就有些浪费了。

在最优安全度 S_0 下，总消防投资下降到了最低点。由图 8-19 可得：在 S_0 处有

$$DV(S_0)/dS_0 = 0 \tag{8-58}$$

而从图 8-20 可知，投资曲线 $f_2(x)$ 优于 $f_1(x)$，这说明资源的合理分配是极为重要的。

（2）消防投资最大效益原则。

所谓消防投资效益，就是消防投资与火灾损失减少数额的对比关系。以较少的投入达到避免或减少最大火灾损失的效果，这就是消防投资效益最大化的内涵。消防安全经济效益可用式（8-64）和式（8-65）来表示：

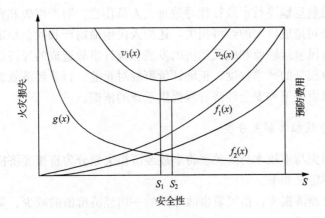

图 8-20　消防投资的合理分配

$$消防安全经济效益 ＝ 安全产出量 / 安全投入量 \qquad (8\text{-}59)$$
$$安全产出量 ＝ 减损产出 ＋ 增值产出 \qquad (8\text{-}60)$$

从式(8-59)和式(8-60)我们可以看出消防投资的安全经济效益包含减损效益和增值效益两个方面：

减损效益＝减损产出/安全投入量；增值效益＝增值产出/安全投入量。

减损效益就是指消防安全投入使火灾直接损失减少而产生的经济效益。总的来说，消防安全投入对直接经济损失所包含的各个方面都能起到减损作用。安全的增值效益是安全对生产产值的正贡献，增值效用是隐性的。

8.6.2　民航安全经济

1. 民航安全经济学性质

民航安全经济学的定义为研究民航安全的经济(利益、投资、效益)形式和条件，通过对民航安全活动的合理组织、控制和调整，达到人、技术、环境的最佳安全效益的科学。

2. 民航安全经济学的内容

民航安全经济学的研究内容包括 7 方面：民航安全经济学的基本理论；民航器设计制造的影响规律；事故和灾害对社会经济的影响规律；安全活动的效果规律；安全活动的效益规律；安全经济的科学管理；保险与工伤事故预防。

在民航安全经济中值得研究的问题有很多，鉴于民航安全经济问题研究的独特性和复杂性，不可能将所有内容全部囊括进来，在起步阶段，可以选择民航安全经济中最重要的问题进行分析研究。

　　其中，民航运输飞行事故往往导致重大人员伤亡、财产损失和资源破坏，这不仅给民航公司造成巨大的经济损失，还给人民生命财产和社会稳定带来负面影响，甚至阻碍民航运输业和国民经济的发展。统计事故造成的经济损失，可以使人们认清事故损失的严重程度，正确评价事故对企业、行业经济效益的影响，为企业的安全投资决策和安全经济管理提供重要的依据。

　　3. 民航事故经济损失分类

　　按事故损失与事故本身的关系将事故经济损失划分为直接经济损失和间接经济损失，具体定义如下。

　　民航事故经济损失：指民航事故导致的一切经济价值的减少、费用支出的增加和经济收入的减少。

　　直接经济损失：事故直接导致的人身伤亡、财产损失和为遏制事故损失扩大而产生的经济损失。间接经济损失：事发后，受事故影响而造成的经济损失，如图 8-21 所示。

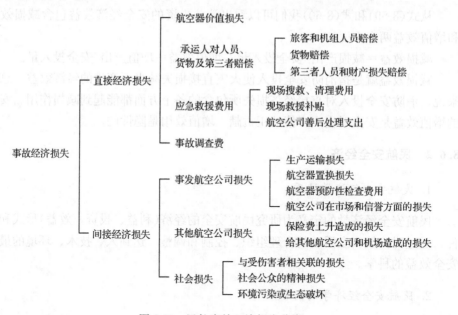

图 8-21　民航事故经济损失分类

　　4. 事故直接经济损失的计算

　　1) 民航器价值损失

　　民航器价值损失按照以下两类取值的最大取值计算：民航器净值、汇兑损失和租机利息 3 项的总和；民航器的机身险投保价值。

2）承运人对人员、货物及第三者的赔偿

（1）承运人对人员的赔偿。承运人对旅客和机组人员的赔偿应根据其所乘航班的性质，即是国际民航运输还是国内民航运输，通过引用相适用的法律来确定赔偿数额。

（2）承运人对货物的赔偿。承运人可根据承运人与托运人签署的民航货运单确定赔偿原则。

（3）承运人对第三者的赔偿。我国《民用民航法》规定了民航器对地面第三人的赔偿责任。

3）应急救援费用

这部分费用金额不易准确统计，需要将非货币支出转化为可以用货币衡量的损失。

4）事故间接经济损失的计算

（1）生产运输损失。事故造成民航公司生产运输损失应为其利润的减少额，但由于无法获得事后各民航公司的利润损失数据，所以以其收入的损失来说明问题。

（2）民航器置换损失。民航器置换损失程度同出事机型的使用状况、新机型的市场价格和新机型的培训费用等因素有关，可用新机型与出事机型的运营成本差来计算。

（3）民航器预防性检查费用和安全整顿工作。每当事故发生后，为了确保飞行安全，政府常采取对同型号飞机进行额外的预防性检修要求，民航公司除了按原计划对民航器进行定检外，还会额外增加检修。

（4）市场和公司信誉的损失。事故所造成的民航公司在市场和公司信誉方面的损失程度同事故的严重程度、影响范围、事故后受媒体的关注程度和近期内发生事故的频率有关；损失范围包括客运量减少、为重建声誉所进行宣传的支出、预期利益损失和竞争能力降低等方面。

（5）全国和其他民航公司的生产运输损失。行业内受事故影响的企业主要是其他民航公司和机场。相对机场而言，民航公司承受的损失更严重些。

（6）出事机型在整个行业内的损失。出事机型在整个行业内最严重的损失莫过于该机型被停运，纵观 1992～2003 年 16 起民航运输事故后，发现出事机型在整个行业内是处于损失状态的。

（7）保险费上升造成的损失。事故给其他民航公司带来的损失不仅包括生产运输损失，还包括保险费上涨带来的损失。

（8）社会损失。民航运输事故给社会带来劳动力损失、精神损失和环境损失等社会损失，而且这些社会损失是无法用金钱来衡量的，有的甚至是难以弥补的。其包括：与受害者相关联的损失、社会公众的精神损失、环境污染或生态破坏。

8.6.3　建筑安全经济

建筑安全经济是指客观存在的建筑产品在形成、发展和变化过程中所表现的安全与经济的关系属性，即安全与消耗、工期、用户切身利益、企业经济效益、建筑业发展、职工情绪、国民经济建设的关系等。

建筑安全与经济有着密切的关系。从经济社会学的角度看，广义的安全是指保护人的身心安全与健康，保障人能安全、舒适、高效地从事一切活动。为了保证建筑安全，控制物的不安全状态和人的不安全行为，传统意义上强制性的安全管理手段容易受到抵触和漠视，并不能从根本上达到目的。只有把安全作为一种文化，重视对人的观念、道德、信仰、情感等因素的教育和培养，将人融入安全氛围之中，才能使得雇员从"被管理者"转变为"主动自律者"，改进自身的安全意识和行为。从这种角度来看，经济发达的国家才能步入"文化制胜"的时代。有研究表明，当人均 GDP 迈入 5000 美元、并向 20 000 美元发展时，职业安全事故发生率开始不断下降；当人均 GDP 超越 20 000 美元时，事故发生率维持稳定。这就表明，安全不仅与人类生产活动有关，更是与经济发展有着密切联系。

建筑安全经济具有两种表现形式，即内在安全经济与外在安全经济。

建筑产品的内在安全经济体现着生产产品过程中安全与经济的客观内在联系，如安全与消耗的关系等。建筑产品的外在安全经济体现着影响建筑产品安全生产的外在因素与经济的关系，如国家安全法规与建筑安全的关系等。

在进行建筑安全经济分析中，有以下两个基本概念：建筑安全成本和建筑安全经济效益。

建筑安全成本指的是为了保证或提高建筑的生产与施工的安全水平、改善安全作业条件所耗用的费用。建筑安全成本通常包括，安全管理过程中为降低安全风险所投入的安全投资，以及一部分机会成本等。其中，安全投资可以被划分为 6 个主要的方面。

(1) 安全人员成本，包括支付给总部或施工现场的安全管理人员的报酬；

(2) 安全培训成本，包括开展安全培训课程或制定安全预案的花费；

(3) 安全设备和设施成本，这是安全投资中主要的实物投资部分，有助于直接改善工作环境；

(4) 安全技术和工具成本，高级的施工技术和工具可以极大地提高安全管理的质量和效率；

(5) 安全委员会成本，指的是由于安全委员会活动(如安全委员会议、安全监督等)而损失的时间成本；

（6）安全宣传和激励成本，包括为规范人员行为、鼓励安全举动所花费的宣传费用和激励费用。

建筑安全经济效益指的是实现安全生产的经济效果。其定义式为

$$建筑安全经济效益 = \frac{建筑安全盈利 - 建筑安全成本}{建筑安全成本}$$

与经济学中的投资回报率(return on investment，ROI)概念类似，建筑安全经济效益度量了建筑安全投资的有效程度。其中，建筑安全盈利是指减少了安全事故情况下的费用节约，这是最容易理解的一部分收益，当然还有一些其他隐性或显性的收益。其具体分类如图 8-22 所示。

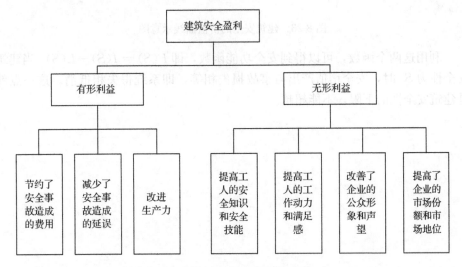

图 8-22   建筑安全盈利的分类

虽然建筑安全经济分析强调对建筑安全经济效益的评价，但这并不表明安全投资等花费一定会如同其他投资一样有所回报，"投入"与"产出"没有直接的因果关系，即建筑安全经济效益并不一定真实地反映实际情况。

建筑安全经济中还有针对建筑安全投入与产出的分析。图 8-23 展示的是建筑安全的价值曲线示意图。建筑安全增值函数 $I(S)$ 是一条向右上方延伸的、趋于平滑的曲线。它的含义是，随着横轴建筑安全性的不断提高，安全带来的价值也不断增长；当建筑安全性达到 100% 时，安全带来的价值达到最高。事故损失函数 $L(S)$ 是一条向右下方延伸、趋于平滑的曲线。它的含义是，随着横轴建筑安全性的不断提高，事故带来的损失不断下降；当建筑安全性为极端值 0 时，事故带来的损失趋于无穷，不可计量。

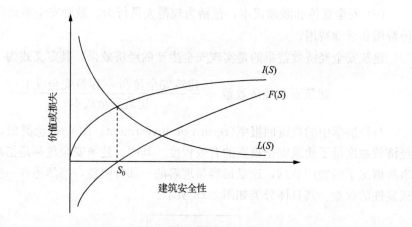

图 8-23　建筑安全的价值曲线示意图

　　利用这两个函数，可以得到安全功能函数，即 $F(S) = I(S) - L(S)$。当建筑安全性为 S_0 时，安全增值产出与事故损失相等，即系统得失相抵消。这一点就是建筑安全性的下限，不能超越。

第 9 章　安全工程学

9.1　机械安全工程技术

机械伤害事故多发生在生产加工、化工机械操作等方面，机械事故的次数和人数都是生产加工、机械操作行业中各类事故的首位。因此，提高生产过程中的机械化和自动化水平，是消除或减少伤亡事故发生的重要途径。

9.1.1　基本概念及定义

1. 机械产品的类型

机械产品主要有以下分类。

（1）机械行业系统生产的机械产品，主要有 12 种：农业机械；重型矿山机械；工程机械；石化通用机械；电工机械；机床；汽车；仪器仪表；基础机械；包装机械；环保机械；其他机械。

（2）非机械行业系统生产的机械产品，主要有 5 种：铁道机械；建筑机械；纺织机械；轻工机械；船舶机械等。

2. 机械伤害

机械伤害主要指机械设备运动（静止）部件、工具、加工件直接与人体接触引起的夹击、碰撞、剪切、卷入、绞、碾、割、刺等形式的伤害。各类转动机械的外露传动部分（如齿轮、轴、履带等）和往复运动部分都有可能对人体造成机械伤害。

3. 机械安全工程技术方法

机械安全工程技术方法主要是通过研究和改进机械安全防护装置（或系统），提高机械运行过程中人的安全性和设备的可靠性，通过采取隔离、锁闭、回避、转化、中断和净化等技术措施，实现对机械运行所产生致害因素（致害物及致害能量）的有效控制。

机械安全的机理是尽量缩小机械危险区域，将机械运行危险时刻与人的操作时刻错开，对操作空间内的有害因素予以净化，如用防护罩、网、箱、栏将人体隔离于危险区之外，用联锁、互锁办法错开危险时刻与操作时刻的交叉；加设过负荷脱开或打滑装置，使机械部件之间的硬联接解除，消除产生致害物的故障危险区，当人体处于危险区时，自动停止装置启动，阻止加害物对人的伤害；采用限制操作动作方式迫使人体回避危险区；附加能排除或净化机械环境产生的有害因素的装置等。

9.1.2　机械安全工程的主要任务

目前，我国仍有近60％的机械产品并未实现（或采用）上述安全技术方法，甚至单件小批量及手工操作的生产规模仍然存在，使得21世纪的机械安全工程的任务十分繁重。这些任务包括以下方面。

（1）确立淘汰危险机械产品的方针。通过一定法规和标准，禁止和限制危险性较大的机械产品生产和使用。

（2）实现机械系统本质安全化设计。加快主机与安全装置、净化装置的一体化安全研制，其中研究对机器、工具的工作点所形成的危区和危时的分析评价方法是首要的基础工作。通过危险、有害因素的辨识、评价，将危险区的安全系统与进行加工的工作部件、传动部件的设计一并考虑，突破机械设计中主机与安全系统分别孤立，实现机械系统本质安全化。

（3）加快安全人机工程技术在机械安全工程中的应用。随着生活水平的提高，安全、卫生、省力、舒适的机械操作岗位将成为机械工人的首选。这就使得人机界面及环境的人机工程设计任务日趋迫切。为此，需要在人体及其功能的测量上研究，以确定适合国人的操作动作和环境的舒适界限，进而对不同类型的机械提出有关操纵器、显示器、工作点（外露运转机件和在制品运转系统）、机械产品和部件的外部造型，以及操作空间与工作环境方面的人机工程设计参数，以供产品设计人员采用。

（4）完善对机械产品和机械使用过程的安全性评价。通过对机械产品的安全性评价，推动整体安全状况的改善。

9.1.3　机械安全工程的发展趋势

机械安全工程的主要发展趋势有以下几方面。

（1）机械设备、装置及机械产品在设计上尽可能实现本质安全化，不带机械危害源或把机械危害因素减少到最低限度；

（2）机械设备、装置及产品要实现安全防护智能化、自动化；

（3）机械加工要安全程序化、自动化、无害化；

（4）安全防护装置要机电一体化，采用机械安全人、安全手；

（5）加强机械设备、产品安全装置的管理、维修、保养和淘汰，按照安全生产法规及安全与卫生技术标准，促进机械安全工程的发展；

（6）按照安全人机功效学的要求，使机械制造、加工实现安全、高效、绿色无害。

9.1.4　机械伤害的原因

机械伤害的主要原因有三个：一是人的不安全行为；二是机械设备本身存在的缺陷；三是操作环境不良。

1. 人的不安全行为

人的不安全行为是指不熟悉机器的操作程序、标准和过程，导致机械伤害事故的发生。人的不安全行为，可归纳为以下几个方面。

（1）操作失误，操作失误可分为两个方面：一是不熟悉机器的操作规程或操作不熟练，二是精神不集中或生理疲劳。

（2）违反操作规程，主要表现在对安全操作规程不以为然，图省事，结果酿成伤亡事故。

（3）违反劳动纪律，操作人员抢时间、明知违反操作规程，却心存侥幸心理、违章操作。

（4）穿着不规范，不按规定穿戴工作服和工作帽，或衣扣不整，或鞋带没系，因衣角、袖口、头发或鞋带被机器绞住而发生事故。

（5）违章指挥，领导自己不熟悉安全操作规程，却命令别人违反操作规程操作；或同意让未经安全教育和技术培训的工人顶岗。

（6）安全操作规程不健全，操作人员在操作时无章可循或规程不健全，以致安全工作不能落实。

（7）误入危险区，是操作人员误入动机械设备可能对人产生伤害的区域，如手伸入压缩机的主轴联结部位、进入皮带输送机走廊等。

2. 机械设备本身存在的缺陷

机械设备本身存在的缺陷主要表现为以下两个方面。

（1）机械设计不合理，或强度计算误差，或机械设备的选材不当，或没有安全防护设施、保险装置及信号装置，或安装上存在问题等，以致机械设备本身存在缺陷或不灵。

（2）机械设备的检修、维修保养不及时或检修质量差，而存在不安全状态。

3. 操作环境不良

操作人员如在照明不好、空气湿度过高、通风不良、排尘排毒欠佳的环境下工作，就可能出现误操作的行为。

9.1.5　机械伤害的类型

1. 机械设备危险部位的辨识

机械设备运动过程中，可造成碰撞、夹击、剪切、卷入等多种机械伤害形式。发生事故的主要危险部位如下。

(1) 旋转部件和成切线运动部件间的咬合处，如动力传输皮带和皮带轮、链条和链轮、齿条和齿轮等。

(2) 旋转的轴——连接器，心轴、卡盘、丝杠、圆形心轴和杆。

(3) 旋转的凸块和孔处，含有凸块或空洞的旋转部件，如风扇叶、凸轮、飞轮等。

(4) 对向旋转部件的咬合处，如齿轮、轧钢机、混合辊等。

(5) 旋转部件和固定部件的咬合处，如辐条手轮或飞轮和机床床身、旋转搅拌机和无防护开口外壳搅拌装置等。

(6) 接近部位处，如锻锤的锤体、动力压力机的滑枕等。

(7) 通过部位处，如金属刨床的工作台及其床身、剪切机的刀刃。

(8) 单向滑动处，如带锯边缘的齿、砂带磨光机的研磨颗粒、凸式运动带等。

(9) 旋转部件与滑动件之间，如某些平板印刷机面上的机构、纺织机床等。

2. 机械伤害的类型

机械装置运行过程中存在着两类不安全因素。一类是机械危害，包括夹挤、碾压、剪切、切割、缠绕或卷入或刺伤、摩擦或磨损、飞出物打击、高压流体喷射、碰撞或跌落等危害；另一类非机械危害，它包括了电气、噪声、振动、辐射和温度危害等。

在机械行业中发生的事故类型主要包括以下内容。

(1) 物体打击：是指物体在重力或其他外力的作用下产生运动，打击人体而造成人身伤亡事故，不包括机械设备、车辆、起重机械、坍塌等引发的物体打击。

(2) 车辆伤害：企业机动车辆在行驶中引起的人体坠落和物体倒塌、飞落、挤压造成的伤亡事故，不包括起重提升、牵引车辆和车辆停驶时发生的事故。

(3) 机械伤害：是指机械设备运动(静止)部件、工具、加工件直接与人体接触引起的挤压、碰撞、冲击、剪切、卷入、绞绕、甩出、切割、切断、刺扎等伤害，不包括车辆、起重机械引起的伤害。

(4) 起重伤害：是指各种超重作业(包括起重机安装、检修、试验)中发生的挤压、坠落、物体(吊具、吊重物)打击等造成的伤害。

(5) 触电：包括各种设备、设施的触电，电工作业的触电，雷击等。

(6) 灼烫：是指火焰烧伤、高温物体烫伤、化学灼伤(酸、碱、盐、有机物引起的体内外的灼伤)、物理灼伤(光、放射性物质引起的体内外的灼伤)，不包括电灼伤和火灾引起的烧伤。

(7) 火灾伤害：包括火灾造成的烧伤和死亡。

(8) 高处坠落：是指在高处作业中发生坠落造成的伤害事故，不包括触电坠落事故。

(9) 坍塌：是指物体在外力或重力作用下，超过自身的强度极限或因结构稳定性破坏而造成的事故，如挖沟时的土石塌方、脚手架坍塌、堆置物倒塌、建筑物坍塌等，不包括矿山冒顶片帮和车辆、起重机械、爆破引起的坍塌。

(10) 火药爆炸：是指火药、炸药及其制品在生产、加工、运输、贮存中发生的爆炸事故。

(11) 化学性爆炸：是指可燃性气体、粉尘等与空气混合形成爆炸混合物，接触引爆物体时发生的爆炸事故(包括气体分解、喷雾、爆炸等)。

(12) 物理性爆炸：包括锅炉爆炸、容器超压爆炸等。

(13) 中毒和窒息：包括中毒、缺氧窒息、中毒性窒息。

(14) 其他伤害：是指除上述以外的伤害，如摔、扭、挫、擦等伤害。

就机械零件本身，对人产生伤害的因素有以下几点。

(1) 形状和表面性能：切割要素、锐边、利角部分、粗糙或过于光滑。

(2) 相对位置：相对运动，运动与静止物的相对距离小。

(3) 质量和稳定性：在重力的影响下可能运动的零部件的位能。

(4) 质量、速度和加速度：可控或不可控运动中的零部件的动能。

(5) 机械强度不够：零件、构件的断裂或垮塌。

(6) 弹性元件的位能：在压力或真空下的液体或气体的位能。

9.1.6 机械伤害安全技术措施

预防机械伤害技术措施主要包括以下内容。

1. 实现机械安全

1) 消除机械产生危险的安全技术措施

(1) 采用本质安全技术。本质安全技术是指利用该技术进行机械预定功能的设计和制造，不需要采用其他安全防护措施就可以在预定条件下执行机械的预定功能，同时满足机械自身的安全要求。其包括：避免锐边、尖角和凸出部分；保证足够的安全距离；确定有关物理量的限值；使用本质安全工艺过程和动力源。

（2）限制机械应力。机械零件的机械应力不超过许用值，并保证足够的安全系数。

（3）材料和物质的安全性。用以制造机械的材料、燃料和加工材料在使用期间不得危及人员的安全或健康。材料的力学特性，如抗拉强度、抗剪强度、冲击韧性、屈服极限等，应能满足执行预定功能的载荷作用要求；材料应能适应预定的环境条件，如有抗腐蚀、耐老化、耐磨损的能力；材料应具有均匀性，防止由于工艺设计不合理，使材料产生残余应力；同时，应避免采用有毒的材料或物质，避免机械本身或由于使用某种材料而产生的气体、液体、粉尘、蒸气或其他物质造成的火灾和爆炸危险。

（4）履行安全人机工程学原则。在机械设计中，通过合理分配人机功能、适应人体特性、人机界面设计、作业空间的布置等方面履行安全人机工程学原则，提高机械设备的操作性和可靠性，使操作者的体力消耗和心理压力降到最低，从而减小操作差错。

（5）设计控制系统的安全原则。机械在使用过程中，典型的危险工况有：意外启动、速度变化失控、运动不能停止、运动机械零件或工件脱落飞出、安全装置的功能受阻等。控制系统的设计应考虑各种作业的操作模式或采用故障显示装置，使操作者可以安全处理。

（6）防止气动和液压系统的危险。采用气动、液压、热能等装置的机械，必须通过设计来避免由于这些能量意外释放而带来的各种潜在危害。

（7）预防电气危害。用电安全是机械安全的重要组成部分，机械中电气部分应符合有关电气安全标准的要求。预防电气危害应注意防止电击、短路、过载和静电。设计中，应考虑到提高设备的可靠性、降低故障率，以降低操作者查找故障和检修设备的频率；应采用机械化和自动化技术，尽量使操作人员远离有危险的场所；还应考虑到调整、维修的安全，以减少操作者进入危险区可能性。

（8）失效安全。设计者应该保证当机器发生故障时不出危险。相关装置包括操作限制开关、限制不应该发生的冲击及运动的预设制动装置、设置把手和预防下落的装置、失效安全的限电开关等。

（9）定位安全。把机器的部件安置到不可能触及的地点，通过定位达到安全。但设计者必须考虑到在正常情况下不会触及的危险部件，而在某些情况下可能会接触到，如登着梯子对机器进行维修等情况。

（10）机器布置。车间合理的机器安全布局，可以使事故明显减少。安全布局时要考虑以下因素：①空间，便于操作、管理、维护、调试和清洁。②照明，包括工作场所的通用照明（自然光及人工照明，但要防止炫目）和为操作机器而特需的照明。③管、线布置，不要妨碍在机器附近的安全出入，避免磕绊，有足够的上部空间。④维护时的出入安全。

采用消除危险的机器安全装置如下。

(1) 固定安全装置，在可能的情况下，应该通过设计设置防止接触机器危险部件的固定安全装置。装置应能自动地满足机器运行的环境及过程条件。装置的有效性取决于其固定的方法和开口的尺寸，以及在其开启后距危险点应有的距离。安全装置应设计成只有用如改锥、扳手等专用工具才能拆卸的装置。

(2) 连锁安全装置，连锁安全装置的基本原理是只有当安全装置关合时，机器才能运转；而只有当机器的危险部件停止运动时，安全装置才能开启。连锁安全装置可采取机械的、电气的、液压的、气动的或组合的形式。在设计连锁装置时，必须使其在发生任何故障时，都不使人员暴露在危险之中。

(3) 控制安全装置，要求机器能迅速停止运动，可以使用控制装置。控制装置的原理是只有当控制装置完全闭合时，机器才能开动。当操作者接通控制装置后，机器的运行程序才开始工作；如果控制装置断开，机器的运动就会迅速停止或者反转。通常，在一个控制系统中，控制装置在机器运转时不会锁定在闭合的状态。

(4) 自动安全装置，自动安全装置的原理是把暴露在危险中的人体从危险区域中移开。它仅能在有足够的时间来完成这样的动作而不会导致伤害的环境下使用，因此仅限于在低速运动的机器上采用。

(5) 隔离安全装置，隔离安全装置是一种阻止身体的任何部分靠近危险区域的设施，如固定的栅栏等。

(6) 可调安全装置，在无法实现对危险区域进行隔离的情况下，可以使用部分可调的固定安全装置。这些安全装置可能起到的保护作用在很大程度上有赖于操作者的使用和对安全装置正确的调节以及合理的维护。

(7) 自动调节安全装置，自动调节装置由于工件的运动而自动开启，当操作完毕后又回到关闭的状态。

(8) 跳闸安全装置，跳闸安全装置的作用是，在操作到危险点之前，自动使机器停止或反向运动。该类装置依赖于敏感的跳闸机构，同时也有赖于机器能够迅速停止(使用刹车装置可能做到这一点)。

(9) 双手控制安全装置，这种装置迫使操纵者要用两只手来操纵控制器。但是，它仅能对操作者而不能对其他有可能靠近危险区域的人提供保护。因此，还要设置能为所有的人提供保护的安全装置。当使用这类装置时，其两个控制之间应有适当的距离，而机器也应当在两个控制开关都开启后才能运转，而且控制系统需要在机器每次停止运转后重新启动。

2) 减少接触机器的危险部件的安全技术

(1) 采用固定防护罩，操作工触及不到运转中的活动部件。

(2) 防护罩与活动部件间应有足够的间隙。

（3）防护罩应牢固地固定在设备或基础上，拆卸、调节时必须使用工具。

（4）开启式防护罩打开时或一部分失灵时，应使活动部件不能运转或运转中的部件停止运动。

（5）使用的防护罩在正常操作或维护保养时不需拆卸防护罩。

3）使人们难以接近机器的危险部位

4）提供防护装置或者防护服

（1）动设备应尽可能装设安全联锁装置，如在经常可能出现机械伤害操作的岗位上，增设保护措施或多方位自动或手动紧急刹车装置。

（2）动设备的操作岗位，应设防滑、防坠落的安全平台和栏杆。

（3）动设备的操作岗位在 2m 以上时，应配置安全可靠的操作平台、梯子和栏杆。

（4）动设备的操作岗位必须有良好的照明和通风。

（5）噪声大的动机械设备，应设隔音设施，或给职工提供耳塞等防护用品。

（6）凡操作人员有可能碰触、卷入的可动零部件，都必须安装保护栅栏或防护罩。

（7）机械运行超过极限位置处，应装配可靠的限位保险装置。

（8）高速旋转的离心机、砂轮和大型风扇，采取防护措施。

9.2　电气安全技术

9.2.1　安全电气工程的定义

安全电气工程是安全工程领域中与电有关的科学技术与管理工程，包括电气安全、电气安全教育和电气安全科学研究，是以安全为目标，以电气为领域的应用科学。

9.2.2　安全电气工程的任务

安全电气工程的主要任务：一是研究各种电气事故的机理、原因、构成、特点、规律和防治措施；二是研究运用电气的方法解决各种安全问题。目的是利用电气监测、检测和控制的方法，评价电气系统的安全性或获得必要的安全条件。

9.2.3　触电类型

触电是指电流通过人体而引起的病理、生理效应。触电分为电伤和电击两种伤害形式。电伤是指电流对人体表面的伤害，它往往不危及生命安全；而电击是指电流通过人体内部直接造成对内部组织的伤害，往往导致严重的后果，电击又可分为直接接触电击和间接接触电击。

直接接触电击是指人体直接接触电气设备或电气线路的带电部分而遭受的电击。直接接触电击带来的危害是最严重的，所形成的人体触电电流总是远大于可能引起心室颤动的极限电流。间接接触电击指电气设备或者线路故障状态下，人体与故障状态下带电的可导电体触及而形成的电击。

9.2.4　电气事故类型及原因

1. 电气事故分类

(1) 电气事故按发生灾害的形式，可以分为人身事故、设备事故、电气火灾和爆炸事故等。

(2) 按发生事故时的电路状况分，可以分为短路事故、断线事故、接地事故、漏电事故等。

(3) 按事故严重程度划分，可分为特大事故、重大事故和一般事故。

(4) 按事故的基本原因分，电气事故可分为以下几类：①触电事故。人身触及带电体(或过分接近高压带电体)时，由于电流流过人体而造成的人身伤害事故。触电事故是由于电流能量施于人体而造成的。触电又可分为单相触电、两相触电和跨步电压触电 3 种。②雷电和静电事故。局部范围内暂时失去平衡的正、负电荷，在一定条件下将电荷的能量释放出来，对人体造成的伤害或引发的其他事故。雷击常可摧毁建筑物，伤及人、畜，还可能引起火灾；静电放电的最大威胁是引起火灾或爆炸事故，也可能造成对人体的伤害。③射频伤害。电磁场的能量对人体造成的伤害，即电磁场伤害。在高频电磁场的作用下，人体因吸收辐射能量，各器官会受到不同程度的伤害，从而引起各种疾病。除高频电磁场外，超高压的高强度工频电磁场也会对人体造成一定的伤害。④电路故障。电能在传递、分配、转换过程中，由于失去控制而造成的事故。线路和设备故障不但威胁人身安全，而且也会严重损坏电气设备。以上 4 种电气事故，以触电事故最为常见。但无论哪种事故，都是由各种类型的电流、电荷、电磁场的能量不适当释放或转移而造成的。

2. 触电事故原因

常见触电事故的主要原因有以下几点。

(1) 电气线路、设备检修中措施不落实；

(2) 电气线路、设备安装不符合安全要求；

(3) 非电工任意处理电气事务；

(4) 接线错误；

　　(5) 操作漏电的机器设备或使用漏电电动工具，包括设备、工具无接地、接零保护措施；

　　(6) 设备、工具已有的保护线中断；

　　(7) 带电源移动设备时因损坏，电源绝缘；

　　(8) 电焊作业者穿背心、短裤，不穿绝缘鞋，汗水浸透手套，焊钳误碰自身，湿手操作机器按钮等；

　　(9) 因暴风雨、雷击等自然灾害导致；

　　(10) 现场临时用电管理不善导致。

　　电气事故的原因是多种多样的，但归纳起来，不外乎是不安全状态和不安全行为。为扭转电气安全的被动局面，必须针对事故原因，努力使安全电气工程向更科学、更实用、更系统的方向发展。

9.2.5　电气安全工程技术方法

　　电气安全工程技术主要通过电气设备自身危险的防护和外界因素对电气设备产生危险的防护两方面技术实施其安全性。对自身危险的防护包括电击危险的直接接触保护和间接接触保护、发热危险保护和非电气危险(如机械危险)保护等要求。外界因素有环境、机械、操作运行及出现危险时的防护要求等。

　　电气安全主要从三个技术层面上达到电气的安全性，即基本要求、危险要素、防护措施。

　　基本要求为第一层次，提出了电气设备安全的基础技术要求，主要指电气设备危险时的应急切断，防止意外起动，防止静电积聚，工作介质、燃料，安全技术措施的可靠性，使用期限等。

　　危险要素为第二层次，是电气设备易发生危险的环节，并归纳为材料、电击危险、机械危险、电气联接和机械联接、爬电距离和电气间隙、运行危险、电源控制和危险防范、文字和标志8类发生危险的因素。

　　防护措施是第三层次，是对危险因素提出防护的必备要求，是达到安全目的的具体技术措施，由电气绝缘、外壳防护、运动部件、结构强度、电气联接、机械联接、危险部件、液体溢出、自动切断等要素组成。

　　电气设备的安全性有设计制造时的安全性和使用时的安全性。

　　设计制造时的安全性指设计、加工、装配、运行、运输、拆卸时的安全。

　　电气设备按防电击保护的方法可设计制造成Ⅰ类设备、Ⅱ类设备、Ⅲ类设备。

　　Ⅰ类设备，即防止电击保护不仅依靠基本绝缘，而且还包含一个附加的安全保护措施，将可触及的导电部分与电气设备中固定布线的保护接地导线连接起来，使可触及的导电部分在基本绝缘损坏时不能变成带电体。

Ⅱ类设备，防止触电保护不仅依靠基本绝缘，而且还包含附加的安全保护措施，如双重绝缘或加强绝缘，不提供保护接地或不依靠设备条件。

Ⅲ类设备，防止电击保护依靠安全特低电压（SELV）供电，电气设备中不产生高于特低电压的电压。

Ⅰ、Ⅱ、Ⅲ仅代表电气设备在设计制造时采用的安全技术方法，即Ⅰ类设备的电击防护采用等电位保护方法，Ⅱ类设备采用绝缘保护方法，Ⅲ类设备采用三重保护原理的方法（基本绝缘、特低电压、与供电电源隔离）。在理论上，这些方法都是安全的。所以Ⅰ、Ⅱ、Ⅲ仅代表采用的方法而不是安全的等级。使用时的安全性指与电气设备的特性和功能无关的安全技术，往往指电气设备在使用时采取的专门措施，如在电气设备运行中限制随便触及电气设备；只限于专业人员或受过初级训练人员应用电气设备。电气设备的使用环境指一般环境条件，即海拔不超过 1000m；环境温度最高不超过 40℃；最高环境湿度不大于 95％（25℃）。

9.2.6　安全电气工程管理

安全电气工程管理指提高相关人员的电气安全水平，建立先进的电气安全管理体系，制定完整的电气安全法规、标准、规范、规程，逐步实现电气安全标准化，引进系统工程的方法，提高电气安全管理的科学性。

安全电气工程还是一个比较年轻的学科，必须开展科学研究才能得到健康的发展。在其工程技术领域和管理工程领域均应开展科学研究。特别是对于静电、电磁辐射等新兴的电气安全问题，应加强研究。

9.2.7　电气安全技术措施

为防止人体直接、间接触电（电击、电伤），应采取以下安全技术措施。

1. 接零、接地保护系统

接电源系统中性点是否接地，分别采用保护接零系统或保护接地系统。

2. 漏电保护

在电源中性点直接接地的保护接零、配电网和电气设备外壳接地保护系统中，在规定的设备、场所范围内必须安装漏电保护器（部分标准称为漏电流动作保护器、剩余电流动作保护器）和实现漏电保护器的分级保护。一旦发生漏电，切断电源时会造成事故和重大经济损失的装置和场所，应安装报警式漏电保护器。

3. 绝缘

根据环境条件(潮湿、高温、有导电性粉尘、腐蚀性气体、金属占有系数大的工作环境,如机加工、铆工、电炉电极加工、锻工、铸工、酸洗、电镀、漂染车间和水泵房、空压站、锅炉房等场所)选用加强绝缘或双重绝缘(Ⅱ类)的电动工具、设备和导线;采用绝缘防护用品(绝缘手套、绝缘鞋、绝缘垫等)、选用不导电环境(地面、墙面均用不导电材料制成);上述设备和环境均不得有保护接零或保护接地装置。

4. 电气隔离

采用原、副边电压相等的隔离变压器实现工作回路与其他回路电气上的隔离。在隔离变压器的副边构成一个不接地隔离回路(工作回路),可阻断人员单相触电时电击电流的通路。

隔离变压器的原、副边间应有加强绝缘,副边回路不得与其他电气回路、大地、保护接零(地)线有任何连接;副边回路较长时,还应装设绝缘监测装置;隔离回路带有多台用电设备时,各设备金属外壳间应采取等电位连接措施,所用的插座应带有供等电位连接的专用插孔。

5. 安全电压(或称安全特低电压)

直流电源采用低于 120V 的电源。

交流电源用专门的安全隔离变压器(或具有同等隔离能力的发电机、独立绕组的变流器、电子装置等)提供安全电压电源(42V、36V、24V、12V、6V),并使用Ⅲ类设备、电动工具和灯具。应根据作业环境和条件选择工频安全电压额定值,即在潮湿、狭窄的金属容器、隧道、矿井等工作的环境,宜采用 12V 安全电压。

用于安全电压电路的插销、插座应使用专用的插销、插座,不得带有接零或接地插头和插孔;安全电压电源的原、副边均应装设熔断器作短路保护。

当电气设备采用 24V 以上安全电压时,必须采取防止直接接触带电体的保护措施。

6. 屏护和安全距离

(1) 屏护包括屏蔽和障碍,是指能防止人体有意、无意触及或过分接近带电体的遮栏、护罩、护盖、箱匣等装置,是将带电部位与外界隔离,防止人体误入带电间隔的简单、有效的安全装置。例如,开关盒、母线护网、高压设备的围栏、变配电设备的遮栏等。

金属屏护装置必须接零或接地。屏护的高度、最小安全距离、网眼直径和栅栏间距应满足"防护屏安全要求(GB/8197—87)"中的规定。

屏护上应根据屏护对象特征挂有警示标志,必要时还应设置声、光报警信号和连锁保护装置,当人体越过屏护装置接近带电体时,声、光报警且被屏护的带电体自动断电。

(2) 安全距离是指有关规程明确规定的、必须保持的带电部位与地面、建筑物、人体、其他设备、其他带电体、管道之间的最小电气安全空间距离。安全距离的大小取决于电压的高低、设备的类型和安装方式等因素,设计时必须严格遵守安全距离规定;当无法达到安全距离时,还应采取其他安全技术措施。

7. 连锁保护

设置防止误操作、误入带电间隔等造成触电事故的安全连锁保护装置。例如,变电所的程序操作控制锁、双电源的自动切换连锁保护装置、打开高压危险设备屏护时的报警和带电装置自动断电保护装置、电焊机空载断电或降低空载电压装置等。

8. 合理使用防护用具

在电气作业中,合理匹配和使用绝缘防护用具,对防止触电事故,保障操作人员在生产过程中的安全健康具有重要意义。绝缘防护用具可分为两类,一类是基本安全防护用具,如绝缘棒、绝缘钳、高压验电笔等;另一类是辅助安全防护用具,如绝缘手套、绝缘(靴)鞋、橡皮垫、绝缘台等。

9. 生产经营单位应进行全员的安全培训和教育

(1) 单位主要负责人和安全生产管理人员的安全培训教育,侧重面为国家有关安全生产的法律、法规、行政规章和各种技术标准、规范,具备对安全生产管理的能力,取得安全管理岗位的资格证书。

(2) 从业人员的安全培训教育在于了解安全生产知识,熟悉有关的安全生产规章制度和安全操作规程,掌握本岗位的安全操作技能。

(3) 特种作业人员必须按照国家有关规定经专门的安全作业培训,取得特种作业操作资格证书。

加强新职工的安全教育、专业培训和考核,新职工必须经过严格的 3 级安全教育和专业培训,并经考试合格后方可上岗。对转岗、复工人员应参照新职工的办法进行培训和考试。

9.3　防火防爆安全

9.3.1　消防安全工程

1. 消防工程的定义与内涵

消防工程是以研究火灾起因、燃烧灾变规律及工程对策为基础，以"预防为主，消防结合"为指导思想，应用灭火技术和预警控制手段，采用系统工程的管理方法，消除或减少火灾，减少人民生命和财产的损失，维护社会稳定的跨学科的综合性学科。

消防工程包含对火灾规律的认识，防火预警的系统方法，灭火消防工程手段，自救互救应急的技能，消防工程的立法与管理。不难看出，该学科的基础理论涉及系统论、信息论、控制论、决策学、运筹学和管理学，专业理论涉及社会工程学、灾害学、热物理学、燃烧与爆炸理论、火灾危险源辨识与评价理论、消防系统工程学、消防设备工程学、传质理论、能量传导理论以及监控预警理论等，专业技术涉及化学工程、机械工程、建筑学、材料学、水利学、电子技术、气象学、传感器技术、激光技术、热成像技术、遥感技术、微机仿真技术以及火灾模拟技术等。

2. 消防工程研究的主要内容

消防工程学科的研究，在生产领域和非生产领域均得到了迅速发展。它既是工业安全的重要组成部分，也是城市防灾的重要组成部分；既关系到广大职工的安全，也关系到广大居民的安全。其研究成果直接服务于经济建设和社会生活，在创造经济效益和社会效益、减少重大经济损失、保障生命安全、改善环境质量、实现国民经济可持续发展等诸方面均发挥着巨大的作用。可将该学科的研究内容大致归纳为4部分：消防工程基础理论与应用理论的研究，消防工程技术与设备的研究，消防材料与防火阻燃材料的研究，消防管理工程的研究。这些研究内容包括易燃物质和燃烧介质，火灾的发生机理，燃烧机理、传递方式，油品扬沸机理，各类火灾控制技术，火灾预警仪器设备，消防装备、器械、车辆，灭火剂，防火控制设备，阻燃材料，火灾防护及自救逃生设备，火灾监控系统；还包括对加工与生产易燃易爆产品的设备进行防火设计，各类建筑物火灾特性的研究与设计规范，交通运输工具(如飞行器、船舶、火车、汽车等)火灾特性与防止技术，静电安全的研究，瓦斯控制技术的研究，易燃易爆物质贮存及输送技术与设备的研究等。

3. 消防工程的理论研究

1) 燃烧理论

燃烧理论是消防工程的基础理论之一。它包括各种状态下的燃烧反应、燃烧连锁反应机理，发生燃烧的必要条件，如可燃物质、助燃物质和着火源等；发生燃烧的充分条件，如可燃物的浓度、氧含量、着火能量等；火焰的构造、燃烧热值以及燃烧温度；不同状态下各种物质的燃烧方式，如气态物质的扩散燃烧、预混燃烧以及相关的影响因素，液态物质的蒸发燃烧及影响因素，固态物质的蒸发燃烧、分解燃烧、表面燃烧、阴燃及影响因素；不同燃烧状况所需空气量；燃烧产物的计算；燃烧物对人体与建筑的影响；燃烧类型，如闪燃、自燃、着火、爆炸；火灾的发展，如热的传递(热传导、热辐射、热对流)；不同环境下的非定常、多维、多相、多组分的湍流流动，传热、传质、热辐射、燃烧、爆炸的火灾发展过程以及影响火灾变化的因素。

2) 火灾危险源辨识与评价理论

火灾危险源的辨识与评价理论是本学科的另一个基础理论。它包括火灾危险源危险模型与计算、火灾危险评价随机过程模型、易燃易爆产品安全性评估、火灾爆炸指数评估、火灾重大危险源事故概率计算、可燃物质储罐区危险性评估的理论模型、易燃易爆物质燃爆危险性分析理论、瓦斯突出地质条件与成因的研究、可燃物质与空气混合物相对爆轰敏感度的研究、根据化学反应热评估不稳定化学物质危险性的研究、静电的产生与防止理论、火灾防治的经济性分析、火灾场区模拟、场区网模拟以及确定性与随机性的综合模拟、煤矿瓦斯爆炸火灾危险性辨别理论与方法、采用激光全息干涉法开展燃烧测量技术的研究、油品扬沸火灾的物理模拟实验、火灾烟气运动模拟实验、红外图像火灾监测研究、烟气浓度的光学测量技术。

3) 21 世纪的消防工程新理论研究

除传统学科基础理论之外，一些前沿项目的理论研究在 20 世纪末已取得成果的基础上，在 21 世纪必将得到大力发展，如微重或失重条件下火灾机理的研究、烟气运动的计算机模拟、建筑物内部火灾过程的计算机模拟、热辐射引燃机理和火灾蔓延机理的研究、火灾的双重性规律、受限空间烟气羽流结构与传播规律、热流场的诊断分析理论、森林地表火蔓延理论模型、湍流燃烧的层流小火焰模型等。

4. 消防工程技术

消防工程技术主要包括防火工程与技术、监控预警技术与系统、消防材料与防火阻燃材料技术。

1) 防火工程与技术

(1) 电气火灾防火工程与技术。电气火灾占火灾总数的40%左右，防止导线电荷过载、短路和接触高阻值技术以及防止绝缘层含有杂质、线芯偏离，提高设计与敷设水平，改进电缆中间头与绝缘头的制作工艺，采用合理的电网运行方式方法是电气防火研究的重点技术。

(2) 静电火灾防火工程与技术。防止静电荷聚集、静电消除技术，如在石油与化工企业中，经常存在高分子碳氢化合物在液态下进行输送、装卸、过滤、混合等操作，容易发生摩擦、冲击、喷射，使这些易燃易爆物质大量聚积静电电荷。由于静电与流电在起电过程、材料、电位变化、电荷迁移及放电形式上不同，所以必须采取相应的控制技术，如限制流速、改变流动方式、添加抗静电剂、定时静置、接地、导电等技术措施。同时，通过研究静电分布规律，如测量电场强度与能量的分布、最高电位点、电位与液面高度的关系等，准确评估静电聚积状况及静电火灾的危险度。

(3) 油池油罐火灾防火工程与技术。在易于发生严重火灾的油罐区建立环形消防通道，正确设计消防泡沫线、冷却水线、防火堤、高压供水系统、含油污水密闭切水设施。消防供水系统应由高压消防水泵、消防水管网、地上式消火栓、固定自动喷淋和喷雾冷却水管道与贮水管组成。系统中应采用本质安全型的装置和设备，油罐区设置必要的避雷装置以及紧急切断装置等。

2) 监控预警技术与系统

(1) 些传感器包括一氧化碳传感器、氧气传感器、烟雾传感器、温度传感器、感热传感器、辐射温度传感器、远红外火焰传感器等。各种传感器与阈值式或模拟式检测器、自动控制模块、联动控制器、喷淋装置、排烟装置、总线制广播通信系统、多媒体智能设备共同组成高效能的监控预警系统。

(2) 火灾监控预警系统。大空间内早期火灾的智能监测系统，大型厂矿、仓储单位及重要公共场所等的火灾早期探测、自动报警、自动扑救、静火花感度定量测量以及电缆火灾的自动报警。

(3) 消防设备可靠性和安全性技术。该技术是发挥消防工程与技术的重要保障，如消防车、消防艇、消防飞机、消防枪炮、消防泵、消防栓、攀登工具、破拆工具、各类灭火器、通信与照明设备等方面的可靠性技术。防护装备包括防护服、铝箔隔热服、避火服、呼吸器具、防护靴、头盔、手套、安全带、安全钩等。

3) 消防材料与防火阻燃材料技术

如新材料的阻燃性、无毒性、经济性，在工业和建筑业大量采用防火阻燃材料，适量添加各种阻燃、不燃成分的建筑材料制成的门、墙、窗、天花板、涂料等对防止建筑火灾的发生、减少火灾损失具有重要价值。

9.3.2　爆炸安全工程

1. 爆炸安全工程的定义与内涵

爆炸安全工程是研究爆炸灾害事故的发生机理和发展过程，以及爆炸灾害预防和控制技术的学科。对于存在危险物质的场所来说，爆炸与燃烧往往是伴生的、燃烧会引起危险物质的爆炸，而爆炸又会引起更大的燃烧，因而防火防爆总是相提并论的。

2. 爆炸特征和爆炸事故类型

爆炸是指大量能量(物理或化学)在瞬间迅速释放或急剧转化成机械、光、热等能量形态的现象。物质自一种状态迅速转变成另一种状态，并在瞬间放出大量能量的同时产生巨大声响的现象称为爆炸。

爆炸事故是指人们对爆炸失控，并给人们带来生命和健康的损害及财产的损失。多数情况下是指突然发生伴随爆炸声响、空气冲击波及火焰而导致设备设施、产品等物质财富破坏和人员生命与健康受到损害的事故。

1) 爆炸事故种类

爆炸可分为物理性爆炸和化学性爆炸两种。

(1) 物理性爆炸。这种爆炸是由物理变化引起的，物质因状态或压力发生突变而形成爆炸的现象称为物理性爆炸。例如，容器内液体过热而气化引起的爆炸，锅炉的爆炸，压缩气体、液化气体超压引起的爆炸等。物理性爆炸前后物质的性质及化学成分均不改变。

(2) 化学性爆炸。由于物质发生极迅速的化学反应，产生高温、高压而引起的爆炸称为化学性爆炸。化学性爆炸前后物质的性质和成分均发生了根本的变化。化学性爆炸按爆炸时所产生的化学变化，可分成 3 类。

① 简单分解爆炸。

引起简单分解爆炸的爆炸物，在爆炸时并不一定发生燃烧反应，爆炸所需的热量是由于爆炸物质本身分解时产生的。属于这一类的有叠氮铅、乙炔银、乙炔酮、碘化氮、氯化氮等。这类物质是非常危险的，受轻微振动即引起爆炸。

② 复杂分解爆炸。

这类爆炸性物质的危险性较简单分解爆炸物低，所有炸药均属于此类。这类物质爆炸时伴有燃烧现象。燃烧所需的氧由本身分解时供给。各种氮及氯的氧化物、苦味酸等都属于这一类。

③ 爆炸性混合物爆炸。

所有可燃气体、蒸气及粉尘与空气混合而形成的混合物的爆炸均属于此类。

这类物质爆炸需要一定条件，如爆炸性物质的含量、氧气含量及激发能源等。因此，其危险性虽较前两类低，但极普遍，造成的危害性也较大。

2）爆炸事故的特点

爆炸事故通常有以下特点。

（1）突发性。爆炸事故发生的时间和地点常常难以预料，隐患在未爆发之前，人们容易麻痹大意，一旦发生则措手不及。

（2）复杂性。爆炸事故发生的原因、灾害范围及后果各异，相差悬殊。

（3）严重性。爆炸事故对受灾单位的破坏往往是毁灭性的，会造成人员和财产方面的重大损失。

爆炸事故都是意外的、突发的、猝不及防的，对人体造成的伤害极其严重，而且是多人同时遇难，需要全体动员紧急救护来减少伤亡和损失。

根据爆炸事故发生的特点，防爆工作的重点可以在爆炸条件成熟之前，采取加强通风以降低形成爆炸性混合物的可能性，降低爆炸场所的危险等级；合理配备防爆设备，加强检测、检验，及时发出警报等安全措施来避免爆炸事故的发生。

3）常见爆炸事故类型

（1）气体燃爆，从管道或设备中泄漏出来的可燃气体，遇火源而发生的燃烧爆炸。

（2）油品爆炸，如重油、煤油、汽油、苯、酒精等易燃、可燃液体所发生的爆炸。

（3）粉尘、纤维爆炸，煤尘、木屑粉、面粉及铝、镁、碳化钙等生产场所的爆炸。

4）爆炸事故的伤害特点

根据爆炸的性质不同，造成的伤害形式多样。

（1）爆震伤。又称为冲击伤，距爆炸中心 0.5m 以外受伤，是爆炸伤害中最为严重的一种损伤。其原因是爆炸物在爆炸的瞬间产生高速高压，形成冲击波，作用于人体生成冲击伤。冲击波比正常大气压大若干倍，作用于人体造成全身多个器官损伤，同时又因高速气流形成的动压，使人跌倒受伤，甚至肢体断离。

（2）爆烧伤。爆烧伤实质上是烧伤和冲击伤的复合伤，发生在距爆炸中心 1～2m，由爆炸时产生的高温气体和火焰造成，严重程度取决于烧伤的程度。

（3）爆碎伤。爆炸物爆炸后直接作用于人体或由于人体靠近爆炸中心，造成人体伤害。

（4）有害气体中毒。爆炸后的烟雾及有害气体会造成人体中毒。常见的有害气体为一氧化碳、二氧化碳、氮氧化合物。

3. 爆炸的危害

一般而言，在离爆心较近的距离内，凝聚相爆炸的杀伤效果远大于混合相爆炸。

人体承受超压 0.05～0.10MPa(0.10MPa 为上限超压)时，就会受重伤甚至死亡；人在超压 0.05MPa 时，肝脏等器官将出血、损伤；在超压大于 0.10MPa 时，人就会死亡。一般爆炸的最大压力都会超过 0.10MPa。因此，预防爆炸事故的发生至关重要。

4. 爆炸安全工程技术措施

针对不同种类的爆炸和不同可爆物所采取的预防措施是不同的。

根据形成爆炸的 3 个基本条件，只要避免其中一个条件的形成，就能有效防止爆炸的发生。首先，消除、减少使用可燃、可爆物。其次，生产或工作中不可避免地会出现如煤矿瓦斯、生产工艺产生的可爆物，必须实时监测可爆物的浓度，出现异常及时报警，然后采取相应的措施(如加强通风等)。最后，隔绝，如存放可燃可爆物品处严禁明火作业，严禁带火种进入这些场所，操作人员必须穿防静电工作服，严防危险品跌落，严禁使用黑色金属工具等。

(1) 防止可燃性物质燃烧及蔓延的安全技术措施：分类管理；防止形成燃爆物质；通过火灾监测仪表以及可燃气体或蒸汽浓度检测仪表来防止火灾或爆炸事故发生；消除或控制点火源；阻止火势蔓延。

(2) 防止形成燃爆介质的措施：设备密闭、厂房通风、惰性介质保护、以不燃溶剂代替可燃溶剂、危险物品隔离贮存及妥善处理含有危险成分的物质等。

(3) 使用阻火设备：安全液封和阻火器。

(4) 阻止物质燃烧的安全措施：冷却法、隔离法、窒息法、化学抑制法。

(5) 防止火炸药发生意外爆炸应采取的安全技术措施：防止冲击和摩擦；避免明火和高温表面；阻止易燃物或火药自燃；阻止电气设备产生电火花；避免静电放产生电火花；避雷；预防机械和设备故障；采取隔火、隔爆或泄压、蟹棒等措施，避免爆炸事故的扩大；有爆炸危险的工房或库房之间与其他建筑物之间要留有适当安全距离；采取适当的灭火设备。

(6) 有些物质的火灾不能用水扑灭，若用水扑救可能引起爆炸：遇水燃烧的物质，如钾、钠、镁、铝粉等，这些物质遇水能迅速发生化学反应生成氢气，放出大量的热，易引起爆炸；高压电气装置的火灾，在没有良好的接地或没有切断电源时，一般不能用水扑救；轻于水且又不溶于水的可燃液体火灾，如汽油、煤油着火；硫酸、盐酸、硝酸火灾，不宜用强大的水流扑救，容易喷溅伤人；熔化的铁水、钢水不能用水直接扑救，因水接触高温迅速分解成氢、氧，造成燃烧爆炸。

　　（7）消除静电：静电指绝缘物质上携带的、相对静止的电荷。爆炸性混合物遇静电产生的火花会引发爆炸。应在可能形成爆炸性混合物的场所安装静电中和装置，操作人员穿戴防静电服装。消除静电的措施：工艺控制法、泄露导走法、中和法。

　　（8）设置安全距离：对于有可能发生爆炸的危险区域，应设置足够的安全距离，尽量减小对人的伤害。

9.4　噪声与振动控制

9.4.1　噪声与振动控制学科的定义及内涵

　　噪声与振动控制学科是研究在劳动生产过程中，控制或消除噪声与振动对劳动者的危害，采用综合治理和管理的方法，采用防治工程技术和个体防护用具用品，达到保护劳动者的身心安全与健康，预防和治疗噪声与振动引起伤害及疾病的一门综合性学科。它涉及声学、设备学、机械学、劳动科学、预防医学、职业病学、环境医学等多门学科。因此，它是一门跨门类、跨学科的交叉学科。

9.4.2　噪声与振动控制研究的主要内容与范畴

　　研究生产噪声与振动问题，首先考虑的是噪声与振动是否造成影响与危害及其程度，这关系到在噪声与振动环境中，人和物所处的安全程度，既包括人的生命安全受到保障，人的健康不受损害，人的心理不受影响，也包括物（如精密仪器设备、建筑物等）不受损害和能发挥正常功能。劳动者和物在作业环境里是否安全，是由以下几个因素决定的。

　　1. 安全条件

　　安全条件指具有噪声与振动的作业环境是否符合安全条件，它可从以下两方面考察：①噪声和振动能对劳动者造成影响和危害，这是其直接造成的不安全因素。②强振动能使设备发生重大甚至灾难性事故，从而可能危及人的生命安全。

　　2. 安全状态

　　安全状态主要是研究劳动者的行为同噪声与振动环境的结合（人机结合）是否处于安全状态。国内外大量研究表明，噪声与振动能造成劳动者生理上的危害和心理上的影响。生理上的危害包括使人耳聋，使人的神经、血管、消化、呼吸、内分泌、泌尿系统等受到不同程度的损害。心理上的影响为使人烦躁不安等。

3. 安全行为

安全行为主要是研究劳动者的行为是否符合安全的要求。

(1) 人在噪声与振动环境下劳动和工作，会心烦意乱，精力难以集中，这不仅会降低工作效率，而且会发生误操作，从而造成重大事故。

(2) 噪声过强，可能会掩蔽警报信号和指挥信号而导致重大甚至灾难性事故的发生。

(3) 如果仪器仪表的刻度处于振动状态，则操作者会因视觉模糊而读错刻度或数字，也可能因此造成重大甚至灾难性事故。

研究人和物对噪声和振动产生的各种效应，需要解决的问题是建立合适的评价方法和制定有关标准。从制定标准到执行标准，这不仅是安全设备工程学问题，而且安全人机工程学、安全系统工程学和安全管理工程学问题。

根据国家标准，企业要设法达标，实现对生产过程中噪声与振动的控制，需要科学、经济、实用的有关工业安全卫生标准。一个噪声与振动控制方案的提出、设计、审批、筹措经费、加工制造、工程实施、检测验收，不仅是工程设计问题，还有安全设备工程学、安全生理学、安全心理学、安全系统工程学、安全管理工程学的问题。

9.4.3　噪声与振动控制技术

1. 噪声控制的基本原理

任何声学系统的主要环节都是声源、传播途径和接受者 3 部分，但声源、传播途径和接受者之间并不是彼此独立，而是有明显的相互作用的。因此，噪声控制必须从这 3 方面综合去考虑，既要对其分别研究，又要将其当做一个系统综合研究，既满足降噪的要求，又符合技术经济指标合理性，权衡利弊。总的来说分为 3 步，先降低声源本身的噪声；如果技术上办不到，或者技术上可行而经济上不合算，则考虑从传播途径来控制噪声；如果这种考虑还达不到要求或经济上不合算，则可考虑接受者的个人防护。

(1) 降低声源噪声。降低声源噪声是噪声处理中最根本、最有效的技术措施，是治本的方法。首先，可以从提高机械加工及装配的精度入手，减少摩擦和撞击，以减少激发力的振幅，变发声体为不发声体或大大降低发声体的辐射声功率；其次，可以从改进生产工艺和操作方法入手，如用焊接代替铆接、用被压代替冲压、用斜齿轮代替直齿轮等；最后，可通过改革声源结构，进行低噪声结构设计来降低声源体噪声，一般采取降低机电设备的激振力和降低系统中噪声辐射部件对激振力的响应及机电设备总体的合理设计来实现，目前国外还在研究低噪声的发动机。

（2）在传播途径上控制噪声。由于技术或经济上的原因，从声源上完全控制噪声难以实现，这就需要从声音的传播途径上去加以考虑。在传播途径上控制噪声主要是阻断和屏蔽声波的传播或者使声波传播的能量衰减。表 9-1 是常见的几种声学技术措施。

表 9-1　几种常用声学技术措施

技术措施	适用范围
吸声处理	吸收室内的混响声：混响声因或做管道内衬
隔声间（罩）	隔绝各种声源噪声：各种通用机器设备、管道的噪声
隔振	组织固体声波传递，减少二次辐射：生源基础的减振器管道隔振
消声器	降低空气动力性噪声：各种风机、空气压缩机、内燃机等进排气噪声
阻尼减振	减少板壳振动辐射噪声：车体船体、隔声罩、管道减振

（3）接受者的防护措施。当降低噪声的技术措施不能满足要求时，就要从个人防护上考虑，配带防护用品，如耳塞、耳罩、头盔等防噪用品，个人防护用品应轻便、舒适，采取工人轮换作业缩短工人工作时间也是一种辅助方法。

2. 振动控制技术原理

振动控制实际上和噪声控制类似，也有振源、振动传播及接受者 3 部分。控制振动危害首先就是要考虑控制振源，减少激振力。可以通过生产工艺改革，消除或减轻振动源的振动，如控制手臂振动主要考虑用减振工具替代传统工具，减少工用具引起的振动。通常所说的、符合人体动力学设计的工具并不意味着减振，只是指工具的把手形状能让使用者的手和手腕处于平常状态，以减少腕管综合征，但并不一定能减少手臂振动。

对接受者来讲，就要加强个人防护，配带防护用品等，如配带减震手套进行操作，减少接振时间也是有效的预防措施。在实际工作中还可以通过改善工作环境、注意防寒保暖、定期工休体检等一系列措施，积极做好振动职业病的预防和控制。例如，晕车、晕船的人在开车半小时前吃晕车药就可以达到预防的效果。

在实际生活中，由于控制源不可避免，控制振动传播才是最有效的振动控制措施，一般主要是采取隔振和阻尼等措施。阻尼材料通常都是用具有高止滞性的高分子材料做成，且具有较高的损耗因子。将阻尼材料涂在金属板材上，当板材弯曲振动时，阻尼材料也随之弯曲振动。由于阻尼材料有很高的损耗因子，在做剪切运动时，内摩擦损耗就大，使一部分振动能量变为热能而消耗掉，从而抑制了板材的振动，使辐射的噪声减小。隔振的作用有两个方面：一是减少源振动传至周围环境，二是减少环境振动对物体或设备的影响。

在隔振技术中往往会碰到大量振源隔离问题，如对通风机、电动机、水泵、空压机、柴油机及锻压冲击设备的振动噪声治理均属于此类。减少外界环境振动对有特殊防振要求的精密仪器、设备和建筑物的影响也很重要。例如，精密天平、干涉仪、激光设备、电子显微镜等精密仪表设备及录音室、演播室、声学实验室之类建筑物的隔振措施、保护人体舒适安全的坐垫等，均属于这类用途。

9.4.4　噪声与振动控制措施

1. 噪声控制措施

1）吸声

吸声主要是利用吸声材料或吸声结构吸收声能，这主要用在室内空间，如在工厂车间、会议室、办公室或剧场内，墙壁表面会使声源体发出的声音来回反射，使得噪声比同一声源在空旷的露天里（自由空间）要高，如果使用吸声材料就会吸收反射声，从而降低室内噪声。吸声处理对直达声不起作用，只能减少反射声（即混响声）。

吸声处理的主要适用范围有：①室内表面多为坚硬的反射面，室内原有的吸声较小，混响声场占主导的场合；②操作者距声源有一定距离，室内混响较大的场合；③要求减噪声的地点虽然离声源较近，但用隔声屏隔离直达声的场合。

2）隔声

隔声就是用屏蔽物将声音挡住、隔离开来，如墙壁、门窗可以把室外的噪声挡住，不让它传到室内来，可见采取隔声的办法来降低空气中传播的噪声是控制噪声最有效的措施之一。但是，由于声波是弹性波，作用在屏蔽物上，会激发起屏蔽物的振动，使声音从一边传到另一边，所以总会有一定的声波通过屏蔽物透射到另一边。一般用隔声量或插入损失来表示隔声性能的大小。

（1）隔声罩。采用隔声罩将机电设备罩起来，使机器与作业者隔开，这是控制机电噪声的一种简单而又经济的办法。隔声罩的形状一般应接近于机电设备的外轮廓，紧靠声源安装的密闭刚性罩，使噪声局限在较小的空间内。隔声罩主要由板材、吸声材料和阻尼层构成。罩壳可用铜板、硬铝板或其他密度较大的板材制作。

（2）隔声室。为了减少噪声对人体的危害，也可以在高噪声的环境中设置隔声室。隔声室与隔声罩的主要区别是噪声源的位置，前者在室外，而后者在罩内。

隔声室是用普通建筑材料建造的，采用一砖厚的墙壁即可满足隔声的要求，但门窗属于轻型隔声结构，需采用特制的隔声门窗。为了提高隔声量，还可以把门窗设计成双层或多层的，层与层之间填以不同的吸声材料，同时室内的墙壁和天花板应作吸声处理。

（3）声屏障。声屏障是在噪声源和受声点之间的声遮挡结构，使声波在传播过程中遇到声屏障时发生反射、吸收、透射和绕射现象，并在屏障后面形成声影区，从而达到降低噪声的目的。声屏障的作用主要是阻止直达声的传播、隔离透射声，并使绕射声有足够的衰减，它的主要特点是采取不封闭的噪声防护结构，实现对环境噪声的控制。

3）消声

消声就是利用消声器来降低空气声的传播。消声器是阻止声传播而允许气流通过的一种装置，是降低气流噪声的主要技术措施，如在空气动力机械进出口气流通道上，安装一个合适的消声器，就能使进出口噪声显著降低。通常属于气流噪声控制方面的有风机噪声、通风管噪声、排气噪声等。广泛采用的传统的消声器有阻性消声器、抗性消声器及小孔消声器、多孔扩散消声器等。

（1）阻性消声器。阻性消声器是利用附贴在气流通道的内表面上的多孔吸声材料来吸收声能。当外来声波沿着消声器通道传播时，激起管壁上多孔材料中的空气分子振动，由于摩擦阻力和蒙古滞阻力使声能转变为热能，从而达到消声降噪的目的。它的效果犹如电路中的电阻要消耗一部分电能一样，它要消耗一部分声能，故称为阻性消声器。阻性消声器具有结构简单和良好的吸收中高频噪声的特点，故在实际工程中得到广泛的应用。

（2）抗性消声器。抗性消声器与阻性消声器的消声原理不同，它不直接吸收声能，而是利用管道的声学特性，在管道的突变截面处或旁接共振腔，使管道传播的声波透不过去，从而达到消声的目的。抗性消声器有良好地消除低频噪声的性能，而且能在高温、高速、脉动气流下工作，适用于汽车、拖拉机等排汽管道的消声。

抗性消声器的种类很多，形式多种多样，常见的有扩张式消声器，共振腔消声器及干涉消声器等。

2. 振动控制措施

振动的控制措施主要是应用隔振器。隔振器主要分为以下几种。

（1）弹簧减振器。钢弹簧减振器不仅可以承受很大的负荷，还可以在其他减振材料（如橡胶）所经受不住的温度和油污环境中使用，而且也可以在很大的静态下沉量下具有很低的固有频率范围，它的性能非常优良。

（2）橡胶减振器。橡胶减振器的用途也很广泛，它的最大优点是具有一定阻尼，在共振附近有较高的减振效果，但由于橡胶材料的性能极不稳定，很难用一些简单的理论来说明它的确切性能与作用，所以橡胶减振器的设计误差很大。一般只有通过实验才能准确地测定出它的基本参数。平的橡皮胶板刚度高不利于减振，而带有孔洞和凹槽的橡皮胶板则减少了刚度，加大了静态下沉量，从而降低了系统的固有频率。

（3）软木、毡板类减振材料。作为减振材料或隔热用的软木，是将天然木经过高温和高压蒸汽烘干使其分子压缩后制成板状或块状。而毡板之类的减振材料则是由玻璃纤维或矿棉、石棉等加工而成的。这两种材料一样，在受压后将产生没有回复力的假的静态下沉量。用它们作减振材料，不容易控制和计算。因此，选用前一定要对它们的刚度进行实测。

（4）空气弹簧减振器。为了得到很低的固有频率，又同时减低弹簧的高度，近年来出现了一种高效能的隔振元件——空气弹簧。它是在一个增强橡胶空腔内用空气压缩机打进一定压力的空气，使它具有一定的刚度（即弹性）。空气弹簧除应用在火车、汽车上之外，也可用于实验室。

9.5　工业防毒

9.5.1　基本概念

1. 毒物

毒物的定义如下。

（1）一般来说，凡作用于人体并产生有害作用的化学物质。

（2）通常是指在小剂量的情况下，通过一定条件作用于机体，引起机体功能或器质性改变，导致暂时性或持久性病理损害乃至危及生命的化学物质。

有毒与无毒意义上是相对的：①毒物只在一定条件下作用于人体才具有毒性；②任何物质只要具备一定条件就能出现毒害作用，"毒物本身不是毒物，而剂量使其成为毒物"。

2. 生产性毒物（工业毒物）

在工业生产中，使用或产生的有毒物质，称作生产性毒物或工业毒物。工业毒物常以气体、蒸汽、烟、尘、雾等形态存在于生产环境中。

3. 生产性中毒类型

中毒：有毒物质在体内起化学作用而引起机体组织破坏、生理机能障碍甚至死亡等现象称为中毒。

急性中毒：毒物一次或短时间内大量进入人体后引起的中毒，称为急性中毒。

急性职业中毒：工人在生产作业过程中由工业毒物引起的急性中毒称为急性职业中毒。

4. 防毒工程的基本内涵和构架

防毒工程是指为防范或减轻化学毒物危害而采取的安全工程技术措施。

化学物质品种、存在形式和危害途径的多样性导致了防毒工程特有的复杂性。当代防毒工程按照危险源的危害特点、范围和后果，可分为重大泄漏危险源控制和环境质量控制两大分支。

1）重大泄漏危险源控制

该类型防毒工程是以可酿成突发性重大毒物泄漏灾害事故的设备设施为目标而建立的防毒工程技术系统，它主要包括以下组成部分。

（1）泄漏危险源辨识：以法定标准为根据确定危险源特性和等级。

（2）泄漏危险源诊断和评价：以危险源诊断技术为基础，确定构成危险源的设备设施的整体和各重要组成部分的初始危险水平、事故发生概率和后果严重度。

（3）泄漏危险源监控：根据诊断评估结果及危险源周边气象、环境条件，确定监测手段和监测点布局，并设计安装预防事故发生和减消事故危害的技术装备和设施。

（4）事故应急救援：一旦事故发生应采取相应措施阻止危害扩大蔓延、保护现场营救人员和疏散周边人员，并提出应急救援预案。

2）环境质量控制

该类型防毒工程是对存在毒物危害的作业环境或人居环境进行的质量控制，它主要包括以下组成部分。

（1）环境监测：包括环境样品采集和处理、现场实时监测报警、实验室分析检测等技术。

（2）环境评估：根据环境有害物质的特性、浓度、存在形式以及接触者在该环境的滞留时间等因素，按照有关安全卫生标准，对特定环境进行危险度评估和分级。

（3）环境控制：根据评估结果而采取的防护技术措施（含毒物取代、通风换气、毒物吸收、催化燃烧等技术和方法），以使环境质量达到标准要求。

防毒工程是集多种现代技术于一身的综合系统工程，其主要支撑技术有传感器技术、危险源诊断技术、模拟仿真技术、特种屏蔽防护材料技术以及计算机网络信息技术等。

9.5.2　毒物的危害

1. 毒物侵害的途径

毒性物质侵入人体途径一般是经过呼吸道、消化道及皮肤接触进入人体的。

(1) 职业中毒中，毒性物质主要是通过呼吸道和皮肤侵入人体的。

(2) 生活中，毒性物质则是以呼吸道侵入为主。注意：职业中毒时，经消化道进入人体的情况是很少的，往往是用被毒物沾染过的手取食物或吸烟，或发生意外事故毒物冲入口腔造成的。

2. 中毒原因

急性职业中毒发生的原因较为复杂，多数情况下不能用单一原因来解释。常见的中毒原因主要有以下几方面。

(1) 设备方面。没有密闭通风排毒设备；密闭通风排毒设备效果不好；设备检修或抢修不及时；因设备故障、事故引起的跑、冒、滴、漏或爆炸。

(2) 个体方面。没有个人防护用品；不使用或不当使用个人防护用品；缺乏安全知识；过度疲劳或其他不良身体状态；有从事有害作业的禁忌证。

(3) 安全管理方面。化学品无毒性鉴定证明；化合物成分不明；化学品来源不明；化学品贮存或放置不当；化学品转移或运输无标志或标志不清。

(4) 化学品管理方面。没有安全操作规程；违反安全操作制度或执行不当；没有安全警告标志或保障装置；缺乏必要的安全监护。

9.5.3　防毒技术措施

(1) 替代或排除有毒或高毒物料技术。在生产中，原料和辅助材料应尽量采用无毒或低毒物质。用无毒物料代替有毒物料，用低毒物料代替高毒或剧毒物料，是消除毒性物料危害的有效措施。但是，完全用无毒物料代替有毒物料，从根本上解决毒性物料对人体的危害，还有相当大的技术难度。

在合成氨工业中，原料气的脱硫、脱碳过去一直采用砷碱法。而砷碱液中的主要成分为毒性较大的三氧化二砷。现在改为本菲尔特法脱碳和蒽醌二磺酸钠法脱硫，都取得了良好的效果，并彻底消除了砷的危害。

在涂料工业和防腐工程中，用锌白或氧化钛代替铅白；用云母氧化铁防锈底漆代替含大量铅的红丹底漆，从而消除了铅的职业危害。用酒精、甲苯或石油副产品抽余油代替本溶剂；如以无汞仪表代替有汞仪表；以硅整流代替汞整流等。作为载热流体，用透平油代替有毒的联苯-联苯醚；用无毒或低毒的催化剂代替有毒或高毒的催化剂等。

　　为了消除或减轻毒物对人体的危害，比较多地采用了上述替代的方法。需要注意的是，这些代替多是以低毒物代替高毒物，并不是无毒操作，仍要采取适当的防毒措施。

　　(2) 采用危害性小的工艺。选择安全的危害性小的工艺代替危害性较大的工艺，也是防止毒物危害的带有根本性的措施。减少毒害的工艺可以是原料结构的改变，如硝基苯还原制苯胺的生产过程。过去国内多采用铁粉作还原剂，过程间歇操作，能耗大，而且在铁泥废渣和废水中含有对人体危害极大的硝基苯和苯胺。现在大多采用硝基苯流态化催化氢化制苯胺新工艺，新工艺实现了过程连续化，而且大大减少了毒物对人和环境的危害。又如，在环氧乙烷生产中，以乙烯直接氧化制环氧乙烷代替了用乙烯、氯气和水生成氯乙醇进而与石灰乳反应生成环氧乙烷的方法，从而消除了有毒有害原料氯和中间产物氯化氢的危害。有些原料结构的改变消除了剧毒催化剂的应用，从而使过程减少了中毒危险。例如，在聚氯乙烯生产中，以乙烯的氧氯化法生产氯乙烯单体，代替了乙炔和氯化氢以氯化汞为催化剂生产氯乙烯的方法；在乙醛生产中，以乙烯直接氧化制乙醛，代替了以硫酸汞为催化剂乙炔水合制乙醛的方法，两者都消除了含汞催化剂的应用，避免了汞的危害。用环己基环己醇酮代替刺激性较大的环己酮等，这些溶剂或稀料的毒性要比所代替的小得多。

　　(3) 密闭化、机械化、连续化措施。敞开式加料、搅拌、反应、测温、取样、出料、存放等，均会造成有毒物质的散发、外逸，毒化环境。为了控制有毒物质，使其不在生产过程中散发出来造成危害，关键在于生产做好密闭隔离作用。

　　(4) 采用防护器材，如在毒物浓度比较高的特殊环境中，可使用防毒面具等。

　　(5) 对工厂加强卫生监督，对工人进行安全操作教育，严防意外事故发生。

　　(6) 从事接触工业毒物作业的工人要进行就业前体检和定期检查，及时发现就业禁忌症及毒物吸收状态，根据情况采取有效的防护措施。

　　(7) 对于毒物作业工人，提供保健膳食，以增强身体的抵抗力，保护易受毒物损害的器官。

9.5.4　急性中毒的现场救护

　　(1) 救护者的个人防护，救护者在进入危险区抢救之前，先要做好呼吸系统和皮肤的个人防护，佩戴好供氧式防毒面具或氧气呼吸器，穿好防护服。进入设备内抢救时要系上安全带，然后再进行抢救。否则，不但中毒者不能获救，救护者也会中毒，致使中毒事故扩大。

　　(2) 切断毒物来源。

（3）采取有效措施防止毒物继续侵入人体：①转移中毒者；②清除毒物。

（4）促进生命器官功能恢复。中毒者若停止呼吸，应立即进行人工呼吸。人工呼吸的方法有压背式、振臂式、口对口（鼻）式 3 种。最好采用口对口式人工呼吸法。同时针刺人中、涌泉、太冲等穴位，必要时注射呼吸中枢兴奋剂（如"可拉明"或"洛贝林"）。

（5）及时解毒和促进毒物排出。发生急性中毒后应及时采取各种解毒及排毒措施，降低或消除毒物对机体的作用，如排尿、催吐或洗胃、防止吸收促进毒物排出。

9.5.5　防毒工程的发展

当今科学技术的飞速发展为我国防毒工程现代化提供了前所未有的物质技术条件，为改变我国相对落后的防毒工程发展现状创造了良好的前提相机遇。21世纪，我国防毒工程的发展战略和要点应该是：

（1）用现代模拟仿真技术研究开发可靠性高的化学危险源监控预警系统。

（2）改进、借鉴国际先进的传感器、现场监测仪器制造技术和产品，为危险源和环境监控提供必不可少的基本技术手段。

（3）研制开发高效适用的呼吸器具、特种防护罩、跟镜、面罩等配套个体防护用品，并大力推进企业进程。应该指出，个体防护用品是防毒工程乃至整个安全工程建设中不可取代的重要技术手段。

（4）加强法规建设，严格监督管理，这是实现防毒工程建设总体目标的基本前提和保证。

9.6　粉尘危害与控制

9.6.1　防尘工程的定义与内涵

防尘工程属于职业卫生工程的分支学科，其目的是保护劳动者免遭粉尘危害而损害健康或发生职业病，它属于劳动卫生、预防医学、综合防尘工程技术、职业卫生管理的范畴。

防尘工程研究生产场所或生活环境中对人体健康有害的粉尘特性（如飘浮性、致病性、沉积性、载体性、爆炸性等）并采取相应的技术措施和组织管理方法，以消除或减少有害粉尘对人体健康的危害。它是涉及人体学、劳动卫生、预防医学、职业病防治、工程技术的多领域、跨学科的综合性学科。

9.6.2　粉尘的危害

1. 肺部疾病

（1）尘肺。尘肺是由于在职业活动中长期吸入生产性粉尘而引起的肺组织弥漫纤维化为主的全身性疾病。我国卫生部、劳动和社会保障部 2002 年 4 月印发的《职业病目录》中有以下 13 种尘肺，即矽肺、煤工尘肺、石墨尘肺、炭黑尘肺、石棉肺、滑石尘肺、水泥尘肺、云母尘肺、陶工尘肺、铝尘肺、电焊工尘肺、铸工尘肺、根据诊断标准可以诊断的其他尘肺。到 2002 年年底，我国累计发生尘肺病人 581 377 例，较 1986 年的统计数字 393 797 例增加了 47.6%；至 2000 年已累计死亡 133 266 例。据 1986 年统计矽肺和煤工尘肺分别占全国尘肺累计总数的 48.3% 和 39.1%。

曾不断报道，一些无职业性接触粉尘史的人患矽肺，一般认为这是由环境污染造成的。随着人年龄的增加，大气污染颗粒物在肺的蓄积量也增多。我国西北风沙地区农民 X 线胸片矽肺检出率为 1.14%，70 岁以上的检出率为 10.34%，这类矽肺称为非职业性矽肺。

（2）肺粉尘沉着症。有些生产性粉尘，如锡、钡、铁等粉尘，吸入后可沉积于肺组织中，仅呈现一般的异物反应，但不引起肺组织的纤维化反应。对人体健康危害较小或无明显影响，这类疾病称为肺粉尘沉着症。

（3）有机性粉尘引起的肺部疾病。有些有机性粉尘，如棉、亚麻、茶、甘蔗渣、谷类等粉尘，可引起一种慢性呼吸系统疾病，常有胸闷、气短、咳嗽咯痰等症状。一般认为，单纯有机性粉尘不会引起肺组织的纤维化改变。

尘肺与粉尘沉着症、有机性粉尘引起的肺部病变，在病理改变及对人体的危害程度方面各有不同，其中只有尘肺属于法定职业病范围，所以在实际工作中，必须区分对待。

2. 其他疾病

长期接触生产性粉尘，除引起尘肺等肺部疾病外，还可能引起其他一些疾病。例如，大麻、棉花等粉尘可引起支气管哮喘、哮喘性支气管炎、湿疹等过敏反应性疾病。破烂布屑及某些农作物粉尘，可能携带霉菌，如带有霉菌的粉尘进入肺内可引起肺霉菌病。石棉粉尘除引起石棉肺外，还可致肺癌和间皮瘤。经常接触生产性粉尘，还可引起皮肤、耳及眼的疾患。在煤矿工人中还可见到粉尘引起的角膜炎等。

9.6.3　粉尘危害控制措施

1. 工程技术措施

工程技术措施是防止粉尘危害的中心措施，主要在于治理不符合防尘要求的产尘作业和操作，目的是消灭或减少生产性粉尘的产生、逸散，以及尽可能降低作业环境粉尘浓度。其途径有以下几种。

（1）改革工艺过程，革新生产设备是消除粉尘危害的根本途径。应从生产工艺设计、设备选择，以及产尘机械在出厂就应有达到防尘要求的设备等各个环节做起。例如，采用封闭式风力管道运输、负压吸砂等方式消除粉尘飞扬；用无砂物质代替石英，以铁丸喷砂代替石英喷砂等。

（2）湿式作业是一种经济易行的防止粉尘飞扬的有效措施。凡是可以湿式生产的作业均可使用，如矿山的湿式凿岩、冲刷巷道、净化进风等；石英、矿石等的湿式粉碎或喷雾洒水；玻璃陶瓷业的湿式拌料；铸造业的湿砂造型、湿式开箱清砂、化学清砂等。

（3）对不能采取湿式作业的产尘岗位，应采用密闭吸风除尘方法。凡是能产生粉尘的设备均应尽可能密闭，并用局部机械吸风，使密闭设备内保持一定的负压，防止粉尘外逸。抽出的含尘空气，必须经过除尘净化处理才能排出，以避免污染大气。

根据行业特点的不同，采取的防尘措施之间具有一定差别。

2. 工厂防尘措施

工厂防尘有两套措施，即以湿式作业为主的防尘措施办法和在干法生产条件下采取的密闭、通风、除尘措施。

1）湿式作业

湿式作业防尘的特点是，防尘效果可靠，易于管理投资经营，已为厂矿广泛应用，如石粉厂的水磨石英，陶瓷厂、玻璃厂的原料水碾，湿法拌料，水力清砂，水爆清砂等。

2）密闭、通风、除尘系统

干法生产（粉碎、拌料等）容易造成粉尘飞扬，可采取密闭、通风、除尘的办法，但首先必须对生产过程进行改革，理顺生产流程。实现机械化生产的条件下，才能使密闭、通风、除尘的措施有了基础；在手工生产、流程紊乱的情况下，密闭、通风、除尘设备是无法奏效的。密闭、通风、除尘系统可分为密闭设备、吸尘罩、通风管、除尘器等几个部分。

（1）密闭设备。密闭设备的功能是将发生粉尘的生产设备密闭起来，防止粉尘外溢，并为吸尘、通风打下基础，密闭体积尽量要小，应便于检修、拆卸、安装、严密。留有观察口和操作口，操作口和观察口必须达到一定的控制风速(1～2m/s)，以防止粉尘从操作口溢出。

(2) 通风管。通风管是连接密闭设备和除尘设备的通道，是输送含尘空气的设施，合理地布置和设计通风管，是通风、除尘系统的关键。应注意做到以下几点：①一个系统内抽尘点不宜太多(5～6个为佳，应保证最不利点的通风量)，做好压力平衡，保证排尘效果。②管道应注意平直、圆滑，尽力减少不必要附件，以减少阻力，保证风量。③管道内风速应合理、经济，过低会使管道内粉尘沉积，过高会增加管道磨损，损失粉状原料，增加除尘负担，一般可参考经济风速为10～25m/s。④为防止粉尘在通风管内沉降，尽量采用垂直式或倾斜式管道，用水平管道，必要时可设清扫口。

(3) 除尘器。从密闭设备内吸出的含尘空气，在排出之前，必须通过净化装置，即除尘器，以免污染环境，并且回收有用的原料。除尘器按工作方式可分为干式、湿式两大类；按工作原理可分为沉降式、离心式、过滤式、文丘里管和经典除尘几类。

正确地选用除尘器，是设计通风除尘系统的重要环节，因此选用除尘器时应弄清以下各项：①除尘气体的特性和粉尘特性，如粉尘的比重、粒度分布、化学成分、荷电性、电阻、亲水性、爆炸性、气体温度和湿度等；②粉尘发生量、处理量；③净化要求程度及回收利用方向；④生产过程、生产工艺特点，对除尘设备的要求条件；⑤本地区的自然条件。在此基础上再考虑对除尘器的技术性能进行选择。

3. 矿山防尘

矿山防尘不同于工厂防尘，井下开采作业与露天矿也不相同。

(1) 井下防尘。井下的防尘措施是由井下采矿生产过程及生产环境的特点所决定的。我国已积累了丰富的井下防尘经验，即以湿式作业、加强通风为主要内容的综合性防尘措施：①湿式凿岩是关键性措施，严格禁止无防护设备的干式凿岩。②放炮后喷雾降尘，放炮后立即向掌子面喷雾10min。③运矿过程湿式作业，装矿前向矿(岩)石洒水，卸矿点安设喷雾装置。④加强通风，24h连续作业的矿井，全面通风的主通风机连续运转，并保证作业面有足够的通风量。独头作业面和全面通风达不到的作业面，要安设局部通风设备。

此外，还有一些辅助性防尘措施，人风巷道、回风巷道设水幕、净化风源和已被粉尘污染的空气；冲洗巷道壁、通风筒保持清洁，防止二次扬尘。在采取防尘技术措施的同时，井下接尘工人必须配用防尘口罩。

(2) 露天矿防尘。露天矿的防尘措施主要有控制主要发尘源：①钻孔作业是露天矿的主要尘源,可采取湿式钻孔或干式捕尘的办法。②矿区的碎矿作业可使作业场所粉尘浓度达到每立方米几百毫克以上,可以采取密闭、通风除尘的办法。由于流程较短,仅有破碎设备,多无分级设备,机械化程度较高,可以采用远距离控制,进一步减少和杜绝作业工人接触粉尘。

4. 个人防护措施

对受到条件限制,粉尘浓度一时达不到允许浓度标准的作业,戴合适的防尘口罩就成为重要措施。防尘口罩要滤尘率、透气率高,重量轻,不影响工人视野及操作。还有,应严格遵守防尘操作规程,严格执行未佩戴防尘口罩不上岗操作的制度。

5. 卫生保健措施

预防粉尘对人体健康的危害,首先是消灭和减少发生源,这是最根本的措施。其次是降低空气中粉尘的浓度。最后是减少粉尘进入人体的机会,以及减轻粉尘的危害。卫生保健措施属于预防中的辅助措施,但仍占有重要地位。

进行上岗前体检,凡患活动性肺结核、严重上呼吸道和支气管疾病、显著影响功能的肺或胸膜病变、严重心血管系统疾病的人不得从事粉尘作业。粉尘作业人员要定期体检,以便及时发现尘肺患者,检查间隔时间视粉尘浓度及粉尘理化性质而言。定期体检的目的在于早期发现粉尘对健康的损害,发现患有不宜从事粉尘作业的疾病时,应及时调离。离岗时也要体检,确定有无受到粉尘危害。此外,要注意营养、加强锻炼,以增强体质,还要保持良好的个人卫生习惯。

6. 组织管理措施

加强组织领导是做好防尘工作的关键。粉尘作业较多的厂矿,领导中要有专人分管防尘事宜;建立和健全防尘机构,制定防尘工作计划和必要的规章制度,切实贯彻综合防尘措施;建立粉尘检测制度,大型厂矿应有专职测尘人员,医务人员应对测尘工作提出要求,定期检查并指导,做到定时定点测尘,评价劳动条件改善情况和技术措施的效果。

9.6.4　防尘工程发展的方向

1) 突出治本措施

防尘工作的重点应当是粉尘危害严重、尘肺病患者最多的企业、工序和工种。在众多的粉尘危害中,又以石棉尘和游离态的 SiO_2 含量高的粉尘为最严重。

2) 开发防尘产品取代产尘老设备

针对生产中产生粉尘的设备,分析其逸散粉尘的原因,研究开发融防尘设施与生产设备于一体的防尘产品，逐步取代那些产尘的老设备，并根据用途将其标准化、系列化。

3) 改进通风系统对尘源进行有效控制

在现有的防尘工程技术措施中，通风方法仍是目前常用的方法，如设计合理、使用得当，就能用较少的排风量取得良好的防尘效果。设计通风系统时，需要考虑以下原则。

(1) 凡是可以设置局部排风装置的场合，应首先考虑采用局部排风。局部排风比全面通风所需风量要少，相应的设备也少，并且便于含尘气体的净化与回收。

(2) 尽可能使设计的局部排风罩能包围或接近尘源，用最少的风量排出有害物。

(3) 当由于生产或工艺上的原因，罩子不能设置在尘源近旁，且罩口距尘源较远时，可以采用吹吸罩。采用射流与汇流相结合的吹吸罩，排风量可大大减少。

(4) 对某些非固定的尘源点，可采用自动跟踪式吸尘罩，如设置在钻床上的自动跟踪式吸尘罩。

(5) 使用补偿罩(一种既能排风又能补风的排风罩)，以节省加热(冬季)或冷却(夏季)补风所需的设备和能耗。

(6) 采用高效除尘机组，将排风系统排出的净化气体送回车间循环使用，以减少车间的热损失(冬季)和能耗。

(7) 采用就地式通风除尘系统，即将除尘器或除尘机组直接设置在某些产尘设备(如料仓、皮带机转运点、混砂机、清理工作台等)上。这种系统结构简单，布置紧凑，维护管理方便，能同时达到就地控制尘源和净化含尘气体两个目的。

(8) 提高排风罩的控制效果以及减小整个通风除尘系统的投资费、运行费和能耗，要加强对罩口流场的试验研究。通过试验研究，提出新的罩型、技术参数和计算方法，如目前国内外正在研究的利用扁平射流隔断吸风口汇流边界和以旋转型气流代替汇流型气流的新一代排风罩。

第 10 章　事故灾害学

事故灾害学是研究事故和灾害致因机理、规律及预防的理论和方法的学科。在公共安全、生产安全、灾害防御等领域，目前事故灾害学发展了事故致因理论、安全生命周期理论、安全系统理论和安全与灾害对策理论等。

10.1　事故致因理论

10.1.1　"4M"要素理论

基于事故致因的分析，事故系统涉及 4 个基本要素，通常称为"4M"要素，即人的不安全行为（men）、设备的不安状态（machinery）、环境的不良影响（medium）、管理的欠缺（management）。认识事故系统因素，使安全生产战略思维中，对防范事故有了基本的目标和对象，使事故"4M"要素形成了安全系统，对于安全生产战略思维有更加现实的实际意义，改变了以往被动、滞后的事故预防理念，而从安全系统的角度出发，则具有主动性和超前性，更符合科学性原则。

1. 人因要素

由于人为因素导致的事故在工业生产发生事故中占有较大的比例，有的行业甚至高达 90% 以上，因此从人因战略的角度控制和预防事故将会对安全的保障发挥重要的作用。

人因战略就是要从提高人的安全素质为目标，具体的战略措施有以下 4 种。

（1）基础教育战略措施，即从中小学生的安全素质入手，普及安全教育，提高学生安全意识，丰富安全，提高安全能力。

（2）社会人安全战略，推行社区安全建设，普及全民安全知识，提升社会人的安全防灾、应急逃生能力。

（3）文化建设战略措施，推进以人的安全素质为目标的安全文化建设，首先是人的基本层面的安全知识和技能，其次是人的深层的安全观念、意识和态度本质素质，"意识决定行为，行为体现素质，素质决定命运"。安全文化建设的战略措施有：提高全民安全素质，规范安全行为；普及安全知识，推进安全理论创新；繁荣安全文艺创作，构建和落实安全文化建设与宣传教育体系；开展丰富多彩的安全文化建设活动，发挥安全文化功能作用，营造有利于安全生产的舆论氛围；通过文化引领，促进经济社会科学发展与安全发展，通过建设先进的安全文化，提高全民安全素质，强化全民安全意识，实现安全全民参与、全民共享的安全目标。

（4）企业全员安全战略，企业5类人的安全素质战略措施，即决策者、管理者、专业人员、执行层员工、家属5类人的安全素质工程。同时注重现场员工的能力及素质，通过人员专业化、行为检查制度、教育培训、约束激励等行为管理措施保证作业人员的安全行为。

2. 物因要素

物因战略就是"科技强安"战略。安全科技的发展是现代社会工业化生产的要求，是实现安全生产的最本质的路径。安全生产的保障需要科技的支撑，实现科技强安战略，是各级政府决策者和各行业企业家应有的战略意识。企业要采用先进实用的生产技术，推行现代的安全技术，选用高标准的安全装备，追求生产过程的本质安全化，同时还要积极组织安全生产技术研究开发，自觉引进国际先进的安全生产科技。国家要积极支持安全生产科学理论研究，发展安全科学技术，组织重大安全技术攻关，研究制定行业安全技术标准、规范，积极开展国际安全技术交流，努力提高我国安全生产技术水平。安全生产法规健全，安全生产法规能够落实到位，安全生产标准执行达标，这是一个企业生产经营的最基本的要求和前提条件。

在具体的安全保障和事故预防工程技术对策中，一般有以下战略性原则。

（1）消除潜在危险的原则，即在本质上消除事故隐患，是理想的、积极的、进步的事故预防措施。其基本的做法是以新的系统、新的技术和工艺代替旧的不安全的系统和工艺，从根本上消除发生事故基础。例如，用不可燃材料代替可燃材料；以导爆管技术代替导致火绳起爆方法；改进机器设备，消除人体操作对象和作业环境的危险因素，排除噪声、尘毒对人体的影响等，从本质上实现职业安全卫生。

（2）降低潜在危险因素数值的原则，即在系统危险不能根除的情况下，尽量地降低系统的危险程度，使系统一旦发生事故，所造成的后果严重程度最小。例如，手电钻工具采用双层绝缘措施；利用变压器降低回路电压；在高压容器中安装安全阀、泄压阀，抑制危险发生等。

（3）冗余性原则，就是通过多重保险、后援系统等措施，提高系统的安全系数，增加安全余量。例如，在工业生产中降低额定功率；增加钢丝绳强度；飞机系统的双引擎；系统中增加备用装置或设备等措施。

（4）闭锁原则，在系统中通过一些元器件的机器联锁或电气互锁，作为保证安全的条件。例如，冲压机械的安全互锁器，金属剪切机室安装出入门互锁装置，电路中的自动保安器等。

（5）能量屏障原则，在人、物与危险之间设置屏障，防止意外能量作用到人体和物体上，以保证人和设备的安全。例如，建筑高空作业的安全网、反应堆的安全壳等，都起到了屏障作用。

（6）距离防护原则，当危险和有害因素的伤害作用随距离的增加而减弱时，应尽量使人与危险源距离远一些。噪声源、辐射源等危险因素可采用这一原则减小其危害。化工厂建在远离居民区、爆破作业时的危险距离控制，均是这方面的例子。

（7）时间防护原则，是使人暴露于危险、有害因素的时间缩短到安全程度之内。例如，开采放射性矿物或进行有放射性物质的工作时，缩短工作时间；粉尘、毒气、噪声的安全指标，随工作接触时间的增加而减少。

（8）薄弱环节原则，即在系统中设置薄弱环节，以最小的、局部的损失换取系统的总体安全。例如，电路中的保险丝、锅炉的熔栓、煤气发生炉的防爆膜、压力容器的泄压阀等。它们在危险情况出现之前就发生破坏，从而释放或阻断能量，以保证整个系统的安全性。

（9）坚固性原则，这是与薄弱环节原则相反的一种对策，即通过增加系统强度来保证其安全性。例如，加大安全系数、提高结构强度等措施。

（10）个体防护原则，根据不同作业性质和条件配备相应的保护用品及用具。采取被动的措施，以减轻事故和灾害造成的伤害或损失。

（11）代替作业人员原则，在不可能消除和控制危险、有害因素的条件下，以机器、机械手、自动控制器或机器人代替人或人体的某些操作，摆脱危险和有害因素对人体的危害。

（12）警告和禁止信息原则，采用光、声、色或其他标志等作为传递组织和技术信息的目标，以保证安全。例如，宣传画、安全标志、板报警告等。

3. 环境要素

安全系统的最基础要素就是人-机-环-管四要素。显然，环境因素也是重要方面。通过环境揭示环境与事故的联系及其运动规律，认识异常环境是导致事故的一种物质因素，使之能有效地预防、控制异常环境导致事故的发生，并在生产实践中依据环境安全与管理的需求，运用环境导致事故的规律和预防、控制事故原理联系实际，最终对生产事故进行超前预防、控制的方法，这就是研究环境因素导致事故的目的。

环境，是指生产实践活动中占有的空间及其范围内的一切物质状态。其中，环境又分为固定环境和流动环境两种类别。固定环境是指生产实践活动所占有的固定空间及其范围内的一切物质状态。流动环境是指流动性的生产活动所占有的变动空间及其范围内的一切物质状态。

4. 管理要素

组织管理对安全系统的作用是综合性和条件性的，即人因、物因、环境都与管理因素有关。在国家实施安全发展战略过程中，安全管理的战略措施可以有以下几种。

(1) 强化安全责任的战略措施。建立责任体系、明晰责任主体。《安全生产法》明确了我国对安全生产负有责任的对象，即生产经营单位责任主体；各级政府安全生产监管责任主体；从业人员守法责任主体；中介技术服务咨询责任主体。

(2) 优化国家安全生产运行机制战略措施。随着市场经济体制的发展，以及国际经济一体化的要求，国家需要建立一个符合市场经济环境的安全生产工作的运作机制，使国家的安全生产运行机制和监管体制能够与市场经济体制相适应，使国家的安全生产工作充满生机和活力。本着以下科学、合理、高效的原则，即提高国家监管层次、加强监察力度；优化国家监察职能、理顺政府监管关系；顺应世界潮流使之本土化，学习先进模式实现国际化。我国需要遵循"借鉴国际先进模式与针对中国国际需要相结合的原则"，建立符合社会主义市场经济需要的国家安全生产运行机制。

(3) 提高政府安全监管效能的战略措施。实施"监管-协调-服务"三位一体的行政执法系统工程。"监管"就是要把好经营单位的市场准入和安全生产标准关；"协调"就是调动科学研究、技术服务、教育培训等社会各方面力量，应用中介技术服务的机制，通过安全评估、安全检测、人才培训、技术推广等方式，把监督与服务有机地结合起来，从本质上改善我国生产经营单位的安全生产；"服务"就是要大力培育安全科技服务市场、安全文化服务市场，让生产经营单位及时了解安全生产方面的法规、科技、文化信息，使生产经营单位真正做到"预防为主"。

创新政府监管策略的具体方式有建立国家相关职能部门的"监管协调制度"，即安全生产综合监管部门与专项监管部门(公安、检察、工会、技监等部门)定期的工作联席会议制度、情报通报制度、事故处罚协商制度、事故案件协查制度等。推行下级政府安全生产年度报告制度；推行政府领导安全生产述职制度；公布省市安全生产综合状况排行榜；国家将安全生产指标纳入社会发展指标体系；对政府施行"安全生产管理评估标准"；高危险行业从安全生产保障的角度，推行特殊、优惠、补助的政策，如在煤矿、建筑等行业实行"二次分配"、"税收返还或减免"、"安全措施经费补助"等技术经济激励政策。

(4) 建立企业安全生产自律机制战略措施。"企业自律"就是要建立生产经营单位安全生产的自律机制。这里企业是广义的概念,即我国境内的一切独立经济实体和行政实体,既包括一般概念的企业(工厂等),也包括事业单位、服务性机构等。企业自律的完整含义应该包括企业在安全生产中的"自我约束"和"自我激励"两个方面。企业自律的基本要求是实现企业在良好法治环境下的自我约束,这是每一个企业都必须做到的,《安全生产法》的制定和实施,就是实现企业基本自律的法治保障。在此基础上,应该进一步实现企业自律机制中的自我激励。

(5) 加强从业人员安全维权机制的战略措施。"员工维权"是指企业职工群众在生产劳动过程中,依据法律法规,对自身应该享有的安全和健康权利自觉地进行维护。国家通过制定法律、监督法律和执行法律,保护职工在生产劳动中的权利;企业必须遵守国家法律,避免法律制裁而保障职工的安全生产权利。靠国家和企业保护职工在生产经营活动中的安全生产权利仅是一方面,职工还应该主动维护自己的合法权益。

10.1.2　能量转移理论

事故能量转移理论是美国的安全专家哈登(Haddon)于 1966 年提出的一种事故控制论。其理论的立论依据是对事故的本质定义,即哈登把事故的本质定义为事故是能量的不正常转移。这样,研究事故的控制的理论则从事故的能量作用类型出发,即研究机械能(动能、势能)、电能、化学能、热能、声能、辐射能的转移规律;研究能量转移作用的规律,即从能级的控制技术,研究能转移的时间和空间规律;预防事故的本质是能量控制,可通过对系统能量的消除、限值、疏导、屏蔽、隔离、转移、距离控制、时间控制、局部弱化、局部强化、系统闭锁等技术措施来控制能量的不正常转移。

1. 能量在事故致因中的地位

能量在人类的生产、生活中是不可缺少的,人类利用各种形式的能量做功以实现预定的目的。生产、生活中利用能量的例子随处可见,如机械设备在能量的驱动下运转,把原料加工成产品;热能把水煮沸等。人类在利用能量的时候必须采取措施控制能量,使能量按照人们的意图产生、转换和做功。从能量在系统中流动的角度,应该控制能量按照人们规定的能量流通渠道流动。如果由于某种原因失去了对能量的控制,就会发生能量违背人的意愿的意外释放或逸出,使进行中的活动中止而发生事故。如果事故发生时意外释放的能量作用于人体,并且能量的作用超过人体的承受能力,则将造成人员伤害;如果意外释放的能量作用于设备、建筑物、物体等,并且能量的作用超过它们的抵抗能力,则将造成设备、建筑物、物体的损坏。生产、生活活动中经常遇到各种形式的能量,如机械能、热能、电能、化学能、电离及非电离辐射、声能、生物能等,它们的意外释放都可能造成伤害或损坏。

麦克法兰特(McFartand)在解释事故造成的人身伤害或财物损坏的机理时说:"所有的伤害事故(或损坏事故)都是因为:①接触了超过机体组织(或结构)抵抗力的某种形式的过量的能量;②有机体与周围环境的正常能量交换受到了干扰(如窒息、淹溺等)。因而,各种形式的能量构成伤害的直接原因"。

人体自身也是个能量系统。人的新陈代谢过程是一个吸收、转换、消耗能量,与外界进行能量交换的过程;人进行生产、生活活动时消耗能量,当人体与外界的能量交换受到干扰时,即人体不能进行正常的新陈代谢时,人员将受到伤害,甚至死亡。

事故发生时,在意外释放的能量作用下,人体(或结构)能否受到伤害(或损坏),以及伤害(或损坏)的严重程度如何,取决于作用于人体(或结构)的能量的大小、能量的集中程度、人体(或结构)接触能量的部位、能量作用的时间和频率等。显然,作用于人体的能量越大、越集中,造成的伤害越严重;人的头部或心脏受到过量的能量作用时会有生命危险;能量作用的时间越长,造成的伤害越严重。

美国运输部安全局局长哈登引申了吉布林提出的观点——"人受伤害的原因只能是某种能量的转移",并提出了"根据有关能量对伤亡事故加以分类的方法",如表 10-1 和表 10-2 所示。

表 10-1　第 1 类伤害的实例

施加的能量类型	产生的原发性损伤	举例与注释
机械能	移位、撕裂、破裂和压榨,主要损及组织	由于运动的物体,如子弹、皮下针、刀具和下落物体冲撞造成的损伤,以及由于运动的身体冲撞相对静止的设备造成的损伤,如在跌倒时、飞行时和汽车事故中。具体的伤害结果取决于合力施加的部位和方式。大部分的伤害属于本类型
热能	凝固、烧焦和焚化、伤及身体任何层次	第一度、第二度和第三度烧伤。具体的伤害结果取决于热能作用的部位和方式
电能	干扰神经—肌肉功能,以及凝固、烧焦和焚化,伤及身体任何层次	触电死亡、烧伤、干扰神经功能,如在电休克疗法中。具体伤害结果取决于电能作用的部位和方式

续表

施加的能量类型	产生的原发性损伤	举例与注释
电离辐射	细胞和亚细胞成分与功能的破坏	反应堆事故、治疗性与诊断性照射、滥用同位素、放射性坠尘的作用。具体伤害结果取决于辐射能作用的部位和方式
化学能	伤害一般要根据每一种或每一组的具体物质而定	包括由于动物性和植物性毒素引起的损伤，化学烧伤如氢氧化钾、溴、氟和硫酸，以及大多数元素和化合物在足够剂量时产生的不太严重而类型很多的损伤

注：这些伤害是由于施加了超过局部或全身性损伤阈限的能量引起的。

表 10-2　第 2 类伤害的实例

影响能量交换的类型	产生的损伤或障碍的种类	举例与注释
氧的利用	生理损害，组织或全身死亡	全身——由机械因素或化学因素引起的窒息（如溺水、一氧化碳中毒和氰化氢中毒） 局部——"血管性意外"
热能	生理损害，组织或全身死亡	由于体温调节障碍产生的损害、冻伤、冻死

注：这些伤害是由于影响了局部或全身性能量交换引起的。

2. 应用能量转移理论预防伤害

Haddon 认为，在一定条件下某种形式的能量能否产生伤害，造成人员伤亡事故，应取决于：①人接触能量的大小；②接触时间和频率；③力的集中程度，他认为预防能量转移的安全措施可用屏障树（防护系统）的理论加以阐明；④屏障设置得越早，效果越好。

防护能量逆流于人体的典型系统可大致分为 12 种类型。

(1) 限制能量的系统，如限制能量的速度和大小、规定极限量和使用低压测量仪表等。

(2) 用较安全的能源代替危险性大的能源，如用水力采煤代替爆破；应用 CO_2 灭火剂代替 CCl_4 等。

(3) 防止能量蓄积，如控制爆炸性气体 CH_4 的浓度；应用低高度的位能、应用尖状工具（防止钝器积聚热能）等控制能量增加的限度。

(4) 控制能量释放，如在贮放能源和实验时，采用保护性容器（如耐压氧气缶、盛装放射性同位素的专用容器）以及生活区远离污染源等。

(5) 延缓能量释放，如采用安全阀、逸出阀，以及应用某些器件吸收振动等。

(6) 开辟释放能量的渠道，如接地电线，抽放煤体中的瓦斯等。

(7) 在能源上设置屏障，如防冲击波的消波室，除尘过滤或氡子体的滤清器、消声器，以及原子辐射防护屏等。

（8）在人物与能源之间设屏障，如防火罩、防火门、密闭门、防水闸墙等。

（9）在人与物之间设屏蔽，如安全帽、安全鞋和手套、口罩等个体防护用具等。

（10）提高防护标准，如采用双重绝缘工具、低电压回路、连续监测和远距遥控等；增强对伤害的抵抗能力（人的选拔、耐高温、高寒、高强度材料）。

（11）改善效果及防止损失扩大，如改变工艺流程，变不安全为安全流程，做好急救。

（12）修复或恢复，治疗、矫正以减轻伤害程度或恢复原有功能。

从系统安全观点研究能量转移的另一概念是，一定量的能量集中于一点要比它大面铺开所造成的伤害程度更大。我们可以通过延长能量释放时间，或使能量在大面积内消散的方法以降低其危害的程度，对于需要保护的人和财产，应用距离防护、远离释放能量的地点，以此来控制由于能量转移而造成的伤亡事故。

10.1.3　因果连锁理论

1. 海因里希事故因果连锁论

海因里希事故因果连锁论又称海因里希模型或多米诺骨牌理论，该理论由海因里希首先提出，用以阐明导致伤亡事故的各种原因及与事故间的关系。该理论认为，伤亡事故的发生不是一个孤立的事件，尽管伤害可能在某瞬间突然发生，却是一系列事件相继发生的结果。

海因里希把工业伤害事故的发生、发展过程描述为具有一定因果关系的事件的连锁发生过程：①人员伤亡的发生是事故的结果。②事故的发生是由于人的不安全行为、物的不安全状态。③人的不安全行为或物的不安全状态是由于人的缺点造成的。④人的缺点是由于不良环境诱发的，或者是由先天的遗传因素造成的。

在该理论中，海因里希借助于多米诺骨牌形象地描述了事故的因果连锁关系，即事故的发生是一连串事件按一定顺序互为因果依次发生的结果。如果一块骨牌倒下，则将发生连锁反应，使后面的骨牌依次倒下，如图10-1所示。

海因里希模型这5块骨牌依次如下。

（1）遗传及社会环境（M）。遗传及社会环境是造成人的缺点的原因。遗传因素可能使人具有鲁莽、固执、粗心等不良性格；社会环境可能妨碍教育，助长不良性格的发展。这是事故因果链上最基本的因素。

（2）人的缺点（P）。人的缺点是由遗传和社会环境因素造成的，是使人产生不安全行为或使物产生不安全状态的主要原因。这些缺点既包括各类不良性格，

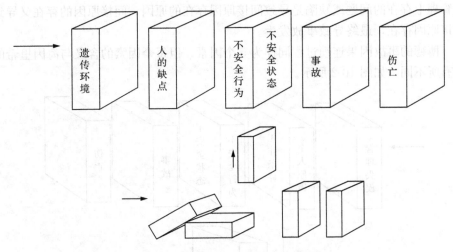

图 10-1　海因里希多米诺骨牌模型

也包括缺乏安全生产知识和技能等后天的不足。

（3）人的不安全行为和物的不安全状态（H）。所谓人的不安全行为或物的不安全状态是指那些曾经引起过事故，或可能引起事故的人的行为，或机械、物质的状态，它们是造成事故的直接原因。例如，在起重机的吊荷下停留、不发信号就启动机器、工作时间打闹或拆除安全防护装置等都属于人的不安全行为；没有防护的传动齿轮、裸露的带电体或照明不良等属于物的不安全状态。

（4）事故（D）。事故即由物体、物质或放射线等对人体发生作用，使人体受到伤害的、出乎意料的、失去控制的事件。例如，坠落、物体打击等使人员受到伤害的事件是典型的事故。

（5）伤亡（A）。直接由于事故而产生的人身伤害。

人们用多米诺骨牌来形象地描述这种事故因果连锁关系，从而得到图 10-1 中那样的多米诺骨牌系列。在多米诺骨牌系列中，一颗骨牌被碰倒了，将发生连锁反应，其余的几颗骨牌相继被碰倒。如果移去连锁中的一颗骨牌，则连锁被破坏，事故过程被中止。海因里希认为，企业安全工作的中心就是防止人的不安全行为，消除机械的或物质的不安全状态，中断事故连锁的进程而避免事故的发生。

2. 博德事故因果连锁理论

博德（Bird）在海因里希事故因果连锁理论的基础上，提出了现代事故因果连锁理论。

博德事故因果连锁理论认为：事故的直接原因是人的不安全行为、物的不安全状态；间接原因包括个人因素及与工作有关的因素。根本原因是管理的缺陷，即管理上存在的问题或缺陷是导致间接原因存在的原因，间接原因的存在又导致直接原因存在，最终导致事故发生。

博德的事故因果连锁过程同样为 5 个因素，但每个因素的含义与海因里希的都有所不同，如图 10-2 所示。

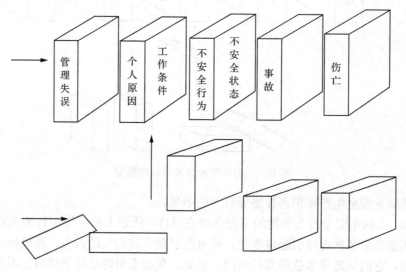

图 10-2　博德的事故因果连锁过程

（1）管理缺陷。对于大多数企业来说，由于各种原因，完全依靠工程技术措施预防事故既不经济也不现实，只能通过完善安全管理工作，经过较大的努力，才能防止事故的发生。企业管理者必须认识到，只要生产没有实现本质安全化，就有发生事故及伤害的可能性，因此安全管理是企业管理的重要一环。安全管理系统要随着生产的发展变化而不断调整完善，十全十美的管理系统不可能存在。由于安全管理的缺陷，致使能够造成事故的其他原因出现。

（2）个人及工作条件的原因。这方面的原因是由于管理缺陷造成的。个人原因包括缺乏安全知识或技能，行为动机不正确，生理或心理有问题等；工作条件原因包括安全操作规程不健全，设备、材料不合适，以及存在温度、湿度、粉尘、气体、噪声、照明、工作场地状况（如打滑的地面、障碍物、不可靠支撑物）等有害作业环境因素。只有找出并控制这些原因，才能有效地防止后续原因的发生，从而防止事故的发生。

（3）直接原因。人的不安全行为或物的不安全状态是事故的直接原因。这种原因是安全管理中必须重点加以追究的原因。但是，直接原因只是一种表面现象，是深层次原因的表征。在实际工作中，不能停留在这种表面现象上，而要追究其背后隐藏的管理上的缺陷原因，并采取有效的控制措施，从根本上杜绝事故的发生。

（4）事故。这里的事故被看做是人体或物体与超过其承受阈值的能量接触，或人体与妨碍正常生理活动的物质的接触。因此，防止事故就是防止接触。可以通过对装置、材料、工艺等的改进来防止能量的释放，或者通过操作者提高识别和回避危险的能力，佩戴个人防护用具等来防止接触。

（5）损失。人员伤害及财物损坏统称为损失。人员伤害包括工伤、职业病、精神创伤等。在许多情况下，可以采取恰当的措施使事故造成的损失最大限度地减小。例如，对受伤人员进行迅速正确的抢救，对设备进行抢修以及平时对有关人员进行应急训练等。

如果移去一枚骨牌，也就是使某一因素出现的概率为零，如不安全状态和不安全行为发生概率为零，这时随机事件变成不可能事件，即可避免伤亡事故的发生。

安全管理工作的中心是防止人为的不安全动作，消除机械或物的危害，这就必须加强探测技术和控制技术的研究。人为的失误常常是事故的直接原因，是问题的中心。控制事故的方法也必然针对人的失误，包括防止管理者失误，加强工人的安全教育和培训。

3. 亚当斯事故因果连锁理论

亚当斯（Adams）提出了一种与博德事故因果连锁理论类似的因果连锁模型，在该理论中，事故和损失因素与博德理论相似。这里把人的不安全行为和物的不安全状态称作现场失误，其目的在于提醒人们注意不安全行为和不安全状态的性质。

该模型以表格的形式给出，如表 10-3 所示。

表 10-3　亚当斯事故因果连锁理论模型

管理体制	管理失误		现场失误	事故	伤害或损坏
目标组织机能	领导者在下述方面决策错误或没作决策： (1) 政策 (2) 目标 (3) 权威 (4) 责任 (5) 职责 (6) 注意范围 (7) 权限授予	安全技术人员在下述方面管理失误或疏忽： (1) 行为 (2) 责任 (3) 权威 (4) 规则 (5) 指导主动性 (6) 积极性 (7) 业务活动	不安全行为 不安全状态	伤亡事故，损坏事故，无伤害事故	对人 对物

在该因果连锁理论中，把事故的直接原因、人的不安全行为及物的不安全状态称作现场失误。本来，不安全行为和不安全状态是操作者在生产过程中的错误行为及生产条件方面的问题，采用现场失误这一术语，其主要目的在于提醒人们注意不安全行为及不安全状态的性质。

该理论的核心在于对现场失误的背后原因进行深入的研究。操作者的不安全行为及生产作业中的不安全状态等现场失误，是由企业领导者及事故预防工作人员的管理失误造成的。管理人员在管理工作中的差错或疏忽，企业领导人决策错误或没有作出决策等失误，对企业经营管理及事故预防工作具有决定性的影响。管理失误反映企业管理系统中的问题，它涉及管理体制，即有组织地进行管理工作，确定怎样的管理目标，如何计划、实现确定的目标等方面的问题。管理体制反映作为决策中心的领导人的信念、目标及规范，它决定各级管理人员安排工作的轻重缓急、工作基准及指导方针等重大问题。

4. 北川彻三事故因果连锁理论

日本的北川彻三认为，工业伤害事故发生的原因是很复杂的，企业是社会的一部分，一个国家、一个地区的政治、经济、文化、科技发展水平等诸多社会因素，对企业内部伤害事故的发生和预防有着重要的影响。

北川彻三认为，事故的基本原因包括下述 3 个方面的原因：①管理原因。企业领导者不够重视安全，作业标准不明确，维修保养制度方面有缺陷，人员安排不当，职工积极性不高等管理上的缺陷。②学校教育原因。小学、中学、大学等教育机构的安全教育不充分。③社会或历史原因。社会安全观念落后，工业发展的一定历史阶段，安全法规或安全管理、监督机构不完备等。

北川彻三的事故因果连锁理论被用作指导事故预防工作的基本理论。北川彻三从 4 个方面探讨事故发生的间接原因：①技术原因。机检、装置、建筑物等的设计、建造、维护等技术方面的缺陷。②教育原因。由于缺乏安全知识及操作经验，不知道、轻视操作过程中的危险性和安全操作方法，或操作不熟练、习惯操作等。③身体原因。身体状态不佳，如头痛、昏迷、癫痫等疾病，或近视、耳聋等生理缺陷，或疲劳、睡眠不足等。④精神原因。消极、抵触、不满等不良态度，焦躁、紧张、恐怖、煽激等精神不安定，狭隘、顽固等不良性格，白痴等智力缺陷。

北川彻三正是基于对事故基本原因和间接原因的考虑，对海因里希的理论进行了一定的修正，提出了另一种事故因果连锁理论，如表 10-4 所示。

表 10-4　北川彻三事故因果连锁理论

基本原因	间接原因	直接原因		
学校教育的原因 社会的原因 历史的原因	技术的原因 教育的原因 身体的原因 精神的原因	不安全行为 不安全状态	事故	伤害

10.1.4　动态变化理论

世界是不断运动、变化着的，工业生产过程也处在不断变化之中。针对客观世界的变化，我们的安全工作也要随之改进，以适应变化了的情况。如果管理者不能或没有及时地适应变化，将发生管理失误；操作者不能或没有及时地适应变化，将发生操作失误。外界条件的变化也会导致机械、设备等的故障，进而导致事故的发生。

约翰逊认为：事故是由意外的能量释放引起的，这种能量释放的发生是由于管理者或操作者没有适应生产过程中物的或人的因素的变化，产生了计划错误或人为失误，从而导致不安全行为或不安全状态，破坏了对能量的屏蔽或控制，即发生了事故，事故造成生产过程中人员伤亡或财产损失。图 10-3 和图 10-4 为约翰逊的变化-失误理论示意图。

按照变化的观点，变化可引起人的失误和物的故障，因此变化被看做是一种潜在的事故致因，应该被尽早地发现并采取相应的措施。作为安全管理人员，应该对下述的一些变化给予足够的重视。

(1) 企业外部社会环境的变化。企业外部社会环境，特别是国家政治或经济方针、政策的变化，对企业的经营理念、管理体制及员工心理等有较大影响，必

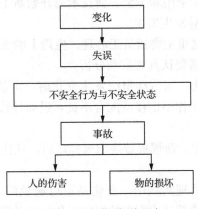

图 10-3　变化-失误理论

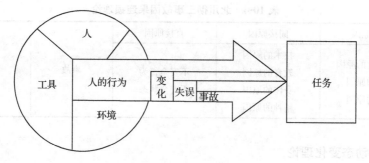

图 10-4　变化-失误理论模型

然也会对安全管理造成影响。例如，从对新中国成立以后全国工业伤害事故发生状况的分析可以发现，在"大跃进"和"文化大革命"两次大的社会变化时期，企业内部秩序被打乱，伤害事故均大幅度上升。

（2）企业内部的宏观变化和微观变化。宏观变化是指企业总体上的变化，如领导人的变更，经营目标的调整，职工大范围的调整、录用，生产计划的较大改变等。微观变化是指一些具体事物的改变，如供应商的变化，机器设备的工艺调整、维护等。

（3）计划内与计划外的变化。对于有计划进行的变化，应事先进行安全分析并采取安全措施；对于不是计划内的变化，一是要及时发现变化，二是要根据发现的变化采取正确的措施。

（4）实际的变化和潜在的变化。通过检查和观测可以发现实际存在着的变化；潜在的变化却不易发现，往往需要靠经验和分析研究才能发现。

（5）时间的变化。随着时间的流逝，人员对危险的戒备会逐渐松弛，设备、装置性能会逐渐劣化，这些变化与其他方面的变化相互作用，引起新的变化。

（6）技术上的变化。采用新工艺、新技术或开始新工程、新项目时发生的变化，人们由于不熟悉而易发生失误。

（7）人员的变化。这里主要指员工心理、生理上的变化。人的变化往往不易掌握，因素也较复杂，需要认真观察和分析。

（8）劳动组织的变化。当劳动组织发生变化时，可能引起组织过程的混乱，如项目交接不好，造成工作不衔接或配合不良，进而导致操作失误和不安全行为的发生。

（9）操作规程的变化。新规程替换旧规程以后，往往要有一个逐渐适应和习惯的过程。

需要指出的是，在管理实践中，变化是不可避免的，也并不一定都是有害的，关键在于管理是否能够适应客观情况的变化。要及时发现和预测变化，并采取恰当的对策，做到顺应有利的变化，克服不利的变化。

约翰逊认为，事故的发生一般是多重原因造成的，包含着一系列的变化-失误连锁。从管理层次上看，有企业领导的失误、计划人员的失误、监督者的失误及操作者的失误等。该连锁的模型如图 10-5 所示。

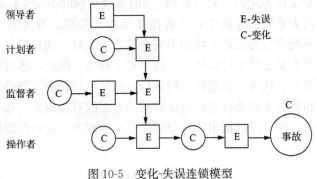

图 10-5　变化-失误连锁模型

10.1.5　轨迹交叉理论

轨迹交叉理论是一种研究事故致因的理论，可以概括为设备故障(或缺陷)与人失误，两事件链的轨迹交叉就会构成事故。轨迹交叉论的基本思想是：伤害事故是许多相互联系的事件顺序发展的结果。这些事件概括起来不外乎人和物(包括环境)两大发展系列。当人的不安全行为和物的不安全状态在各自发展过程中(轨迹)，在一定时间、空间发生了接触(交叉)，能量转移于人体时，伤害事故就会发生。而人的不安全行为和物的不安全状态之所以产生和发展，又是受多种因素的作用。

轨迹交叉理论的示意图如图 10-6 所示。图 10-6 中，起因物与致害物可能是不同的物体，也可能是同一个物体；同样，肇事者和受害者可能是不同的人，也可能是同一个人。

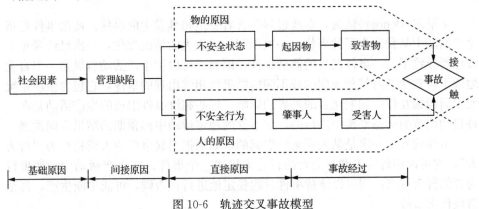

图 10-6　轨迹交叉事故模型

轨迹交叉理论反映了绝大多数事故的情况。在实际生产过程中，只有少量的事故仅仅由人的不安全行为或物的不安全状态引起，绝大多数的事故是与二者同时相关的。例如，日本劳动省通过对 50 万起工伤事故调查发现，只有约 4% 的事故与人的不安全行为无关，而只有约 9% 的事故与物的不安全状态无关。

在人和物两大系列的运动中，二者往往是相互关联，互为因果，相互转化的。有时人的不安全行为促进了物的不安全状态的发展，或导致新的不安全状态的出现；而物的不安全状态可以诱发人的不安全行为。因此，事故的发生可能并不是简单地按照人、物两条轨迹独立的运行，而是呈现较为复杂的因果关系。人的不安全行为和物的不安全状态是造成事故的表面的直接原因，如果对它们进行更进一步的考虑，则可以挖掘出二者背后深层次的原因。这些深层次原因的示例如表 10-5 所示。

表 10-5　事故发生的原因

基础原因（社会原因）	间接原因（管理缺陷）	直接原因
遗传、经济、文化、教育培训、民族习惯、社会历史、法律	生理和心理状态、知识技能情况、工作态度、规章制度、人际关系、领导水平	人的不安全状态
设计制造缺陷、标准缺陷	维护保养不当、保管不良、故障、使用错误	物的不安全状态

轨迹交叉理论作为一种事故致因理论，强调人的因素和物的因素在事故致因中占有同样重要的地位。按照该理论，若设法排除机械设备或处理危险物质过程中的隐患或者消除人为失误和不安全行为，使两事件链连锁中断，则避免人与物两种因素运动轨迹交叉，危险就不能出现，就可避免事故发生。同时，该理论对于调查事故发生的原因，也是一种较好的工具。

10.1.6　扰动起源理论

本尼尔（Benner）认为，事故过程包含着一组相继发生的事件。所谓事件是指生产活动中某种发生了的事物，一次瞬间的或重大的情况变化，一次已经避免了或已经导致了另一事件发生的偶然事件。因而，可以把生产活动看做是一组自觉地或不自觉地指向某种预期的或不测的结果的相继出现的事件，它包含生产系统元素间的相互作用和变化着的外界的影响。这些相继事件组成的生产活动是在一种自动调节的动态平衡中进行的，在事件的稳定运动中向预期的结果方向发展。

事件的发生一定是某人或某物引起的，如果把引起事件的人或物称为"行为者"，则可以用行为者和行为者的行为来描述一个事件。在生产活动中，如果行为者的行为得当，则可以维持事件过程稳定地进行；否则，可能中断生产，甚至造成伤害事故。

　　生产系统的外界影响是经常变化的，可能偏离正常的或预期的情况。这里称外界影响的变化为扰动(perturbation)，扰动将作用于行为者。

　　当行为者能够适应不超过其承受能力的扰动时，生产活动可以维持动态平衡而不发生事故。如果其中的一个行为者不能适应这种扰动，则自动动态平衡过程被破坏，开始一个新的事件过程，即事故过程。该事件过程可能使某一行为者承受不了过量的能量而发生伤害或损坏；这些伤害或损坏事件可能依次引起其他变化或能量释放，作用于下一个行为者，使下一个行为者承受过的能量，发生串联的伤害或损坏。当然，如果行为者能够承受冲击而不发生伤害或损坏，则依据行为者的条件、事件的自然法则，过程将继续进行。

　　综上所述，可以把事故看作由相继事件过程中的扰动开始，以伤害或损坏为结束的过程。这种对事故的解释叫做扰动理论。图 10-7 为该理论的示意图。

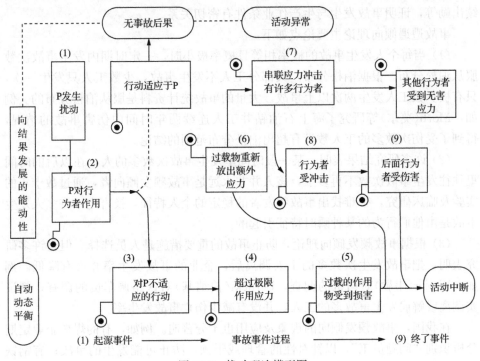

图 10-7　扰动理论模型图

10.1.7　事故倾向理论

1. 事故遭遇倾向理论

　　事故遭遇倾向是指某些人员在某些生产作业条件下容易发生事故的倾向。许多研究结果表明，前后不同时期里事故发生次数的相关系数与作业条件有关。例如，Roche(罗奇)发现，工厂规模不同，生产作业条件也不同，大工厂的场合相关系数为 0.6 左右，小工厂则或高或低，表现出劳动条件的影响。Gobb(高勃)考察了 6 年和 12 年间两个时期事故频发倾向稳定性，结果发现：前后两段时间事故发生次数的相关系数与职业有关，变化范围为 $-0.08\sim0.72$。当从事规则的、重复性作业时，事故频发倾向较为明显。

Mintz(明兹)和布卢姆建议用事故遭遇倾向取代事故频发倾向的概念，认为事故的发生不仅与个人因素有关，而且与生产条件有关。根据这一见解，Kerr(克尔)调查了 53 个电子工厂中 40 项个人因素及生产作业条件因素与事故发生频度和伤害严重程度之间的关系，发现影响事故发生频度的主要因素有搬运距离短、噪声严重、临时工多、工人自觉性差等；与事故后果严重程度有关的主要因素是工人的"男子汉"作风，其次是缺乏自觉性、缺乏指导、老年职工多、不连续出勤等，证明事故发生与生产作业条件有密切关系。

事故遭遇倾向理论主要论点如下。

(1) 当每个人发生事故的概率相等且概率极小时，一定时期内发生事故次数服从泊松分布。根据泊松分布，大部分工人不发生事故，少数工人只发生一次，只有极少数工人发生两次以上事故。大量的事故统计资料是服从泊松分布的。例如，Morh(莫尔)等研究了海上石油钻井工人连续两年时间内伤害事故的情况，得到了受伤次数多的工人数没有超出泊松分布范围的结论。

(2) 许多研究结果表明，某一段时间里发生事故次数多的人，在以后的时间里往往发生事故次数不再多了，该人并非永远是事故频发倾向者，通过数十年的实验及临床研究，很难找出事故频发者的稳定的个人特征，换言之，许多人发生事故是由他们行为的某种瞬时特征引起的。

(3) 根据事故频发倾向理论，防止事故的重要措施是人员选择。但是许多研究表明，把事故发生次数多的工人调离后，企业的事故发生率并没有降低。例如，Waller(韦勒)对司机的调查，Berncki(伯纳基)对铁路调车员的调查，都证实调离或解雇发生事故多的工人，并没有减少伤亡事故发生率。

在我国，事故频发倾向的现象及应用也十分普遍。例如，有的煤矿企业定期分析识别"问题员工"，以针对性的管理或干预，防止可能发生的事故；有钢铁公司把容易出事故的人称作"危险人物"，把这些"危险人物"调离原工作岗位后，企业的伤亡事故明显减少；某运输公司把出事故多的司机定为"危险人物"，规定这些司机不能担负长途运输任务，从而取得了较好的预防事故效果。

一些研究表明，事故的发生与工人的年龄有关。青年人和老年人容易发生事故。此外，与工人的工作经验、熟练程度有关。米勒等的研究表明，对于一些危险性高的职业，工人要有一个适应期间，在此期间，新工人容易发生事故。大内田对东京都出租汽车司机的年平均事故件数进行了统计，发现平均事故数与参加

工作后的一年内的事故数无关，而与进入公司后工作时间长短有关。司机们在刚
参加工作的头 3 个月里事故数相当于每年 5 次，之后的 3 年里事故数急剧减少，
在第 5 年里则稳定在每年 1 次左右。这符合经过练习而减少失误的规律，表明熟
练可以大大减少事故。

其实，工业生产中的许多操作对操作者的素质都有一定的要求，或者说，人
员有一定的职业适合性。当人员的素质不符合生产操作要求时，人在生产操作中
就会发生失误或不安全行为，从而导致事故发生。危险性较高的、重要的操作，
特别要求人的素质较高。例如，特种作业的场合，操作者要经过专门的培训、严
格的考核，获得特种作业资格后才能从事。因此，尽管事故频发倾向论把工业事
故的原因归因于少数事故频发倾向者的观点是错误的，然而从职业适合性的角度
来看，关于事故频发倾向的认识也有一定的可取之处。

自格林伍德的研究起，迄今有无数的研究者对事故频发倾向理论的科学性问
题进行了专门的研究探讨，关于事故频发倾向者存在与否的问题一直有争议。有
学者认为事故遭遇倾向是事故频发倾向理论的修正，事故频发倾向者并不存在。
作者认为不能片面地评价事故频发倾向论和海因里希事故因果连锁论（侧重于人
的不安全行为）以及事故遭遇倾向论（侧重于物的不安全状态）谁对谁错以及谁好
谁差，它们只是从不同的侧面来认识事故所得出的不同结论，虽然它们都具有片
面性：事故频发倾向论主要从人的不安全行为角度来认识事故而把事故归因于
人；海因里希因果连锁论主要从变化发展的观点来认识事故演化的过程并分析事
故的原因；事故遭遇倾向论主要从物的不安全状态角度来认识事故而把事故发生
归因于物。但 3 种理论都从不同侧面反映了事故发生发展的不同本质特征，应当
同时综合 3 种理论来全面地看待事故。

2. 事故频发倾向理论

事故频发倾向理论是阐述企业工人中存在着个别人容易发生事故的、稳定
的、个人的内在倾向的一种理论。1919 年，格林伍德和伍慈对许多工厂里伤害
事故发生次数资料按以下 3 种统计分布进行另外的统计检验。

（1）泊松分布。当员工发生事故的概率不存在个体差异时，即不存在事故频
发倾向者时，一定时间内事故发生次数服从泊松分布。在这种情况下，事故的发
生是由工厂里的生产条件、机械设备方面的问题，以及一些其他偶然因素引
起的。

（2）偏倚分布。一些工人由于存在着精神或心理方面的毛病，如果在生产操
作过程中发生过一次事故，则会造成胆怯或神经过敏，当再继续操作时，就有重
复发生第二次、第三次事故的倾向。造成这种统计分布的是人员中存在少数有精
神或心理缺陷的人。

（3）非均等分布。当工厂中存在许多特别容易发生事故的人时，发生不同次数事故的人数服从非均等分布，即每个人发生事故的概率不相同。在这种情况下，事故的发生主要是由人的因素引起的。

为了检验事故频发倾向的稳定性，他们还计算了被调查工厂中同一个人在前3个月和后3个月里发生事故次数的相关系数，结果发现：工厂中存在着事故频发倾向者，并且前、后3个月事故次数的相关系数变化为 $0.37 \pm 0.12 \sim 0.72 \pm 0.07$，皆为正相关。

1926年，纽鲍尔德研究了大量工厂中事故发生次数的分布，证明事故发生次数服从发生概率极小，且每个人发生事故概率不等的统计分布。他计算了一些工厂中前5个月和后5个月事故次数的相关系数，其结果为 $0.04 \pm 0.009 \sim 0.71 \pm 0.06$。这也充分证明了存在着事故频发倾向者。

1939年，法默和查姆勃明确提出了事故频发倾向的概念，认为事故频发倾向者的存在是工业事故发生的主要原因。

对于发生事故次数较多、可能是事故频发倾向者的人，可以通过一系列的心理学测试来判别。例如，日本曾采用内田-克雷贝林测验测试人员大脑工作状态曲线，采用YG测验测试工人的性格来判别事故频发倾向者。另外，也可以通过对日常工人行为的观察来发现事故频发倾向者。一般来说，具有事故频发倾向的人在进行生产操作时往往精神动摇，注意力不能经常集中在操作上，因而不能适应迅速变化的外界条件。

事故频发倾向者往往有以下的性格特征：①感情冲动，容易兴奋；②脾气暴躁；③厌倦工作、没有耐心；④慌慌张张、不沉着；⑤动作生硬而工作效率低；⑥喜怒无常、感情多变；⑦理解能力低、判断和思考能力差；⑧极度喜悦和悲伤；⑨缺乏自制力；⑩处理问题轻率、冒失；⑪运动神经迟钝、动作不灵活。日本的丰原恒男发现容易冲动的人、不协调的人、不守规矩的人、缺乏同情心的人和心理不平衡的人发生事故的次数较多（表10-6）。

表 10-6　事故频发者的特征

性格特征	事故频发者/%	其他人/%
容易冲动	38.9	21.9
不协调	42.0	26.0
不守规矩	34.6	26.8
缺乏同情心	30.7	0
心理不平衡	52.5	25.7

10.1.8 人因失误理论

人失误(human error)是指人的行为结果偏离了规定的目标,且超出了可接受的界限,并产生不良的影响。这类事故理论都有一个基本的观点,即人失误会导致事故,而人失误的发生是由人对外界刺激(信息)的反应失误造成的。

1. 威格里斯沃思模型

威格里斯沃思在 1972 年提出,人失误构成了所有类型事故的基础。他把人失误定义为"(人)错误地或不适当地响应一个外界刺激"。他认为:在生产操作过程中,各种各样的信息不断地作用于操作者的感官,给操作者以"刺激"。若操作者能对刺激作出正确的响应,事故就不会发生;反之,如果错误地或不恰当地响应了一个刺激(人失误),就有可能出现危险。危险是否会带来伤害事故,则取决于一些随机因素。

威格里斯沃思的事故模型可以用图 10-8 中的流程关系来表示。该模型绘出了人失误导致事故的一般模型。

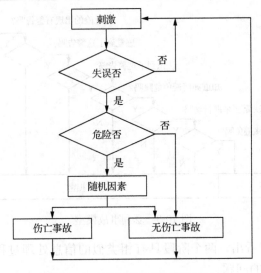

图 10-8 威格里斯沃思事故模型

2. 瑟利模型

瑟利把事故的发生过程分为危险出现和危险释放两个阶段,这两个阶段各自包括一组类似的人的信息处理过程,即知觉、认识和行为响应过程。在危险出现阶段,如果人的信息处理的每个环节都正确,危险就能被消除或得到控制;反之，只要任何一个环节出现问题，就会使操作者直接面临危险。在危险释放阶段，如果人的信息处理过程的各个环节都是正确的，则虽然面临着已经显现出来的危险，但仍然可以避免危险释放出来，不会带来伤害或损害；反之，只要任何一个环节出错，危险就会转化成伤害或损害。瑟利模型如图 10-9 所示。

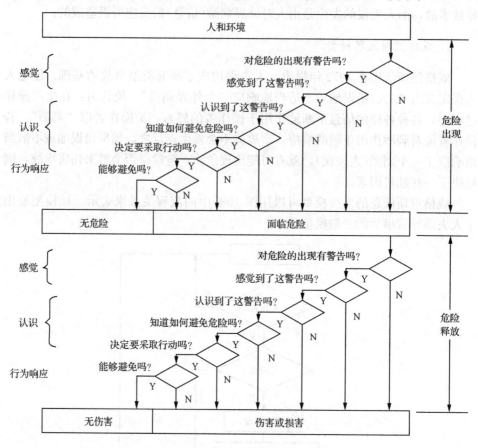

图 10-9　瑟利事故模型

由图 10-9 可以看出，两个阶段具有相类似的信息处理过程，每个过程均可被分解成 6 个方面的问题。

瑟利模型适用于描述危险局面出现得较慢，如不及时改正则有可能发生事故的情况。对于描述发展迅速的事故，也有一定的参考价值。

3. 劳伦斯模型

劳伦斯在威格里斯沃思和瑟利等的人失误模型的基础上，通过对南非金矿中发生的事故的研究，于 1974 年提出了针对金矿企业以人失误为主因的事故模型，如图 10-10 所示。该模型对一般矿山企业和其他企业中比较复杂的事故情况也普遍适用。

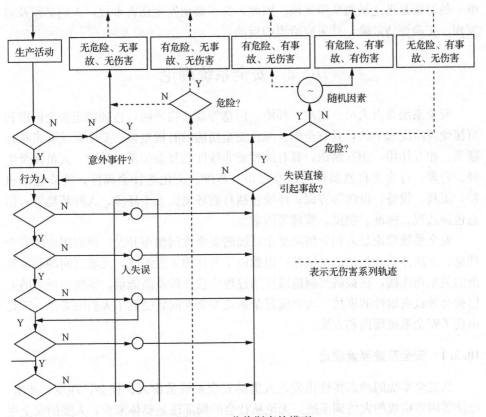

图 10-10　劳伦斯事故模型

在生产过程中，当危险出现时，往往会产生某种形式的信息，向人们发出警告，如突然出现或不断扩大的裂缝、异常的声响、刺激性的烟气等。这种警告信息叫做初期警告。初期警告还包括各种安全监测设施发出的报警信号。如果没有初期警告就发生了事故，往往是由于缺乏有效的监测手段，或者是管理人员事先没有提醒人们存在着危险因素，行为人在不知道危险存在的情况下发生的事故，属于管理失误造成的。

在发出了初期警告的情况下，行为人在接受、识别警告，或对警告作出反应等方面的失误都可能导致事故。

当行为人发生对危险估计不足的失误时，如果他还是采取了相应的行动，则仍然有可能避免事故；反之，如果他麻痹大意，既对危险估计不足，又不采取行动，则会导致事故的发生。这里，行为人如果是管理人员或指挥人员，则低估危险的后果将更加严重。

劳伦斯事故模型适用于类似矿山生产的多人作业生产方式。在这种生产方式下，危险主要来自于自然环境，而人的控制能力相对有限，在许多情况下，人们唯一的对策是迅速撤离危险区域。因此，为了避免发生伤害事故，人们必须及时发现、正确评估危险，并采取恰当的行动。

10.2　安全系统理论

安全系统是由人员、物质、环境、信息等要素构成的，达到特定安全标准和可接受风险度水平的，具有全面、综合安全功能的有机整体。安全系统要素相互联系、相互作用、相互制约，具有线性或非线性的复杂关系。其中，人员涉及生理、心理、行为等自然属性，以及意识、态度、文化等社会属性；物质包括机器、工具、设备、设施等方面；环境包括自然环境、人工环境、人际环境等；信息包涵法规、标准、制度、管理等因素。

安全系统理论是人们为解决复杂系统的安全性问题而开发、研究出来的安全理论、方法体系。复杂的系统往往由数以千万计的元素组成，元素之间的非常复杂的关系相连接，在被研究制造或使用过程中往往涉及高能量，系统中微小的差错就会导致灾难性的事故。大规模复杂系统安全性问题受到了人们的关注，于是出现了安全系统理论和方法。

10.2.1　安全系统要素理论

从安全系统的动态特性出发，人类的安全系统是由人、社会、环境、技术、经济等因素构成的大协调系统。无论从社会的局部还是整体来看，人类的安全生产与生存需要多因素的协调与组织才能实现。安全系统的基本功能和任务是满足人类安全的生产与生存，以及保障社会经济生产发展的需要，因此安全活动要以保障社会生产、促进社会经济发展、降低事故和灾害对人类自身生命和健康的影响为目的。为此，安全活动首先应与社会发展基础、科学技术背景和经济条件相适应和相协调。安全活动的进行需要经济和科学技术等资源的支持，安全活动既是一种消费活动(为生命与健康安全为目的)，也是一种投资活动(以保障经济生产和社会发展为目的)。

从安全系统的静态特性看，安全系统论原理要研究两个系统对象，一是事故系统(图10-11)，二是安全系统(图2-3)。

事故系统涉及4个要素，如图10-11所示。事故要素涉及4个方面，即人因——人的不安全行为；物因——物的不安全状态；环境因素——生产环境的不良；管理因素——管理的欠缺。其中，人、机、环境与事故关系是逻辑"或"，而管理与事故关系是逻辑"与"，因此管理因素非常重要，因为管理对人、机、

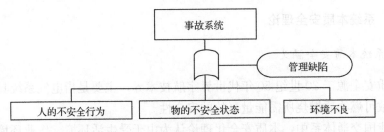

图 10-11　事故系统要素及逻辑关系

境都会产生作用和影响。认识事故系统因素，使我们对防范事故有了基本的目标和对象。建立了事故系统的综合认识，认识到了人、机、环境、管理事故综合要素，主张工程技术硬手段与教育、管理软手段综合措施。其具体思想和方法有全面安全管理的思想；安全与生产技术统一的原则；讲安全人机设计；推行系统安全工程；企业、国家、社会、个人综合负责的体制；生产与安全的管理中要讲同时计划、布置、检查、总结、评比的"五同时"原则；企业各级生产领导在安全生产方面向上级、向职工、向自己的"三负责"制；安全生产过程中要查思想认识、查规章制度、查管理落实、查设备和环境隐患，进行定期与非定期检查相结合，普查与专查相结合，自查、互查、抽查相结合等安全监察系统工程。

　　重要和更具现实意义的系统对象是安全系统(图 2-3)。其要素是：人——人的安全素质(心理与生理；安全能力；文化素质)；物——设备与环境的安全可靠性(设计安全性；制造安全性；使用安全性)；环境——决定安全的自然、人工环境因素及状态；信息——充分可靠的安全信息流(管理效能的充分发挥)是安全的基础保障。

　　认识事故系统要素，对指导我们通过控制、消除事故系统来保障安全是必要的，并且可以通过事故规律及原因的认知，来促进预防。但更有意义的是从安全系统的角度，通过研究安全系统规律，应用超前、预防方法论来建立、创造安全系统，实现本质安全。因此，从建设安全系统的角度来认识安全原理更具有理性的意义，更符合科学性原则。

　　从事故系统和安全系统的分析中，我们看到，人、机、环境 3 个因素具有三重特性，即一是三者都是安全的保护对象，二是事故的因素，三是安全的因素。如果人、机、环境仅仅认识到事故因素是不够的，如人因，从事故因素的角度，我们想到的是追责、查处、监督、检查，从安全因素的角度，我们就应该激励、自律、自责，变"要他安全"为"他要安全"。显然，重视安全因素建设是高明的、治本的。

10.2.2　系统本质安全理论

1. 系统本质安全涵义

本质安全源于20世纪50年代世界宇航技术界，主要是指电气系统具备防止可能导致可燃物质燃烧所需能量释放的安全性。

在我国交通体系中，本质安全化理论认为由于受生活环境、作业环境和社会环境的影响，人的自由度增大，可靠性比机械差，因此要实现交通安全，必须有某种即使存在人为失误的情况下也能确保人身及财产安全的机制和物质条件，使之达到"本质的安全化"。在我国电力行业中，对本质安全是这样界定的：本质安全可以分解为两大目标，即"零工时损失，零责任事故，零安全违章"的长远目标与"人、设备、环境和谐统一"的终极目标。

上述关于本质安全的定义大多是从系统自身及其构成要素的零缺陷上来阐述本质安全的，对于技术系统来说是合适的。由于技术系统的构成元素间的关系是线性的、确定的，系统的本质安全性等于所有元器件本质安全性的乘积，只要能够保证所有元器件的本质安全性，整个技术系统也就是本质安全的。但是我们上面提到的各个行业所涉及的系统都不是单纯的技术系统，而是复杂的社会技术系统，是由其构成要素(个人、物、信息、文化)通过复杂的交互作用形成的有机整体，系统具有自组织性，系统构成部分之间是一种非线性关系，系统的大部分构成要素是一种智能体，客观地讲，这些智能体是无法达到本质安全性的，对于这些智能体来说，安全性本身就是一个具有相对性的概念，会随着时代发展和技术进步而不断得到提升。虽然复杂社会技术系统的构成要素也许永远达不到本质安全性要求，但这并不意味着系统作为一个整体无法达到本质安全性。这里我们需要特别强调的一点是，对于复杂的社会技术系统，系统的本质安全性并不代表系统的构成要素是本质安全的，由于系统自身及其要素都具有一定的容错性和自组织性，只要在保证系统的构成元素是相对可靠的条件下，完全可以通过系统的和谐交互机制使系统获得本质安全性。

系统本质安全是通过微观层面的和谐交互以达到系统整体的和谐所取得的，本质安全形成应该是由外到内的，最终通过文化交互的和谐性而达到系统的内在本质安全性。

2. 本质安全理论的现实意义

首先，它给人们带来了安全管理理念的变化，使得人们认识到事故不是必然存在的，只是偶然发生的，不发生事故才是必然的，即使是复杂社会技术系统的事故也是可以绝对预防的，只不过这种绝对是指对系统可控事故的长效预防。其次，该理论的出现改变了人们对事故预防模式的认识，从过去建立在功能分割和经验判断基础之上的事故预防模式转变为从系统和谐及系统整体交互作用的匹配性来重新思考复杂系统安全问题的控制模式。由于过去建立在功能分割基础之上的事故预防模式过分强调职能分工和经验判断在预防事故过程中的重要作用，通过对系统层层分解，试图从事故源头入手，将事故隐患扼杀在摇篮里，但由于缺乏有效系统集成技术，虽然能够找到事故源头，但仍然缺乏对事故成因的整体认识，最终导致"只见树木，不见森林"，无法把握事故成因的整体交互机制，最终还是难以有效预防事故。

3. 系统本质安全的实现

系统本质安全实现是有前提条件的。首先，系统必须具备内在可靠性，即要达到内在安全性，能够抵抗一定的系统性扰动，也就是说能够应付系统内部交互作用波动引起的系统内部的不和谐性。其次，系统能够适应环境变化引起的环境性扰动，即要具备抵御系统与外部交互作用的不和谐性能力。再次，本质安全必须能够合理配置系统内外部交互作用的耦合关系，实现系统和谐，这将涉及技术创新、规范制度、法律完善、文化建设等方方面面。最后，本质安全概念体现了事故成因的整体交互机制，因此事故预防应该从系统整体入手，最终实现全方位的系统安全。由此可见，本质安全是一个动态演化的概念，也是一个具有一定相对性的概念，它会随着技术进步、管理理论的创新而演化；它是安全管理的终极目标，最终达到对可控事故的长效预防；其主要措施是理顺系统内外部交互关系，提高系统和谐性；实现方式是对事故进行超前管理，从源头上预防事故。

4. 本质安全模式及技术方法

技术系统的本质安全具有以下两种基本模式。

（1）失误-安全功能（fool-proof），指操作者即使操作失误，也不会发生事故或伤害。

（2）故障-安全功能（fail-safe），指设备、设施或技术工艺发生故障或损坏时，还能暂时维持正常工作或自动转变为安全状态。

本质安全有以下基本的技术方法。

（1）最小化（minimize）或强化（intensify）：减少危险物质库存量，不使用或使用最少量的危险物质；在必须使用危险物质的情况下，应尽可能减小危险物质的数量。强化工艺设备，减小设备尺寸，使其更有效、更经济、更安全。系统内存在的危险物质的量越少，发生事故所造成的后果越小。在生产的各个环节都应考虑减少危险物质的量。

（2）替代（substitute）：用安全的或危险性小的物质或工艺替代或置换危险

的物质或工艺。例如，用不可燃物质替代可燃性物质、用不使用危险材料的方法替代使用危险材料的方法。使用危险性小的物质或不含危险物质的工艺代替使用危险物质的工艺，也包括设备的替代。该措施可以减去附加的安全防护装置，减少设备的复杂型和成本。

（3）稀释（attenuate）或缓和（moderate）：采用危险物质的最小危害形态或最小危险的工艺条件（如在室温、常压、液相条件下）；在进行危险作业时，采用相对更加安全的工艺条件，或者用相对更加安全的方式（溶解、稀释、液化等）存储、运输危险物质。

（4）简化（simplify）：通过设计，简化操作，减少使用安全防护装置，以减少人为失误的机会。简单的工艺、设备比复杂的更加安全，简单的工艺、设备所包含的部件较少，可以减少失误，节约成本。

（5）限制危害后果（limitation of effects）：通过改进设计和操作，限制或减小故障可能造成的损坏程度，如安全隔离或使所设计的设备即使在发生泄漏时，也只能以小的流速进行，以便容易阻止或控制。开发新的或改进已有的工艺、设备，使其即使发生失误，所造成的损坏也最小。

（6）容错（error tolerance）：使工艺、设备具有容错功能。例如，使设备坚固，装置可承受倾翻，反应器可承受非正常反应等。

（7）改进早期化（change early）：在工艺、设备设计过程中，尽可能早地使用各种安全评价方法对其中存在的危险因素进行辨识，从而为改进或选择新的工艺、新设备提供决策依据。

（8）避免碰撞效应（avoiding knock-on effect）：使设备、设施布局宽敞，采用失效保险系统，使所设计的工艺、设备即使在发生故障时，也不会产生碰撞或多米诺骨牌效应。例如，在机器设备的各部件之间设置隔板，使其在发生火灾时，可以阻止火焰蔓延，或者将设备置于室外，从而使泄漏的有毒物质可以依靠自然通风进行扩散。

（9）状况清楚（making status clear）：对作业中存在的物质进行清晰的解释说明，有利于操作者对可能存在的危险进行辨识和控制。

（10）避免组装错误（making incorrect assembly impossible）：通过设计，使阀门或管线等系统标准化，减少人为失误。使设备无法依据错误的形式组装而避免失效，如设计标准化，使用特定的工序、阀门、管线等。

（11）容易控制（ease of control）：减少手动控制装置和附加的控制装置；使用容易理解的计算机软件；如果一个过程很难控制，应该在投资建造复杂的控制系统之前设法改变工艺或控制原理。

（12）管理控制/程序（management control/procedure）：人失误是导致生产事故的主要原因之一。因此，要对员工进行严格培训和上岗资格认证。其他一些本质安全原理，如容易控制、状况清楚、容错和避免组装错误等在此处也适用。

5. 本质安全的应用

在不同的技术系统或行业领域，本质安全具体应用举例如下。

(1) 电气本质安全系统：安全电压(或称安全特低电压)，自动闭锁系统，接零、接地保护系统，漏电保护系统，绝缘系统，电器隔离，屏护和安全距离，连锁保护系统……

(2) 机械本质安全系统：自动闭锁系统，连锁保护系统，超载保护装置，端站极限开关，限位开关，越程开关，限速器，缓冲器……

(3) 消防本质安全系统：自动喷淋系统，阻燃材料，防爆电气，消除可燃可爆系统，控制引燃能源……

(4) 汽车本质(主动)安全系统：ABC 主动车身控制、ABD 自动制动力分布、ABS 防抱死制动系统、ASC＋T 自动稳定及牵引力控制、ASR 防打滑修正、BA 制动助力器、BAS 电子刹车辅助、CBC 转弯制动控制器、DSC 动态稳定系统、EBA：紧急制动辅助；EBV：电子制动分配；EDL：电子差速锁、ESP：车身稳定程序、HDC 下坡车速控制系统、MSR 发动机滞力矩控制、RSC 防翻滚稳定系统、STC 循迹牵引力防侧滑系统、TCS 牵引力控制系统、VDC 车辆动态控制系统、VSC 汽车稳定控制系统、前碰撞预警、车道偏离预警、车距的监控和预警、行人保护系统(防撞系统)……

10.2.3　人本安全理论

1. "人本"安全与"物本"安全

任何系统仅仅依靠技术来实现全面的本质安全是不可能的，俗话说"没有最安全的技术，只有最安全的行为"。科学的本质安全概念，是全面的安全、系统的安全、综合的安全。任何系统既需要物的本质安全，更需要人的本质安全，"人本"与"物本"的结合，才能构建全面本质安全的系统。

"物本"是安全的硬实力，"人本"是安全的"软实力、硬道理"。根据安全科学"3E 对策理论"为基础的研究，安全"软实力"具有重要的作用。例如，针对特种设备安全系统的分析，得到的研究结论是：安全科技对特种设备安全的贡献率大约为 58%，安全管理为 27%，安全文化约为 15%，软实力的贡献率接近一半。显然，对于不同行业或地区，处于不同的发展阶段和发展背景，安全对策 3E 要素的贡献或作用是不一样的，如劳动密集型的建筑行业，安全文化的贡献率就相对要大一些。但可以肯定的是，目前在我国多数地区和行业企业，应有的安全管理和安全文化软实力的贡献和作用还处于不足的状态，还有发展和提升的空间。

2. "人本"安全原理

基于安全文化学理论，人们提出了"人本安全原理"，其基本理论规律，可如图 5-1 所示。依据"人本安全理论"，在安全生产领域，提出了企业安全文化建设的策略，即安全文化建设的范畴体系：安全观念文化建设，安全行为文化建设，安全制度文化建设，安全物态文化建设。

3. 人员安全素质

人员安全素质是安全生理素质、安全心理素质、安全知识与技能要求的总和。其内涵非常丰富，主要包括：安全意识、法制观念、安全技能知识、文化知识结构、心理应变能力、心理承受适应性能力和道德行为约束能力。安全意识、法制观念是安全素质的基础；安全技能知识、文化知识结构是安全素质的重要条件；心理应变能力，承受适应能力和道德、行为规范约束力是安全素质的核心内容。3 个方面缺一不可，相互依赖，相互制约，构成人员安全素质。

10.2.4　系统全过程管理理论

1. 过程安全管理

过程安全（process safety）是指可避免任何处理、使用、制造及储存危险性化学物质工艺过程所产生重大意外事故的操作方式，需考虑技术、物料、人员与设备等动态因素，其核心是一个化工过程得以安全操作和维护，并长期维持其安全性。

过程安全管理是利用管理的原则和系统的方法，来辨识、掌握和控制化工过程的危害，确保设备和人员的安全。从过去的事故案例看，单一的管理或技术途径无法有效地避免安全事故的发生。对一个复杂的石化过程而言，涉及化学品安全、工艺安全、设备安全和作业环境安全的多个方面，要防止因单一的失误演变成重大灾难事故，就必须从过程控制、人员操控、安全设施、应急响应等多方面构筑安全防护体系，即建立完备的"保护层"。因此，作为过程安全工作的重点就是通过技术、设施及员工建立完备的"保护层"，并维持其完整性和有效性。

技术——首先要考虑的是只要可行就必须选择危害性最小或本质安全的技术，并从技术上保证设备本体的安全。

设施——硬件上的安全考虑应包括：安全控制系统、安全泄放系统、安全隔离系统、备用电力供应等。

员工——最后的保护措施是员工适当的训练，提高应对紧急情况的能力。

2. 设备完整性管理

过程安全管理极其重要的一环是相关设备的设计、制造、安装及保养，不符合规格或规范的设备是造成化学灾害及安全事故的主要原因之一。设备完整性管理技术对应于 PSM 中的第 8 条款，是从设备上保障过程安全。设备完整性管理技术是指采取技术改进措施和规范设备管理相结合的方式，来保证整个装置中关键设备运行状态的完好性。其特点如下：①设备完整性具有整体性，是指一套装置或系统的所有设备的完整性。②单个设备的完整性要求与设备的装置或系统内的重要程度有关，即运用风险分析技术对系统中的设备按风险大小排序，对高风险的设备需要加以特别的照顾。③设备完整性是全过程的，从设计、制造、安装、使用、维护，直至报废。④设备资产完整性管理是采取技术改进和加强管理相结合的方式来保证整个装置中设备运行状态的良好性，其核心是在保证安全的前提下，以整合的观点处理设备的作业，并保证每一作业的落实与品质。⑤设备的完整性状态是动态的，设备完整性需要持续改进。设备完整性管理是以风险为导向的管理系统，以降低设备系统的风险为目标，在设备完整性管理体系的构架下，通过基于风险技术的应用而达到目的，如图 10-12 所示。

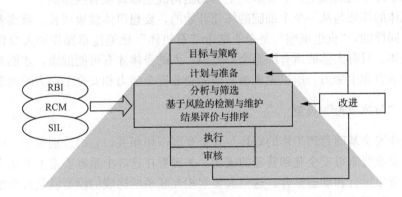

图 10-12　设备完整性安全管理体系

设备完整性管理包括基于风险的检验计划和维护策略，即基于时间的、条件的、正常运行情况或故障情况下的维护。其核心是利用风险分析技术识别设备失效的机理、分析失效的可能性与后果，确定其风险的大小；根据风险排序制定有针对性的检维修策略，并考虑将检维修资源从低风险设备向高风险设备转移；以上各环节的实施与维持用体系化的管理加以保证。因此，设备完整性管理的实施包括管理和技术两个层面，即在管理上建立设备完整性管理体系；在技术上以风险分析技术作支撑，包括针对静设备、管线的 RBI 技术，针对动设备的 RCM 技术和针对安全仪表系统的 SIL 技术等。

10.2.5　安全细胞理论

安全细胞理论是针对组织(企业)安全管理系统提出的一种形象化的方法论。一般认为班组是企业的细胞,模仿生命细胞特征和形象的规律,指导企业安全建设。

1. 班组是企业的细胞

班组是企业组织生产经营活动的基本单位,是企业最基层的生产管理组织。企业的所有生产活动都在班组中进行,班组工作的好坏直接关系着企业经营的成败。

细胞是由膜包围着含有细胞核的原生质所组成的,细胞能够通过分裂而增殖,是生物体个体发育和系统发育的基础。细胞或是独立的作为生命单位,或是多个细胞组成细胞群体或组织或器官和机体。班组在企业所处的地位,人们一般都形象地用表现生命现象的基本结构和功能等单位的细胞来形容。这是因为班组是企业组织生产经营活动的基本单位,是企业中最基层的生产管理组织,班组处于增强企业活力的源头、精神文明建设的前沿阵地、企业生产活动和推进技术进步的基本环节的地位上,它在形式上与细胞构成生命现象有些相似。

机体的坏死是从一个个细胞的坏死开始的,要想机体健康成长,就要着眼于细胞,同样的,"班组细胞"是企业这个"有机体"杜绝违章操作和人身伤亡事故的主体。只有人体的所有细胞全都健康,人的身体才有可能健康,才能充满了旺盛的活力和生命力,所以说班组是增强企业安全活力和安全生命力的源头。

2. "细胞理论"模型

企业安全基础管理工作的好坏与 3 个要素密切相关,它们分别员工、岗位和现场。企业要取得安全基础管理的成功,关键要在这 3 个基本要素上下功夫,使其可以健康运行和动态整合。这三大要素相互联系所构成的模型就是班组细胞理论模型,如图 10-13 所示。

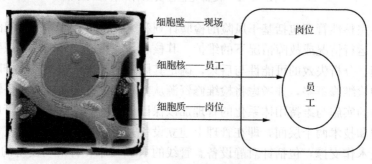

图 10-13　班组安全细胞模型

3. 班组安全细胞工程

实施班组安全细胞工程要从以下方面入手。

(1) 细胞核-员工素质工程。细胞核是细胞的控制中心，在细胞的代谢、生长、分化中起着重要作用，是遗传物质的主要存在部位。一般说，真核细胞失去细胞核后，很快就会死亡。安全管理大师海因里希认为，88% 的事故都是由人的原因引起的，人因是安全系统的首要保障和关键因素，是班组细胞中的细胞核。强健有力的细胞核是细胞成长的核心。

强化教育培训，提高员工的素质是增强企业"细胞核"生命力的最有效的途径。加强教育培训，主要是指对班组进行技能、安全生产、岗位职责和工作标准等方面的教育培训，同时将培训成绩记入个人档案，与个人的工资、奖金、晋级、提拔挂钩。

(2) 细胞质。岗位安全标准化。班组管理的好坏直接影响着企业的管理效果，班组管理的关键体现在工作岗位上，员工是班组的细胞核，岗位则是班组细胞的细胞质。而大多数生命活动都在细胞质里面完成，细胞质提供细胞代谢所需的营养。细胞质的"营养"程度，就决定了细胞核的成长。在企业中实行岗位责任制，保证了岗位的"营养"。岗位安全责任制，就是对企业中所有岗位的每个人都明确地规定在安全工作中的具体任务、责任和权利，以便使安全工作事事有人管、人人有专责、办事有标准、工作有检查，职责明确、功过分明，从而把与安全生产有关的各项工作同全体职工联结、协调起来，形成一个严密的、高效的安全管理责任系统。实行岗位安全责任制的主要意义在于：是组织集体劳动，保证安全生产，确保安全管理的基本条件；是把企业安全工作任务，落实到每个工作岗位的基本途径；是正确处理人们在安全生产中的相互关系，把职工的创造力和科学管理密切结合起来的基本手段；是把安全管理建立在广泛的群众基本之上，使安全生产真正成为全体职工自觉行动的基本要求。

(3) 细胞壁。现场安全规范化。继 20 世纪 30 年代海因里希的事故多米诺骨牌理论之后，70 年代哈登提出了能量意外释放的事故致因理论，认为所有事故的发生都是由于能量的意外释放，或能量流入了不该流通的渠道以及人员误闯入能量流通的渠道造成的，可通过消除能量、减少能量或以安全能量代替不安全能量、设置屏蔽等方式阻止事故的发生。能量理论是事故致因理论的另一个重要分枝，而企业又是一个集热能、动能、势能、化学能等于一体的场所，避免事故发生的重要手段是对能量的控制，而控制能量的关键在班组，班组的重心在现场，现场是班组细胞的细胞壁，现场管理是班组细胞成长的屏障。如同细胞壁在细胞中起着保护和支撑的作用一样，现场同样也在"班组细胞"中起着相似的作用。据统计，90% 以上的工伤事故发生在生产作业现场，70% 以上的事故是由职工违章作业和思想麻痹所造成的。首先，现场是班组员工进行各种作业活动的区域范围，现场硬件条件和软件条件的好坏，直接关系到员工的生命安全。其次，现场是提高职工队伍建设，提高职工素质的基本场所。现代社会是学习型社会，终身学习和终身职业培训，已是现代企业建设的重要标志，在企业同样适用，提倡建立学习型企业，便要鼓励员工在工作中学习，使工作场所成为员工学习提高的场所，那么现场就在其中起到了细胞壁一样的支撑作用。

10.2.6　两类危险源理论

在系统安全研究中，认为危险源的存在是事故发生的根本原因，防止事故就是消除、控制系统中的危险源。危险源为可能导致人员伤害或财物损失的事故的、潜在的不安全因素。按此定义，生产、生活中的许多不安全因素都是危险源。

根据危险源在事故发生、发展中的作用，把危险源划分为两大类，即第一类危险源和第二类危险源。

1. 第一类危险源

根据能量意外释放论，事故是能量或危险物质的意外释放，作用于人体的过量的能量或干扰人体与外界能量交换的危险物质是造成人员伤害的直接原因。于是，把系统中存在的、可能发生意外释放的能量或危险物质称作第一类危险源。

一般的，能量被解释为物体做功的本领。做功的本领是无形的，只有在做功时才显现出来。因此，实际工作中往往把产生能量的能力源或拥有能量的能力载体看作第一类危险源来处理。例如，带电的导体、奔驰的车辆等。

可以列举常见的第一类危险源，如表 10-7 所示。

表 10-7　伤害事故类型与第一类危险源

事故类型	能量源或危险物的产生、贮存	能量载体或危险物
物体打击	产生物体落下、抛出、破裂、飞散的设备、场所、操作	落下、抛出、破裂、飞散的物体
车辆伤害	车辆，使车辆移动的牵引设备、坡道	运动的车辆
机械伤害	机械的驱动装置	机械的运动部分、人体
起重伤害	起重、提升机械	被吊起的重物
触电	电源装置	带电体、高跨步电压区域
灼烫	热源设备、加热设备、炉、灶、发热体	高温物体、高温物质
火灾	可燃物	火焰、烟气

事故类型	能量源或危险物的产生、贮存	能量载体或危险物
高处坠落	高差大的场所、人员借以升降的设备、装置	人体
坍塌	土石方工程的边坡、料堆、料仓、建筑物、构筑物	边坡土（岩）体、物料、建筑物、构筑物、载荷
冒顶片帮	矿山采掘空间的围岩体	顶板、两帮围岩
放炮、火药爆炸	炸药	
瓦斯爆炸	可燃性气体、可燃性粉尘	
锅炉爆炸	锅炉	蒸汽
压力容器爆炸	压力容器	内容物
淹溺	江、河、湖、海、池塘、洪水、贮水容器	水
中毒窒息	产生、储存、聚积有毒有害物质的装置、容器、场所	有毒有害物质

2. 第二类危险源

在生产和生活中，为了利用能量，让能量按照人们的意图在系统中流动、转换和做功，必须采取措施约束、限制能量，即必须控制危险源。约束、限制能量的屏蔽应该可靠地控制能量，防止能量以外释放。实际上，绝对可靠的控制措施并不存在。在许多因素的复杂作用下，约束、限制能量的控制措施可能失效，能量屏蔽可能被破坏而发生事故。导致约束、限制能量措施失效或破坏的各种不安全因素称为第二类危险源。

人的不安全行为和物的不安全状态是造成能量或危险物质意外释放的直接原因。从系统安全的观点来考察，使能量或危险物质的约束、限制措施失效、破坏的原因，即第二类危险源，包括人、物、环境 3 个方面的问题。

在系统安全中涉及人的因素问题时，采用术语"人失误"。人失误是指人的行为的结果偏离了预定的标准，人的不安全行为可被看做是人失误的特例。人失误可能直接破坏对第一类危险源的控制，造成能量或危险物质的意外释放。例如，合错了开关使检修中的线路带电；误开阀门使有害气体泄放等。人失误也可能造成物的故障，物的故障进而导致事故。例如，超载起吊重物造成钢丝绳断裂，发生重物坠落事故。

物的因素问题可以概括为物的故障。故障是指由于性能低下不能实现预定功能的现象，物的不安全状态也可以看作是一种故障状态。物的故障可能直接使约束、限制能量或危险物质的措施失效而发生事故。例如，电线绝缘损坏发生漏电；管路破裂使其中的有毒有害介质泄漏等。有时一种物的故障可能导致另一种物的故障，最终造成能量或危险物质的意外释放。例如，压力容器的泄压装置故障，使容器内部介质压力上升，最终导致容器破裂。物的故障有时会诱发人失误；人失误会造成物的故障，实际情况比较复杂。

环境因素主要指系统运行的环境，包括温度、湿度、照明、粉尘、通风换气、噪声和振动等物理环境，以及企业和社会的软环境。不良的物理环境会引起物的故障或人失误。例如，潮湿的环境会加速金属腐蚀而降低结构或容器的强度；工作场所强烈的噪声影响人的情绪、分散人的注意力而发生人失误。企业的管理制度、人际关系或社会环境影响人的心理，可能引起人失误。

第二类危险源往往是一些围绕第一类危险源随机发生的现象，它们出现的情况决定事故发生的可能性。第二类危险源出现得越频繁，发生事故的可能性越大。

3. 危险源与事故

一起事故的发生是两类危险源共同起作用的结果。第一类危险源的存在是事故发生的前提，没有第一类危险源就谈不上能量或危险物质的意外释放，也就无所谓事故。另外，如果没有第二类危险源破坏对第一类危险源的控制，也不会发生能量或危险物质的意外释放。第二类危险源的出现是第一类危险源导致事故的必要条件。

在事故的发生、发展过程中，两类危险源相互依存、相辅相成。第一类危险源在事故发生时释放出的能量是导致人员伤害或财物损坏的能量主体，决定事故后果的严重程度；第二类危险源出现的难易决定事故发生的可能性的大小。两类危险源共同决定危险源的危险性，如图 10-14 所示。

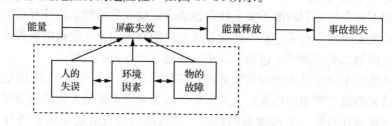

图 10-14　系统安全观点的事故因故连锁

在企业的实际事故预防工作中，第一类危险源客观上已经存在并且在设计、建造时已经采取了必要的控制措施，因此事故预防工作的重点乃是第二类危险源的控制问题。

4. 危险源与事故隐患

在我国长期的事故预防工作中经常使用事故隐患一词。所谓隐患（hidden peril）是指隐藏的祸患，事故隐患，即隐藏的、可能导致事故的祸患，这是一个在长期工作实践中大家形成的共识用语，一般是指那些有明显缺陷、毛病的事物，相当于人的不安全行为、物的不安全状态。

事故隐患包含在危险源的范畴之中，主要是指那些在控制方面存在明显缺陷（不安全状态）的第一类危险源。应该注意，如果在控制方面没有明显的缺陷，则危险源往往不被当做隐患处理，在事故预防工作中可能被忽略，这对危险源控制是非常不利的。从事故预防的角度，查找、治理事故隐患是非常必要的。但是，从危险源控制的角度，这仅仅控制了全部危险源中有明显问题的一部分，其余部分更隐蔽，可能更危险。

10.3　安全生命周期理论

安全生命周期理论是安全科学的基本理论之一，主要包括事故生命周期理论、设备生命周期理论和应急管理生命周期理论。事故生命周期理论对事故的发生过程进行详细说明，对控制事故的发生有着非常重要的指导意义；设备生命周期理论从技术、经济和管理 3 方面对设备生命周期进行了阐释；应急管理生命周期理论对危机发生的不同阶段进行了分析，并提出了相应的指导策略。

10.3.1　事故生命周期理论

一般事故的发展可归纳为 4 个阶段：孕育阶段、成长阶段、发生阶段和应急阶段。

1. 事故的孕育阶段

孕育阶段是事故发生的最初阶段，是由事故的基础原因所致的，如前述的社会历史原因，技术教育原因等。在某一时期由于一切规章制度、安全技术措施等管理手段遭到了破坏，使物的危险因素得不到控制和人的素质差，加上机械设备由于设计、制造过程中的各种不可靠性和不安全性，使其先天潜伏着危险性，这些都蕴藏着事故发生的可能，都是导致事故发生的条件。事故孕育阶段具有如下特点。

（1）事故危险性还看不见，处于潜伏和静止状态中；

（2）最终事故是否发生还处于或然和概率的领域；

（3）没有诱发因素，危险不会发展和显现。

　　根据以上特点，要根除事故隐患，防止事故发生，这一阶段是很好的时机。因此，从防止事故发生的基础原因入手，将事故隐患消灭在萌芽状态之中，是安全工作的重要方面。

　　2. 事故的成长阶段

　　如果由于人的不安全行为或物的不安全状态，再加上管理上的失误或缺陷，促使事故隐患的增长，系统的危险性增大，那么事故就会从孕育阶段发展到成长阶段，它是事故发生的前提条件，对导致伤害的形成起有媒介作用。这一阶段具有如下特点。

　　(1) 事故危险性已显现出来，可以感觉到；

　　(2) 一旦被激发因素作用，即会发生事故，形成伤害；

　　(3) 为使事故不发生，必须采取紧急措施；

　　(4) 避免事故发生的难度要比前一阶段大。

　　因此，最好的情况是不让事故发展到成长阶段，在这一阶段还是有消除事故发生的机会和可能。

　　3. 事故的发生阶段

　　事故发展到成长阶段，再加上激发因素作用，事故必然发生。这一阶段必然会给人或物带来伤害或损失，机会因素决定伤害和损失的程度，这一阶段的特点如下。

　　(1) 机会因素决定事故后果的程度；

　　(2) 事故的发生是不可挽回的；

　　(3) 只有吸取教训，总结经验，提出改进措施，以防止同类事故的发生。

　　事故的发生是人们所不希望的，避免事故的发展进入发生阶段是我们极力争取的，也是安全工作所追求的目标和安全工作者的职责及任务。

　　4. 事故的应急阶段

　　事故应急阶段主要包括紧急处置和善后恢复两个阶段。紧急处置是在事故发生后立即采取的应急与救援行动，包括事故的报警与通报、人员的紧急疏散、急救与医疗、消防和工程抢险措施、信息收集与应急决策和外部求援等；善后恢复应在事故发生后首先应使事故影响区域恢复到相对安全的基本状态，然后逐步恢复到正常状态。应急目标是尽可能地抢救受害人员，保护可能受威胁的人群，尽可能控制并消除事故，尽快恢复到正常状态，减少损失。这一阶段的特点如下：①应急预案要前提；②现场指挥很关键；③紧急处置越快，事故损失越小；④善后恢复越快，综合影响越小。

10.3.2　设备生命周期理论

1. 生命周期理论

生命周期基本涵义可以通俗地理解为"从摇篮到坟墓"的整个过程。对于某个产品而言，就是从自然中来回到自然中去的全过程，也就是既包括制造产品所需要的原材料的采集、加工等生产过程，也包括产品贮存、运输等流通过程，还包括产品的使用过程以及产品报废或处置等废弃回到自然的过程，这个过程构成了一个完整的产品的生命周期。

设备生命周期管理内容包括从产品的设计制造到设备的规划、选型、安装、使用、维护、更新、报废整个生命周期的技术和经济活动，其核心与关键在于正确处理设备可靠性、维修性与经济性的关系，保证可靠性，正确确定维修方案，建立设备生命周期档案，提高设备有效利用率，发挥设备的高性能，以获取最大的经济利益。

大多数产品随着使用时间的变化(图 10-15)，故障率的变化模式可分为 3 个时期，这 3 个时期综合反映了产品在整个寿命期的故障特点，有时也称为浴盆曲线。曲线的形状呈两头高，中间低，具有明显的阶段性，可划分为 3 个阶段。

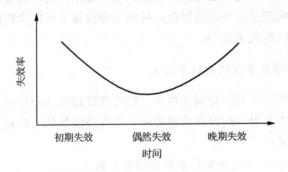

图 10-15　设备安全失效浴盆曲线

(1) 初期失效。在设备开始使用的阶段，一般故障率较高 但随着设备使用时间的延续，故障率将明显降低，此阶段称为初期故障期，又称为磨合期。此期间的长短随设备系统的设计与制造质量而异。

(2) 偶然失效。设备使用进入阶段，故障率大致趋于稳定状态，趋于一个较低的定值，表明设备进入稳定的使用阶段。在此期间，故障发生一般是随机突发的，并无一定规律，故称此阶段为偶发故障期。

(3) 晚期失效。设备使用进入后期阶段，经过长期使用，故障率再一次上升，且故障带有普遍性和规模性，设备的使用寿命接近终了了，此阶段称为损耗故障期。在此期间，设备零部件经长时间的频繁使用，逐渐出现老化、磨损以及疲劳现象，设备寿命逐渐衰竭，因处于故障频发状态。

起始与末尾期失效率很高，这就指导我们在起始期要严格筛选，确定保修策略，而在末尾期要及时维修以至大修改善系统状况并制定合理的报废期限。

2. 设备生命周期管理理论

现代设备管理强调设备生命周期一生的管理，设备生命周期理论是根据系统论、控制论和决策论的基本原理，结合企业的经营方针、目标任务，分析和研究设备生命周期 3 个方面的理论。

（1）设备生命周期的技术理论。依靠技术进步，加强设备的技术载体作用，研究寿命周期的故障性和维修性，提高设备有效利用率，采用适用的新技术和诊断修复技术，从而改进设备的可靠性和维修性。

（2）设备生命周期的经济理论。研究磨损的经济规律，掌握设备的技术寿命和经济寿命，对设备的投资、修理和更新改造进行技术经济分析，力争投入少、产出多、效益高，从而达到寿命周期费用最经济和提高设备综合效率的目标。

（3）设备生命周期的管理理论。强调设备一生的管理和控制，由于设备设计、制造和使用各阶段的责任者和所有者往往不是单一的，故其经营管理策略和利益会有很大区别。因此，需要研究和控制三者相结合的动态管理，建立相应的模型和模拟，并实现适时的信息反馈，从而实现设备系统的全面的综合管理，不断提高设备管理的现代化水平。

3. 设备生命周期管理理论指导意义

设备生命周期管理理论分别从技术、经济和管理这 3 个层面上提出了对设备在其生命周期当中的管理内容和管理要求，对提高设备的生命和整个设备管理方面有着重要的意义。

1）设备生命的技术理论对设备管理的重要意义

设备的技术生命就是指新设备投入使用以后，由于科技进步出现了性能更好的新设备，其使用起来更简单方便、故障率低、产品质量好，老设备显得技术落后，如继续使用则不经济、不合算、划不来，而需要提前淘汰更新所经历的时间，简言之：设备由于技术落后而提前淘汰所决定的性能寿命的时间就是设备的技术寿命。运用设备的技术寿命理论来加强企业设备的技术形态管理，对保证设备的技术先进性以适应企业生产有着重要的作用。设备的技术寿命和物质寿命是紧密相连的，设备的技术形态管理是物质形态管理的发展，技术管理来源于物质管理，高于物质管理。因此，设备的技术管理既要考虑设备的物质形态，又要考虑设备技术含量所体现出来的高新技术的发展。

2）设备生命的经济理论对设备管理的重要意义

设备的经济寿命是指设备从投入使用到由于继续使用不再经济而被淘汰所经历的时间。它主要受到有形磨损和无形磨损的共同影响而产生。设备有形磨损使得其维修费用增加，使用成本提高，继续使用已经不能保证产品质量；无形磨损使得设备的使用在经济上已不合算，大修理或改装费用又太大的情况下，其经济寿命也就到了终点，这时就必须进行设备更新了。设备经济寿命的确定对生产性企业的费用核算有一定的关系，进而会对产品成本产生影响，影响企业经济效益。设备的经济寿命理论是把生产设备作为一种投资行为，企业运用生产手段来取得最高的经济效益，因此正确地运用设备寿命周期的经济理论，把其作为设备管理的基本指导思想可以优化资产、补偿费用、提高效益、控制投入产出，从而使设备寿命周期费用最低和综合经济效益达到最高。要想科学地运用设备寿命周期的经济理论，应该做到以下几点。首先，对设备投资进行必要的可行性研究和经济性论证。其次，设备的物质替换需要价值补偿。最后，运用设备寿命周期费用（LCC）来指导和评价设备的经济效益，以加强企业的设备管理。

3）设备生命的管理理论对设备管理的重要意义

通常设备的设计制造过程由设计制造部门管理，而设备的使用过程由使用部门管理，有的设备还有专门的设计部门、制造部门、使用部门三分离的形式流程，甚至还有更多流程。作为设计制造部门不能只顾降低设备成本而忽略设备可靠性、耐久性、维修性、环保性、安全性和节能性等。要了解使用单位的工艺要求和使用条件，要考虑到设备运行阶段的运营费用，使研制出来的设备符合用户要求，又有用户采购使用。在设备制造出厂后，研制人员要根据实际情况参加设备安装、调试、使用，并做好技术服务工作。用户应及时地把安装、调试和使用中发现的问题向设计制造部门进行信息反馈，以便改进设备的设计、制造方法。只有各部门互通信息，设计、制造、使用相结合才能相互促长，使产品设计制造部门开发更优质的更适合用户使用的设备，使设备使用部门能采购到更优质的设备为实验和生产服务，享受到更优质的服务。因此，这就需要将这 3 个部门建立专业的管理团队，正确运用设备寿命的管理理论，建立合理的管理机制，实现三者管理的动态结合。

生命周期的技术、经济和管理这 3 方面理论是现代设备管理的重点研究内容，对企业的设备管理起着十分重要的作用。通过对这 3 方面理论的学习，对这 3 方面的理论有了较为深刻的理解。这 3 方面的理论是相互联系、相互影响的，其中设备寿命的管理理论渗透于设备寿命周期管理的各个方面，所有的这些理论都要建立在一个正确的、科学的管理机制上。正确的运用设备寿命周期的这 3 方面理论，对增强企业的设备管理能力，延长企业的设备使用寿命，实现企业最大的经济利益有着十分重要的意义。

10.3.3　应急管理生命周期理论

根据危机的发展周期，突发事件应急管理生命周期可以分为以下几个过程阶段：危机预警及准备阶段、识别危机阶段、隔离危机阶段、管理危机阶段和善后处理阶段。

1. 应急管理各阶段的主要任务

应急管理各阶段的主要任务（图 10-16）：①预警及准备阶段，目的在于有效预防和避免危机的发生。②识别危机阶段，监测系统或信息监测处理系统是否能够辨识出危机潜伏期的各种症状，是识别危机的关键。③隔离危机阶段，要求应急管理组织有效控制突发事态的蔓延，防止事态进一步升级。④管理危机阶段，要求采取适当的决策模式并进行有效的媒体沟通，稳定事态，防止紧急状态再次升级。⑤善后处理阶段，要求在危机管理阶段结束后，从危机处理过程中总结分析经验教训，提出改进意见。

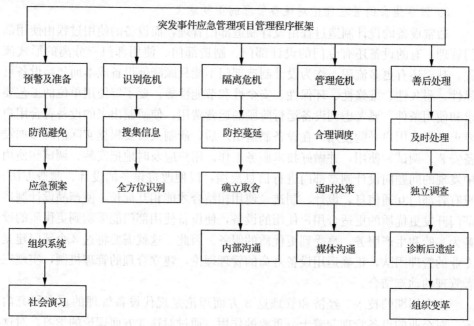

图 10-16　应急管理各阶段的主要任务

2. 突发事件应急管理实施控制

对突发事件应急管理体系进行控制，关键是制定完善的突发事件应急预案，在建立健全突发事件管理机制上下功夫。该预案的工作过程大致包括以下几个步骤：①清晰定义突发事件应急管理项目目标，此目标必须尽可能与我国经济社会发展和社会平稳进步的目标相符。②通过工作分解结构（WBS），明确组织分工和责任人，使看似复杂的过程变得易于操作，有效克服应急工作的盲目性（图 10-17）。③为了实现应急管理的目标，必须界定每项具体工作内容。④根据每项任务所需要的资源类型及数量，明确辨认不同阶段相互交织、循环往复的危机事件应急管理特定生命周期，采取不同的应急措施。

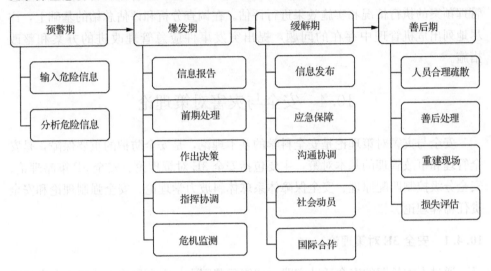

图 10-17　突发事件应急管理工作分解结构

3. 突发事件应急管理进度控制

进度控制的主要目标是通过完善以事前控制为主的进度控制体系来实现项目的工期或进度目标。通过不断地总结，进行归纳分析，找出偏差，及时纠偏，使实际进度接近计划进度。进度控制包括事前控制、事中控制和事后控制。

（1）事前控制。突发事件应急管理要想从事后救火管理向事前监测管理转变，由被动应对向主动防范转变，就必须建立完善的突发事件预警机制。因此，控制点任务的按时完成对于整个事前控制起着决定作用。预警级别根据突发事件可能造成的危害程度、紧急程度和发展势态，一般划分为 4 级：Ⅰ级（特别严重）、Ⅱ（严重）、Ⅲ（较重）和Ⅳ级（一般）。只有在信息收集和分析的基础上，对信息进行全面细致的分类鉴别，才能发现危机征兆，预测各种危机情况，对可能发生的危机类型、涉及范围和危害程度作出估计，并想办法采取必要措施加以弥补，从而减少乃至消除危机发生的诱因。

（2）事中控制。有效进度控制的关键是定期、及时地检测实际进程，并把它和实际进程相比较。危机发生时，政府逐级信息报告必须及时，预案处置要根据特殊情况适时调整，及时掌控危机进展状况和严重程度，并根据危机演化的方向作出分析判断，妥善处理危机。在情况不明、信息不畅的情况下，要积极发挥媒体管理的作用，及时向公众公开危机处理进展情况，保障群众的知情权，减少主观猜测和谣言传播的负面影响。

（3）事后控制。事后控制的重点是认真分析影响突发事件应急管理进度关键点的原因，并及时加以解决。通过有效的资源调度和社会合作，对突发事件应急管理预案的执行情况和实施效果进行评估。在调查分析和评估总结的基础上，详尽地列出危机管理中存在的问题，提出突发事件应急管理改进的方案和整改措施。

10.4　安全与灾害对策理论

安全与灾害对策理论是安全科学的基本理论，是安全防护的重要保障，是安全管理和事故管理的基本对策，主要包括安全 3E 对策理论、安全 3P 策略理论、安全分级控制匹配原理、安全保障体系球体斜坡力学理论、安全强制理论和安全责任稀释理论。

10.4.1　安全 3E 对策理论

通过人类长期的安全活动实践，在国际范围内，安全界确立了三大安全战略对策理论。所谓"3E"，一是指安全工程技术对策（engineering），这是技术系统本质安全化的重要手段；二是指安全管理对策（enforcement），这一对策既涉及物的因素，即对生产过程设备、设施、工具和生产环境的标准化、规范化管理，也涉及人的因素，即作业人员的行为科学管理等；三是指安全教育对策（education），这是人因安全素质的重要保障措施。

安全生产"3E"对策理论是横向的安全保障体系，是形式逻辑，也称为安全生产的 3 大支柱，或简称为"技防"、"管防"、"人防"。

1. 安全工程技术对策

安全工程技术对策是指通过工程项目和技术措施，实现生产的本质安全化，或改善劳动条件提高生产的安全性。例如，对于火灾的防范，可以采用防火工程、消防技术等技术对策；对于尘毒危害，可以采用通风工程、防毒技术、个体防护等技术对策；对于电气事故，可以采取能量限制、绝缘、释放等技术方法；对于爆炸事故，可以采取改良爆炸器材、改进炸药等技术对策；等等。在具体的工程技术对策中，可采用如下技术对策措施。

(1) 消除潜在危险的对策措施，即在本质上消除事故隐患，是理想的、积极的、进步的事故预防措施。其基本的作法是以新的系统、新的技术和工艺代替旧的不安全系统和工艺，从根本上消除发生事故基础。例如，用不可燃材料代替可燃材料；以导爆管技术代替导致火绳起爆方法；改进机器设备，消除人体操作对象和作业环境的危险因素，排除噪声、尘毒对人体的影响等，从本质上实现职业安全健康。

(2) 降低潜在危险因素数值的原生措施，即在系统危险不能根除的情况下，尽量地降低系统的危险程度，使系统一旦发生事故，所造成的后果严重程度最小。例如，手电钻工具采用双层绝缘措施；利用变压器降低回路电压；在高压容器中安装安全阀、泄压阀抑制危险发生等。

(3) 系统的冗余性对策措施，就是通过多重保险、后援系统等措施，提高系统的安全系数，增加安全余量。例如，在工业生产中降低额定功率；增加钢丝绳强度；飞机系统的双引擎；系统中增加备用装置或设备等措施。

(4) 系统闭锁对策措施，在系统中通过一些元器件的机器联锁或电气互锁，作为保证安全的条件。例如，冲压机械的安全互锁器，金属剪切机室安装出入门互锁装置，电路中的自动保安器等。

(5) 系统能量屏障对策措施，在人、物与危险之间设置屏障，防止意外能量作用到人体和物体上，以保证人和设备的安全。例如，建筑高空作业的安全网，反应堆的安全壳等，都起到了屏障作用。

(6) 系统距离防护对策措施，当危险和有害因素的伤害作用随距离的增加而减弱时，应尽量使人与危险源距离远一些。噪声源、辐射源等危险因素可采用这一原则减小其危害。化工厂建在远离居民区、爆破作业时的危险距离控制，均是这方面的例子。

(7) 时间防护对策措施，是使人暴露于危险、有害因素的时间缩短到安全程度之内。例如，开采放射性矿物或进行有放射性物质的工作时，缩短工作时间；粉尘、毒气、噪声的安全指标，随工作接触时间的增加而减少。

(8) 系统薄弱环节对策措施，即在系统中设置薄弱环节，以最小的、局部的损失换取系统的总体安全。例如，电路中的保险丝、锅炉的熔栓、煤气发生炉的防爆膜、压力容器的泄压阀等。它们在危险情况出现之前就发生破坏，从而释放或阻断能量，以保证整个系统的安全性。

(9) 系统坚固性对策措施，这是与薄弱环节原则相反的一种对策，即通过增加系统强度来保证其安全性。例如，加大安全系数，提高结构强度等措施。

(10) 个体防护原则，根据不同作业性质和条件配备相应的保护用品及用具。采取被动的措施，以减轻事故和灾害造成的伤害或损失。

（11）代替作业人员的对策措施，在不可能消除和控制危险、有害因素的条件下，以机器、机械手、自动控制器或机器人代替人或人体的某些操作，摆脱危险和有害因素对人体的危害。

（12）警告和禁止信息对策措施，采用光、声、色或其他标志等作为传递组织和技术信息的目标，以保证安全。例如，宣传画、安全标志、板报警告等。

安全工程技术对策是实现"本质安全"的重要战略对策，因此应将工程技术对策的思想和方法融入安全生产管理战略当中。但是，工程技术对策需要安全技术及经济投入作为基本前提，因此在实际工作中，要充分的研发和利用安全技术，合理的增加和使用安全经费投入，才能保障安全生产管理战略得到切实、有效的落实和贯彻。

2. 安全管理对策

管理就是创造一种环境和条件，使置身于其中的人们能进行协调的工作，从而完成预定的使命和目标。安全管理是通过制定和监督实施有关安全法令、规程、规范、标准和规章制度等，规范人们在生产活动中的行为准则，使劳动保护工作有法可依，有章可循，用法制手段保护职工在劳动中的安全和健康。安全管理对策是工业生产过程中实现职业安全健康的基本的、重要的、日常的对策。

工业安全管理对策具体由管理的模式、组织管理的原则、安全信息流技术等方面来实现。安全的手段包括：法制手段、监察、监督；行政手段，责任制等；科学的手段，推进科学管理；文化手段，进行安全文化建设；经济手段，伤亡赔偿、工伤保险、事故罚款等。

安全管理也是一门现代科学。企业生产作业的各个环节，要实现安全保障，必须从科学管理、规范管理、标准化管理上下功夫。我们采用先进的管理思想和管理理念，采用先进的、高效的管理模式组织生产，完善安全管理制度和标准化体系等，不断追求生产安全管理模式和体系的科学化、现代化。

只有政府和企业实施了科学、高效的安全管理，才能有效地预防安全生产事故的发生，最终实现安全生产管理战略。

3. 安全文化对策

安全文化对策就要是对企业各级领导、管理人员以及操作员工进行安全观念、意识、思想认识、安全生产专业知识理论和安全技术知识的宣教、培训，提高全员安全素质，防范人为事故。安全文化意识培训的内容包括国家有关安全生产、劳动保护的方针政策、安全生产法规法纪、安全生产管理知识、事故预防和应急的策略技术等。通过教育提高各级领导和广大职工的安全意识、政策水平和法制观念，树立并牢固"安全第一"的思想，自觉贯彻执行各项安全生产法规政策，增强保护人、保护生产力的责任感。

安全技术知识培训包括一般生产技术知识、一般安全技术知识和专业安全生产技术知识的教育，安全技术知识寓于生产技术知识之中，在对职工进行安全教育时必须把二者结合起来。一般生产技术知识教育含企业的基本概况、生产工艺流程、作业方法、设备性能及产品的质量和规格。一般安全技术知识教育含各种原料、产品的危险、危害特性，生产过程中可能出现的危险因素，形成事故的规律，安全防护的基本措施和有毒有害的防治方法，异常情况下的紧急处理方案，事故时的紧急救护和自救措施等。专业安全生产技术知识教育是针对特别工种所进行的专门教育，如锅炉、压力容器、电气、焊接、化学危险品的管理、防尘防毒等专业安全生产技术知识的培训教育。安全技术知识的教育应做到应知应会，不仅要懂得方法原理，还要学会熟练操作和正确使用各类防护用品、消防器材及其他防护设施。

安全文化的对策可应用启发式教学法、发现法、讲授法、谈话法、读书指导法、演示法、参观法、访问法、实验实习法、宣传娱乐法等，对政府官员、社会大众、企业职工、社会公民、专职安全人员等进行意识、观念、行为、知识、技能等方面的教育。安全教育的对象通常为政府有关官员、企业法人代表、安全管理人员、企业职工、社会公众等。教育的形式有法人代表的任职上岗教育；企业职工的三级教育、特殊工种教育、企业日常性安全教育；安全专职人员的学历教育等。安全文化意识提升的内容涉及专业安全科学技术知识、安全文化知识、安全观念知识、安全决策能力、安全管理知识、安全设施的操作技能、安全特殊技能、事故分析与判断的能力等。

4. "3E"的"三角"关系原理

安全"3E"对策战略是横向的安全保障体系，是形式逻辑，也称为安全生产的三大支柱，或简称为"技防"、"管防"、"人防"。

安全生产"3E"中的各个要素不是简单独立关系，它们具非线性的关系，具有相互的作用和影响，我们可用"三角"关系和原理来表示，如图 10-18 所示。在 3 个对策要素中，安全文化对策具有基础性的作用，安全文化对安全工程对策和安全管理对策具有放大或减少的作用，对安全工程技术功能的发挥和安全管理制度的作用具有根本的影响。因此，可以说安全文化是安全工程技术和安全管理的"因变量"。

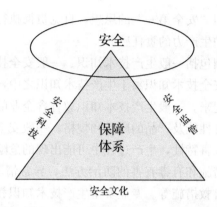

图 10-18　安全生产"3E"对策的"三角"原理关系图

10.4.2　安全 3P 策略理论

　　基于事故防范战略的思维，人们提出了事故预防的"3P"策略理论，即先其未然——事前预防策略，发而止之——事中应急策略，行而责之——事后惩戒策略。"3P"是事故防范体系，也是纵向的安全保障体系，是时间逻辑，是事故防范的 3 个层面上的防范体系，简称为"事前"、"事中"和"事后"，"事前"是上策、"事中"是中策，"事后"是下策。

　　1. 事前预防策略

　　在安全保障体系中预防有两层含义：一是事故的预防工作，即通过安全管理和安全技术等手段，尽可能地防止事故的发生，实现本质安全；二是在假定事故必然发生的前提下，通过预先采取的预防措施，来达到降低或减缓事故的影响或后果严重程度，如加大建筑物的安全距离、工厂选址的安全规划、减少危险物品的存量、设置防护墙，以及开展公众教育等。从长远观点看，低成本、高效率的预防措施，是减少事故损失的关键。

　　事故预防，一是应用工程技术手段实现"物本"——物的本质安全，二是强化法制监管，三是推进科学管理，四是推进安全文化建设。在上述系统的战略对策中，针对现代安全管理对策，要实行预防为主、超前管理、关口前移的战略，做到"七个强化"。

　　(1) 基础管理——强化"三同时"和风险预评价；

　　(2) 制度建设——强化安全制度和规程的有效执行；

　　(3) 科学管理——强化安全生产管理的科学性和有效性，实现安全生产持续改进；

　　(4) 安全监督——强化高危行业、关键行业、重点岗位和高风险作业的监督和监控；

（5）风险监管——强化对隐患、缺陷、危险源和生产作业风险的动态监控及监管；

（6）协同管理——强化作业员工合同和承包商合同管理；

（7）文化建设——强化人的安全观念文化、安全行为文化的建设，提高全员安全素质，形成"人人、事事、时时、处处"保安全的氛围。

2. 事中应急策略

事中应急策略包括 3 方面的内容，即应急准备、应急响应和应急恢复，是应急管理过程中一个极其关键的过程。

应急准备是针对可能发生的事故，为迅速有效地开展应急行动而预先所做的各种准备，包括应急体系的建立，有关部门和人员职责的落实，预案的编制，应急队伍的建设，应急设备（施）、物资的准备和维护，预案的演习，与外部应急力量的衔接等，其目标是保持重大事故应急救援所需的应急能力。

应急响应是在事故发生后立即采取的应急与救援行动，包括事故的报警与通报、人员的紧急疏散、急救与医疗、消防和工程抢险措施、信息收集与应急决策和外部救援等，其目标是尽可能抢救受害人员、保护可能受威胁的人群，尽可能控制并消除事故。应急响应可划分为两个阶段，即初级响应和扩大应急。初级响应是在事故初期，企业应用自己的救援力量，使事故得到有效控制。但如果事故的规模和性质超出本单位的应急能力，则应请求增援和扩大应急救援活动的强度，以便最终控制事故。

应急恢复应该在事故发生后立即进行，它首先使事故影响区域恢复到相对安全的基本状态，然后逐步恢复到正常状态。要求立即进行的恢复工作包括事故损失评估、原因调查、清理废墟等，在短期恢复中应注意的是避免出现新的紧急情况。长期恢复包括厂区重建和受影响区域的重新规划和发展，在长期恢复工作中，应吸取事故和应急救援的经验教训，开展进一步的预防工作和减灾行动。

3. 事后惩戒策略

基于事故教训的安全策略，即所谓"亡羊补牢"、"事后改进"的战略。通过分析事故致因，制定改进措施，实施整改，坚持"四不放过"的原则，做到同类事故不再发生。具体的策略有：全面的事故调查取证；科学的原因分析；合理的责任追究；充分的改进措施；有效的整改完善。

10. 4. 3　安全分级控制匹配原理

安全分级控制匹配（match）原理是指"基于风险分级而采取相应级别的安全

监控管理措施的合理性匹配原理"，简称"分级控制原理"。这一原理基于对系统或对象的风险分级，遵循"安全分级监控"的合理性、科学性原则，能够保障和提高安全监控或监管的效能，是现代安全科学控制与管理的发展潮流。

　　基于风险分级的监控监管匹配原理的方法机制一般采取 4 个风险级别，分别为"Ⅰ"级、"Ⅱ"级、"Ⅲ"级和"Ⅳ"级，对应的预警颜色分别用"红色"、"橙色"、"黄色"和"蓝色"的安全色标准表征；相应安全监管措施也分为 4 个防控级别，分别为"高"级预控、"中"级预控、"较低"级预控和"低"级预控，对应的预控颜色同样分别用"红色"、"橙色"、"黄色"和"蓝色"的安全色表征。风险分级预控的"匹配原理"如表 10-8 所示。这一原理有 3 种监控监管模式。

表 10-8　基于风险分级的安全监管匹配原理

风险分级	风险分级预控措施	风险分级监管或预控匹配规律			
		高	中	较低	低
Ⅰ（高）	不可接受风险：不许可、停止、终止；启动高级别预控，全面行动，直至风险消除或降低后恢复	合理可接受	不合理不可接受	不合理不可接受	不合理不可接受
Ⅱ（中）	不期望风险：全面限制；启动中级别预控，局部行动；高强度监管；在风险降低后许可	不合理可接受	合理可接受	不合理不可接受	不合理不可接受
Ⅲ（较低）	有限接受风险：部分限制；低级别预控，选择性行动；较高强度监管；在控制保障措施下许可	不合理可接受	不合理可接受	合理可接受	不合理不可接受
Ⅳ（低）	警告风险：常规监管，常规预控，企业自控，在警惕和关注条件下许可	不合理可接受	不合理可接受	不合理可接受	合理可接受

　　（1）当风险防控措施等级低于风险预警级别时：这种状态属于"控制不足"的情况，如对于"Ⅰ级"的风险预警等级，当采用低于其对应预控级别的"中"、"较低"或"低"级的风险防控措施时，企业所投入的风险控制资源有限，达不到有效控制风险的绩效，此时企业生产的安全性不能保证，因此这种匹配情况在理论上不合理，实际情况也不能接受，故匹配的结果为"不合理、不可接受"。

　　（2）当风险防控措施等级高于风险预警级别时：这种状态属于"控制过量"的情况，如对于"Ⅱ级"、"Ⅲ级"或"Ⅳ级"的风险预警等级，如果采用高于其对应预控级别的"高"级风险防控措施时，此时理论上能够有效地控制风险，企业生产的安全性能够得到保证，这种匹配情况在理论上"可接受"，但是此时显然造成了企业资源的过量投入以及浪费，即从实际情况来看，这种匹配结果"不合理"，故匹配的结果为"不合理、可接受"。

（3）当风险防控措施等级对应于风险预警级别时：这种状态属于"当量控制"的情况，如对于"Ⅰ级"的风险预警等级，如果采用对应于其预警等级的"高"级风险防控措施，此时理论上能够有效地控制风险，企业生产的安全性能够得到保证，这种匹配情况在理论上"可接受"，而且此时企业资源的投入量为"当量值"，属于"恰好足以有效控制风险"的状态，即从实际情况来看，这种匹配结果"合理"。因此，只有当采取匹配于风险预警等级的相应级别的风险防控措施时，才能够达到企业资源投入与安全绩效的最优配比，此时的匹配结果为"合理，可接受"。科学的监管模式期望推行这种模式，这也是最优的安全监控或控管方式。

10.4.4　安全保障体系球体斜坡力学理论

安全保障体系的"球体斜坡力学原理"，如图 5-3 所示。这一原理的涵义是组织或系统的安全状态就像一个停在斜坡上的"球"，物的固有安全、安全设施和安全保护装备，以及各单位或组织的安全制度和安全监管措施不力，是"球"的基本"支撑力"，对安全的保证发挥基本性的作用。但是，仅有这一支撑力是不能够使系统安全这个"球"得以稳定和保持在应有的标准和水平上的，这是因为在组织或单位的系统中，存在着一种"下滑力"。这种不良的"下滑力"是由以下原因造成的：一是事故特殊性和复杂性，如事故的偶然性、突发性，人的不安全行为或安全措施的不到位，不一定有会发生事故，使得人们无意或故意地放弃安全措施，对"系统安全"这一个"球"产生不良的下滑作用力；二是人的趋利主义，稳定安全或提高安全水平需要增加安全成本，反之可以将安全成本变为利润，因此当安全与发展、安全与速度、安全与生产、安全与经营、安全与效益发生冲突时，人们往往放弃前者；三是人的惰性和习惯，保障安全费时、费力，增加时间成本，反之，安全"投机取巧"，获得利益。这种不良的惰性和习惯是因为安全规范需要付出力气和时间，而违章可带来暂时的舒适和短期的"利益"等。这种"下滑力"显然是安全基本的保障措施不能克服的。克服这种"下滑力"需要针对性的"反作用"力，这种"反作用力"就是"文化力"，即正确认识论形成的驱动力、价值观和科学观的引领力、强意识和正态度的执行、道德行为规范的亲和力等。

10.4.5　安全强制理论

1. 强制原理的含义

采取强制管理的手段控制人的意愿和行动，使个人的活动、行为等受到安全管理要求的约束，从而实现有效的安全管理，这就是强制原理。一般来说，管理均带有一定的强制性。管理是管理者对被管理者施加作用和影响，并要求被管理者服从其意志，满足其要求，完成其规定的任务。不强制便不能有效地抑制被管理者的无拘个性，将其调动到符合整体管理利益和目的的轨道上来。

安全管理需要强制性是由事故损失的偶然性、人的"冒险"心理以及事故损失的不可挽回性所决定的。安全强制性管理的实现，离不开严格合理的法律、法规、标准和各级规章制度，这些法规、制度构成了安全行为的规范。同时，还要有强有力的管理和监督体系，以保证被管理者始终按照行为规范进行活动，一旦其行为超出规范的约束，就要有严厉的惩处措施。

2. 强制原理的原则

（1）安全第一原则。安全第一就是要求在进行生产和其他活动的时候把安全工作放在一切工作的首要位置。当生产和其他工作与安全发生矛盾时，要以安全为主，生产和其他工作要服从安全，这就是安全第一原则。

安全第一原则可以说是安全管理的基本原则，也是我国安全生产方针的重要内容。贯彻安全第一原则，就是要求一切经济部门和生产企业的领导者要高度重视安全，把安全工作当做头等大事来抓，要把保证安全作为完成各项任务、做好各项工作的前提条件。在计划、布置、实施各项工作时首先想到安全，预先采取措施，防止事故发生。该原则强调，必须把安全生产作为衡量企业工作好坏的一项基本内容，作为一项有"否决权"的指标，不安全不准进行生产。

（2）监督原则。为了促使各级生产管理部门严格执行安全法律、法规、标准和规章制度，保护职工的安全与健康，实现安全生产，必须授权专门的部门和人员行使监督、检查和惩罚的职责，以揭露安全工作中的问题，督促问题的解决，追究和惩戒违章失职行为，这就是安全管理的监督原则。

安全管理带有较多的强制性，只要求执行系统自动贯彻实施安全法规，而缺乏强有力的监督系统去监督执行，则法规的强制威力是难以发挥的。随着社会主义市场经济的发展，企业成为自主经营、自负盈亏的独立法人，国家与企业、企业经营者与职工之间的利益差别，在安全管理方面也有所体现。它表现为生产与安全、效益与安全、局部效益与社会效益、眼前利益与长远利益的矛盾。企业经营者往往容易片面追求质量、利润、产量等，而忽视职工的安全与健康。在这种情况下，必须设立安全生产监督管理部门，配备合格的监督人员，赋予必要的强制权力，以保证其履行监督职责，保证安全管理工作落到实处。

10.4.6　安全责任稀释理论

安全责任稀释理论：安全生产，人人有责。

　　1957 年实施的《安全生产责任制度》规定"安全生产，人人有责"。"安全生产，人人有责" 8 字方针，就是要企业做到安全生产责任制，严格执行生产过程安全责任追究制度，生产过程中，人人对安全负责。现今很多企业一有安全问题就归咎安全管理部门的事；归咎某一个安全管理人员的头上，这是安全管理上最大的误区，所谓"管生产，管安全，生产人员即为安全人员"就是说每个生产人员对自己范围内的安全负责。

　　实行"一岗双责"制度，每一位生产人员既对生产负责，也对安全负责。传统"一岗双责"制度认为领导者既要管生产，也要管安全。安全责任稀释理论认为，每一位职工既要管生产，也要管安全；既负责生产，也负责安全。

　　传统的安全责任观念认为，安全是领导者的责任，领导既管生产又管安全，企业的安全责任由领导或安全部门承担，普通职工只负责生产，安全与其无关，因此领导者的安全责任重如泰山，普通职工的安全责任轻如鸿毛。安全责任稀释理论认为，安全生产，人人有责，企业安全既是企业领导的责任，也是部门领导的责任，更是普通职工的责任，人人都对安全负责，因此企业领导的安全责任不再重如泰山，普通职工的安全责任也不再轻如鸿毛，每个人都承担相应的责任，人人都对安全负责，如图 10-19 所示。

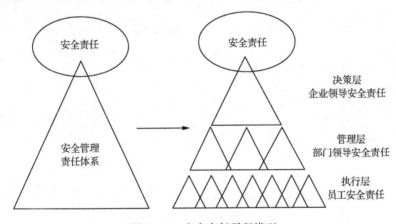

图 10-19　安全责任稀释模型

　　实施"安全生产，人人有责"要做到"横向到边、纵向到底"。

　　首先是横向到边，要将所有的单位和部门都纳入到安全管理的体系当中。而安全管理的各项规章制度、管理活动的运行和检查、考核，本身也是一种体系化的运作，是一个综合的整体，节点就是各个单位、部门之间的各负其责、相互协调、相互配合与促进。

　　其次是纵向到底，每一名职工都和企业安全和自身安全息息相关，安全责任落实到每一名职工。职位不分高低，责任不分大小，不管是谁，在责任面前一律平等，每位职工都承担相应的安全责任，只要一位职工发生了伤害或事故，都将使整个企业处于不利的位置。

　　企业是一条船，每个人都在这条船上，众人划桨才能开大船、开快船。安全是一张网，每个人都是网上的线，相互连接才能牢固成形。安全人人需要，这就要求人人参与，才能人人共享。因此，需要建立责任体系，实现人人有责任。表 10-9 是某公司建立的各级管理人员的安全责任权重系数表。

表 10-9　企业安全管理责任权重体系矩阵表

类型系数 层次 （比例）	领导或负责人 （20%）		业务主管人员 （30%）		安全专管人员 （50%）	
	角色	权重	角色	权重	角色	权重
1(40%)	班组长	0.08	项目负责	0.12	现场安全员	0.20
2(30%)	队长或车间主任	0.06	业务分管或值班经理	0.09	车间安全员或负责	0.15
3(20%)	分公司或分厂	0.04	分公司分管领导	0.06	安全环保部门负责	0.10
4(10%)	公司或总厂	0.02	分管领导或部门负责	0.03	安全总监	0.05

主要参考文献

埃里克森(Ericson C A). 2012. 危险分析技术. 赵廷弟，等译. 北京：国防工业出版社.

《安全科学技术百科全书》编委会. 2003. 安全科学技术百科全书. 北京：中国劳动社会保障出版社.

《安全科学技术词典》编委会编. 1991. 安全科学技术词典. 北京：中国劳动出版社.

陈宝智. 2011. 系统安全评价与预测. 北京：冶金工业出版社.

陈蔷，王生. 2008. 职业卫生概论. 北京：中国劳动社会保障出版社.

程五一，王贵和，吕建国. 2010. 系统可靠性理论. 北京：中国建筑工业出版社.

崔政斌，石跃武. 2010. 防火防爆技术. 北京：化学工业出版社.

樊运晓，罗云. 2009. 系统安全工程. 北京：化学工业出版社.

冯肇瑞，崔国璋. 1993. 安全系统工程. 北京：冶金工业出版社.

国家安全生产监督管理总局. 2005. 安全评价. 第3版. 北京：煤炭工业出版社.

国家安全生产监督管理总局政策法规司. 2002. 安全文化新论. 北京：煤炭工业出版社.

何学秋，等. 2008. 安全科学与工程. 徐州：中国矿业大学出版社.

计雷，池宏，陈安，等. 2006. 突发事件应急管理. 北京：高等教育出版社.

蒋军成. 2004. 事故调查及分析技术. 北京：化学工业出版社.

金磊，徐德蜀，罗云. 1999. 21世纪安全减灾战略. 河南：河南大学出版社.

金磊，徐德蜀，罗云. 1995. 中国现代安全管理. 北京：气象出版社.

金龙哲，杨继星. 2010. 安全学原理. 北京：冶金工业出版社.

井上威恭. 1988. 最新安全科学. 冯翼译. 南京：江苏科学技术出版社.

库尔曼. 1991. 安全科学导论. 赵云胜，魏伴云，罗云，等译. 北京：中国地质大学出版社.

廖可兵，刘潜. 2003. 用安全学科理论指导安全工程本科专业的课程体系建设. 中国安全科学学报，13(3)：38-41.

刘大义，胡建忠. 2007. 工程安全监测技术. 北京：水利水电出版社.

刘潜. 2010. 安全科学和学科的创立与实践. 北京：化学工业出版社.

刘双跃. 2010. 安全评价. 北京：冶金工业出版社.

罗云. 2013. 注册安全工程师手册. 第二版. 北京：化学工业出版社.

罗云. 2009. 安全经济学. 第二版. 北京：化学工业出版社.

罗云，等. 2014a. 安全生产法班组长读本. 北京：煤炭出版社.

罗云，等. 2014b. 安全生产法专家解读. 北京：煤炭出版社.

罗云，等. 2014c. 安全生产系统战略. 北京：化学工业出版社.

罗云，等. 2013a. 安全科学导论(国家十二五教材). 北京：中国质检出版社.

罗云，等. 2013b. 企业安全文化建设——实操·创新·优化. 第二版. 北京：煤炭工业出版社.

罗云，等. 2013c. 特种设备风险管理. 北京：中国质检出版社.

罗云，等. 2012. 安全行为科学. 北京：北京航空航天大学出版社.

罗云，等. 2011a. 安全生产绩效测评——理论方法范例. 北京：煤炭工业出版社.

罗云，等. 2011b. 落实企业安全生产主体责任. 北京：煤炭工业出版社.

罗云，等. 2009a. 现代安全管理. 第二版. 北京：化学工业出版社.

罗云，等. 2009b. 风险分析与安全评价. 第二版. 北京：化学工业出版社.

罗云，等. 2007a. 安全生产成本管理. 北京：煤炭出版社.

罗云，等. 2007b. 安全生产指标管理. 北京：煤炭出版社.

罗云，黄毅. 2005. 中国安全生产发展战略——论安全生产五要素. 北京：化学工业出版社.

罗云，许铭，范瑞娜. 2012. 公共安全科学公理与定理的分析探讨. 中国公共安全·学术版，3.

罗云，张国顺，孙树涵. 1997. 工业安全卫生基本数据手册. 北京：中国商业出版社.

罗云，金磊，徐德蜀. 1996. 人生平安丛书. 武汉：中国地质大学出版社.

罗云，宫运华，刘斌，等. 2009. 企业安全管理诊断及优化技术. 北京：化学工业出版社.

马大猷. 2002. 噪声与振动控制工程手册. 北京：机械工业出版社.

马英楠. 2010. 安全评价基础知识. 北京：中国劳动社会保障出版社.

美国安全工程师学会（ASSE）. 1987. 英汉安全专业术语词典.《英汉安全专业术语词典》翻译组译. 北京：中国标准出版社.

邵辉. 2008. 系统安全工程. 北京：石油工业出版社.

宋大成. 2000. 企业安全经济学（损失篇）. 北京：气象出版社.

隋鹏程，陈宝智，隋旭. 2005. 安全原理. 北京：化学工业出版社.

孙华山. 2006. 安全生产风险管理. 北京：化学工业出版社.

孙熙，蒋永清. 2011. 电气安全. 北京：机械工业出版社.

田水承. 2004. 现代安全经济理论与实务. 徐州：中国矿业大学出版社.

王洪德，等. 2013. 安全系统工程. 北京：国防工业出版社.

威廉·海默. 1985. 安全系统工程手册. 冯肇瑞，嵇敬文，陈震泽译. 北京：中国劳动社会保障出版社.

吴超. 2011. 安全科学方法学. 北京：中国劳动社会保障出版社.

吴穹，许开立. 2002. 安全管理学. 北京：煤炭工业出版社.

吴宗之. 2007. 基于本质安全的工业事故风险管理方法研究. 中国工程科学，9(5)：46-49.

吴宗之. 2000. 中国安全科学技术发展回顾与展望. 中国安全科学学报，10.

吴宗之，樊晓华，杨玉胜. 2008. 论本质安全与清洁生产和绿色化学的关系. 安全与环境学报，8(4)：135-138.

吴宗之，任彦斌，牛和平. 2007. 基于本质安全理论的安全管理体系研究. 中国安全科学学报，17(7)：54-58.

吴宗之，高进东，魏利军. 2001. 危险评价方法及其应用. 北京：冶金工业出版社.

谢正文，周波，李薇. 2010. 安全管理基础. 北京：国防工业出版社.

徐德蜀，金磊，罗云，等. 1995. 中国安全文化建设——研究与探索. 四川：四川科学技术出版社.

徐志胜，姜学鹏. 2012. 安全系统工程. 第 2 版. 北京：机械工业出版社.

颜烨. 2007. 安全社会学. 北京：中国社会出版社.

张景林. 2009. 安全学. 北京：化学工业出版社.

张景林，林柏泉. 2009. 安全学原理. 北京：中国劳动社会保障出报社.

张乃禄，徐竟天，薛朝妹. 2007. 安全检测技术. 西安：西安电子科技大学出版社.

张兴容，李世嘉. 2004. 安全科学原理. 北京：中国劳动社会保障出版社.

中国安全生产科学研究院. 2011. 全国注册安全工程师执业资格考试辅导教材——安全生产管理知识. 北京：中国大百科全书出版社.

中国安全生产协会注册安全工程师工作委员会，中国安全生产科学研究院. 2011. 安全生产管理知识(2011 版). 北京：中国大百科全书出版社.

周世宁，林柏泉，沈斐敏. 2005. 安全科学与工程导论. 徐州：中国矿业大学出版社.

Amodu T. 2008. The Determinants of Compliance with Laws and Regulations with Special Reference to Health and Safety. Norwich：Health and Safety Executive.

Aronson D. 1996. Overview of Systems Thinking.

ATSB [Australian Transport Safety Bureau]. 2008. Analysis, Causality and Proof in Safety Investigations. Canberra：ATSB.

Beck U. 1992. Risk Society. London：SAGE.

Bellah R. 1957. Tokagawa religion. New York：The Free Press.

Cabrera D, Colosi L, LobdellC. 2008. Systems thinking. Evaluation and Program Planning, 31(3)：299-310.

Cohen A, Smith M, Cohen H H. 1975. Safety Program Practices in High Versus Low Accident Rate Companies. Cincinnati：National Institute of Occupational Health and Safety.

Flin R, Mearns K, Fleming M, et al. 1996. Risk Perceptions and Safety in the Offshore Oil and Gas Industry (OTII 94454). Suffolk：HSE Books.

Goh Y M, Love P E D, Brown H, et al. 2012. Organizational accidents：A systemic model of production versus protection. Journal of Management Studies, 49(1)：52-76.

Goh Y M, Brown H, Spickett J. 2010. Applying systems thinking concepts in the analysis of major incidents and safety culture. Safety Science, 48：302-309.

Hagan P E, Montgomery J F, O'Reilly J T. 2001. Accident Prevention Manual for Business and Industry, 12th ed. Illinois, USA：NSC.

Hale A R, Hovden J. 1998. Management and culture：The third age of safety. A review of approaches to organizational aspects of safety, health and environment//Feyer A M, Williamson A. Occupational Injury. Risk Prevention and Intervention. London：Taylor & Francis.

Heinrich H W. 1959. Industrial Accident Prevention：A Scientific Approach. New York：McGraw-Hill.

Hollnagel E. 2011. Safer Complex Industrial Environments. Boca Raton, FL: CRC Press.

Hollnagel E, Paries J, Woods D D, et al. 2011. Resilience Engineering in Practice: A Guidebook. Farnham: Ashgate.

Hopkins A. 2012. Disastrous Decisions: The Human and Organisational Causes of the Gulf of Mexico Blowout. Sydney: CCH.

Hopkins A. 2005. Safety, Culture and Risk. Sydney: CCH.

Hughes P, Ferrett E. 2011. Introduction to health and safety at work. Boston: Elsevier.

Kirwan B. 1998. Safety management assessment and task analysis—A missing link//Hale A, Baram M. Safety Management: The Challenge of Change. Oxford: Elsevier.

Leveson N G. 2011. Applying systems thinking to analyze and learn from events. Safety Science, 49: 55-64.

Leveson N G. 2004. A new accident model for engineering safer systems. Safety Science, 42(4): 237-270.

Marszal E M. 2001. Tolerable risk guidelines. ISA Transaction, 40(4): 391-399.

Nancy G. 2011. Leveson applying systems thinking to analyze and learn from events. Safety Science, (49): 55-64.

Ostroff C, Kinicki A J, Tamkins M M. 2003. Organizational culture and climate//Borman W C, Ilgen D R, Klimoski R J. Handbook of Psychology. New York: Wiley.

Perrow C. 1999. Normal Accidents. Princeton: Princeton University Press.

Perrow C. 1984. Normal Accidents. New York: Basic Books.

Rasmussen J. 1997. Risk management in a dynamic society: A modelling problem. Safety Science, 27(2/3): 183-213.

Rasmussen J, Svedung I. 2000. Proactive Risk Management in a Dynamic Society. Karlstad: Swedish Rescue Services Agency.

Reason J. 1997. Managing the Risks of Organizational Accidents. Aldershot UK: Ashgate.

Reason J. 1990. Human error. Cambridge: Cambridge University Press.

Reason J T. 1997. Managing the Risks of Organizational Accidents. Aldershot: Ashgate.

Robens L. 1972. Safety and health at work, report of the committee 1970-72. London: HMSO.

Roland H E, Moriarty B. 1990. System Safety Engineering and Management (2nd Edn). New York: John Wiley & Sons, Inc.

Sheffi Y. 2005. The Resilient Enterprise: Overcoming Vulnerability for Competitive Advantage. Cambridge: MIT Press.

Sklet S. 2004. Comparison of some selected methods for accident investigation. Journal of Hazardous Materials, 111(1-3): 29-37.

Taylor G, Easter K, Hegney R. 2004. Enhancing occupational safety and health. Oxford: Elsevier Butterworth-Heinemann.

Tummala V M R, Burchett J F. 2001. Applying a risk management process (RMP) to manage cost risk for an EHV transmission line project. International Journal of Project Management, 17(4): 155-175.

Zohar D. 1980. Safety climate in industrial organizations: Theoretical and applied implications. Journal of Applied Psychology, 65: 96-102.